바둑학 연구를 위해 알아야 할

바둑수학

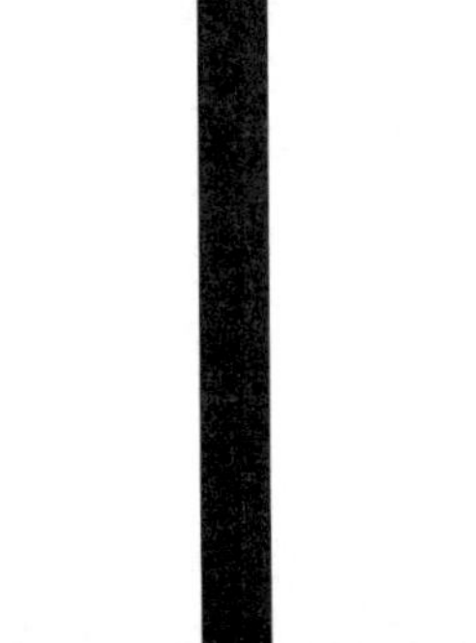

바둑을 학문으로 승화하여 체계적으로 가르치기 위하여 학문적으로 연구계발을 하고 있는 추세이다. 본 책은 바둑을 전공하는 학생들이 알아야 할 기초적인 수학 내용을 수록하였으며, 특히 중 · 고교 과정에서 다루었던 내용을 포함한 수, 수열과 도형수, 그래프와 트리, 함수와 그래프, 행렬, 통계, 확률 등을 수록하였다.

이병두 · 금영욱 공저

HS 도서출판 한산

머리말

바둑은 인류 역사의 태동과 함께 대략 4,000년 전 중국에서 기원된 보드(board)게임이다. 이 게임은 한국에서 '바둑(Baduk)'이라 불리고, 중국에서는 '웨이치(wei qi)', 일본에서는 '이고(Igo)', 대만에서는 '궤(Goe)'라고 부르나, 전 세계적으로 통용되고 있는 용어로는 'Go'가 된다.

현재 수많은 어린 학생들이 각 도장에서 연구생으로 바둑 기력 향상에 몰입하고 있으며, 이러한 연구생들이 프로나 아마 최강자로 군림하여 한국의 바둑계를 전 세계에 빛내고 있다. 특히 2010년 중국 광저우에서 열린 아시안 게임에서 여자단체, 남자단체, 혼성페어 3개 부문에서 금메달 3개를 전부 석권함으로서 또 다시 세계를 놀라게 했다.

전 세계적으로 바둑을 학문으로 승화하여 체계적으로 가르치고 있는 곳은 명지대와 대불대이다. 10년 이상의 역사를 갖고 있는 명지대는 공히 자리매김을 하여 바둑을 학문적으로 연구 계발하고 있으며, 이에 비해 갓 태어난 대불대는 많은 면에서 부족한 점은 있으나 학생들의 학문에 대한 열정은 대단한 것 같다. 기력이 최상위권인 이들 학생들을 본인이 가르치면서 느낀 것은 대다수 학생들이 기초 학문에 대한 이해가 매우 부족하다는 사실이다. 특히 수학에 대한 기본 개념이 거의 없어 여타 새로운 학문과의 연계가 어려운 것이 현 실정이다. 이는 일반 학생들과는 다른 환경에서 자라난 것에 기인하나 이를 짧은 대학 생활에서 만회하기가 어려운 상황이다.

어학이 의사소통의 수단으로 사용된다면, 수학은 자신의 지식을 논리적으로 표현하는 수단으로 사용된다. 수학은 모든 학문의 기초가 됨에도 불구하고 대다수 학생들이 수학을 어렵게 접해왔기 때문에 수학에 대한 이해가 부족한 것 같다. 이제 우리는 세계화와 스마트화라는 세계 조류에 휩쓸려 살고 있다. 지구촌 곳곳에서 발생되는 여타 사건, 행사들이 이제는 남의 일이 아니며, 우리의 일상 생활사가 되어 버렸다. 또한 정보통신기기의 발달로 문명의 이기를 누리지 못하면 뒤처지는 세상을 살아야만 한다. 바둑 역시 동아시아 3국에서 벗어나 점차 세계로 뻗어나고 있다. 이러한 세계화 추세에 맞추어 학생들은 어학 공부에 많은 시간을 할애하여야 한다. 아울러 학생들이 정보통신분야나 뉴미디어 분야로 사회 진출을 하기 위해서는 기초 수학에 대한 이해를 통해 새로운 학문에 접근하여야 한다.

본 책은 바둑을 전공하는 학생들이 알아야할 기초적인 수학 내용을 수록하였으며, 특히 중고교 과정에서 다루었던 내용을 포함한 수, 수열과 도형수, 그래프와 트리, 함수와 그래프, 행렬, 통계, 확률 등을 수록하였다.

공부는 평생동안 하는 것이기 때문에 너무 서두르지 말고 꾸준하게 단단히 기초를 다져 나가는 것이 중요하다. 아무쪼록 이 자료가 바둑학 연구에 조금이나마 도움이 되기를 바라며, 여러분의 가정에 항상 평강이 깃들기를 바랍니다.

blee026@korea.com 2011년 12월 1일 저자 씀

차 례

파타고라스는 자연계에서 수의 역할을 중요시하여 "만물은 수이다." 라고 하였다.

1 수와 집합

수는 수학을 이해하는 매우 기본적인 개념이며 여러 형태로 분류를 할 수 있다. 본 장에서는 정수, 분수, 유리수, 실수 및 초현실수 등 기본적인 것만 다루었다.

제 1 절 정수

'자연수(natural number)'는 1, 2, 3, ... 등과 같이 셀 수 있는 수가 되며, '양의 정수(positive integer)'라고도 부른다. '범자연수(whole number)'는 0을 포함한 자연수가 된다. −1, −2, −3, ... 등과 같은 음수를 '음의 정수(negative integer)'라고 부른다. 그림 1.1은 '정수(integer)'의 분류를 나타내고 있다.

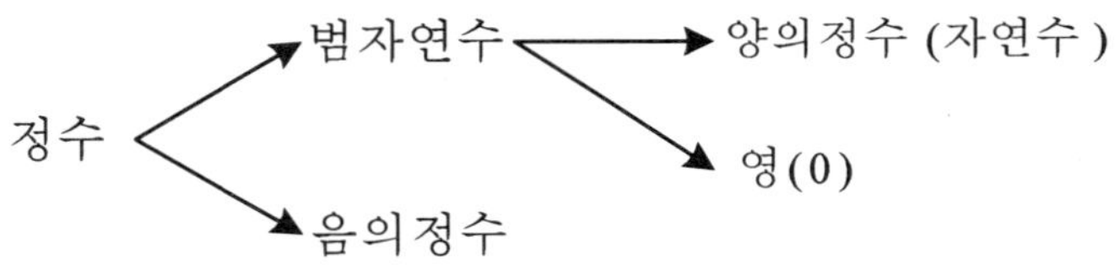

그림 1.1: 정수의 분류

가. 정수의 성질

정수 a, b, c에 대해 정수의 성질을 나타내는 표 1.1에 있는 법칙은 참이 된다. 가감승제와 같은 연산자를 이용하여 수를 연산하는 데는 연산 순서가 있다. 제 1순위는 괄호에 있는 것을 먼저 계산하고, 다음으로 왼쪽에서 오른쪽 순으로 곱셈 또는 나눗셈을 먼저 계산한 뒤에 덧셈 또는 뺄셈을 나중에 계산한다.

□ 전이법칙: $a = b$이고 $b = c$이면 $a = c$가 된다.
□ 교환법칙: 덧셈에서 $a + b = b + a$가 되고, 곱셈에서 $ab = ba$가 된다.
□ 결합법칙: 덧셈에서 $a + (b + c) = (a + b) + c$가 되고, 곱셈에서 $a(bc) = (ab)c$가 된다.
□ 분배법칙: $a(b + c) = ab + ac$가 된다.

표 1.1: 정수의 성질에 대한 법칙

나. 약수

어떤 정수의 '약수(divisor)'는 "주어진 정수를 나머지 없이 나눌 수 있는 수"가 된다. 예를 들어 2는 6을 나머지 없이 나눌 수가 있기 때문에 2는 6의 약수가 된다. 또한 3도 6의 약수가 된다. 그러므로 1, 2, 3, 6은 6에 대한 양의 약수가 된다. 주의할 점으로 "1은 모든 수의 약수이며, 모든 수는 0의 약수가 된다."를 알고 있어야 한다. 다음 표 1.2에 있는 규칙은 주어진 정수가 어떤 값으로 나누어질 수 있는가를 판별하는 데에 사용되고 있다. 즉, 주어진 수가 어떤 수의 배수 여부를 파악하는데 사용된다.

□ 마지막 한 자릿수 값이 0, 2, 4, 6, 8이면 주어진 수는 2의 배수다.
□ 모든 자릿수 값의 합이 3으로 나누어지면 주어진 수는 3의 배수다.
□ 마지막 두 자릿수 값이 4로 나누어지면 주어진 수는 4의 배수다.
□ 마지막 한 자릿수 값이 0 또는 5이면 주어진 수는 5의 배수다.
□ 주어진 수가 2와 3으로 동시에 나누어지면 그 수는 6의 배수다.
□ 마지막 세 자릿수 값이 8로 나누어지면 주어진 수는 8의 배수다.
□ 모든 자릿수 값의 합이 9로 나누어지면 주어진 수는 9의 배수다.
□ 마지막 한 자릿수 값이 0이면 주어진 수는 10의 배수다.
□ 모든 홀수 자릿수 값의 합과 모든 짝수 자릿수 값의 합과의 차가 11로 나누어지면 주어진 수는 11의 배수다.
□ 주어진 수가 3과 4로 동시에 나누어지면 그 수는 12의 배수다.

표 1.2: 주어진 수가 어떤 수의 배수 여부를 파악하는 방법

예제 1.1 다음 숫자 중 2로 나누어지는 수를 찾아보시오.

(a) 111 (b) 22 (c) 10 (d) 12345

예제 1.1 예시 답안 짝수인 (b)와 (c)가 된다.

□□□

예제 1.2 다음 숫자 중 3으로 나누어지는 수를 찾아보시오.

(a) 111111 (b) 22222 (c) 12345 (d) 9009

예제 1.2 예시 답안 모든 자릿수 값의 합이 3의 배수가 되는 (a), (c), (d)가 된다.

(a) 정수 111111에 있는 모든 자릿수 값의 합은 6이 된다.

(b) 정수 22222에 있는 모든 자릿수 값의 합은 10이 된다.

(c) 정수 12345에 있는 모든 자릿수 값의 합은 15가 된다.

(d) 정수 9009에 있는 모든 자릿수 값의 합은 18이 된다.

□□□

예제 1.3 다음 숫자 중 8로 나누어지는 수를 찾아보시오.

(a) 1111120 (b) 222444 (c) 123412 (d) 90008

예제 1.3 예시 답안 마지막 세 자릿수 값이 8로 나누어지는 (a), (d)가 된다.

(a) 정수 1111120에 있는 마지막 세 자릿수 값 120은 8의 배수이다.

(b) 정수 222444에 있는 마지막 세 자릿수 값 444는 8의 배수가 아니다.

(c) 정수 123412에 있는 마지막 세 자릿수 값 412는 8의 배수가 아니다.

(d) 정수 90008에 있는 마지막 세 자릿수 값 8은 8의 배수이다.

□□□

예제 1.4 다음 숫자 중 11로 나누어지는 수를 찾아보시오.

(a) 1234567 (b) 11111 (c) 111111 (d) 13695

예제 1.4 예시 답안 (c), (d)가 된다.

(a) 정수 1234567에 있는 홀수 자릿수 값의 합은 $16(= 1 + 3 + 5 + 7)$이 되며, 짝수 자릿수 값의 합은 $12(= 2 + 4 + 6)$가 된다. 이 두 수에 대한 차는 $4(= 16 - 12)$가 되어 11의 배수가 안 된다. 그러므로 주어진 정수는 11의 배수가 아니다.

(b) 정수 11111에 있는 홀수 자릿수 값의 합은 $3(= 1 + 1 + 1)$이 되며, 짝수 자릿수 값의 합은 $2(= 1 + 1)$가 된다. 이 두 수에 대한 차는 $1(= 3 - 2)$이 되어 11의 배수가 안 된다. 그러므로 주어진 정수는 11의 배수가 아니다.

(c) 정수 111111에 있는 홀수 자릿수 값의 합은 $3(= 1 + 1 + 1)$이 되며, 짝수 자릿수 값의 합은 $3(= 1 + 1 + 1)$이 된다. 이 두 수에 대한 차는 $0(= 3 - 3)$이 되어 11의 배수가 된다. 그러므로 주어진 정수는 11의 배수가 된다. 유의할 점으로 0은 모든 정수의 배수가 된다.

(d) 정수 13695에 있는 홀수 자릿수 값의 합은 $12(= 1 + 6 + 5)$가 되며, 짝수 자릿수 값의 합은 $12(= 3 + 9)$가 된다. 이 두 수에 대한 차는 $0(= 12 - 12)$이 되어 11의 배수가 된다. 그러므로 주어진 정수는 11의 배수가 된다.

□□□

문제 1.1 다음 숫자 중 12로 나누어지는 수를 찾아보시오.

(a) 123456 (b) 24680 (c) 243648 (d) 111222

□□□

다. 소인수 분해

'소수(prime number)'는 "1과 자기 자신 이외의 수로 나누어지지 않는 수"를 말한다. 예를 들어, 2, 3, 5, 7, ...과 같은 수는 소수이다. 이를 다른 말로 표현한다면 "1과 소수가 아닌 양의 정수는 합성수(composite number)이다."가 된다. 또한 합성수 4는 1×4 또는 2×2로 표현이 되기 때문에 1, 2, 4는 4의 '인수(factor)'가 된다. 즉 합성수는 인수의 곱으로 표현이 된다. 만약 어떤 수가 소수의 곱으로 표현이 되는 경우에 "이 합성수는 소인수분해 되었다."라고 말한다. 예를 들면

$$12 = 2 \times 6 = 2 \times 2 \times 3 = 2^2 \times 3$$

이 되기 때문에, 정수 12는 소수 2와 3을 이용하여 $2^2 \times 3$으로 소인수분해되었다. 정수 12는 1, 2, 3, 4, 6, 12라는 6개의 인수를 갖고 있고, 정수 36은 1, 2, 3, 4, 6, 9,

12, 18, 36이라는 9개의 인수를 갖고 있다. 만약 어떤 수가 $a^x \times b^y$으로 소인수분해된 경우, 이 수에 대한 인수의 개수는 $(x+1)(y+1)$이 된다. 예를 들어, 정수 12는 다음과 같이 소인수분해된다.

$$2^2 \times 3 = 2^2 \times 3^1$$

그러므로 정수 12에 대한 인수의 개수는 $(2+1) \times (1+1) = 6$개가 된다. 비슷한 방법으로 정수 36은 $2^2 \times 3^2$으로 소인수분해가 되기 때문에 $9(= 3 \times 3)$개의 인수를 갖고 있다.

예제 1.5 다음 수들을 소인수분해하시오.

(a) 8 (b) 24 (c) 100 (d) 2739

예제 1.5 예시 답안

(a) 정수 8은 $8 = 2 \times 4 = 2 \times 2 \times 2$으로 표현이 되기 때문에 정수 8은 2^3으로 소인수분해된다.

(b) 정수 24는 $24 = 2 \times 12 = 2 \times 2 \times 6 = 2 \times 2 \times 2 \times 3$으로 표현이 되기 때문에 정수 24는 $2^3 \times 3$으로 소인수분해된다.

(c) 정수 100은 $100 = 2 \times 50 = 2 \times 2 \times 25 = 2 \times 2 \times 5 \times 5$로 표현이 되기 때문에 정수 100은 $2^2 \times 5^2$으로 소인수분해된다.

(d) 정수 2739의 모든 자릿수 값의 합이 $21(= 2+7+3+9)$이 되기 때문에, 정수 2739는 3의 배수가 된다. 그러므로 정수 2739는 $2739 = 3 \times 913$으로 표현이 된다. 또한 정수 913은 11의 배수가 되니, 정수 2739는 다음과 같이 소인수분해가 된다.

$$2739 = 3 \times 913 = 3 \times 11 \times 83$$

□□□

예제 1.6 다음 수들에 대해 인수의 개수를 구하시오.

(a) 8 (b) 24 (c) 100 (d) 2739

예제 1.6 예시 답안

(a) 정수 8은 $8 = 2^3$으로 소인수분해가 되기 때문에 인수의 개수는 $4(= 3 + 1)$개가 된다. 참고로 정수 8의 인수는 $1, 2, 4, 8$이 된다.

(b) 정수 24는 $24 = 2^3 \times 3^1$으로 소인수분해가 되기 때문에 정수 24의 인수의 개수는 $8(= 4 \times 2)$개가 된다. 참고로 정수 24의 인수는 $1, 2, 3, 4, 6, 8, 12, 24$가 된다.

(c) 정수 100은 $100 = 2^2 \times 5^2$으로 소인수분해가 되기 때문에 인수의 개수는 $9(= 3 \times 3)$개가 된다. 참고로 정수 100의 인수는 1, 2, 4, 5, 10, 20, 25, 50, 100이 된다.

(d) 정수 2739는 $2739 = 3^1 \times 11^1 \times 83^1$으로 소인수분해가 되기 때문에 인수의 개수는 $8(= 2 \times 2 \times 2)$개가 된다. 참고로 정수 2739의 인수는 1, 3, 11, 33, 83, 249, 913, 2739가 된다.

□□□

라. 최대공약수와 최소공배수

두 개의 양의 정수 A, B를 고려해 보자. 이 "두 수를 동시에 나눌 수 있는 수"를 '공약수(common factor)'라고 하며, "공약수 중에서 가장 큰 수"를 '최대공약수(greatest common factor)'라고 한다. 다음 표 1.3에 있는 순서는 최대공약수를 구하는 절차가 된다.

□ 첫째, 주어진 수들을 소인수분해하시오. □ 둘째, 주어진 모든 수들에 대한 공통인수를 구하시오. □ 마지막으로, 이들 공통인수 전체에 대한 곱의 값을 구하시오.

표 1.3: 최대공약수를 구하는 절차

예를 들어, 두 수 12와 24에 대한 최대공약수를 구해보자. 이들 두 수에 대해 소인수분해를 해보면 다음과 같다.

$$12 = 2 \times 2 \times 3, \qquad 24 = 2 \times 2 \times 2 \times 3$$

위에서 보듯이 두 수 12와 24에 대한 공통인수는 2, 2, 3이 된다. 두 수 A, B에 대한 최대공약수를 $GCF(A, B)$라고 표시하게 되면, 두 수 12, 24에 대한 최대공약수는 다음과 같이 표현이 된다.

$$GCF(12, 24) = 2 \times 2 \times 3 = 12$$

이는 정수 12가 두 수 12, 24를 나눌 수 있는 가장 큰 수임을 알려준다. 또한 두 수 A, B에 대해 다음과 같은 식이 성립한다.

$$A = GCF(A, B) \times a, \qquad B = GCF(A, B) \times b$$

여기서 a, b는 각각 두 수 A, B에 대응되는 인수가 된다.

그러므로 두 수 12, 24는 다음과 같이 표현이 된다.

$$A = 12 = GCF(12, 24) \times 1, \qquad B = 24 = GCF(12, 24) \times 2$$

예제 1.7 다음 수들에 대한 최대공약수를 구하시오.

(a) 24, 36 (b) 12, 24, 36 (c) 120, 168, 192

예제 1.7 예시 답안

(a) $24 = 2 \times 2 \times 2 \times 3$이 되고 $36 = 2 \times 2 \times 3 \times 3$이 되기 때문에 두 수에 대한 공통인수는 2, 2, 3이 된다. 그러므로 두 수에 대한 최대공약수는 다음과 같다.

$$GCF(24, 36) = 2 \times 2 \times 3 = 12$$

(b) $12 = 2 \times 2 \times 3$, $24 = 2 \times 2 \times 2 \times 3$, $36 = 2 \times 2 \times 3 \times 3$이 되기 때문에 세 수에 대한 공통인수는 2, 2, 3이 된다. 그러므로 세 수에 대한 최대공약수는 다음과 같다.

$$GCF(12, 24, 36) = 2 \times 2 \times 3 = 12$$

(c) $120 = 2 \times 2 \times 2 \times 3 \times 5$, $168 = 2 \times 2 \times 2 \times 3 \times 7$, $192 = 2 \times 2 \times 2 \times 2 \times 2 \times 2 \times 3$이 되기 때문에 세 수에 대한 공통인수는 2, 2, 2, 3이 된다. 그러므로 세 수에 대한 최대공약수는 다음과 같다.

$$GCF(120, 168, 192) = 2 \times 2 \times 2 \times 3 = 24$$

□□□

주어진 수들에 대한 '최소공배수(least common multiple)'는 "주어진 모든 수를 나눌 수에 의해 나누어지는 가장 작은 양의 정수"가 된다. 예를 들어 12와 24에 대한 최소공배수를 구해보자. 12의 배수는

$$12, \quad 24, \quad 36, \quad 48, \quad \ldots$$

이 되며, 24의 배수는

$$24, \quad 48, \quad 72, \quad 96, \quad \ldots$$

이 된다. 두 수 A, B에 대한 최소공배수를 $LCM(A, B)$라고 표기를 하면, 두 수 12와 24에 대한 최소공배수는 $LCM(12, 24) = 24$가 된다. 다음 표 1.4에 있는 순서는 최소공배수를 구하는 절차가 된다.

□ 첫째, 주어진 수들을 소인수분해하시오. □ 둘째, 주어진 수들에 대한 각 소수의 최대 개수를 구하시오. □ 마지막으로, 이들 각 소수들에 대해 최대 개수만큼의 곱을 구하시오.

표 1.4: 최소공배수를 구하는 절차

예를 들어 두 수 12와 24에 대한 최소공배수를 구해보자. 우선 두 수는 다음과 같이 소인수분해가 된다.

$$12 = 2 \times 2 \times 3, \qquad 24 = 2 \times 2 \times 2 \times 3$$

두 수 12, 24에는 2, 3이라는 소수가 있다. 소수 2의 최대 개수는 정수 24에서 보듯이 3개가 되며, 소수 3의 최대 개수는 정수 12 또는 24에서 보듯이 1개가 된다. 그러므로 두 수 12, 24에 대한 최소공배수는 다음과 같이 된다.

$$LCM(12, 24) = 2 \times 2 \times 2 \times 3$$

이는 정수 24가 주어진 두 수 12와 24로 동시에 나누어지는 가장 작은 수라는 것을 보여주고 있다.

예제 1.8 다음 수들에 대한 최소공배수를 구하시오.

(a) 24, 36 (b) 12, 24, 36 (c) 120, 168, 192

예제 1.8 예시 답안

(a) $24 = 2 \times 2 \times 2 \times 3$이 되고 $36 = 2 \times 2 \times 3 \times 3$이 된다. 최소공배수를 구하기 위한 소수 2의 최대 개수는 정수 24로부터 3개가 되며, 소수 3의 최대 개수는 정수 36으로 부터 2개가 된다. 결국 두 수에 대한 최소공배수는 다음과 같다.

$$LCM(24, 36) = 2 \times 2 \times 2 \times 3 \times 3 = 72$$

(b) $12 = 2 \times 2 \times 3, 24 = 2 \times 2 \times 2 \times 3, 36 = 2 \times 2 \times 3 \times 3$이 된다. 최소공배수를 구하기 위한 소수 2의 최대 개수는 정수 24로부터 3개가 되며, 소수 3의 최대 개수는 정수 36으로 부터 2개가 된다. 결국 세 수에 대한 최소공배수는 다음과 같다.

$$LCM(12, 24, 36) = 2 \times 2 \times 2 \times 3 \times 3 = 72$$

(c) $120 = 2 \times 2 \times 2 \times 3 \times 5$, $168 = 2 \times 2 \times 2 \times 3 \times 7$, $192 = 2 \times 2 \times 2 \times 2 \times 2 \times 2 \times 3$이 된다. 최소공배수를 구하기 위한 소수 2의 최대 개수는 정수 192로부터 6개, 소수 3의 최대 개수는 정수 120, 168, 192로 부터 1개, 소수 5의 최대 개수는 정수 120으로 부터 1개, 소수 7의 최대 개수는 정수 168로 부터 1개가 된다. 결국 최소공배수는 다음과 같다.

$$\begin{aligned} LCM(120, 168, 192) &= 2 \times 2 \times 2 \times 2 \times 2 \times 2 \times 3 \times 5 \times 7 \\ &= 2^6 \times 3 \times 5 \times 7 = 6,720 \end{aligned}$$

□□□

두 수에 대한 최대공약수 및 최소공배수 간에는 관계가 있다. 만약 두 수가 A, B인 경우 최대공약수 $GCF(A, B)$와 최소공배수 $LCM(A, B)$의 곱은 두 수 A, B의 곱과 같다. 즉, 다음과 같이 표현을 할 수 있다.

$$GCF(A, B) \times LCM(A, B) = A \times B \tag{1.1}$$

예를 들어 두 수 24와 36에 대한 최대공약수는 12가 되고 최소공배수는 72가 된다. 그러므로 최대공약수와 최소공배수의 곱은

$$GCF(24, 36) \times LCM(24, 36) = 12 \times 72 = 864$$

가 되며, 두 수의 곱은

$$A \times B = 24 \times 36 = 864$$

가 되어, 최대공약수와 최소공배수의 곱은 두 수의 곱과 서로 같음을 알 수 있다.

예제 1.9 두 수의 최대공약수가 7이고, 두 수의 곱이 294인 경우 다음의 질문에 답하시오.

(a) 두 수의 최소공배수 (b) 두 수의 값

예제 1.9 예시 답안 두 수를 A, B라고 하면 $GCF(A, B) = 7$이고 $A \times B = 294$가 된다.

(a) 식 1.1에서 두 수의 최소공배수는 다음과 같이 계산된다.

$$LCM(A, B) = \frac{A \times B}{GCF(A, B)} = \frac{294}{7} = 42$$

(b) 두 수 A, B에 대한 최대공약수 $GCF(A, B)$를 G라고 하면 $A = G \times a$가 되고 $B = G \times b$가 된다. 단, 여기서 a, b는 두 수 A, B에 대응되는 인수이다. 식 1.1을 활용하면 다음과 같은 식을 얻을 수가 있다.

$$\begin{aligned} A \times B &= (G \times a) \times (G \times b) = G^2 \times a \times b = 7^2 \times a \times b \\ &= 49 \times a \times b (= 294 = 49 \times 6) \end{aligned}$$

그러므로 $a \times b = 6$이 되기 때문에 $a = 2, b = 3$(또는 $a = 1, b = 6$)이 된다. 결국 구하고자 하는 두 수는 다음과 같다.

$$A = G \times a = 7 \times 2 = 14, \qquad B = G \times b = 7 \times 3 = 21$$

또는

$$A = G \times a = 7 \times 1 = 7, \qquad B = G \times b = 7 \times 6 = 42$$

□□□

문제 1.2 두 수 A, B에 대해 다음이 성립함을 보이시오.

$$GCF(A, B) \times LCM(A, B) = A \times B$$

□□□

문제 1.3 두 수 A, B에 대한 최소공배수가 36이고, 두 수의 곱이 216인 경우 두 수의 값을 구하시오.

제 2 절 유리수

'유리수(rational number)'는 $a \neq 0$이고 a, b가 '서로소(relative prime)'인 정수인 경우, $\frac{b}{a}$라는 '기약분수(irreducible fraction)'의 형태로 나타낼 수 있는 수이다.

가. 분수

'분수(fraction)' $\frac{b}{a}$는 분모(denominator)인 a와 분자(nominator)인 b로 구성되어 있으며, $a > b$인 경우의 분수를 '진분수(proper fraction)', $a < b$인 분수를 '가분수(improper fraction)'라고 하며, 정수와 분수로 혼합되어 있는 경우에는 이를 '대분수(mixed fraction)'라고 부른다. 다음 표 1.5는 분모 또는 분자가 0으로 구성되어 있는 경우에 대한 처리가 된다.

□ $a \neq 0$인 경우 $\frac{0}{a} = 0$ □ $a \neq 0$인 경우 $\frac{a}{0}$은 불가능하기 때문에 값이 정의되지 않는다. □ $\frac{0}{0}$은 무수한 해를 갖기 때문에 값이 정의되지 않는다.

표 1.5: 분모 또는 분자가 0으로 구성된 분숫값

'동일분수(equivalent fraction)'란 "분모, 분자에 0이 아닌 값을 곱해 만들어진 분수들"을 말한다. 예를 들어 분수 $\frac{2}{3}$와 $\frac{4}{6}$는 $\frac{2}{3} = \frac{2 \times 2}{3 \times 2} = \frac{4}{6}$가 되기 때문에 동일한 분수가 된다.

예제 1.10 다음에 있는 분수들을 작은 값에서 큰 값 순으로 배열하시오.

(a) $\frac{2}{5}, \frac{3}{5}, \frac{1}{5}$
(b) $\frac{3}{5}, \frac{3}{4}, \frac{3}{7}$
(c) $\frac{2}{3}, \frac{3}{4}, \frac{5}{6}$
(d) $\frac{4}{3}, 1\frac{2}{5}, \frac{3}{2}$

예제 1.10 예시 답안

(a) $\frac{1}{5}, \frac{2}{5}, \frac{3}{5}$이 된다. 분모가 동일한 경우 분자가 크면 그 분수의 값은 커진다.

(b) $\frac{3}{7}, \frac{3}{5}, \frac{3}{4}$이 된다. 분자가 동일한 경우 분모가 크면 그 분수의 값은 작아진다.

(c) $\frac{2}{3}, \frac{3}{4}, \frac{5}{6}$가 된다. 분모가 서로 다른 분수를 비교하기 위해서는 전체 분모에 대한 최소공배수를 구한 후 분자를 비교해야 한다. 3, 4, 6에 대한 최소공배수 $LCM(3,4,6) = 12$가 되니, 주어진 분수는 각각 다음과 같다.

$$\frac{2}{3} = \frac{8}{12}, \quad \frac{3}{4} = \frac{9}{12}, \quad \frac{5}{6} = \frac{10}{12}$$

(d) $\frac{4}{3}, 1\frac{2}{5}, \frac{3}{2}$이 된다. 비교하려는 분수에 대한 분모의 값들이 서로 다르기 때문에 분모를 같게 만들어야 한다. 주어진 분수는 각각 다음과 같다.

$$\frac{4}{3} = \frac{40}{30}, \quad 1\frac{2}{5} = \frac{7}{5} = \frac{42}{30}, \quad \frac{3}{2} = \frac{45}{30}$$

□□□

나. 연분수

분수 $\frac{35}{13}$에 대한 몫과 나머지를 거듭 구해보면

$$\frac{35}{13} = 2 + \frac{9}{13} = 2 + \frac{1}{\frac{13}{9}} = 2 + \frac{1}{1 + \frac{4}{9}} = 2 + \frac{1}{1 + \frac{1}{\frac{9}{4}}} = 2 + \frac{1}{1 + \frac{1}{2 + \frac{1}{4}}}$$

이 된다. 이와 같이 분수의 형태를 다음과 같은 형태로 바꿀 수가 있다.

$$a_0 + \cfrac{1}{a_1 + \cfrac{1}{a_2 + \cfrac{1}{a_3 + \cfrac{1}{a_4 + \cdots}}}}$$

위와 같은 형태의 분수를 '단순 연분수(simple continued fraction)' 또는 '연분수'라고 한다. 편의상 연분수를 간단히 $[a_0, a_1, a_2, a_3, \ldots]$라고 표기를 하게 되면, 위에 있는 분수 $\frac{35}{13}$의 연분수 형태는 $[2, 1, 2, 4]$가 된다.

예제 1.11 다음에 있는 분수를 연분수 형태로 고치시오.

(a) $\frac{23}{13}$ (b) $\frac{121}{23}$

예제 1.11 예시 답안 주어진 분수를 연분수의 형태로 고치면 다음과 같다.

(a) $\frac{23}{13} = 1 + \frac{10}{13} = 1 + \frac{1}{\frac{13}{10}} = 1 + \frac{1}{1+\frac{3}{10}} = 1 + \frac{1}{1+\frac{1}{\frac{10}{3}}} = 1 + \frac{1}{1+\frac{1}{3+\frac{1}{3}}}$

그러므로 분수 $\frac{23}{13}$을 연분수 형태로 나타내면 $[1, 1, 3, 3]$이 된다.

(b) $\frac{121}{23} = 5 + \frac{6}{23} = 5 + \frac{1}{3+\frac{5}{6}} = 5 + \frac{1}{3+\frac{1}{1+\frac{1}{5}}}$

그러므로 분수 $\frac{121}{23}$을 연분수 형태로 나타내면 $[5, 3, 1, 5]$가 된다.

□□□

예제 1.12 다음에 있는 연분수 형태를 유리수로 표기하시오.

(a) $[1, 2, 3]$ (b) $[1, 1, 1, 2]$

예제 1.12 예시 답안 주어진 연분수 형태를 유리수로 고치면 다음과 같다.

(a) $[1,2,3] = 1 + \frac{1}{2+\frac{1}{3}} = 1 + \frac{1}{\frac{7}{3}} = 1 + \frac{3}{7} = \frac{10}{7}$

(b) $[1,1,1,2] = 1 + \frac{1}{1+\frac{1}{1+\frac{1}{2}}} = \frac{8}{5}$

위에 있는 연분수를 살펴보면 유리수의 연분수는 '유한 연분수(finite continued fraction)'임을 알 수 있다.

□□□

제 3 절 실수

'실수(real number)'는 '유리수(rational number)'와 '무리수(irrational number)'로 구성되어 있다. 유리수는 앞에서 설명한 것과 같이 $\frac{b}{a}$인 기약분수의 형태로 되어있다. 반면에 무리수는 $\pi = 3.141592\ldots$, $\sqrt{2} = 1.414\ldots$, $\sqrt[3]{7} = 1.912\ldots$와 같이 $\frac{b}{a}$인 기약분수의 형태로 표현이 불가하다. 그림 1.2는 실수에 대한 분류를 보여주고 있다. 즉 실수는 유리수와 무리수로 나누어지며, 유리수는 정수와 분수로 나누어진다. 분수에서 분모의 값이 1인 경우, 이 분수는 정수가 된다.

그림 1.2: 실수의 분류

$\sqrt{2}$라는 무리수의 값을 연분수로 표현해 보도록 하자. 먼저

$$\left(\sqrt{2}-1\right)\left(\sqrt{2}+1\right)=1$$

이니 $\sqrt{2}-1=\frac{1}{\sqrt{2}+1}$이 된다. 앞 절에서 설명한 바와 같이 무리수 $\sqrt{2}$를 연분수로 표현해 보면 다음과 같다.

$$\begin{aligned}
\sqrt{2} &= 1+\left(\sqrt{2}-1\right)=1+\frac{1}{\sqrt{2}+1} \\
&= 1+\frac{1}{2+\left(\sqrt{2}-1\right)}=1+\frac{1}{2+\frac{1}{\sqrt{2}+1}} \\
&= 1+\frac{1}{2+\frac{1}{2+\left(\sqrt{2}-1\right)}}=1+\frac{1}{2+\frac{1}{2+\frac{1}{\sqrt{2}+1}}} \\
&= 1+\frac{1}{2+\frac{1}{2+\ldots}}
\end{aligned}$$

결국 무리수 $\sqrt{2}$를 연분수 형태로 고치면 $[1,2,2,\ldots]$의 형태, 즉 '무한 연분수(infinite continued fraction)' 형태가 됨을 알 수 있다.

예제 1.13 $\left(\sqrt{5}-2\right)\left(\sqrt{5}+2\right)=1$을 이용하여 무리수 $\sqrt{5}$를 무한 연분수 형태로 고치시오.

예제 1.13 예시 답안 무리수 $\sqrt{5}$를 무한 연분수 형태로 고치면 다음과 같다.

$$\begin{aligned}
\sqrt{5} &= 2+\left(\sqrt{5}-2\right) = 2+\frac{1}{\sqrt{5}+2} \\
&= 2+\frac{1}{4+\left(\sqrt{5}-2\right)} = 2+\frac{1}{4+\frac{1}{\sqrt{5}+2}} \\
&= 2+\frac{1}{4+\frac{1}{4+\left(\sqrt{5}-2\right)}} = 2+\frac{1}{4+\frac{1}{4+\frac{1}{\sqrt{5}+2}}} \\
&= 2+\frac{1}{4+\frac{1}{4+\dots}}
\end{aligned}$$

결국 $\sqrt{5}=[2,4,4,\dots]$가 됨을 알 수 있다.

□□□

제 4 절 소수

'소수(floating point)'는 실수를 표현하는 또 다른 방법이 된다. 그림 1.3은 소수에 대한 분류를 보여주고 있다. 정수가 아닌 실수는 단순히 분자를 분모로 나누어서, 실수에 상응되는 소숫값으로 변환이 된다. 예를 들어, $\frac{1}{5} = 0.2$가 되고 $\frac{1}{3} = 0.333\ldots$이 된다.

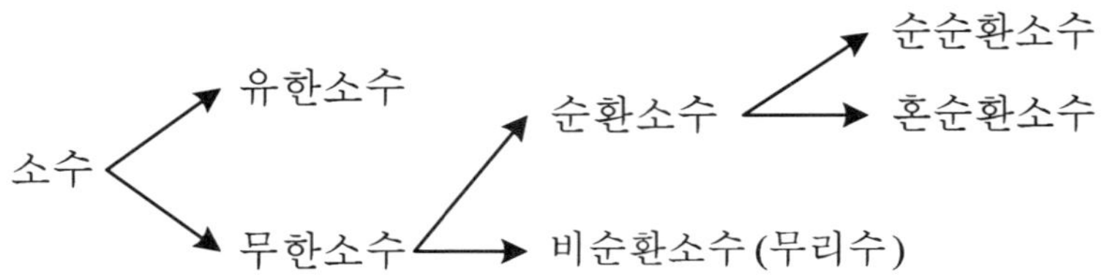

그림 1.3: 소수의 분류

가. 유한소수와 무한소수

어떤 소수가 소수점으로부터 오른쪽으로 유한개의 자릿수로 구성되어 있는 경우, 이를 '유한소수(terminating decimal)'라고 한다. 예를 들어, 0.2, 0.245 등은 유한소수가 된다. 반면에 소수점으로부터 오른쪽으로 무한개의 자릿수로 구성되어 있는 경우, 이를 '무한소수(non-terminating decimal)'라고 한다. 예를 들어 $0.333\ldots$, $0.25145\ldots$ 등은 무한소수가 된다. $0.333\ldots$과 같은 무한소수에서 3과 같이 반복되는 수들(즉, '순환마디(repetend)')이 있는 경우, 이 무한소수를 '순환소수(repeating decimal)'라고 한다. 반면에 반복되는 수들이 없는 경우, 이 무한소수를 '비순환소수(non-repeating decimal)'라고 하며 이 비순환소수는 무리수가 된다. 결국 무리수는 "순환마디가 없는 비순환소수"이다.

한편 순환소수 중에서 순환마디가 소수 첫째 자리부터 시작되는 순환소수를 '순순환소수(pure repeating decimal)'라고 부르며, 순환마디가 소수 첫째 자리부터 시작되지 않는 순환소수를 '혼순환소수(mixed repeating decimal)'라고 부른다.

어떤 분수가 유한소수인지 또는 무한소수인지 여부를 판단하는 방법은 분모의 인수를 살펴보면 된다. 만약 분모의 인수가 2와 5로만 구성되어 있는 경우, 이 분수는 유한소수가 된다. 예를 들어 분수 $\frac{3}{10}$의 분모는 2와 5라는 인수로만으로 구성되어 있기 때문에 분수 $\frac{3}{10}$은 0.3이라는 유한소수로 표현이 된다. 반면에 분모의 인수가 2와 5 이외의 수가 있는 경우, 이 분수는 무한소수가 된다. 한 예로 분수 $\frac{5}{6}$의 분모는 2와 3이라는 인수로 구성되어 있기 때문에 분수 $\frac{5}{6}$는 $0.833\ldots$이라는 무한소수로 표현이 된다.

예제 1.14 다음에 있는 분수들 중 유한소수들을 고르시오.

(a) $\frac{2}{5}$ (b) $\frac{5}{12}$ (c) $\frac{7}{20}$

(d) $\frac{7}{30}$ (e) $\frac{3}{100}$ (f) $\frac{7}{90}$

예제 1.14 예시 답안

(a) 분수 $\frac{2}{5}$의 분모는 5로 구성되어 있기 때문에 $\frac{2}{5} = 0.4$가 되어 유한소수가 된다.

(b) 분수 $\frac{5}{12}$의 분모는 2, 2, 3의 곱으로 구성되어 있기 때문에 $\frac{5}{12} = 0.4166\ldots$이 되어 무한소수가 된다.

(c) 분수 $\frac{7}{20}$의 분모는 2, 2, 5의 곱으로 구성되어 있기 때문에 $\frac{7}{20} = 0.35$가 되어 유한소수가 된다.

(d) 분수 $\frac{7}{30}$의 분모는 2, 3, 5의 곱으로 구성되어 있기 때문에 $\frac{7}{30} = 0.233\ldots$이 되어 무한소수가 된다.

(e) 분수 $\frac{3}{100}$의 분모는 2, 2, 5, 5의 곱으로 구성되어 있기 때문에 $\frac{3}{100} = 0.03$이 되어 유한소수가 된다.

(f) 분수 $\frac{7}{90}$의 분모는 2, 3, 3, 5의 곱으로 구성되어 있기 때문에 $\frac{7}{90} = 0.077\ldots$이 되어 무한소수가 된다.

□□□

나. 순환소수

분수는 분자를 분모로 나누는 것이기 때문에, 유한소수인 경우 분자를 분모로 나누게 되면 결국에는 나누어 떨어진다. 반면에 순환소수는 무한소수의 일종으로 나누어 떨어지지 않기 때문에 0.333..., 0.1212..., 0.123123..., 67.123454545... 등과 같이 순환마디를 갖는 형태가 된다. 이와 같은 순환마디를 점(·)이나 선(−)을 이용하여 다음과 같이 간단하게 표기를 할 수 있다.

$$
\begin{aligned}
0.333\ldots &= 0.\dot{3} \\
0.1212\ldots &= 0.\overline{12} \\
0.123123\ldots &= 0.\overline{123} \\
67.1234545\ldots &= 67.123\overline{45}
\end{aligned}
$$

이제부터 순환소수를 분수로 바꾸는 방법에 대해 살펴보자. 예를 들어 순환소수인 $A = 0.333\ldots = 0.\dot{3}$에 대해 살펴보자. 우선 A에 10을 n번 곱해보자. 여기서 n은 순환마디 내에 있는 숫자의 개수가 된다. 즉, 다음과 같은 식을 얻는다.

$$\begin{aligned} A &= 0.333\ldots \\ 10 \times A &= 3.333\ldots \end{aligned}$$

위에 있는 두 식의 차를 구하게 되면 다음과 같은 식을 얻는다.

$$\begin{aligned} &(10-1) \times A = 3.333\ldots - 0.333\ldots = 3 - 0 = 3 \\ \therefore \quad &A = \frac{3-0}{10-1} = \frac{3}{9} = \frac{1}{3} \end{aligned}$$

즉 순환소수 $A = 0.333\ldots = 0.\dot{3}$을 분수로 고치면 $\frac{1}{3}\left(= \frac{3}{9} = \frac{3-0}{10-1}\right)$이 됨을 알 수 있다. 또 다른 예로 순환소수인 $B = 0.\overline{123}$에 대해 살펴보자. 이 경우 순환마디에 있는 숫자의 개수는 3개가 된다. 즉 다음과 같은 식을 얻는다.

$$\begin{aligned} B &= 0.123123\ldots \\ 1000 \times B &= 123.123123\ldots \end{aligned}$$

위에 있는 두 식의 차를 구하게 되면 다음과 같은 식을 얻는다.

$$\begin{aligned} &(1000-1) \times B = 123.123123\ldots - 0.123123\ldots = 123 - 0 = 123 \\ \therefore \quad &B = \frac{123-0}{1000-1} = \frac{123}{999} = \frac{41}{333} \end{aligned}$$

즉 순환소수 $B = 0.\overline{123}$을 분수로 고치면 $\frac{41}{333}\left(= \frac{123}{999} = \frac{123-0}{1000-1}\right)$이 됨을 알 수 있다. 또 다른 예로 순환소수인 $C = 67.123\overline{45}$에 대해 살펴보자. 이 경우 순환마디의 시작은 소수점 첫째 자리로부터 시작을 하지 않았다. 우선 주어진 순환소수를 순환마디가 소수점 첫째 자리에서 시작되도록 고쳐야 한다. 즉 다음과 같은 식을 얻는다.

$$\begin{aligned} C &= 67.1234545\ldots \\ C \times 1000 &= 67123.4545\ldots \\ (C \times 1000) \times 100 &= 6712345.4545\ldots \end{aligned}$$

위에 있는 두 식의 차를 구하게 되면 다음과 같은 식을 얻는다.

$$\begin{aligned} &(100000 - 1000) \times C = 6712345.4545\ldots - 67123.4545\ldots \\ &\qquad = 6712345 - 67123 = 6645222 \\ \therefore \quad &C = \frac{6712345 - 67123}{100000 - 1000} = \frac{6645222}{99000} = \frac{369179}{5500} \end{aligned}$$

즉 순환소수 $C = 67.123\overline{45}$를 분수로 고치면 $\frac{369179}{5500}\left(= \frac{6645222}{99000} = \frac{6712345-67123}{100000-1000}\right)$가 됨을 알 수 있다.

예제 1.15 다음에 있는 순환소수를 분수형태로 고치시오.

(a) $0.\dot{1}$ (b) $2.\dot{6}$ (c) $0.\overline{23}$ (d) $12.\overline{34}$

(e) $0.45\dot{4}$ (f) $3.45\overline{67}$ (g) $4.00\overline{23}$

예제 1.15 예시 답안

(a) $0.\dot{1} = \frac{1-0}{10-1} = \frac{1}{9}$

(b) $2.\dot{6} = \frac{26-2}{10-1} = \frac{24}{9} = \frac{8}{3}$

(c) $0.\overline{23} = \frac{23-0}{100-1} = \frac{23}{99}$

(d) $12.\overline{34} = \frac{1234-12}{100-1} = \frac{1222}{99}$

(e) $0.45\dot{4} = \frac{454-45}{1000-100} = \frac{409}{900}$

(f) $3.45\overline{67} = \frac{34567-345}{10000-100} = \frac{34222}{9900} = \frac{17111}{4950}$

(g) $4.00\overline{23} = \frac{40023-400}{10000-100} = \frac{39623}{9900}$

□□□

제 5 절 인수분해

대수식에 대한 '인수분해(factorization)'는 "주어진 대수식을 2개 이상의 차수가 낮은 대수식의 곱으로 표현하는 것"이다.

가. 공통인수로 인수분해

숫자 표현에 있어 4는 2×2로 소인수분해가 되기 때문에 소수 2는 숫자 4에 대한 인수가 된다. 또한 6은 2×3으로 소인수분해가 되기 때문에 소수 2, 3은 숫자 6에 대한 인수가 된다. 그러므로 숫자 4와 6에 대한 공통인수는 2가 된다. 유사한 방법으로 대수식은 공통인수로 인수분해가 된다. 만약 대수식 $4x + 6$이 있는 경우 두 개의 항 $4x$와 6에 대한 공통인수는 2가 된다. 그러므로 대수식 $4x + 6$은 $2(x + 3)$으로 인수분해가 된다.

대수식에 있어 '최대공통인수(greatest common factor)'는 "모든 항에 대한 공통인 최대인수"가 된다. 예를 들어 대수식 $2xy + 6y$가 있는 경우, 대수식 내에 있는 각 항은 다음과 같이 인수분해가 된다.

$$2xy = 2 \times x \times y, \qquad 6y = 2 \times 3 \times y$$

두 개의 항 $2xy$, $6y$에 대한 공통인수는 2와 y가 되기 때문에 두 항에 대한 최대공통인수는 $2y(= 2 \times y)$가 된다. 그러므로 대수식 $2xy + 6y$는 $2y(x + 3)$으로 인수분해가 된다.

예제 1.16 다음에 있는 대수식을 인수분해 하시오.

(a) $3x + 6$ (b) $2y^2 - 6y$ (c) $3t^2 - 3t - 9$
(d) $2x^2y + 4xy + 6y$ (e) $3x^4y^3 - 6x^3y^2 + 9x^2y$

예제 1.16 예시 답안

(a) $3x + 6 = 3 \times x + 2 \times 3 = 3(x + 2)$

(b) $2y^2 - 6y = 2 \times y \times y - 2 \times 3 \times y = 2y(y - 3)$

(c) $3t^2 - 3t - 9 = 3 \times t \times t - 3 \times t - 3 \times 3 = 3(t^2 - t - 3)$

(d) 세 개의 항 $2x^2y$, $4xy$, $6y$에 대한 최대공통인수는 $2y$가 된다. 그러므로 주어진 대수식은 다음과 같이 인수분해가 된다.

$$2x^2y + 4xy + 6y = 2y(x^2 + 2x + 3)$$

(e) 세 개의 항 $3x^4y^3$, $-6x^3y^2$, $9x^2y$에 대한 최대공통인수는 $3x^2y$가 된다. 그러므로 주어진 대수식은 다음과 같이 인수분해가 된다.

$$3x^4y^3 - 6x^3y^2 + 9x^2y = 3x^2y(x^2y^2 - 2xy + 3)$$

□□□

나. 이차식에 대한 인수분해

이차식은 다음과 같은 형태로 표현이 된다.

$$ax^2 + bx + c$$

여기서 a, b, c는 실수가 되며, $a \neq 0$이다. 이차식을 인수분해한다는 것은 $x^2 + 3x + 2 = (x+1)(x+2)$와 같이 2개의 일차식의 곱으로 표현하는 것을 의미한다. 이제부터 $x^2 + bx + c$ 또는 $ax^2 + bx + c$의 형태로 된 이차식의 인수분해에 대해 살펴보자. 참고로 이차식 $x^2 + bx + c$는 $ax^2 + bx + c$의 특수형태가 된다. 즉 $a = 1$인 경우가 된다. 이차식 $x^2 + bx + c$가 인수분해 가능하다면, 이 이차식은 다음과 같이 두 개의 일차식으로 인수분해가 된다.

$$x^2 + bx + c = (x+p)(x+q) = x^2 + (p+q)x + pq$$

위에 있는 등식을 살펴보면 이차식 x항의 계수 b는 정수인 인수 p, q의 합 $(p + q)$와 같고, 이차식 상수항의 계수 c는 정수인 인수 p, q의 곱 $(p \times q)$와 같다. 만약 인수분해하고자하는 이차식이 $x^2 + 3x + 2$인 경우, x항의 계수 3은 두 개의 인수 p, q의 합으로 부터 계산이 되고, 상수항의 계수 2는 두 개의 인수 p, q의 곱으로부터 계산이 된다. 이 두 가지 조건을 만족하는 정수인 인수 p, q의 값에 대한 순서쌍은 $(1, 2)$ 또는 $(2, 1)$이 된다. 그러므로 주어진 이차식 $x^2 + 3x + 2$는 $(x+1)(x+2)$로 인수분해가 된다. 표 1.6은 다항식과 다차식을 인수분해하는데 사용되는 유용한 공식이다.

예제 1.17 다음에 있는 식을 인수분해 하시오.

(a) $x^2 + 5x + 6$ (b) $y^2 - 5y + 6$ (c) $t^2 - 9$ (d) $x^2 + 2x + 2$

예제 1.17 예시 답안 문제에서 주어진 이차식들은 $x^2 + bx + c$의 형태로 되었기에, 이 들을 인수분해하기 위해서는 $(x+p)(x+q) = x^2 + (p+q)x + pq$를 이용하면 된다.

□ $ax + ay = a(x + y)$ □ $x^2 + 2xy + y^2 = (x + y)^2$ □ $x^2 - 2xy + y^2 = (x - y)^2$ □ $x^2 - y^2 = (x + y)(x - y)$ □ $xy + (a + b)x + ab = (x + a)(x + b)$ □ $acx^2 + (ac + bd)xy + bdy^2 = (ax + by)(cx + dy)$ □ $x^2 + y^2 + z^2 + 2(xy + yz + zx) = (x + y + z)^2$ □ $x^3 + y^3 = (x + y)(x^2 - xy + y^2)$ □ $x^3 - y^3 = (x - y)(x^2 + xy + y^2)$ □ $x^3 + y^3 + z^3 - 3xyz = (x + y + z)(x^2 + y^2 + z^2 - xy - yz - zx)$ □ $x^4 - y^4 = (x^2 + y^2)(x^2 - y^2) = (x^2 + y^2)(x + y)(x - y)$

표 1.6: 다항식과 다차식을 인수분해하기 위한 공식들

(a) $p + q = 5$와 $pq = 6$을 만족시키는 p, q값에 대한 순서쌍은 $(2, 3)$, $(3, 2)$가 되니, 주어진 이차식은 $x^2 + 5x + 6 = (x + 2)(x + 3)$으로 인수분해가 된다.

(b) $p + q = -5$와 $pq = 6$을 만족시키는 p, q값에 대한 순서쌍은 $(-2, -3)$, $(-3, -2)$가 되니, 주어진 이차식은 $y^2 - 5y + 6 = (y - 2)(y - 3)$으로 인수분해가 된다.

(c) $p + q = 0$와 $pq = -9$를 만족시키는 p, q값에 대한 순서쌍은 $(3, -3)$, $(-3, 3)$이 되니, 주어진 이차식은 $t^2 - 9 = (t + 3)(t - 3)$으로 인수분해가 된다.

(d) $p + q = 2$와 $pq = 2$를 만족시키는 p, q의 정숫값은 없다. 그러므로 주어진 이차식 $x^2 + 2x + 2$는 (정수 범위 내에서) 인수분해가 되지 않는다.

□□□

이차식 $ax^2 + bx + c$를 인수분해하기 위해서는 많은 시행착오를 거쳐 ax^2과 c의 모든 인수를 검토해야 한다. 예를 들어 $2x^2 + 5x + 2$를 인수분해 해보자. $2x^2$의 인수는 $(2x, x)$가 되며, 상수항에 있는 2의 인수는 $(1, 2)$ 또는 $(-1, -2)$가 된다. 이제 이러한 인수들을 갖고 $2x$, x, 1, 2(또는 $2x$, x, -1, -2)로 된 두 개의 일차식 인수를 구성해야 한다. 두 개의 일차식 인수를 구성하는 방법은 다음과 같이

4가지 경우가 있다.

$$(2x+1)(x+2), \quad (2x+2)(x+1), \quad \text{인수 } 2x, x, 1, 2\text{인 경우}$$
$$(2x-1)(x-2), \quad (2x-2)(x-1) \quad \text{인수 } 2x, x, -1, -2\text{인 경우}$$

위에 있는 4가지의 식과 주어진 식이 같은가를 비교하기 위해서는 위에 있는 4개의 식 모두를 전개해서 일차항 x의 계수를 살펴보아야 한다. 우선 첫번째 식을 전개해보면 $(2x+1)(x+2) = 2x^2+5x+2$가 주어진 식과 동일함을 알 수 있다. 그러므로 주어진 이차식 $2x^2+5x+2$는 $(2x+1)(x+2)$로 인수분해가 된다. 그러나 두번째 식인 $(2x+2)(x+1)$을 전개해보면 $2x^2+4x+2$가 되어 주어진 식과 다름을 알 수 있다. 비슷한 방법으로 세번째, 네번째 식을 전개해보면 이들 역시 주어진 식과 다름을 알 수 있다.

예제 1.18 다음에 있는 식을 인수분해 하시오.

(a) $6x^2+7x+2$ (b) $2y^2-9y+9$ (c) $4t^2-1$ (d) $2x^2-2x-12$

예제 1.18 예시 답안

(a) $6x^2$의 인수는 $(6x, x)$, $(3x, 2x)$가 되고, 2의 인수는 $(1,2)$, $(-1,-2)$가 된다. 두 개의 일차식 인수를 만드는 방법은 다음과 같이 8개의 경우가 있다.

$$(6x+1)(x+2), \quad (6x+2)(x+1), \quad \text{인수 } 6x, x, 1, 2\text{인 경우}$$
$$(6x-1)(x-2), \quad (6x-2)(x-1), \quad \text{인수 } 6x, x, -1, -2\text{인 경우}$$
$$(3x+1)(2x+2), \quad (3x+2)(2x+1), \quad \text{인수 } 3x, 2x, 1, 2\text{인 경우}$$
$$(3x-1)(2x-2), \quad (3x-2)(2x-1) \quad \text{인수 } 3x, 2x, -1, -2\text{인 경우}$$

첫번째 식은 $(6x+1)(x+2) = 6x^2+13x+2$가 되어 주어진 식과 다르다. 두번째 식은 $(6x+2)(x+1) = 6x^2+8x+2$가 되어 주어진 식과 다르다. 세번째 식 역시 $(6x-1)(x-2) = 6x^2-13x+2$가 되어 주어진 식과 다르다. 네번째 식은 $(6x-2)(x-1) = 6x^2-8x+2$가 되어 주어진 식과 다르다. 다섯번째 식은 $(3x+1)(2x+2) = 6x^2+8x+2$가 되어 주어진 식과 다르다. 여섯번째 식은 $(3x+2)(2x+1) = 6x^2+7x+2$가 되어 주어진 식과 같다. 그러므로 주어진 식의 인수분해는 다음과 같이 된다.

$$6x^2+7x+2 = (3x+2)(2x+1)$$

(b) $2y^2$의 인수는 $(2y, y)$가 되고 9의 인수는 $(1,9)$, $(-1,-9)$, $(3,3)$, $(-3,-3)$이 된다. 그러므로 두 개의 일차식 인수를 만드는 방법은 다음과 같이 6개의 경

우가 있다.

$(2y+1)(y+9)$,	$(2y+9)(y+1)$,	인수 $2y, y, 1, 9$인 경우
$(2y-1)(y-9)$,	$(2y-9)(y-1)$,	인수 $2y, y, -1, -9$인 경우
$(2y+3)(y+3)$,		인수 $2y, y, 3, 3$인 경우
$(2y-3)(y-3)$		인수 $2y, y, -3, -3$인 경우

위에 있는 식들을 차례로 전개해 보면 다음과 같다.

$$(2y+1)(y+9) = 2y^2+19y+9, \qquad (2y+9)(y+1) = 2y^2+11y+9,$$
$$(2y-1)(y-9) = 2y^2-19y+9, \qquad (2y-9)(y-1) = 2y^2-11y+9,$$
$$(2y+3)(y+3) = 2y^2+9y+9,$$
$$(2y-3)(y-3) = 2y^2-9y+9$$

그러므로 주어진 이차식은 $2y^2-9y+9 = (2y-3)(y-3)$으로 인수분해가 된다.

(c) $4t^2$의 인수는 $(4t, t)$, $(2t, 2t)$가 되고 -1의 인수는 $(1, -1)$이 된다. 그러므로 두 개의 일차식 인수를 만드는 방법은 다음과 같이 3개가 있다.

$$(4t+1)(t-1), \qquad (4t-1)(t+1), \qquad (2t+1)(2t-1)$$

위에 있는 식들을 차례로 전개해 보면 다음과 같다.

$$\begin{aligned}(4t+1)(t-1) &= 4t^2-3t-1,\\ (4t-1)(t+1) &= 4t^2+3t-1,\\ (2t+1)(2t-1) &= 4t^2-1\end{aligned}$$

그러므로 주어진 이차식은 $4t^2-1 = (2t+1)(2t-1)$로 인수분해가 된다.

(d) 주어진 식은 $2x^2-2x-12 = 2(x^2-x-6)$으로 표현할 수 있다. x^2-x-6은 $x^2+bx+c = (x+p)(x+q)$의 형태가 된다. 이 형태를 이용하면 두 조건 $p+q=-1$, $pq=-6$을 만족시키는 p, q의 값은 $p=-3, q=2$가 된다. 그러므로 주어진 식은 다음과 같이 인수분해가 된다.

$$2x^2-2x-12 = 2(x^2-x-6) = 2(x-3)(x+2)$$

□□□

다항식 $x^2 - 3x + 2$를 인수분해하게 되면 $(x-1)(x-2)$가 된다. 인수 $(x-1)$과 $(x-2)$는 x^2-3x+2를 나머지 없이 나누는 약수가 된다. 즉 $x = 1$(또는 $x = 2$)를 주어진 다항식에 대입하게 되면 다음과 같이 다항식은 0이 된다.

$$1^2 - 3 \times 1 + 2 = 0 \quad (\text{또는} \quad 2^2 - 3 \times 2 + 2 = 0)$$

이는 어떤 다항식이 $x = a$로 나누어 떨어지면 그 다항식은 $(x-a)$라는 일차식 인수를 갖게 된다. 예를 들어 다항식 $x^4 + 2x^3 - x - 2$를 쉽고 빠르게 인수분해할 수 있다. 만약 $x = 1$을 주어진 다항식에 대입하게 되면 다항식은 $1^4 + 2 \times 1^3 - 1 - 2 = 0$이 된다. 즉 다항식은 $(x-1)$이라는 인수를 갖게 되어 다음과 같이 인수분해가 된다.

$$x^4 + 2x^3 - x - 2 = (x-1)(x^3 + 3x^2 + 3x + 2)$$

비슷한 방법으로 위에 있는 $x^3 + 3x^2 + 3x + 2$는 $(x+2)$라는 일차식 인수를 갖게 된다. 즉 $x = -2$를 다항식 $x^3 + 3x^2 + 3x + 2$에 대입하게 되면 그 값은 0이 된다. 그러므로 주어진 다항식은 최종적으로 다음과 같이 인수분해가 된다.

$$\begin{aligned} x^4 + 2x^3 - x - 2 &= (x-1)(x^3 + 3x^2 + 3x + 2) \\ &= (x-1)(x+2)(x^2 + x + 1) \end{aligned}$$

예제 1.19 다음에 있는 다항식을 인수분해하시오.

(a) $x^2 + x - 6$ (b) $2xy^2 + 4xy + 2x$ (c) $2x^3y - 6x^2y^2 + 4xy^3$
(d) $x^3 - 8$ (e) $x^3 + 2x^2 - x - 2$ (f) $x^8 - 1$

예제 1.19 예시 답안

(a) 주어진 다항식은 $x^2 + bx + c$의 형태이기 때문에, 이를 인수분해하기 위해서는 $(x+p)(x+q) = x^2 + (p+q)x + pq$의 형태를 이용하면 된다. 즉, x항의 계수 1은 p와 q의 합이 되고, 상수항의 값 -6은 p와 q의 곱이 된다. 그러므로 이를 만족시키는 p, q의 값은 $p = 3, q = -2$가 된다. 즉 주어진 다항식은 다음과 같이 인수분해가 된다.

$$x^2 + x - 6 = (x+3)(x-2)$$

(b) $2xy^2 + 4xy + 2x = 2x(y^2 + 2y + 1) = 2x(y+1)(y+1) = 2x(y+1)^2$

(c) $2x^3y - 6x^2y^2 + 4xy^3 = 2xy(x^2 - 3xy + 2y^2) = 2xy(x-2y)(x-y)$

(d) $x = 2$를 주어진 식에 대입하게 되면 주어진 식은 0이 된다. 그러므로 주어진 식은 다음과 같이 인수분해가 된다.

$$x^3 - 8 = (x-2)(x^2+2x+4)$$

(e) $x = 1$을 주어진 식에 대입하게 되면 주어진 식은 0이 된다. 그러므로 주어진 식은 다음과 같이 인수분해가 된다.

$$x^3 + 2x^2 - x - 2 = (x-1)(x^2+3x+2) = (x-1)(x+1)(x+2)$$

(f) $x = 1$을 주어진 식에 대입하게 되면 주어진 식은 0이 된다. 그러므로 주어진 식은 다음과 같이 인수분해가 된다.

$$x^8 - 1 = (x-1)(x^7+x^6+x^5+x^4+x^3+x^2+x+1)$$

또한 위에 있는 $x^7+x^6+x^5+x^4+x^3+x^2+x+1$에 $x = -1$을 대입하게 되면 이 다항식의 값은 0이 된다. 즉, $(x+1)$은 $x^7+x^6+x^5+x^4+x^3+x^2+x+1$의 인수가 된다. 그러므로 주어진 다항식은 다음과 같이 인수분해가 된다.

$$\begin{aligned} x^8 - 1 &= (x-1)(x^7+x^6+x^5+x^4+x^3+x^2+x+1) \\ &= (x-1)(x+1)\left[x^4(x^2+1)+(x^2+1)\right] \\ &= (x-1)(x+1)(x^2+1)(x^4+1) \end{aligned}$$

□□□

제 6 절 진법

우리는 일상생활에서 $0, 1, 2, 3, \ldots, 8, 9$라는 9개의 숫자를 이용한 십진법을 쓰고 있다. 0부터 9까지를 센 다음 두번째 자릿수(즉 십의 자리)에 1을 추가하여 10이라는 수를 만든다. 십진법에서 정수 123은 다음과 같이 표현이 된다.

$$123_{10} = 1 \times 100 + 2 \times 10 + 3 \times 1 = 1 \times 10^2 + 2 \times 10^1 + 3 \times 10^0$$

또한 십진법에서 소수 3210.12는 다음과 같이 표현이 된다.

$$\begin{aligned} 3210.12_{10} &= 3 \times 1000 + 2 \times 100 + 1 \times 10 + 0 \times 1 + 1 \times 0.1 + 2 \times 0.01 \\ &= 3 \times 10^3 + 2 \times 10^2 + 1 \times 10^1 + 0 \times 10^0 + 1 \times 10^{-1} + 2 \times 10^{-2} \end{aligned}$$

십진법으로 된 실수 R은 R_{10}으로 표시가 되며, 10의 지수 형태로 다음과 같이 표현이 된다.

$$\begin{aligned} R_{10} &= a_n a_{n-1} \ldots a_1 a_0 . b_1 b_2 \ldots b_m \\ &= a_n \times 10^n + a_{n-1} \times 10^{n-1} + \ldots + a_1 \times 10^1 + a_0 \times 10^0 \\ &\quad + b_1 \times 10^{-1} + b_2 \times 10^{-2} + \ldots + b_m \times 10^{-m} \end{aligned}$$

십진법으로 된 수(십진수)는 이진수, 8진수, 16진수 등으로 바꿀 수가 있다. 특히 이진수는 컴퓨터에서 사용되는 숫자를 표현하는데 유용한 진법의 수이며, 0과 1을 사용한다. 8진수는 0, 1, 2, 3, 4, 5, 6, 7이라는 8개의 숫자를 사용한다. 16진수는 $0, 1, 2, 3, \ldots, 9, A, B, C, D, E, F$라는 16개의 숫자를 사용한다. 예를 들어 $10_{10} = A_{16}$이 되며, $11_{10} = B_{16}$, $12_{10} = C_{16}$, $13_{10} = D_{16}$, $14_{10} = E_{16}$, $15_{10} = F_{16}$이 된다.

예제 1.20 다음에 있는 b진법의 수들을 b의 지수 형태로 고치시오.

(a) 123_{10} (b) 1001_{10} (c) 210.12_{10}
(d) 1010.01_2 (e) $A0B0.0C_{16}$

예제 1.20 예시 답안

(a) $123_{10} = 1 \times 10^2 + 2 \times 10^1 + 3 \times 10^0 = 1 \times 10^2 + 2 \times 10 + 3$

(b) $1001_{10} = 1 \times 10^3 + 0 \times 10^2 + 0 \times 10^1 + 1 \times 10^0 = 1 \times 10^3 + 1$

(c) $210.12_{10} = 2 \times 10^2 + 1 \times 10 + 1 \times 10^{-1} + 2 \times 10^{-2}$

(d) $1010.01_2 = 1 \times 2^3 + 1 \times 2 + 1 \times 2^{-2}$

(e) $A0B0.0C_{16} = A \times 16^3 + B \times 16 + C \times 16^{-2}$ $\left(= 10 \times 16^3 + 11 \times 16 + 12 \times 16^{-2}\right)$

□□□

가. 임의의 진수를 십진수로 고치기

이진수 1001은 다음과 같이 십진수로 표현이 된다.

$$1001_2 = 1 \times 2^3 + 0 \times 2^2 + 0 \times 2^1 + 1 \times 2^0 = 8 + 1 = 9_{10}$$

16진수 $ABC.DE$는 다음과 같이 십진수로 표현이 된다.

$$\begin{aligned} ABC.DE &= A \times 16^2 + B \times 16^1 + C \times 16^0 + D \times 16^{-1} + E \times 16^{-2} \\ &= 10 \times 256 + 11 \times 16 + 12 + 13 \times \frac{1}{16} + 14 \times \frac{1}{16^2} \\ &= 2560 + 176 + 12 + \frac{13}{16} + \frac{14}{256} \\ &= 2748.8671875_{10} \end{aligned}$$

즉 b진법인 실수 R_b는 다음과 같이 십진수로 변경이 된다.

$$\begin{aligned} R_b &= p_n p_{n-1} \ldots p_1 p_0 . q_1 q_2 \ldots q_m \\ &= p_n \times b^n + p_{n-1} \times b^{n-1} + \ldots + p_1 \times b^1 + p_0 \times b^0 \\ &\quad + q_1 \times b^{-1} + q_2 \times b^{-2} + \ldots + q_m \times b^{-m} \end{aligned}$$

예제 1.21 다음에 있는 b진수를 십진수로 고치시오.

(a) 1100_2 (b) 144_8 (c) DE_{16} (d) 12444_5
(e) 111.11_2 (f) 144.14_8 (g) $DE.FA_{16}$

예제 1.21 예시 답안

(a) $1100_2 = 1 \times 2^3 + 1 \times 2^2 = 12_{10}$

(b) $144_8 = 1 \times 8^2 + 4 \times 8 + 4 = 100_{10}$

(c) $DE_{16} = D \times 16 + E = 13 \times 16 + 14 = 222_{10}$

(d) $12444_5 = 1 \times 5^4 + 2 \times 5^3 + 4 \times 5^2 + 4 \times 5 + 4 = 999_{10}$

(e) $111.11_2 = 1 \times 2^2 + 1 \times 2 + 1 + 1 \times 2^{-1} + 1 \times 2^{-2} = 7.75_{10}$

(f) $144.14_8 = 1 \times 8^2 + 4 \times 8 + 4 + 1 \times 8^{-1} + 4 \times 8^{-2} = 100.1875_{10}$

(g)

$$
\begin{aligned}
DE.FA_{16} &= D \times 16 + E + F \times 16^{-1} + A \times 16^{-2} \\
&= 13 \times 16 + 14 + 15 \times 16^{-1} + 10 \times 16^{-2} \\
&= 222.9765625_{10}
\end{aligned}
$$

□□□

나. 십진수를 임의의 진수로 고치기

십진수를 b진수로 고치는 작업을 살펴보자. 십진수 26을 8진수로 고치면 $26_{10} = 32_8$가 된다. 그림 1.4는 십진수를 이진수와 16진수로 고치는 과정을 보여주고 있다. 참고로 십진수 9는 이진수 1001_2이 되며, 십진수 2748은 16진수 ABC_{16}가 된다.

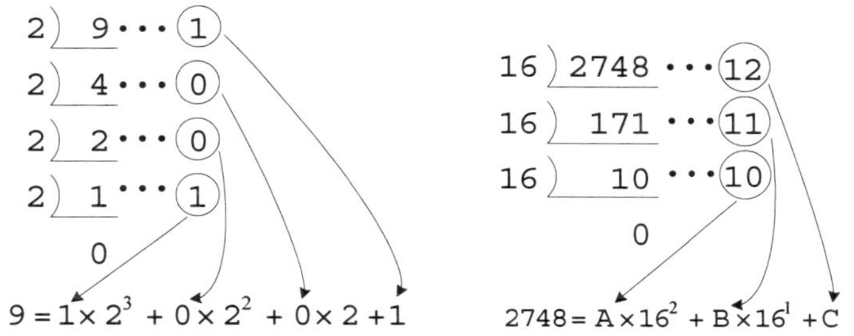

(a) $9_{10} = 1001_2$ (b) $2748_{10} = ABC_{16}$

그림 1.4: 십진수를 이진수와 16진수로 고치는 과정

이를 위한 작업의 절차는 다음과 같다. 우선 주어진 십진수를 b로 나누어 몫과 나머지를 얻는다. 이때 얻은 나머지는 b진수의 마지막 자릿수가 된다. 다음으로 몫을 b로 나누어 또 다른 몫과 나머지를 얻는다. 이 또 다른 나머지가 b진수의 마지막 두번째 자릿수가 된다. 이와 같은 작업을 몫이 0이 될 때까지 반복한다.

예제 1.22 다음에 있는 십진수를 괄호에서 제시된 진수로 고치시오.

(a) 12_{10} (2) (b) 100_{10} (8) (c) 222_{10} (16) (d) 999_{10} (5)

예제 1.22 예시 답안

(a) $12_{10} = 1100_2$

(b) $100_{10} = 144_8$

(c) $222_{10} = DE_{16}$

(d) $999_{10} = 12444_5$

□□□

소수의 값을 포함한 십진수를 b진수로 고치는 것은 쉽지가 않다. 그림 1.5는 소수의 값을 포함한 십진수를 어떻게 b진수로 고치는 방법을 보여주고 있다.

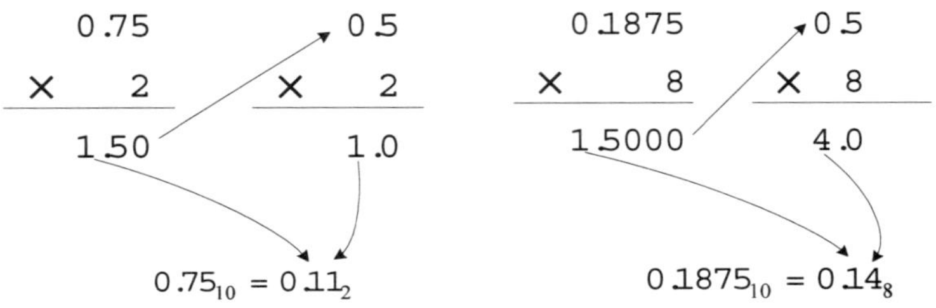

(a) $0.75_{10} = 0.11_2$ (b) $0.1875_{10} = 0.14_8$

그림 1.5: 소숫값을 포함한 십진수를 b진수로 고치는 과정

참고로 십진수 7.75_{10}는 이진수 111.11_2이 되며, 십진수 100.1875_{10}는 8진수 144.14_8가 된다. 소수의 값을 포함한 십진수를 임의의 진수로 고치기 위해서는, 우선 정수 부분과 소수 부분을 나누어야 한다. 정수 부분에 있는 정수를 임의의 진수로 고치는 방법은 이미 설명을 했다. 이제 소수 부분에 있는 십진수의 값들을 어떻게 임의의 b진수로 바꾸는 가를 살펴보자. 우선 소수 부분에 있는 값을 b로 곱하게 되면 새로운 정숫값과 소수 부분이 생긴다. 이 새로운 정수가 b진수의 소수점 오른쪽 첫번째 숫자의 값이 된다. 다음으로 새로운 소수 부분의 값을 b로 다시 곱하게 되면 또 다른 새로운 정숫값과 소수 부분이 생긴다. 이 또 다른 새로운 정수가 b진수의 소수점 오른쪽 두번째 숫자의 값이 된다. 이와 같은 방법을 구하고자 하는 소수 자릿수까지 반복 작업을 하면 된다.

예제 1.23 다음에 있는 십진수를 괄호에서 제시된 진수로 고치시오.

(a) 12.12_{10} (2) (b) 100.001_{10} (8) (c) 222.11_{10} (16) (d) 999.99_{10} (5)

예제 1.23 예시 답안

(a) $12.12_{10} = 1100.00011_2$ (소수 다섯자리)

(b) $100.001_{10} = 144.0004_8$ (소수 네자리)

(c) $222.22_{10} = DE.3851_{16}$ (소수 네자리)

(d) $999.99_{10} = 12444.4433_5$ (소수 네자리)

□□□

다. 2^n 진수를 2^m 진수로 고치기

8진수(또는 16진수)를 이진수로 고치는 것은 쉽지가 않다. 8진수(또는 16진수)의 각 자릿수는 이진수의 3개(또는 4개)의 자릿수를 표현하고 있기 때문에, 이를 이용하면 8진수(또는 16진수)를 쉽게 이진수로 고칠 수 있다. 예를 들어 8진수 246_8은 그림 1.6(a)에서 보듯이 이진수로 010100110_2이 된다.

(a) $246_8 = 010100110_2$ (b) $ABC_{16} = 101010111100_2$

그림 1.6: 8진수(또는 16진수)를 이진수로 고치는 과정

즉, 246_8의 2는 010100110_2의 010_2이 되고, 246_8의 4는 010100110_2의 100_2이 되며, 246_8의 8은 010100110_2의 110_2이 된다. 비슷한 방법으로 16진수 ABC_{16}를 이진수로 고치면 그림 1.6(b)에서 보듯이 101010111100_2이 된다.

이진수를 8진수(또는 16진수)로 고치는 것 역시 쉽다. 이진수에 있는 3개(또는 4개)의 자릿수는 8진수(또는 16진수)의 1개의 자릿수를 표현하고 있기 때문에 이를 이용하면 이진수를 쉽게 8진수(또는 16진수)로 고칠 수 있다. 예를 들어 이진수 10100110_2은 8진수 246_8이 된다. 그림 1.7(a)에서 보듯이 10100110_2의 맨 오른쪽 3개의 자릿수 값 110_2은 8진수 246_8의 6_8이 된다. 또한 10100110_2의 가운데 3개의 자릿수 값 100_2은 8진수 246_8의 4_8가 되며, 10100110_2의 맨 왼쪽 2개의 자릿수 값 10_2은 8진수 246_8의 2_8가 된다.

비슷한 방법으로 이진수 101010111100_2은 그림 1.7(b)에서 보듯이 16진수 ABC_{16}가 된다. 즉, 이진수 101010111100_2의 맨 오른쪽에 있는 4개의 자릿수 값 1100_2은 ABC_{16}의 C_{16}가 되며, 101010111100_2의 가운데에 있는 4개의 자릿수 값

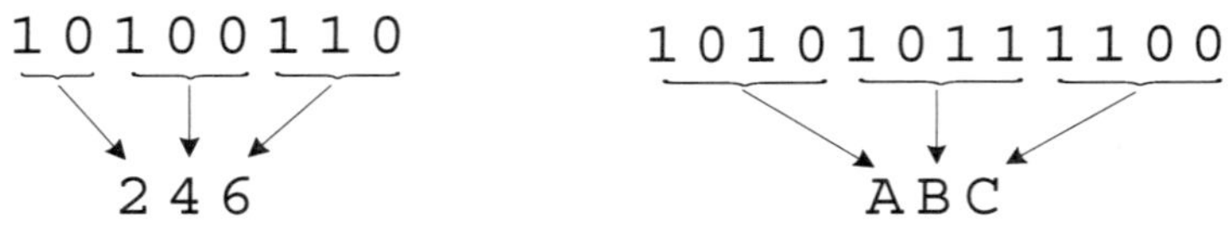

(a) $10100110_2 = 246_8$ (b) $101010111100_2 = ABC_{16}$

그림 1.7: 이진수를 8진수(또는 16진수)수로 고치는 과정

1011_2은 ABC_{16}의 B_{16}가 되고, 101010111100_2의 맨 왼쪽에 있는 4개의 자릿수 값 1010_2은 ABC_{16}의 A_{16}가 된다.

라. 임의의 진수를 임의의 진수로 고치기

임의의 b_1진수에서 임의의 b_2진수로 고치는 방법에 대해 살펴보자. 이진수에서 8진수로 고치는 것과 같이 b_1진수를 직접적으로 b_2진수로 고칠 수가 없다. b_1진수를 b_2진수로 고치기 위해서는 b_1진수를 우선적으로 십진수로 고친 후, 이 십진수를 b_2진수로 고치면 된다. 예를 들어 8진수 26_8을 12진수로 고치기 위해서는 26_8을 십진수 22_{10}로 고친 후, 이 십진수 22_{10}를 12진수 $1A_{12}$로 고치면 된다. 즉, $26_8 = 22_{10} = 1A_{12}$가 된다.

문제 1.4 다음에 있는 수를 괄호에서 제시된 진수로 고치시오.

(a) 46_{10} (12) (b) 46_8 (12) (c) 46_{12} (16) (d) 46_{16} (5)
(e) 46.46_{10} (12) (f) 46.46_8 (12) (g) 46.46_{12} (16) (h) 46.46_{16} (5)

□□□

문제 1.5 다음의 주어진 질문에 답하시오.

(a) 각 주머니마다 많은 바둑알이 담겨 있는 10개의 주머니가 있다. 그런데 9개의 주머니에는 10g짜리 바둑알들이 들어있고, 1개의 주머니에는 11g짜리 바둑알들이 들어있다. 무게를 측정하는 질량저울을 한 번만 사용하여 11g짜리 바둑알들이 담겨진 주머니를 찾아보는 방법을 제시하시오. 단 주머니 무게는 무시한다.

(b) 문제 (a)와 같은 상황에서 11g짜리 바둑알이 채워진 주머니가 몇 개 존재하는지 정확하게 알 수 없다. 이 역시 질량저울을 한 번만 사용하여 11g짜리 바둑알이 담겨진 주머니들을 모두 찾아내는 방법을 제시하시오.

(c) 180개의 바둑알이 있다. 1개의 바둑알을 제외한 모든 바둑알의 무게는 같고, 단 1개의 바둑알만 더 무겁다. 무게의 대소를 비교하는 양팔저울을 사용하여 이 무거운 바둑알을 찾기 위해서는 몇 번의 저울질을 해야 되나?

(d) 자연수의 질량을 가진 추 4개를 이용하여, 1g부터 자연수로 표현되는 질량을 빠짐없이 최대한 많이 잴 수 있는 양팔저울을 만들려고 한다. 어떤 자연수의 질량을 가진 추를 준비하면 되겠는가?

힌트: 필요시 이진법과 3진법을 활용하시오.

□□□

문제 1.6 그림 1.8은 상대방의 나이를 맞출 수 있는 마술카드이다.

1	3	5	7	9	11	13	15
17	19	21	23	25	27	29	31
33	35	37	39	41	43	45	47
49	51	53	55	57	59	61	63

1번 카드

2	3	6	7	10	11	14	15
18	19	22	23	26	27	30	31
34	35	38	39	42	43	46	47
50	51	54	55	58	59	62	63

2번 카드

4	5	6	7	12	13	14	15
20	21	22	23	28	29	30	31
36	37	38	39	44	45	46	47
52	53	54	55	60	61	62	63

3번 카드

8	9	10	11	12	13	14	15
24	25	26	27	28	29	30	31
40	41	42	43	44	45	46	47
56	57	58	59	60	61	62	63

4번 카드

16	17	18	19	20	21	22	23
24	25	26	27	28	29	30	31
48	49	50	51	52	53	54	55
56	57	58	59	60	61	62	63

5번 카드

32	33	34	35	36	37	38	39
40	41	42	43	44	45	46	47
48	49	50	51	52	53	54	55
56	57	58	59	60	61	62	63

6번 카드

그림 1.8: 나이를 맞추는 마술 카드

마술카드를 사용하는 방법은 우선적으로 상대방에게 자신의 나이가 쓰여 있는 모든 카드를 고르라고 한다. 그 다음 모든 카드의 맨 왼쪽 위의 숫자를 더하면 상대방의 나이가 된다. 예를 들어 17살의 경우에는 1번, 5번 카드를 고르게 되며, 이 1번, 5번 카드의 맨 왼쪽 위의 숫자인 1과 16을 더하면 17이 되어 상대방의 나이가 17살임을 알 수 있게 된다. 이 카드의 원리에 대해서 말해보시오.

힌트: 이진법을 활용해 보시오.

□□□

제 7 절　집합

'집합(set)'은 "원소들의 모임"이다. 만약 x가 집합 X의 원소인 경우, "x는 X에 속한다."라고 말한다. 예를 들어 0부터 20사이에 있는 정수를 2의 배수인 짝수와 2의 배수가 아닌 홀수로 구분하는 경우, 짝수의 원소들은 다음과 같이 된다.

$$2,\ 4,\ 6,\ 8,\ 10,\ 12,\ 14,\ 16,\ 18$$

또한 홀수의 원소들은 다음과 같이 된다.

$$1,\ 3,\ 5,\ 7,\ 9,\ 11,\ 13,\ 15,\ 17,\ 19$$

집합을 표현하는 방법은

(1) 중괄호 사이에 원소를 나열하는 '원소 나열법(listing all the members of a set)'과

(2) 중괄호 안에 원소의 성질을 표현하는 '조건 제시법(set builder notation)'

이 있다. 예를 들어 0과 20사이에 있는 짝수를 원소 나열법으로 표현하면 다음과 같다.

$$X = \{2,\ 4,\ 6,\ 8,\ 10,\ 12,\ 14,\ 16,\ 18\}$$

또한 0과 20사이에 있는 짝수를 조건 제시법으로 표현하면 다음과 같다.

$$X = \{x \mid x\text{는 0과 20사이에 있는 짝수}\}$$

또는

$$X = \{x \in \mathbb{P} \mid x\text{는 짝수이고 } 0 < x < 20\}$$

여기서 기호 $\mathbb{P}$는 다음과 같은 양의 정수를 나타낸다.

$$\mathbb{P} = \{1,\ 2,\ 3,\ 4,\ 5,\ 6,\ \ldots\}$$

기호 $\in$가 집합에 속한 원소를 표현하는데 사용이 된다. 즉 $x \in \mathbb{P}$는 원소 x가 집합 $\mathbb{P}$에 속함을 의미한다. 예를 들어 $2 \in \mathbb{P}$는 2가 양의 정수인 집합 $\mathbb{P}$의 원소임을 의미한다. 반면에 기호 $\notin$는 원소가 특정 집합에 속하지 않음을 의미한다. 예를 들어 $-2 \notin \mathbb{P}$는 정수 -2가 양의 정수인 집합 $\mathbb{P}$의 원소가 아님을 의미한다.

기호 $|$는 '∼인'으로 읽는다. 그러므로 $\{x \in \mathbb{P} \mid x\text{가 짝수이고 } 0 < x < 20\}$인 문장은 "$x$가 짝수이고 $0 < x < 20$인 집합 $\mathbb{P}$의 모든 x의 원소들"이라고 읽는다.

예제 1.24　다음에 있는 방법으로 1년의 월들의 집합인 M을 표현해 보시오.

(a) 원소 나열법　　(b) 조건 제시법

예제 1.24 예시 답안

(a) $M = \{1월,\ \ 2월,\ \ 3월,\ \ \ldots,\ \ 12월\}$

(b) $M = \{d \mid d는\ 일년\ 중의\ 월\}$

□□□

예제 1.25 다음에 있는 집합 내의 원소를 나열해 보시오.

(a) $\{x \in \mathbb{P} \mid x는\ 소수이고\ x \leq 10\}$, 여기서 $\mathbb{P}$는 양의 정수의 집합(즉 $\mathbb{P} = \{1,\ 2,\ 3,\ \ldots\}$)

(b) $\{n \in \mathbb{W} \mid n^2 = 9\}$, 여기서 $\mathbb{W}$는 범자연수의 집합(즉 $\mathbb{W} = \{0,\ 1,\ 2,\ 3,\ \ldots\}$)

(c) $\{\frac{2}{x} \mid x = 1,\ 2,\ 3\}$

예제 1.25 예시 답안

(a) 2, 3, 5, 7(또는 $\{2,\ 3,\ 5,\ 7\}$)

(b) 3(또는 $\{3\}$)

(c) $\frac{2}{1},\ \frac{2}{2},\ \frac{2}{3}$ (또는 $\{\frac{2}{1},\ \frac{2}{2},\ \frac{2}{3}\}$)

□□□

가. 부분집합

어떤 집합이 원소를 하나도 포함하지 않는 경우, 그 집합을 '공집합(empty set)'이라고 하고 $\varnothing$ 또는 { }로 표기가 된다. 집합 B의 모든 원소가 집합 A의 원소인 경우, 집합 B를 집합 A의 '부분집합(subset)'이라고 부르며 $B \subseteq A$로 표기가 된다. 집합 D가 집합 C의 부분집합이면서 집합 C에 있는 원소의 개수가 집합 D의 원소의 개수보다 많은 경우, 집합 D는 집합 C의 '진부분집합(proper subset)'이 되며 $D \subset C$로 표기가 된다. 만약 집합 E와 집합 F가 모든 동일한 원소를 포함하고 있는 경우, 두 집합 E, F는 같다라고 부르며 $E = F$로 표기가 된다. 다음에 있는 4개의 집합에 대해 살펴보자.

$$\begin{aligned} A &= \{1,\ 2,\ 3,\ 4,\ 5\}, \\ B &= \{2,\ 4\}, \\ C &= \{1,\ 3,\ 5\}, \\ D &= \{5,\ 3,\ 1\} \end{aligned}$$

3개의 집합 B, C, D는 집합 A의 진부분집합이기 때문에 $B \subset A$ 또는 $A \supset B$, $C \subset A$ 또는 $A \supset C$, $D \subset A$ 또는 $A \supset D$로 표기가 된다. 또한 집합 C와 집합 D는 같기 때문에 $C = D$로 표기가 된다.

집합 A의 모든 부분집합의 집합을 집합 A의 '멱집합(power set)'이라고 부르며 $\mathbf{P}(A)$로 표기를 한다. 3개의 원소로 된, 즉 $\{1,\ 2,\ 3\}$인 집합을 A라고 하자. 그러면 집합 A의 멱집합은 다음과 같다.

$$\mathbf{P}(A) = \{\varnothing,\ \{1\},\ \{2\},\ \{3\},\ \{1,2\},\ \{1,3\},\ \{2,3\},\ \{1,2,3\}\}$$

n이 집합 A의 원소의 개수인 경우 멱집합 $\mathbf{P}(A)$의 원소의 개수는 2^n이 된다. 즉 집합 $\{1,\ 2,\ 3\}$의 원소의 개수가 3이니 모든 부분집합의 개수는 $2^3 = 8$개가 된다.

예제 1.26 다음에 있는 집합의 모든 부분집합들을 나열해 보시오.

(a) $\{2,\ 4,\ 6\})$

(b) $\{x \in \mathbb{P} \mid x$는 소수이고 $x \leq 10$인 짝수$\}$

예제 1.26 예시 답안

(a)

$$\varnothing,\ \{2\},\ \{4\},\ \{6\},\ \{2,4\},\ \{2,6\},\ \{4,6\},\ \{2,4,6\}$$

또는

$$\{\varnothing,\ \{2\},\ \{4\},\ \{6\},\ \{2,4\},\ \{2,6\},\ \{4,6\},\ \{2,4,6\}\}$$

(b) $x \leq 10$인 소수의 집합은 $\{2,\ 3,\ 5,\ 7\}$이 되고, $x \leq 10$인 짝수의 집합은 $\{2,\ 4,\ 6,\ 8,\ 10\}$이 되니, 구하고자 하는 집합은 $\{2\}$가 된다. 그러므로 모든 부분집합의 원소는 $\varnothing$, $\{2\}$가 되며, $\{\varnothing,\ \{2\}\}$로도 표현이 된다.

□□□

예제 1.27 공집합 E(즉 $\varnothing$ 또는 { })에 대한 멱집합을 구하시오.

예제 1.27 예시 답안 $\mathbf{P}(E) = \mathbf{P}(\varnothing) = \{\varnothing\}$. 주의할 점으로 공집합 $\varnothing$은 모든 집합 S의 부분집합이 되며, 멱집합 $\mathbf{P}(\varnothing)$의 원소의 개수는 1개가 된다.

□□□

예제 1.28 0과 7사이에 있는 소수의 집합인 A의 원소를 나열해 보고, 멱집합 $\mathbf{P}(A)$의 원소의 개수를 구하시오.

예제 1.28 예시 답안 $A = \{2,\ 3,\ 5\}$. 집합 A의 원소 개수는 $n(A) = 3$이 되니, 멱집합 $\mathbf{P}(A)$의 원소 개수는 $2^3 = 8$개가 된다. 실제로 멱집합 $\mathbf{P}(A)$의 원소는 다음과 같다.

$$\{\varnothing,\ \{2\},\ \{3\},\ \{5\},\ \{2,3\},\ \{2,5\},\ \{3,5\},\ \{2,3,5\}\}$$

□□□

나. 벤다이어그램과 집합에 대한 연산

'벤다이어그램(Venn diagram)'은 집합을 예시하거나 '합집합(union)', '교집합(intersection)', '여집합(complement)', '차집합(difference)'과 같은 집합에 대한 연산을 하는 경우에 종종 사용이 된다. 그림 1.9는 벤다이어그램을 이용하여 집합들에 대한 연산을 하는 장면을 보여주고 있다.

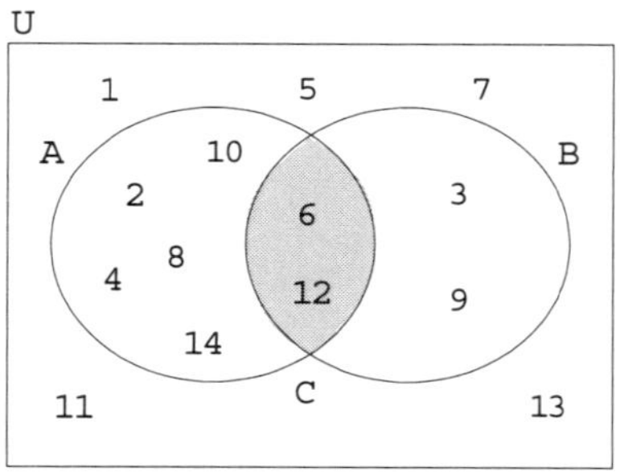

(a) $C = A \cap B$

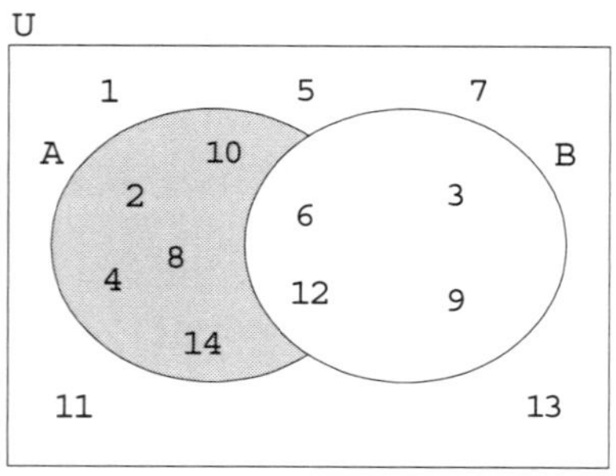

(b) $A - B$

그림 1.9: 2개 집합 A, B의 연산을 위한 벤다이어그램

'전체집합(universal set)'이란 "현재 고려하고 있는 모든 원소가 포함된 집합"을 말한다. 예를 들어 0과 15사이의 원소를 갖는 다음과 같은 집합 A, B, C를 고려해 보자.

$$\begin{aligned} A &= \{a \mid a\text{는 2의 배수}\}, \\ B &= \{b \mid b\text{는 3의 배수}\}, \\ C &= \{c \mid c\text{는 6의 배수}\} \end{aligned}$$

이 경우 전체집합 U의 모든 원소는 0과 15사이의 정수가 되니, 그림 1.9(a)에서 보듯이

$$U = \{1,\ 2,\ 3,\ \ldots,\ 13,\ 14\}$$

이 된다. 또한 주어진 집합 A, B, C를 그림 1.9(a)에서 보듯이 다음과 같이 표현할 수 있다.

$$\begin{aligned} A &= \{2,\ 4,\ 6,\ 8,\ 10,\ 12,\ 14\}, \\ B &= \{3,\ 6,\ 9,\ 12\}, \\ C &= \{6,\ 12\} \end{aligned}$$

두 집합 A, B의 합집합은 "집합 A 또는 집합 B에 속하는 모든 원소"들을 말한다. 즉, 두 집합 A, B의 합집합은 다음과 같이 정의된다.

$$\boxed{A \cup B = \{x \mid x \in A \text{ 또는 } x \in B\}} \tag{1.2}$$

두 집합 A, B의 교집합은 "집합 A와 집합 B에 동시에 속하는 모든 원소"들을 말한다. 즉, 두 집합 A, B의 교집합은 다음과 같이 정의된다.

$$\boxed{A \cap B = \{x \mid x \in A \text{ 이고 } x \in B\}} \tag{1.3}$$

정의 1.2로 부터 두 집합 A, B의 합집합은 다음과 같다.

$$\begin{aligned} A \cup B &= \{2,\ 4,\ 6,\ 8,\ 10,\ 12,\ 14\} \cup \{3,\ 6,\ 9,\ 12\} \\ &= \{2,\ 3,\ 4,\ 6,\ 8,\ 9,\ 10,\ 12,\ 14\} \end{aligned}$$

그리고 정의 1.3으로 부터 두 집합 A, B의 교집합은 다음과 같다.

$$\begin{aligned} A \cap B &= \{2,\ 4,\ 6,\ 8,\ 10,\ 12,\ 14\} \cap \{3,\ 6,\ 9,\ 12\} \\ &= \{6,\ 12\} = C \end{aligned}$$

그림 1.9(a)는 두 집합 A, B의 교집합 C를 보여주고 있다. 집합 A의 여집합은 A^c로 표기가 되고, “전체집합 U의 원소 중 집합 A에 속하지 않는 모든 원소”들을 말한다. 즉, A^c는 다음과 같다.

$$A^c = \{1,\ 3,\ 5,\ 7,\ 9,\ 11,\ 13\} = U - A$$

$A \cup A^c = U$가 되고 $A \cap A^c = \varnothing$이 됨을 유의해야 한다.

그림 1.9(b)는 집합 B에 속하지 않는 집합 A의 모든 원소인, 즉 집합 A에 대한 집합 B의 차집합을 보여주고 있다. 즉, 집합 A에 대한 집합 B의 차집합은 다음과 같다.

$$A - B = \{2,\ 4,\ 8,\ 10,\ 14\}$$

예제 1.29 집합 A, B, C, D가 다음과 같이 주어졌다.

$A = \{2,\ 4,\ 6\}$, $B = \{8,\ 10\}$, $C = \{1,\ 3,\ 5\}$,
$D = \{7,\ 8,\ 9\}$, $U = \{1,\ 2,\ 3,\ 4,\ 5,\ 6,\ 7,\ 8,\ 9,\ 10\}$

이 경우 다음에 있는 집합들의 연산을 수행해 보시오.

(a) $A \cup B$ (b) $B \cap D$ (c) $A \cap B$ (d) A^c (e) $U - B$
(f) $D - B$ (g) $A - D$ (h) $B \cup B^c$ (i) $C \cap C^c$

예제 1.29 예시 답안

(a) $A \cup B = \{2,4,6\} \cup \{8,10\} = \{2,4,6,8,10\}$

(b) $B \cap D = \{8,10\} \cap \{7,8,9\} = \{8\}$

(c) $A \cap B = \{2,4,6\} \cap \{8,10\} = \varnothing$

(d) $A^c = U - A = \{1,2,3,4,5,6,7,8,9,10\} - \{2,4,6\} = \{1,3,5,7,8,9,10\}$

(e) $U - B = \{1,2,3,4,5,6,7,8,9,10\} - \{8,10\} = \{1,2,3,4,5,6,7,9\}$

(f) $D - B = \{7,8,9\} - \{8,10\} = \{7,9\}$

(g) $A - D = \{2,4,6\} - \{7,8,9\} = \{2,4,6\} = A$

(h) $B \cup B^c = B \cup (U - B) = \{8,10\} \cup \{1,2,3,4,5,6,7,9\} = U$

(i) $C \cap C^c = C \cap (U - C) = \{1,3,5\} \cap \{2,4,6,7,8,9,10\} = \varnothing$

□□□

두 집합 A, B의 공통원소가 없는 경우(즉 $A \cap B = \varnothing$), 두 집합은 서로 배타적이다. 그림 1.10(a)는 서로 배타적인 두 집합 A, B의 교집합을 보여주고 있다.

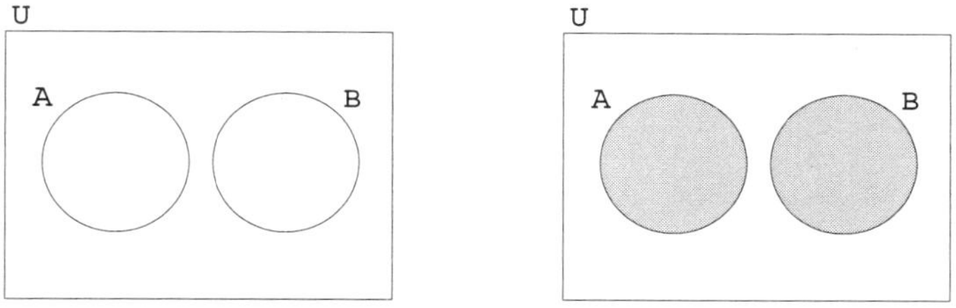

(a) $A \cap B = \varnothing$ (b) $A \cup B$

그림 1.10: 서로 배타적인 두 집합 A, B

예를 들어 두 집합 A와 A^c는 서로 배타적이기 때문에 두 집합 A와 A^c의 합집합은 전체집합인 U가 된다(즉 $A \cup A^c = U$). 어떤 집합과 그 집합의 여집합과의 합집합은 항상 전체집합 U가 된다.

그림 1.10(b)는 서로 배타적인 두 집합 A, B의 합집합을 보여주고 있다. 표 1.7은 집합의 연산을 하기 위해 사용되는 유용한 성질들이다.

$A \cup B = B \cup A$	$A \cap B = B \cap A$
$(A \cup B) \cup C = A \cup (B \cup C)$	$(A \cap B) \cap C = A \cap (B \cap C)$
$A \cup (B \cap C) = (A \cup B) \cap (A \cup C)$	$A \cap (B \cup C) = (A \cap B) \cup (A \cap C)$
$(A \cup B)^c = A^c \cap B^c$	$(A \cap B)^c = A^c \cup B^c$
$A - B = A \cap B^c$	

표 1.7: 집합에 대한 연산을 위한 유용한 성질들

특히 집합의 연산에 있어 다음과 같은 관계인

$$(A \cup B)^c = A^c \cap B^c, \qquad (A \cap B)^c = A^c \cup B^c$$

를 '드모르간의 법칙(De Morgan's laws)'이라고 한다. 그림 1.11(c), 1.11(d)는 드모르간의 법칙을 벤다이어그램으로 보여주고 있다.

다. 집합 내 원소의 개수

집합 A의 원소의 개수를 $n(A)$로 표기한다. 집합의 연산을 하는 과정에서 집합 내 원소의 개수를 세는 경우가 있다. 표 1.8은 두 개의 집합과 세 개의 집합에 대한 합집합을 수행하는 경우, 합집합 내에 있는 원소의 개수를 나타내고 있다.

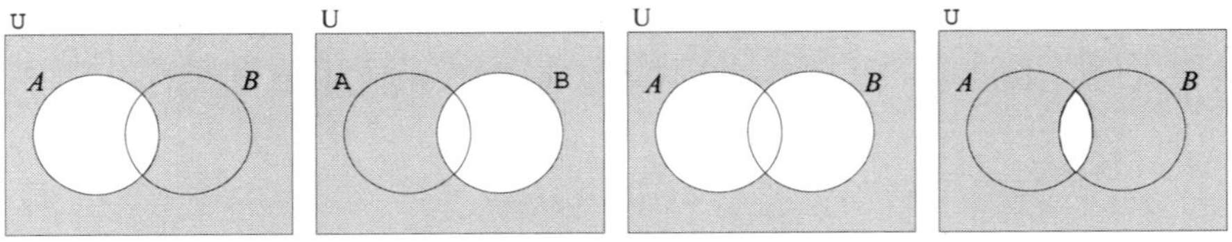

(a) A^c (b) B^c (c) $(A \cup B)^c$ (d) $(A \cap B)^c$

그림 1.11: 벤다이어그램으로 표시된 드모르간의 법칙

$$
\begin{aligned}
n(A \cup B) &= n(A) + n(B) - n(A \cap B) \\
n(A \cup B \cup C) &= n(A) + n(B) + n(C) - n(A \cap B) - n(B \cap C) \\
&\quad - n(C \cap A) + n(A \cap B \cap C)
\end{aligned}
$$

표 1.8: 합집합 내에 있는 원소의 개수

예를 들어 0과 15사이에 있는 원소에 대해 다음과 같은 조건으로 된 두 집합 X, Y를 고려해 보자.

$$X = \{x \mid x\text{는 2의 배수}\}, \qquad Y = \{y \mid y\text{는 3의 배수}\}$$

$X = \{2,\ 4,\ 6,\ 8,\ 10,\ 12,\ 14\}$이기 때문에 $n(X) = 7$이 되고, $Y = \{3,\ 6,\ 9,\ 12\}$이기 때문에 $n(Y) = 4$가 된다. 또한 $X \cap Y = \{6,\ 12\}$이기 때문에 $n(X \cap Y) = 2$가 된다. 그러므로 만약 2 또는 3의 배수가 되는 정수의 개수를 구하고자 하는 경우에는 다음과 같이 하면 된다.

$$n(X \cup Y) = n(X) + n(Y) - n(X \cap Y) = 7 + 4 - 2 = 9$$

결국 집합 $X \cup Y$에 대한 원소는 $\{2,\ 3,\ 4,\ 6,\ 8,\ 9,\ 10,\ 12,\ 14\}$가 되니, $n(X \cup Y) = 9$개가 된다. 그림 1.12는 두 개의 집합과 세 개의 집합에 대한 합집합을 벤다이어그램으로 보여주고 있다.

만약 두 집합 A, B가 서로 배타적인 경우 $n(A \cap B) = n(\varnothing) = 0$이 되니 다음과 같은 식을 얻는다.

$$n(A \cup B) = n(A) + n(B)$$

또한 세 집합 A, B, C가 서로 배타적인 경우 $n(A \cap B) = 0$, $n(B \cap C) = 0$, $n(C \cap A) = 0$, $n(A \cap B \cap C) = 0$이 되니 다음과 같은 식을 얻는다.

$$n(A \cup B \cup C) = n(A) + n(B) + n(C)$$

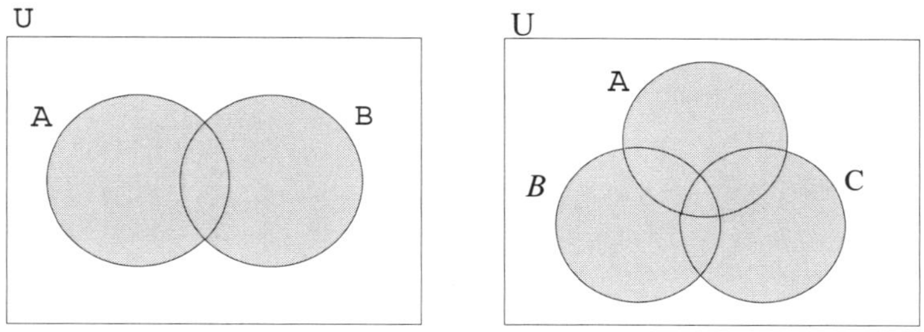

(a) 두 개의 집합에 대한 합집합 (b) 세 개의 집합에 대한 합집합

그림 1.12: 벤다이어그램으로 표기된 합집합

예제 1.30 두 집합 A, B에 대해 $n(A) = 10, n(B) = 15, n(A \cap B) = 5$인 경우 $n(A \cup B)$의 값을 구하시오.

예제 1.30 예시 답안 두 집합 A, B의 합집합 내에 있는 원소의 개수는 다음과 같이 계산된다.

$$n(A \cup B) = n(A) + n(B) - n(A \cap B) = 10 + 15 - 5 = 20$$

□□□

예제 1.31 1과 99사이에 있는 정수에 대해 2 또는 3의 배수가 되는 정수의 개수는 몇 개인가?

예제 1.31 예시 답안 A를 2의 배수인 집합, B를 3의 배수인 집합으로 간주하면 다음과 같은 식을 얻는다.

$$\begin{aligned} A &= \{2,\ 4,\ 6,\ \ldots,\ 98\}, \\ B &= \{3,\ 6,\ 9,\ \ldots,\ 96\}, \\ A \cap B &= \{6,\ 12,\ 18,\ \ldots,\ 96\} \end{aligned}$$

즉 $n(A) = 49, n(B) = 32, n(A \cap B) = 16$이기 때문에

$$n(A \cup B) = n(A) + n(B) - n(A \cap B) = 49 + 32 - 16 = 65\ (\text{개})$$

가 된다.

□□□

문제 1.7 1과 99사이에 있는 정수에서 2 또는 3 또는 5의 배수가 되는 정수의 개수를 구해 보시오.

□□□

제 8 절 초현실수

게임 이론을 설명하기 위해 1969년 콘웨이(John H. Conway)에 의해 창안된 '초현실수(surreal numbers)'는 "실수와 무한값(무한대와 무한소)을 포함한 수"를 말한다.[i] 본 절에서는 무한값인 무한대($\omega = \{\mathbb{Z}| \ \}$와 무한소($-\omega = \{ \ |\mathbb{Z}\}$)에 대한 설명은 배제하였다. 초현실수를 이해하기 위해서는 수에 대한 모든 것, 즉 기존의 수 체제와 대소 관계 등을 잊어버려야 한다.

가. 초현실수의 정의

초현실수의 정의 1은 다음과 같이 간단하면서 특이하다.

> [정의 1:] 초현실수는 "이미 생성된 초현실수로 된 한 쌍의 집합"이다. 한 쌍의 집합은 좌집합인 L과 우집합인 R로 구성되어 있으며, R의 어떤 원소도 L의 어떤 원소보다 "같거나 작지가 않다". 이를 집합 기호로 표기해 보면 다음과 같다.
>
> $$\forall x \in L \ \forall y \in R \ : \ y \not\leq x$$
>
> 여기서 $\not\leq$는 "같거나 작지가 않다"를 나타내는 기호이다.

지금 초현실수의 실체를 모르고 있을 뿐만 아니라 "같거나 작지가 않다."의 의미도 모르고 있다. 초현실수의 정의 2는 다음과 같이 "같거나 작지가 않다."에 대한 정의가 된다.

> [정의 2:] 만약 y가 x의 좌집합의 어느 원소와도 같거나 작지가 않고, y의 우집합의 어느 원소도 x보다 같거나 작지가 않을 때, "초현실수 x는 초현실수 y와 같거나 작다."이며 이는 필요충분조건이 된다. 이를 집합 기호로 표기해 보면 다음과 같다.
>
> $$x \leq y \iff \left(\neg\exists x^L \in X^L : y \leq x^L\right) \wedge \left(\neg\exists y^R \in Y^R : y^R \leq x\right)$$
>
> 여기서 X^L, Y^R은 각각 x의 좌집합, y의 우집합이 된다.

우선 정의 1을 살펴보면 초현실수는 두 개의 집합인 좌집합 L과 우집합 R으로 구성되어 있다. 이제 새로운 초현실수를 $\{L|R\}$로 표기를 해보자. 그러나 정의 1에서는 또 다른 조건을 요구하고 있다. 즉 정의 1에서 보듯이

$$\forall x \in L \ \forall y \in R \ : \ y \not\leq x \tag{1.4}$$

[i] 본 내용은 "Claus Tondering, 'Surreal Numbers - An Introduction', 2005"을 참조하였음.

가 된다. 즉 식 1.4는 임의로 표기된 초현실수가 정말로 적합한 형태의 초현실수인가를 판단하는데 사용된다.

나. 최초의 초현실수

정의 1, 2를 이용하여 최초의 초현실수를 생성해 보자. 좌집합과 우집합이 공집합인 최초의 초현실수 후보는 $\{\emptyset|\emptyset\}$가 된다. 이를 단순하게 $\{\ |\ \}$로 표기하고, 과연 이 수가 초현실수인가를 살펴보도록 하자. 아직까지 정의 1에 있는 "같거나 작지가 않다."의 의미를 모르고 있는 상태이나, 초현실수 $\{\ |\ \}$ 내의 양쪽에 있는 집합들이 공집합이기 때문에 적용 대상이 안된다. 즉, 표기 $\{\ |\ \}$는 적합한 초현실수의 형태가 된다. 또한 공집합은 아무런 원소도 포함을 하고 있지 않기 때문에, 정의 2를 위배하지 않는다. 결국 $\{\ |\ \}$는 최초로 생성된 초현실수가 되며, 향후 이를 '영(zero)'으로 부르고 다음과 같이 표기하도록 한다.

$$0 \quad \equiv \quad \{\,|\,\} \tag{1.5}$$

여기서 기호 ≡는 동일함을 의미한다. 유의할 사항으로는 ≡와 =는 같지 않다는 사실이다. 또한 아직까지 '같다'라는 =의 의미를 모르고 있는 상태이다.

이제 정의 2를 참고하여 최초의 초현실수인 $\{\ |\ \}$가 다음과 같이 자기 자신보다 '같거나 작은가'를 증명해 보자.

$$\{\,|\,\} \quad \leq \quad \{\,|\,\} \tag{1.6}$$

정의 2에 의거 식 1.6을 증명하기 위해서는 다음과 같은 식 1.7을 증명해야 한다.

$$\neg\exists x^L \in \emptyset : \{\,|\,\} \leq x^L \quad \wedge \quad \neg\exists y^R \in \emptyset : y^R \leq \{\,|\,\} \tag{1.7}$$

공집합 내에는 식 1.7을 만족시키는 어떠한 원소도 존재하고 있지 않기 때문에, 비록 "같거나 작다."의 의미를 모르더라도 식 1.7이 사실임을 알 수 있다. 즉 식 1.6을 증명하였다.

다. 여타 초현실수

최초의 초현실수인 $\{\ |\ \}$를 알고 있으니, 이를 이용하여 또 다른 초현실수를 만들어 보자. 다음으로 생성될 초현실수 후보군은 다음과 같이 0과 ∅의 원소로 구성된 형태가 된다.

$$\{0|\,\}, \qquad \{\,|0\}, \qquad \{0|0\}$$

초현실수 후보군 내에 있는 세번째 수인 $\{0|0\}$는 왼쪽 집합 내에 있는 원소 0이 오른쪽 집합 내에 있는 원소 0과 같기 때문에(즉, $0 \leq 0$이기 때문에) 정의 1을 만

족시키지 못하므로 $\{0|0\}$은 초현실수가 될 수 없다[ii]. 이제 남은 초현실수는 다음과 같이 두 개의 수가 된다.

$$\{0|\ \}, \qquad \{\ |0\}$$

우선 다음을 증명해 보자.

$$\{\ |\ \} \quad \leq \quad \{0|\ \} \tag{1.8}$$

정의 2에 의거 식 1.8을 증명하기 위해서는 다음과 같은 식 1.9를 증명해야 한다.

$$\neg\exists x^L \in \varnothing : \{0|\ \} \leq x^L \quad \wedge \quad \neg\exists y^R \in \varnothing : y^R \leq \{\ |\ \} \tag{1.9}$$

공집합 내에는 비교할 아무런 원소도 포함을 하고 있지 않기 때문에 식 1.9는 참이 된다. 즉 $0 \leq \{0|\ \}$이 성립한다. 아울러 다음 식이 성립함을 증명해 보자.

$$\{0|\ \} \quad \not\leq \quad \{\ |\ \} \tag{1.10}$$

만약 다음에 있는 식 1.11이 성립한다면 식 1.10은 참이 된다.

$$\exists x^L \in \{0\} : \{\ |\ \} \leq x^L \quad \vee \quad \exists y^R \in \varnothing : y^R \leq \{0|\ \} \tag{1.11}$$

식 1.6에서 $\{\ |\ \} \leq 0$이니 식 1.11에 있는 왼쪽 식인 $\exists x^L \in \{0\} : \{\ |\ \} \leq x^L$은 참이 되어 식 1.10은 참이 된다.

아울러 다음 식이 성립함을 증명해 보자.

$$\{0|\ \} \quad \leq \quad \{0|\ \} \tag{1.12}$$

정의 2에 의거 식 1.12을 증명하기 위해서는 다음과 같은 식 1.13이 사실임을 증명해야 한다.

$$\neg\exists x^L \in \{0\} : \{0|\ \} \leq x^L \quad \wedge \quad \neg\exists y^R \in \varnothing : y^R \leq \{0|\ \} \tag{1.13}$$

식 1.13 내의 왼쪽 식인 $\neg\exists x^L \in \{0\} : \{0|\ \} \leq x^L$은 참이 되며, 식 1.10에서 $\{0|\ \} \not\leq 0$이니 식 1.13 내의 오른쪽 식인 $\neg\exists y^R \in \varnothing : y^R \leq \{0|\ \}$ 역시 참이 된다. 결국 $\{0|\ \} \leq \{0|\ \}$이 된다.

식 1.6으로 부터 다음을 얻는다.

$$0 = 0 \tag{1.14}$$

또한 식 1.8, 1.10로 부터 다음을 얻는다.

$$0 \leq \{0|\ \} \tag{1.15}$$

[ii] 초현실수에서 배제된 수를 '의사수(pseudo-number)'라고 호칭하며, 게임 이론을 설명하는데 사용된다.

또한 식 1.12으로 부터 다음을 얻는다.

$$\{0|\ \} = \{0|\ \} \tag{1.16}$$

유사한 방법으로 증명을 하게 되면 다음과 같은 대소 관계를 나타내는 식을 얻는다.

$$\begin{aligned} \{\ |0\} &< 0 \\ \{\ |0\} &= \{\ |0\} \\ \{\ |0\} &< \{0|\ \} \end{aligned}$$

이제 새로 생긴 초현실수를 다음과 같이 표현한다.

$$1 \equiv \{0|\ \}, \qquad -1 \equiv \{\ |0\} \tag{1.17}$$

결국 생성된 초현실수 0, 1, −1에 대한 대소 비교를 하게 되면 다음과 같다.

$$\begin{aligned} 0 &< 1 \\ 1 &= 1 \\ -1 &< 0 \\ -1 &= -1 \\ -1 &< 1 \end{aligned}$$

이는 우리가 알고 있는 실수 체계와 같음을 알 수 있다. 이제 세 수 0, 1, −1을 갖고 초현실수 후보군을 만들어 보면 총 61개가 된다. 그 중 $\{1|-1\}$과 같은 수는 정의 1에 의거 초현실수가 되지 못한다. 최종 17개의 새로운 수가 초현실수가 된다. 이를 나열해 보면 다음과 같다.

$$\begin{array}{llll} \{-1|\ \}, & \{\ |-1\} & & \\ \{1|\ \}, & \{\ |1\} & & \\ \{-1,0|\ \}, & \{-1|0\}, & \{\ |-1,0\} & \\ \{0,1|\ \}, & \{0|1\}, & \{\ |0,1\} & \\ \{-1,1|\ \}, & \{-1|1\}, & \{\ |-1,1\} & \\ \{-1,0,1|\ \}, & \{-1,0|1\}, & \{-1|0,1\}, & \{\ |-1,0,1\} \end{array}$$

다음에 있는 식이 참임을 쉽게 증명할 수 있다.

$$1 < \{1|\ \}, \qquad \{\ |-1\} < -1 \tag{1.18}$$

이제 또 다른 초현실수를 다음과 같이 부르기로 한다.

$$2 \equiv \{1|\ \}, \qquad -2 \equiv \{\ |-1\} \tag{1.19}$$

또한 다음에 있는 식이 참임을 쉽게 증명할 수 있다.

$$0 < \{0|1\}, \qquad \{0|1\} < 1 \tag{1.20}$$

$$-1 < \{-1|0\}, \quad \{-1|0\} < 0 \tag{1.21}$$

이제 또 다른 초현실수를 다음과 같이 부르기로 한다.

$$\frac{1}{2} \equiv \{0|1\}, \qquad -\frac{1}{2} \equiv \{-1|0\} \tag{1.22}$$

여기서 $\frac{1}{2}$로 정의한 이유는 $\{0|1\} + \{0|1\} = 1$이 되는 성질이 있기 때문이다. 이와 같이 초현실수를 확장해 보면 0일차에서 0이 탄생했으며, 1일차에는

$$-1, \quad 0, \quad 1$$

이 탄생됐으며, 2일차에는

$$-2, \quad -1, \quad -\frac{1}{2}, \quad 0, \quad \frac{1}{2}, \quad 1, \quad 2$$

이 탄생됐으며, 3일차에는

$$-3, \ -2, \ -1\frac{1}{2}, \ -1, \ -\frac{3}{4}, \ -\frac{1}{2}, \ -\frac{1}{4} \ 0, \ \frac{1}{4} \ \frac{1}{2}, \ \frac{3}{4}, \ 1, \ 1\frac{1}{2}, \ 2, \ 3$$

이 탄생되었다. 이를 그림으로 그려보면 그림 1.13과 같다. 또한 탄생되는 초현실수에 대한 값을 살펴보면 다음과 같은 성질을 갖는다.

- □ $\{n|\ \} = n+1$. 한 예로 $\{0|\ \} = 1, \{1|\ \} = 2$가 된다.
- □ $\{\ |-n\} = -n-1$. 한 예로 $\{\ |0\} = -1, \{\ |-1\} = -2$가 된다.
- □ $\{n|n+1\} = n + \frac{1}{2}$. 한 예로 $\{0|1\} = \frac{1}{2}, \{1|2\} = \frac{3}{2}$이 된다.
- □ $\left\{\frac{p}{2^n}\middle|\frac{p+1}{2^n}\right\} = \frac{2p+1}{2^{n+1}}$. 한 예로 $\left\{\frac{1}{2}\middle|\frac{3}{4}\right\} = \left\{\frac{2}{2^2}\middle|\frac{3}{2^2}\right\} = \frac{5}{8}$가 된다.

예제 1.32 다음에 있는 초현실수의 값을 구해 보시오.

(a) $\{\ |-2\}$ (b) $\{2|3\}$ (c) $\{\frac{3}{2}|\frac{7}{4}\}$

예제 1.32 예시 답안

(a) $\{\ |-2\} = -3$

(b) $\{2|3\} = \frac{5}{2}$

(c) $\{\frac{3}{2}|\frac{7}{4}\} = \left\{\frac{6}{2^2}\middle|\frac{7}{2^2}\right\} = \frac{13}{8}$

□□□

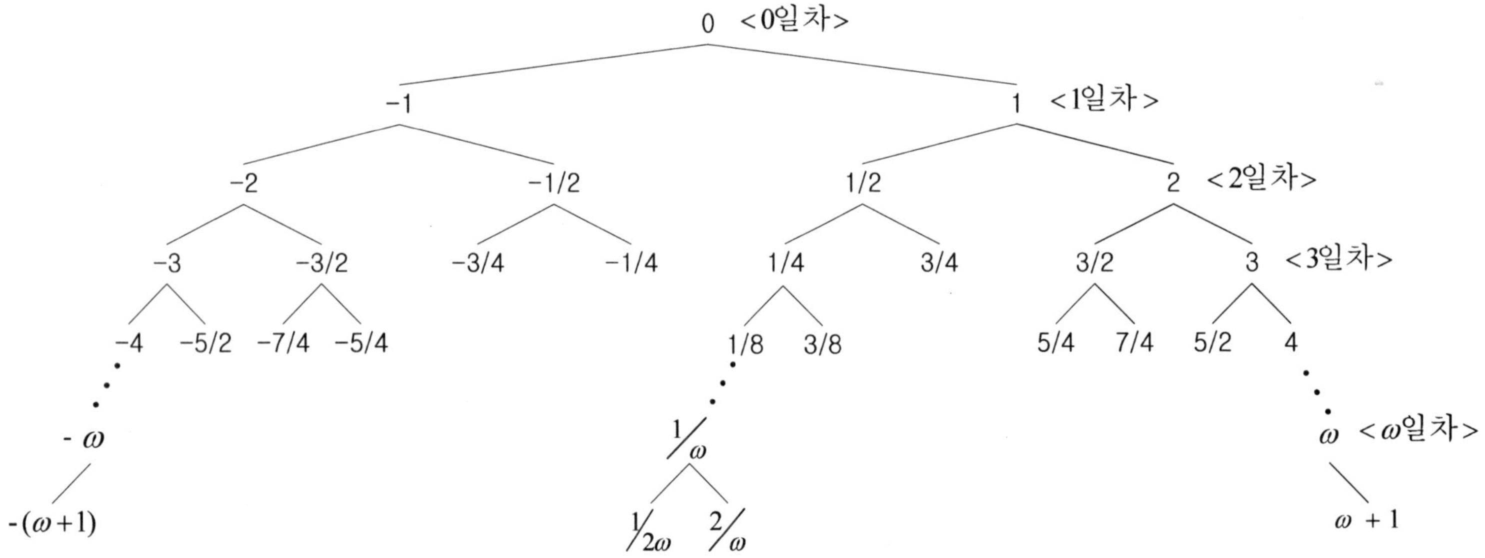

그림 1.13: 초현실수 계보도

라. 초현실수의 기본 성질들

초현실수를 다루는데 있어 유용한 기본 정리들은 다음과 같다.

□ 초현실수 a에 대해 $a = a$가 된다.
□ 만약 $A = C, B = D$이면 $\{A|B\} = \{C|D\}$가 된다.
□ 초현실수 $a = \{A^L|A^R\}$은 좌집합 A^L의 모든 원소 a^L보다 크며 우집합 A^R의 모든 원소 a^R보다 작다.
□ 초현실수 $a = \{A^L|A^R\}$에 대해 좌집합 A^L내 최댓값 a_{max}를 제외한 모든 원소 a^L을 제거할 수 있으며, 같은 방법으로 우집합 A^R내 최솟값 a_{min}을 제외한 모든 원소 a^R을 제거할 수 있다.

표 1.9: 초현실수의 기본 성질들

예제 1.33 초현실수에 대해 다음과 같이 표기를 할 수 있다.

$$0 = \{\ |\ \},\quad 1 = \{0|\ \},\quad -1 = \{\ |0\},\quad 2 = \{1|\ \},$$
$$-2 = \{\ |-1\},\quad \frac{1}{2} = \{0|1\},\quad -\frac{1}{2} = \{-1|0\}$$

위에 있는 초현실수를 이용하여 다음에 있는 초현실수를 간단하게 표기한 후, 그 값을 구해 보시오.

(a) $\{-1, 0, 1|\ \}$ (b) $\{-1|0, 1\}$ (c) $\{\ |-1, 0, 1\}$

예제 1.33 예시 답안

(a) $\{-1, 0, 1|\ \} = \{1|\ \} = 2$

(b) $\{-1|0, 1\} = \{-1|0\} = -\frac{1}{2}$

(c) $\{\ |-1, 0, 1\} = \{\ |-1\} = -2$

□□□

마. 초현실수의 가감과 곱

초현실수의 가감과 곱을 살펴보기 전에 일반 집합과 상수에 대한 가감과 곱을 살펴보자. 집합 S와 상수 n에 대한 가감인 $(S+n)$과 $(S-n)$은 집합 S의 모든 원소에 대해 n을 가감하면 된다. 또한 집합 S에 대한 상수 n의 곱은 집합 S의 모든 원소에 대해 n을 곱하면 된다. 예를 들어 집합 S와 상수 n에 대한 가감과 곱은 다음과 같다.

$$
\begin{aligned}
\{2,4,6\}+5 &= \{7,9,11\} \\
5+\{2,4,6\} &= \{7,9,11\} \\
\{2,4,6\}-5 &= \{-3,-1,1\} \\
5-\{2,4,6\} &= \{3,1,-1\} \\
5\times\{2,4,6\} &= \{10,20,30\} \\
\{2,4,6\}\times 5 &= \{10,20,30\}
\end{aligned}
$$

주의할 사항으로 공집합 $\emptyset$에 대한 상수 n의 가감과 곱은 다음과 같이 공집합이 된다.

$$
\begin{aligned}
n+\emptyset = \emptyset+n = \emptyset \\
n-\emptyset = \emptyset-n = \emptyset \\
n\times\emptyset = \emptyset\times n = \emptyset
\end{aligned}
$$

두 집합 A, B에 대한 합은 집합 A의 모든 원소와 집합 B의 모든 원소를 더하면 된다. 예를 들어 $A=\{10,20\}$, $B=\{2,4,6\}$인 경우 두 집합 A, B에 대한 합은 다음과 같다.

$$A+B=\{10,20\}+\{2,4,6\}=\{12,14,16,22,24,26\}$$

예제 1.34 집합 $A=\{1,2,3\}$, $B=\{4,5,6\}$, $C=\{0\}$, $D=\emptyset$에 대해 다음의 값을 구해 보시오.

(a) $A+A$　　(b) $A-B$　　(c) $A-B+A$

(d) $B+C$　　(e) $B+D$　　(f) $B-D$

□□□

예제 1.34 예시 답안

(a) $A+A=2\times A$가 되니 다음과 같이 연산을 하면 된다.

$$A+A=2\times A=2\times\{1,2,3\}=\{2,4,6\}$$

$A+A=\{1,2,3\}+\{1,2,3\}\neq\{2,3,4,5,6\}$이 됨을 주의해야 한다.

(b) $A-B$에 대한 연산은 다음과 같이 $A+(-B)$로 연산을 하면 된다.

$$A-B=A+(-B)=\{1,2,3\}+\{-4,-5,-6\}=\{-5,-4,-3,-2,-1\}$$

(c) $A-B+A=2\times A+(-B)$가 되니 다음과 같이 연산을 하면 된다.

$$\begin{aligned}A-B+A &= 2\times A+(-B)=\{2,4,6\}+\{-4,-5,-6\}\\ &= \{-4,-3,-2,-1,0,1,2\}\end{aligned}$$

(d) 집합 C는 0이라는 원소를 갖고 있으니 다음과 같이 연산을 하면 된다.

$$B+C=\{4,5,6\}+\{0\}=\{4,5,6\}=B$$

(e) 집합 D는 아무런 원소를 갖고 있지 않으니 다음과 같이 연산을 하면 된다.

$$B+D=\{4,5,6\}+\varnothing=\varnothing$$

(f) $B-D$에 대한 연산은 다음과 같이 $B+(-D)$로 연산을 하면 된다.

$$B-D=B+(-D)=\{4,5,6\}+(-1\times\varnothing)=\{4,5,6\}+\varnothing=\varnothing$$

□□□

초현실수 $a=\{A^L|A^R\}, b=\{B^L|B^R\}$에 대한 합은 다음과 같이 정의가 된다.

$$a+b=\{A^L|A^R\}+\{B^L|B^R\}=\left\{A^L+b,a+B^L|A^R+b,a+B^R\right\} \quad (1.23)$$

예를 들어 $0+0, 0+1, 1+0, 1+1$에 대해 연산을 해 보자. 우선 $0=\{\ |\ \}$이니 $0+0$에 대한 연산은 다음과 같다.

$$0+0=\{\ |\ \}+\{\ |\ \}=\{\varnothing+0,0+\varnothing|\varnothing+0,0+\varnothing\}=\{\ |\ \}=0$$

다음으로 $1 = \{0|\ \}$이니 $0+1$에 대한 연산은 다음과 같다.

$$0+1 = \{\ |\ \} + \{0|\ \} = \{\varnothing+1, 0+0|\varnothing+1, 0+\varnothing\} = \{0|\ \} = 1$$

같은 방법으로 $1+0$에 대한 연산은 다음과 같다.

$$1+0 = \{0|\ \} + \{\ |\ \} = \{0+0, 1+\varnothing|\varnothing+0, 1+\varnothing\} = \{0|\ \} = 1$$

또한 $1+1$에 대한 연산은 다음과 같다.

$$1+1 = \{0|\ \} + \{0|\ \} = \{0+1, 1+0|\varnothing+1, 1+\varnothing\} = \{1|\ \} = 2$$

결국 다음과 같이 우리가 사용하는 산술식의 결과와 같은 연산 결과가 됨을 알 수 있다.

$$0+0=0, \qquad 0+1=1+0=1, \qquad 1+1=2$$

예제 1.35 초현실수에 대한 연산인

$$0+0=0, \qquad 0+1=1+0=1, \qquad 1+1=2$$

와 다음에 있는 초현실수

$$\begin{aligned} &-3 = \{\ |-2\}, && -1\frac{1}{2} = \{-2|-1\}, && -\frac{3}{4} = \left\{-1|-\frac{1}{2}\right\}, \\ &-\frac{1}{4} = \left\{-\frac{1}{2}|0\right\}, && \frac{1}{4} = \left\{0|\frac{1}{2}\right\}, && \frac{3}{4} = \left\{\frac{1}{2}|1\right\}, \\ &1\frac{1}{2} = \{1|2\}, && 3 = \{2|\ \} \end{aligned}$$

를 이용하여 다음에 있는 초현실수에 대해 연산을 해 보시오.

(a) $1+\frac{1}{2}$ (b) $\frac{1}{2}+\frac{1}{2}$

□□□

예제 1.35 예시 답안

(a) $1 = \{0|\ \}$, $\frac{1}{2} = \{0|1\}$이니 $1+\frac{1}{2}$은 다음과 같이 연산되어 진다.

$$\begin{aligned} 1+\frac{1}{2} &= \{0|\ \} + \{0|1\} = \left\{0+\frac{1}{2}, 1+0|\varnothing+\frac{1}{2}, 1+1\right\} \\ &= \left\{\frac{1}{2}, 1|2\right\} = \{1|2\} \\ &= 1\frac{1}{2} \end{aligned}$$

여기서 $0+\frac{1}{2}=\frac{1}{2}$은 다음과 같이 연산되어 진다.

$$\begin{aligned}
0+\frac{1}{2} &= \{\,|\,\}+\{0|1\} \\
&= \left\{\varnothing+\frac{1}{2}, 0+0|\varnothing+\frac{1}{2}, 0+1\right\} \\
&= \{0|1\} \\
&= \frac{1}{2}
\end{aligned}$$

(b) $\frac{1}{2}=\{0|1\}$이니 $\frac{1}{2}+\frac{1}{2}$은 다음과 같이 연산되어 진다.

$$\begin{aligned}
\frac{1}{2}+\frac{1}{2} &= \{0|1\}+\{0|1\} \\
&= \left\{0+\frac{1}{2}, \frac{1}{2}+0|1+\frac{1}{2}, \frac{1}{2}+1\right\} \\
&= \left\{\frac{1}{2}|1\frac{1}{2}\right\} \\
&= 1
\end{aligned}$$

초현실수 성질에 의거 $\left\{\frac{1}{2}|1\frac{1}{2}\right\}$의 값은 $\frac{1}{2}$과 $1\frac{1}{2}$의 사이값인 1이 된다. 즉

$$\frac{1}{2}+\frac{1}{2}=1$$

이 된다.

□□□

초현실수 $a=\{A^L|A^R\}$, $b=\{B^L|B^R\}$에 대한 곱인 ab 또는 $a\times b$는 다음과 같이 정의가 된다.

$$\begin{aligned}
ab &= \{A^L|A^R\}\times\{B^L|B^R\} \\
&= \{A^Lb+aB^L-A^LB^L, A^Rb+aB^R-A^RB^R \mid \\
&\quad A^Lb+aB^R-A^LB^R, A^Rb+aB^L-A^RB^L\}
\end{aligned} \tag{1.24}$$

예를 들어 1×2에 대해 연산을 해 보면 다음과 같다.

$$\begin{aligned}1 \times 2 &= \{0|\,\} \times \{1|\,\} \\ &= \{0 \times 2 + 1 \times 1 - 0 \times 1, \varnothing \times 2 + 1 \times \varnothing - \varnothing \times \varnothing | \\ &\quad 0 \times 2 + 1 \times \varnothing - 0 \times \varnothing, \varnothing \times 2 + 1 \times 1 - \varnothing \times 1\} \\ &= \{1|\,\} \\ &= 2\end{aligned}$$

문제 1.8 초현실수에 대해 다음이 성립함을 보이시오.

$$0 \times x = x \times 0 = 0$$

힌트: 식 1.24를 활용하기 위하여 초현실수 $x = \{X^L|X^R\}$로 간주하고, $0 = \{\,|\,\}$을 이용하시오.

□□□

문제 1.9 초현실수 1은 곱셈에 대한 항등원으로서 $1 \times x = x \times 1 = x$가 된다. 다음의 식이 성립함을 보이시오.

$$1 \times x = x \times 1 = x$$

힌트: 식 1.24를 활용하기 위하여 초현실수 $x = \{X^L|X^R\}$로 간주하고, $1 = \{0|\,\}$을 이용하시오.

□□□

바. 초현실수, 의사수와 게임 이론

이제까지 초현실수에 살펴 보았다. 의사수는 초현실수는 아니지만 게임 이론에 있어 아주 유용하게 사용된다. 초현실수와 의사수를 갖고 이를 게임에 적용해 보자. 적용하게 될 게임은 두 대국자(즉 LEFT와 RIGHT)에 의해 진행이 되며, 확률적이거나 비완전정보가 아닌 확정적이고 완전정보를 갖는 게임이다.

게임에 있어 한 착수점을 x라고 하자. 이 경우 LEFT는 x로서 x_1, x_2, x_3를 고려하고 RIGHT는 x로서 x_1', x_2', x_3'를 고려한 경우, 이를 다음과 같이 표기할 수 있다.

$$x = \{x_1, x_2, x_3 | x_1', x_2', x_3'\}$$

여기서 x는 LEFT와 RIGHT가 착수할 수 있는 일련의 착수점으로 구성된 초현실수나 의사수가 된다.

만약 다음 착수자가 패한 것을 안 경우에는 더 이상 착수점을 생성할 필요가 없다. 또한 집합 내에 원소가 없는 것은 더 이상 둘 곳이 없는 것이기 때문에 게임에 지게 된다. 이들을 정리해 보면 다음과 같은 성질을 알 수 있다. 참고로 바둑 게임을 근거로 LEFT를 흑 대국자, RIGHT를 백 대국자로 간주해 보자.

(1) 그림 1.14(a)와 같이 초현실수 $0 = \{\ |\ \}$은 다음 착수자가 지는 자리이다. 그 이유로는 더 이상 둘곳이 없기 때문에 일반적인 게임에서는 다음 착수자가 진 것이 되나, 바둑과 같은 게임에서는 이를 게임의 종료로 간주한다.

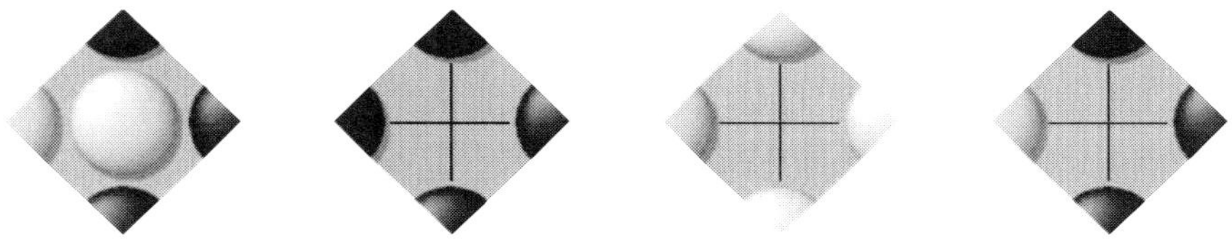

(a) $0 = \{\ |\ \}$ (b) $1 = \{0|\ \}$ (c) $-1 = \{\ |0\}$ (d) $* = \{0|0\}$

그림 1.14: 착점을 초현실수 또는 의사수로 표기(Berlekamp의 저서 'Mathematical Go'에서 일부 발췌)

(2) 그림 1.14(b)와 같이 초현실수 $1 = \{0|\ \}$은 LEFT(흑)가 이기는 자리. 그 이유로는 RIGHT(백)가 두려고 하는 자리가 착수할 수 없는 자리이거나, 또는 LEFT(흑)가 두어 $0 = \{\ |\ \}$인 상태를 만들어 다음 착수자인 RIGHT(백)가 지도록 하기 때문이다.

(3) 그림 1.14(c)와 같이 초현실수 $-1 = \{\ |0\}$은 RIGHT(백)가 이기는 자리이다.

(4) 그림 1.14(d)와 같이 초현실수 $* \equiv \{0|0\}$은 다음 착수자가 이기는 자리. 그 이유는 착수를 함으로서 그 다음 착수자가 지게 유도하기 때문이다. 바둑에서는 이를 공배로 간주한다.

(5) 그림 1.15와 같이 의사수 $\{*|*\}$는 다음 착수자가 지는 자리. 그 이유는 착수를 함으로서 $\{0|0\}$인 상태를 만들기 때문이다. 결국 $0 = \{\ |\ \} = \{*|*\}$은 다음 착수자가 지는 자리가 된다. 바둑에서는 이 역시 공배로 간주한다.

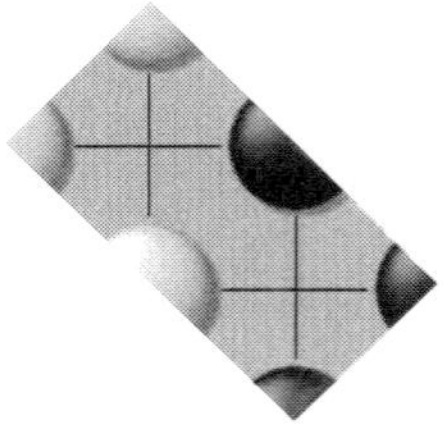

그림 1.15: 착점을 의사수로 표기: $\{*|*\}$

착점 $x = \{X^L|X^R\}$에 대한 승패 여부[iii]를 정리해 보면 다음과 같다.

□ $0 = \{\ |\ \}$은 다음 착수자가 짐.
□ $1 = \{0|\ \}$은 LEFT가 이김.
□ $-1 = \{\ |0\}$은 RIGHT가 이김.
□ $* = \{0|0\}$은 다음 착수자가 이김.
□ $0 = \{*|*\}$는 다음 착수자가 짐.

표 1.10: 초현실수 또는 의사수로 표현된 게임의 승패

예제 1.36 그림 1.16에 있는 각 대국 장면을 초현실수 또는 의사수로 표기해 보시오. 단 반상에 있는 모든 돌들은 살아 있다고 가정하고, 초현실수의 LEFT를 흑으로 RIGHT를 백으로 간주하시오.

(a) (b)

그림 1.16: 대국 장면 G

[iii]착점에 대한 승패를 표시하는 또 다른 수로는 위(↑)가 있으며, 이는 $\uparrow = \{0|*\}$이 되며 무한소로 $\uparrow > 0$이 된다. 또한 아래(↓)가 있으며, 이는 $\downarrow = \{*|0\}$이 되며 이 역시 무한소로 $\downarrow < 0$이 된다. 참고로 $-\uparrow = \downarrow$가 되며, $-\downarrow = \uparrow$가 된다. 또한 $\{1|-1\}$은 두 대국자 중 먼저 두는 쪽이 유리하기 때문에 이를 '급하다(hot)'라고 한다. 이 수의 값은 -1보다 작은 수보다 크며, 1보다 큰 수보다 작은 수가 되는 퍼지(fuzzy)값으로 ± 1로 표기가 된다.

예제 1.36 예시 답안

(a) 그림 1.16(a)에 있는 대국 장면은 그림 1.17(a)에서 보듯이 게임트리를 작성해 보면 $\{1|*\}$가 된다. 참고로 화살표 왼쪽은 흑이 둔 경우가 되고, 화살표 오른쪽은 백이 둔 경우가 된다.

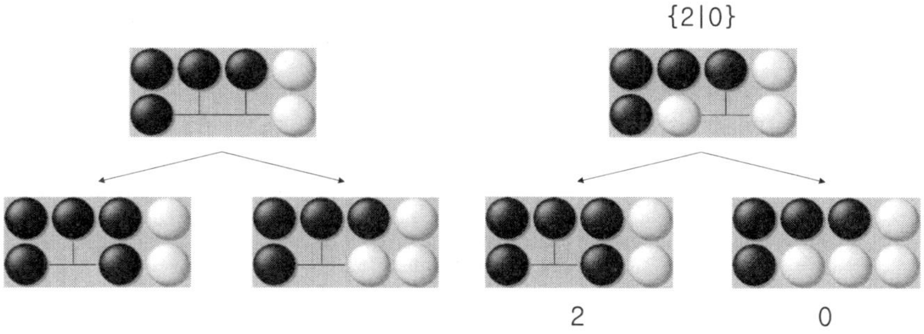

(a) $\{1|*\}$ (b) $\{2|0\}$

그림 1.17: 게임트리로 표기된 대국 장면 G

(b) 그림 1.16(b)에 있는 대국 장면은 그림 1.17(b)에서 보듯이 게임트리를 작성해 보면 $\{2|0\}$이 된다.

□□□

예제 1.37 그림 1.18에 있는 대국 장면 G를 초현실수로 표기해 보시오. 단 반상에 있는 모든 돌들은 살아 있다고 가정하고, 초현실수의 LEFT를 흑으로 간주하고 RIGHT는 백으로 간주하시오.

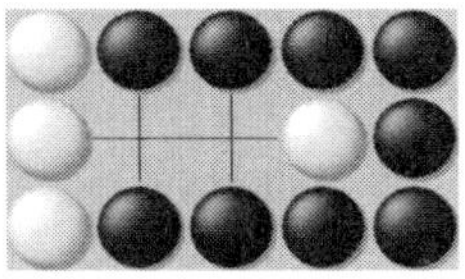

그림 1.18: 대국 장면 G

예제 1.37 예시 답안 대국 장면을 게임트리로 표기해 보면 그림 1.19와 같다. 참고로 화살표의 왼쪽은 흑이 둔 경우가 되고, 오른쪽은 백이 둔 경우가 된다. 게임트리를 살펴 보면 대국 장면 $G = \{3|\{2|0\}\}$으로 표기가 될 수 있음을 알 수 있다.

□□□

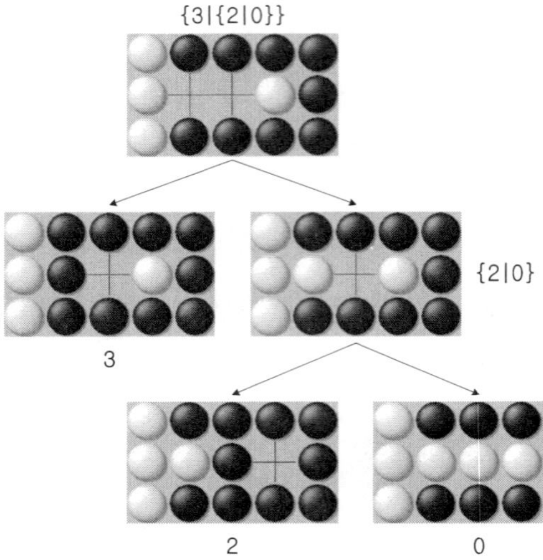

그림 1.19: 대국 장면을 초현실수로 표기: $\{3|\{2|0\}\}$

사. 게임 이론을 끝내기에 적용

게임 이론을 손쉽게 바둑에 적용하기 위해서는 패, 선수·후수, 축에 대한 개념을 배제한 상태에서 진행되어야 하며, 아울러 반상에 있는 흑과 백돌은 살아 있다는 가정에서 시작되어야 한다. 편의를 위해 양수는 흑에 대한 기댓값이 되고, 음수는 백에 대한 기댓값이 된다. 일반적으로 게임 G에 대한 기본 형태는 다음과 같이 네 가지로 나누어 진다. 참고로 '널 게임(null game)'은 빅과 같이 어느 누구에게도 도움이 안되는 곳을 말한다.

- □ $G > 0$: 흑 필승
- □ $G < 0$: 백 필승
- □ $G = 0$: 널 게임(null game)으로 바둑에서는 무승부로 간주
- □ $G \parallel 0$: 선승

표 1.11: 게임 G값에 따른 승패

바둑에서 끝내기의 종류로는 '양후수 끝내기(bilateral gote endgame)', '역(또는 선수) 끝내기(sente endgame)', '양선수 끝내기(bilateral sente endgame)', '패 끝내기(ko endgame)' 등이 있다. 끝내기의 순서는

양 선수(bilateral sente)→편 선수(unilateral sente)→양 후수(bilateral gote)

로 진행이 된다. 참고로 양선수, 역, 양후수, 패 끝내기에 대해 간략하게 살펴 보자.

(1) 양선수 끝내기

그림 1.20에서 보듯이 양선수는 "흑백 어느 쪽이 두더라도 선수가 되는 수"를 말한다. 즉 흑a, 백b가 양선수가 되는 수이다.

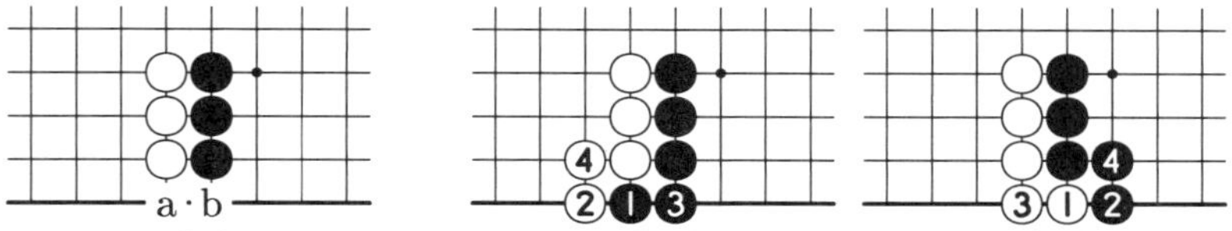

(a) 기본도 (b) 흑 선수 (c) 백 선수

그림 1.20: 양선수

그림 1.21에서 보듯이 양선수 끝내기는 "흑백 어느 쪽이 두더라도 선수가 되는 끝내기"를 말한다.

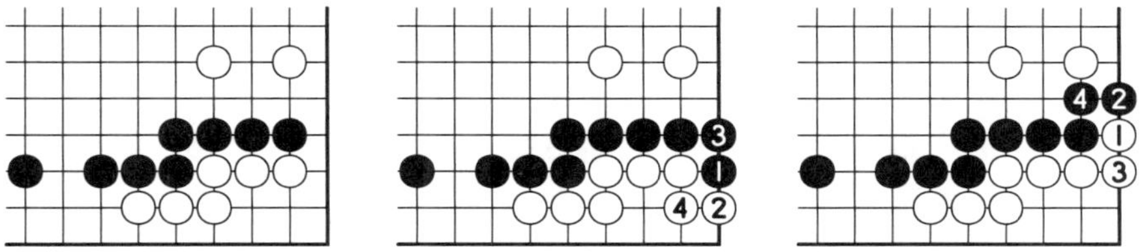

(a) 기본도 (b) 흑 선수 (c) 백 선수

그림 1.21: 양선수 끝내기

(2) 역(또는 선수) 끝내기

"A가 두면 선수가 되고, B가 두면 후수가 되는 수"를 'A의 역끝내기'라고 한다. 예를 들어 흑이 두면 흑 선수가 되고, 백이 두면 백 후수가 되는 끝내기를 '흑 역끝내기'라고 하며, 그림 1.22와 같이 백이 두면 백 선수가 되고, 흑이 두면 흑 후수가 되는 끝내기를 '백 역끝내기'라고 한다.

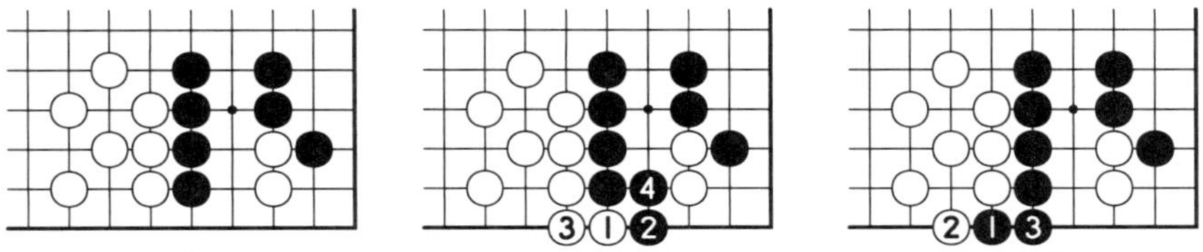

(a) 기본도 (b) 백 선수 (c) 흑 후수

그림 1.22: 백 역끝내기

(3) 양후수 끝내기

양후수는 "흑백 어느 쪽이 두더라도 후수가 되는 수"를 말하며, 양후수 끝내기는 "양후수가 되는 끝내기"를 말한다. 예를 들어 그림 1.23은 양후수인 상태를 보여주고 있다. 이 경우 흑이 *a*로 두건, 백이 *b*로 두건 흑백 모두가 양후수가 된다.

그림 1.23(b)에서 보듯이 흑1에 대해 흑3으로 흑이 후수가 되었다. 그림 1.24는 양후수 끝내기에 대한 예를 보여주고 있다. 흑이 두면 흑1로 후수가 되고, 백이 두면 백1로 후수가 된다. 이와 같이 어느 대국자가 두던 후수가 되는 끝내기를 양후수 끝내기라 한다.

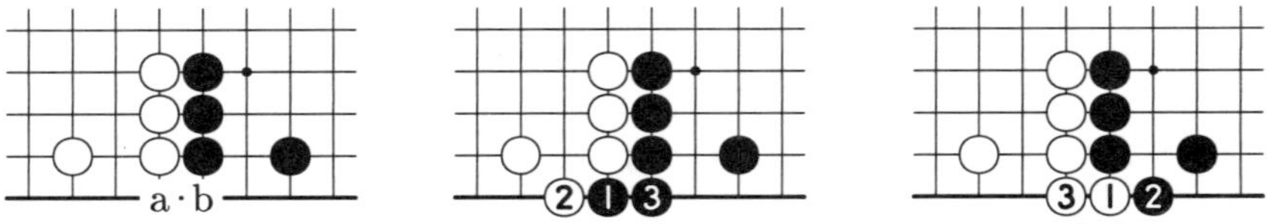

(a) 기본도 (b) 흑 후수 (b) 백 후수

그림 1.23: 양후수

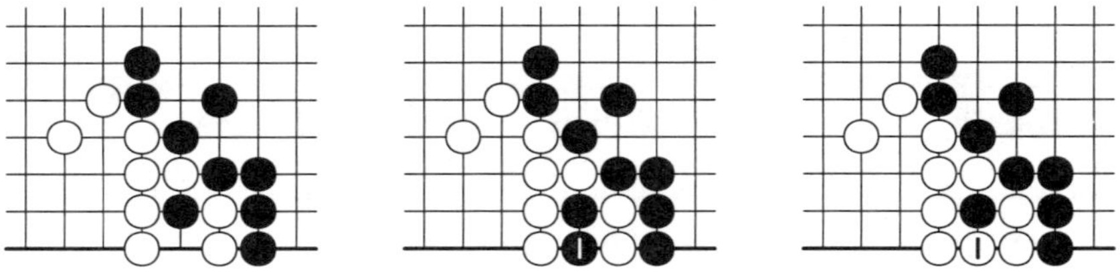

(a) 기본도 (b) 흑 후수 (c) 백 후수

그림 1.24: 양후수 끝내기

(4) 패 끝내기

그림 1.25(a), (b)에서 보듯이 패는 "흑백이 한 점씩 단수로 물려있는 형태"를 말한다.

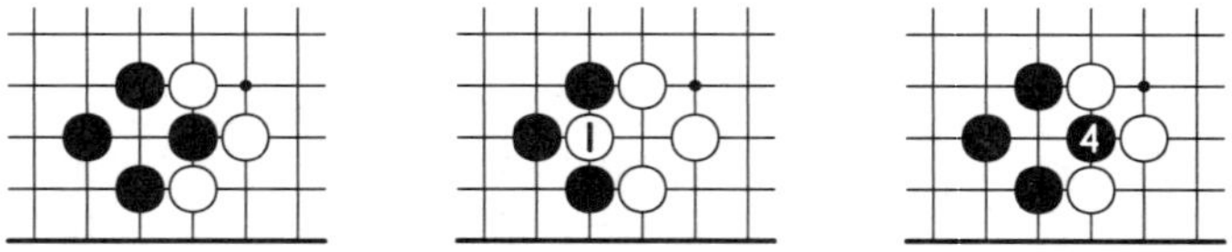

(a) 기본도 (b) 백1 (c) 흑4

그림 1.25: 패

그림 1.25(b)와 같이 백1로 흑 한점을 잡게 되면 연이어 흑2로 백1을 잡게 된다. 이 과정은 끝없이 반복될 수 있기에, 이를 막기 위해 상대가 패의 돌을 따내면 자신

은 바로 그 돌을 다시 따낼 수 없고, 다른 곳에 한 번 이상 둔 후에야 다시 따낼 수 있도록 규정되어 있다. 이를 '패의 법칙(ko rule: 동형반복 금지의 원칙)'이라고 한다. 그림 1.25(c)는 흑4로 백1을 딴 장면으로 그림 1.25(a)와 같이 원래 상태로 돌아간다. 그림 1.26(a)는 패의 장면을 보여주고 있다.

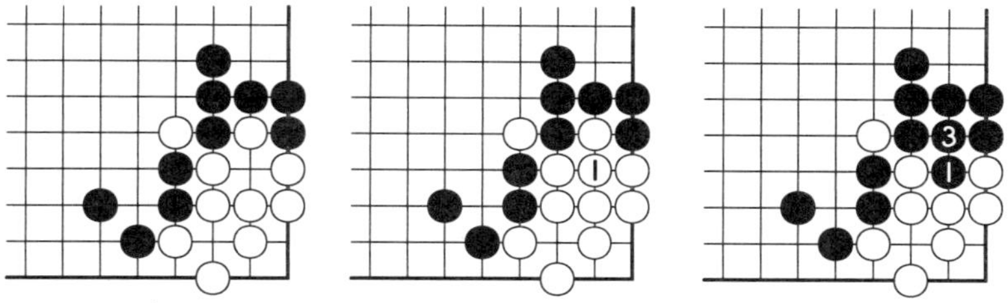

(a) 기본도 (b) 백1로 종료 (c) 흑3으로 종료

그림 1.26: 패 끝내기

이 경우 그림 1.26(b)와 같이 백1로 패의 곳을 두게 되면 패는 끝나게 된다. 또한 그림 1.26(c)와 같이 흑1, 3을 연속 두 번 두어 패를 종료하게 된다. 이와 같이 백이 두면 1회로 종결이 되고, 흑이 두면 2번 연속해서 두어 패가 끝나는 것을 '백단패(white's direct ko)'라고 한다.

□□□

게임 $G = \{G^L | G^R\}$의 기댓값 $E(G)$는 다음과 같이 정의가 된다.

$$E(G) = \begin{cases} G & G\text{가 단일 원소인 경우} \\ \frac{1}{2} maxE(G^L) + \frac{1}{2} minE(G^R) & \text{그 이외의 경우} \end{cases} \quad (1.25)$$

예제 1.38 다음과 같은 게임 G에 대한 기댓값 $E(G)$를 구해 보시오.

(a) $G = 5$ (b) $G = \{-2|8\}$ (c) $G = \{\{-2|8\}|\{7|-5\}\}$

예제 1.38 예시 답안 각 게임에 대한 기댓값을 구하면 다음과 같다.

(a) G가 단일 원소로 표시되었으니 $E(G) = E(5) = 5$

(b) G의 좌우에 단일 원소만이 있으니 최소(min), 최대(max)를 고려할 필요가 없다. 즉 기댓값 $E(G)$는 다음과 같이 구해진다.

$$E(G) = \frac{1}{2} \times E(-2) + \frac{1}{2} \times E(8) = \frac{1}{2} \times (-2) + \frac{1}{2} \times 8 = 3$$

(c) G의 좌우에 단일 원소만이 있으니 최소, 최대를 고려할 필요가 없다. 즉 기댓값 $E(G)$는 다음과 같이 구해진다.

$$
\begin{aligned}
& E(G) \\
= & \frac{1}{2} \times E(\{-2|8\}) + \frac{1}{2} \times E(\{7|-5\}) \\
= & \frac{1}{2} \times E\left[\frac{1}{2} \times E(-2) + \frac{1}{2} \times E(8)\}\right] + \frac{1}{2} \times E\left[\frac{1}{2} \times E(7) + \frac{1}{2} \times E(-5)\}\right] \\
= & \frac{1}{2} \times E(3) + \frac{1}{2} \times E(1) = \frac{1}{2} \times 3 + \frac{1}{2} \times 1 \\
= & 2
\end{aligned}
$$

□□□

문제 1.10 $G = \{2, \{0|4\}, \{0|-2\} \mid 10, \{10|12\}\}$로 주어진 경우, G의 기댓값 $E(G)$를 구해 보시오.

힌트: 식 1.25를 활용하시오.

□□□

예제 1.39 그림 1.27과 같이 흑이 끝내기를 할 곳이 다섯 군데(A, B, C, D, E) 남아 있는 경우, 어디를 먼저 두어야 하는지를 기댓값을 이용하여 결정해 보시오.

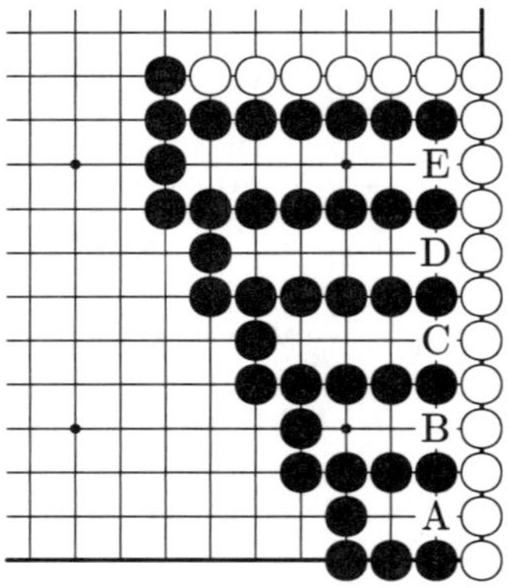

그림 1.27: 흑선 끝내기 시 기댓값(Berlekamp의 저서 'Mathematical Go'에서 발췌)

예제 1.39 예시 답안 각 점에 대한 게임트리를 작성한 후, 게임 $G = \{G^B | G^W\}$의 기댓값을 구하면 다음과 같다.

(1) A점에 대해 게임트리를 작성하여 A점에 대한 게임을 초현실수 형태로 나타내면 $G_A = \{1|0\}$이 되니, A점에 대한 기댓값 $E(G_A)$는 다음과 같이 계산된다.

$$E(G_A) = \frac{1}{2} \times E(1) + \frac{1}{2} \times E(0) = \frac{1}{2} \times 1 + \frac{1}{2} \times 0 = \frac{1}{2}$$

(2) B점에 대한 게임을 초현실수 형태로 나타내면 $G_B = \{2 \mid \{1|0\}\}$이 되니, B점에 대한 기댓값 $E(G_B)$는 다음과 같이 계산된다.

$$E(G_B) = \frac{1}{2} \times E(2) + \frac{1}{2} \times E(G_A) = \frac{1}{2} \times 2 + \frac{1}{2} \times \frac{1}{2} = \frac{5}{4} = 1 + \frac{1}{2^2}$$

(3) $G_C = \{3 \mid \{2|\{1|0\}\}\}$에 대한 기댓값 $E(G_C)$는 다음과 같이 계산된다.

$$E(G_C) = \frac{1}{2} \times E(3) + \frac{1}{2} \times E(G_B) = \frac{1}{2} \times 3 + \frac{1}{2} \times \frac{5}{4} = \frac{17}{8} = 2 + \frac{1}{2^3}$$

(4) $G_D = \{4 \mid \{3|\{2|\{1|0\}\}\}\}$에 대한 기댓값 $E(G_D)$는 다음과 같이 계산된다.

$$E(G_D) = \frac{1}{2} \times E(4) + \frac{1}{2} \times E(G_C) = \frac{1}{2} \times 4 + \frac{1}{2} \times \frac{17}{8} = \frac{49}{16} = 3 + \frac{1}{2^4}$$

(5) $G_E = \{5 \mid \{4|\{3|\{2|\{1|0\}\}\}\}\}$에 대한 기댓값 $E(G_E)$는 다음과 같이 계산된다.

$$E(G_E) = \frac{1}{2} \times E(5) + \frac{1}{2} \times E(G_D) = \frac{1}{2} \times 5 + \frac{1}{2} \times \frac{49}{16} = \frac{129}{32} = 4 + \frac{1}{2^5}$$

각 착점 A, B, C, D, E에 대한 기댓값을 비교해 보면 다음과 같다.

$$\frac{1}{2} < \frac{5}{4} < \frac{17}{8} < \frac{49}{16} < \frac{129}{32}$$

결국 E의 점에 대한 게임 G_E의 기댓값이 $E(G_E) = \frac{129}{32} \left(= 4 + \frac{1}{2^5}\right)$로 다른 점에 대한 게임의 기댓값에 비해 가장 큰 것을 알 수 있다. 그러므로 흑은 E점을 선착해야 한다. 또한 그림 1.27과 같은 상황에서 각 착점에 대한 게임에 대한 기댓값을 일반화하면 다음과 같다.

$$E(G) = (n-1) + \frac{1}{2^n}$$

여기서 n은 G^B의 값이다.

□□□

그림 1.28은 9줄 바둑의 끝내기 장면을 보여주고 있다. 만약 흑이 선수로 끝내기를 진행하는 경우, 어느 곳을 먼저 두어야 하는지를 살펴보자. 바둑의 끝내기를 게임 이론에 적용하기 위해서는 현 국면을 독립된 분할 영역(무조건적으로 삶이 보장된 영역)으로 나누어야 한다.

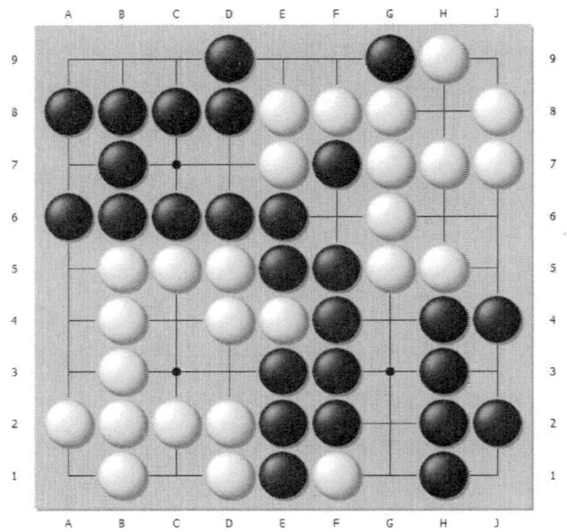

그림 1.28: 9줄 바둑의 끝내기 장면(Martin Müller의 논문 'Experiments in Computer Go Endgames'에서 발췌)

그림 1.29는 그림 1.28을 4개의 독립된 분할 영역으로 나누었다. 그림 1.29에서 검정색은 흑의 독립된 분할 영역을 나타내며, 흰색은 백의 독립된 분할 영역을 나타내고 있다.

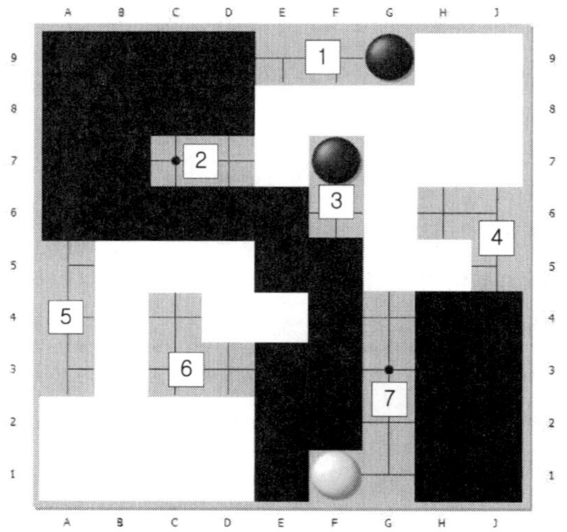

그림 1.29: 블록화된 영역

먼저 확정가를 살펴보면 그림 1.28에서 보듯이 흑은 6집을, 백은 4집을 확보하고 있다. 그러므로 확정가 G_{const}는 다음과 같다.

$$G_{const} = 6 - 2 = 2$$

다음으로 그림 1.29에서 보듯이 7개의 종속된 분할 영역(블럭)과 공집에 대한 집을 계산해 보자. 참고로 7개의 종속된 블럭을 재현해 보면 그림 1.30과 같다.

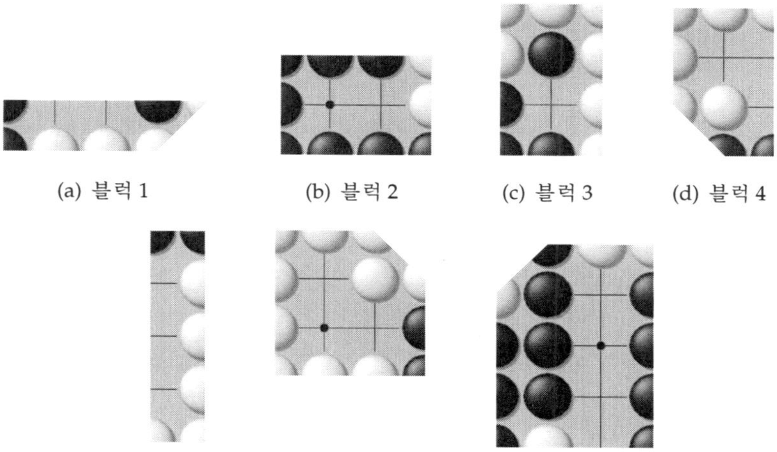

(a) 블럭 1 (b) 블럭 2 (c) 블럭 3 (d) 블럭 4 (e) 블럭 5 (f) 블럭 6 (g) 블럭 7

그림 1.30: 7개의 종속된 블럭들

이제 각 블럭에 대해 게임트리를 적용하여 초현실수로 나타내면 다음과 같이 표현이 된다.

$$
\begin{aligned}
G_1 &= \{\{0| -2\}| -3\} \\
G_2 &= \{1|0\} \\
G_3 &= \{0| -2\} \\
G_4 &= \{\{0| -1\}| -2\} \\
G_5 &= \{\{0| -1\}| -2\} \\
G_6 &= \{\{0| -1\}| -2\} \\
G_7 &= \{5|\{4|\{3|\{2|0\}\}\}\}
\end{aligned}
$$

결국 그림 1.28에 있는 전체 게임은 다음과 같이 표기가 된다.

$$G = G_{const} + \sum_{i=1}^{7} G_i$$

이제 부터 게임 G에 대한 기댓값 $E(G)$을 구해보자. 게임 G에 대한 기댓값을 구하기 위해서는 7개 블럭에 대한 기댓값을 다음과 같이 우선적으로 구해야 한다.

$$
\begin{aligned}
E(G_1) &= \frac{1}{2} \times \left[\frac{1}{2} \times 0 + \frac{1}{2} \times (-2)\right] + \frac{1}{2} \times (-3) = -2 \\
E(G_2) &= \frac{1}{2} \times 1 + \frac{1}{2} \times 0 = \frac{1}{2} \\
E(G_3) &= \frac{1}{2} \times 0 + \frac{1}{2} \times (-2) = -1 \\
E(G_4) &= \frac{1}{2} \times \left[\frac{1}{2} \times 0 + \frac{1}{2} \times (-1)\right] + \frac{1}{2} \times (-2) = -\frac{5}{4} \\
E(G_5) &= E(G_4) = -\frac{5}{4} \\
E(G_6) &= E(G_4) = -\frac{5}{4} \\
E(G_7) &= \frac{1}{2} \times 5 + \frac{1}{2} \times \left[\frac{1}{2} \times 4 + \frac{1}{2} \times \left[\frac{1}{2} \times 3 + \frac{1}{2} \times \left[\frac{1}{2} \times 2 + \frac{1}{2} \times 0\right]\right]\right] = 4
\end{aligned}
$$

결국 그림 1.28에 있는 전체 게임에 대해 형세 판단을 해보면 다음과 같다.

$$
\begin{aligned}
E(G) &= E\left(G_{const}\right) + \sum_{i=1}^{7} E(G_i) \\
&= 2 + \left[(-2) + \frac{1}{2} + (-1) + 3 \times \left(-\frac{5}{4}\right) + 4\right] \\
&= -\frac{1}{4}
\end{aligned}
$$

즉 현재 국면을 분석해 보면 백이 반집 이하($= -\frac{1}{4}$)을 이기고 있음을 알 수 있다. 또한 흑선인 경우에는 7번째 블럭의 기댓값이 4이기 때문에 블럭 G_7(흑 $G4$)에 먼저 두어야 하며, 백선인 경우에는 1번째 블럭의 기댓값이 -2이기 때문에 블럭 G_1(백 $E9$)에 우선적으로 두어야 한다.

수열은 "수들이 일정한 규칙성을 갖고 놓여있는 수들의 집합"이다.

2 수열과 도형수

"어떤 규칙에 의거해서 차례로 나열된 수"를 '수열(sequence)'이라하고, "수열을 이루는 하나 하나의 수"를 '항(term)'이라 한다. 예를 들어 다음과 같은 수열이 있는 경우

$$a_1, \quad a_2, \quad a_3, \quad \cdots, \quad a_n, \quad \ldots$$

a_1을 '첫째항'(first term) 또는 '초항'이라고 하며, n번째 항인 a_n을 '일반항 (general term)'이라고 한다. 수열을 표기하기 위하여 일반항인 a_n을 이용하여, 수열을 $\{a_n\}$으로 표기한다. 참고로 수열의 항의 개수가 유한한 수열을 '유한수열(finite sequence)'로 부르고, 항의 개수가 무한한 수열을 '무한수열(infinite sequence)'로 부른다. 또한 유한수열의 맨 마지막 항을 '끝항(last term)' 또는 '말항'이라고 한다. 예를 들어 수열이 다음과 같이 무한수열로 주어진 경우

$$1, \quad 2, \quad 3, \quad 4, \quad 5, \quad 6, \quad \ldots$$

첫째항은 1이 되고, 둘째항은 2가 되며, 일반항은 $a_n = n$이 된다. 결국 주어진 수열은 $\{n\}$으로 표기가 된다.

예제 2.1 다음에 있는 유한수열을 보고 빈칸에 있는 값과 일반항을 구하시오.

(a) 2, 4, 6, ( ), 10, 12 (b) 1, 2, 4, ( ), 16, 32

예제 2.1 예시 답안

(a) $a_4 = 8$이 되며, 일반항 $a_n = 2n$(단 $n = 1, 2, \ldots, 6$)이 된다.

(b) $a_4 = 8$이 되며, 일반항 $a_n = 2a_{n-1}$(단 $a_1 = 1$이며 $n = 2, 3, \ldots, 6$)이 된다.

□□□

예제 2.2 그림 2.1과 같이 바둑돌이 정사각형을 이루며 증가되는 경우, 네번째 정사각형의 바둑돌 수를 구해보고 n번째 정사각형의 돌의 개수인 일반항 a_n을 구해 보시오.

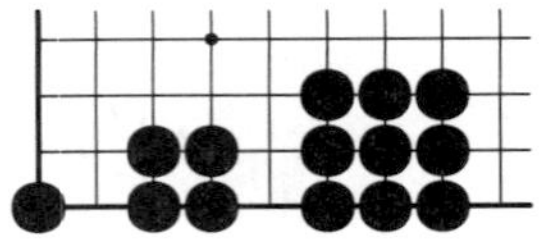

그림 2.1: 정사각형의 바둑돌들

예제 2.2 예시 답안

$$\begin{aligned} a_1 &= 1 \times 1 = 1^2 = 1 \\ a_2 &= 2 \times 2 = 2^2 = 4 \\ a_3 &= 3 \times 3 = 3^2 = 9 \\ &\vdots \end{aligned}$$

가 되니, 네번째 정사각형의 바둑돌 수는 $a_4 = 4^2 = 16$이 되며 일반항 $a_n = n^2$이 된다.

□□□

예제 2.3 그림 2.2와 같이 바둑돌이 삼각형을 이루며 증가되는 경우, 네번째 삼각형의 바둑돌 수를 구해보고 n번째 삼각형의 돌의 개수인 일반항 a_n을 구해 보시오.

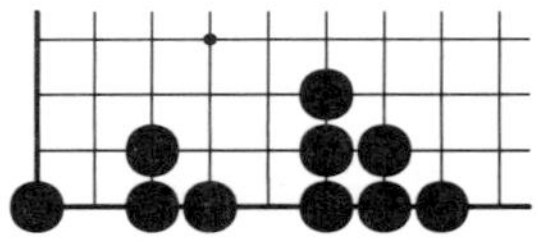

그림 2.2: 삼각형의 바둑돌들

예제 2.3 예시 답안

$$\begin{aligned} a_1 &= 1 \\ a_2 &= a_1 + 2 = 1 + 2 = 3 \\ a_3 &= a_2 + 3 = (1+2) + 3 = 6 \\ &\vdots \end{aligned}$$

가 되니, 네번째 삼각형의 바둑돌 수는

$$a_4 = a_3 + 4 = (1+2+3) + 4 = 10$$

이 되며, 일반항은

$$
\begin{aligned}
a_n &= a_{n-1} + n \\
&= [1+2+3+\ldots+(n-1)] + n \\
&= \frac{1}{2}\left[(1+2+\ldots+(n-1)+n) + (n+(n-1)+\ldots+2+1)\right] \\
&= \frac{1}{2}\left[(1+n) + (2+(n-1)) + \ldots + ((n-1)+2) + (n+1)\right] \\
&= \frac{1}{2}\left[\underbrace{(n+1)+(n+1)+\ldots+(n+1)}_{n\text{개}}\right] \\
&= \frac{n(n+1)}{2}
\end{aligned}
$$

이 된다. 결국 구하고자하는 일반항은 $a_n = \frac{n(n+1)}{2}$ 이 된다.

□□□

예제 2.4 그림 2.3은 제1선에 흑돌이 배치되어 있고, 제2선에 백돌이 배치되어 있는 모습이다.

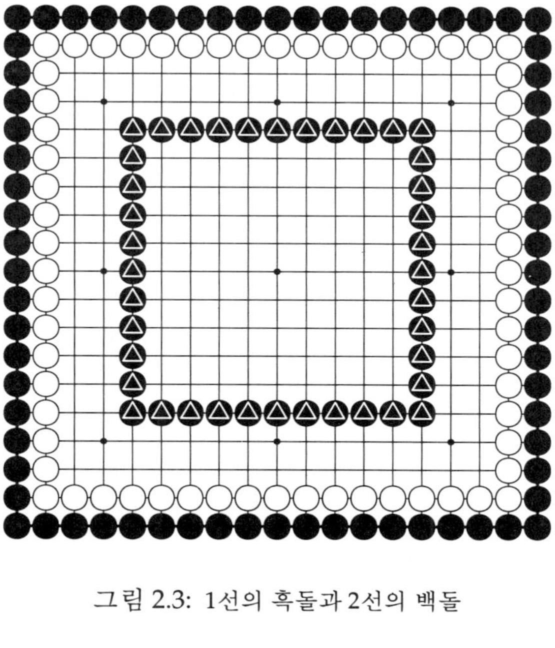

그림 2.3: 1선의 흑돌과 2선의 백돌

바둑에서 제1선은 '사선'으로 죽는 선이 되며, 제2선은 '패망선'으로 망하는 선이 되며, 제3선은 '실리선'으로 집이 되는 선이 되며, 제4선은 '세력선'으로 힘이 되는 선이다.

(1) 제 1선에 놓인 흑의 돌수를 구하시오.

(2) 제 2선에 놓인 백의 돌수를 구하시오.

(3) 제 n선에 있는 돌수를 구하시오.

예제 2.4 예시 답안 돌의 수를 일일이 세는 것은 최악의 방법이 되니, 돌의 수를 세기 위해서는 정사각형 모양을 이용하면 된다. 예를 들어 그림 2.4(a)에서와 같이 제 8선에 있는 흑돌의 개수를 세기 위해, 그림 2.4(b)에서와 같이 흑백으로 된 4개의 변에 있는 돌의 수를 세면 된다. 즉 제 8선에 있는 돌의 수는 16(= 4 × 4)개가 된다.

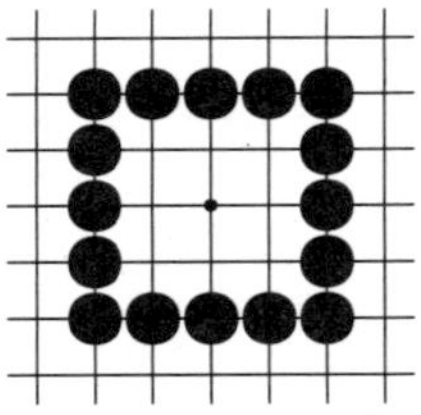
(a) 제 8선에 놓은 흑돌

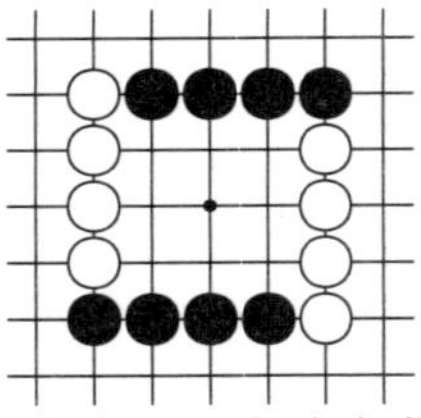
(b) 흑백으로 된 정사각형

그림 2.4: 제 8선에 놓은 돌

(1) 제 1선에 놓인 흑의 돌수를 구하기 위해, 4개의 변으로 된 정사각형을 고려하면 구하고자 하는 흑돌의 개수는

$$(19-1)\times 4 = 18\times 4 = 72\ (\text{개})$$

가 된다.

(2) 제 2선에 놓인 백의 돌수를 구하기 위해, 4개의 변으로 된 정사각형을 고려하면 구하고자 하는 백돌의 개수는

$$(17-1)\times 4 = 16\times 4 = 64\ (\text{개})$$

가 된다.

(3) 결국 다음과 같은 규칙을 통해 제 n선에 있는 돌 수를 구할 수가 있다.

$$\begin{aligned}
&1\text{선}: && 18\times 4 = 72\\
&2\text{선}: && 16\times 4 = 64\\
&3\text{선}: && 14\times 4 = 56\\
&4\text{선}: && 12\times 4 = 48\\
& && \vdots\\
&n\text{선}: && 2(10-n)\times 4 = 8(10-n) \qquad (\text{단, } n\le 9\text{인 자연수})
\end{aligned}$$

예를 들어 그림 2.3의 흑돌 내 삼각형으로 표시된 것과 같이 제 5선에 있는 돌의 개수는 $(11-1)\times 4 = 40$개가 된다.

□□□

제 1 절 등차수열

"어떤 수에 일정한 수를 더하거나 빼서 만든 수열"을 '등차수열(arithmetic sequence)' 이라고 하며, 그 일정한 수를 '공차(common difference)'라고 한다. 예를 들어 다음과 같은 수열이 있을 때

$$2, \quad 4, \quad 6, \quad 8, \quad 10, \quad \ldots$$

공차는

$$4-2=6-4=8-6=10-8=\ldots=2$$

가 된다. 즉 공차가 d인 등차수열 $\{a_n\}$에서 제 n항인 a_n에 공차 d를 더하면 제 $(n+1)$항인 a_{n+1}이 되므로 다음과 같은 식이 성립한다.

$$a_{n+1}=a_n+d \qquad \text{또는} \qquad a_{n+1}-a_n=d$$

여기서 $n=1, 2, 3, \ldots$이 된다.

예제 2.5 다음 등차수열의 초항부터 제 5항까지 나열해 보시오.

(a) 초항 3, 공차 4
(b) 초항 −2, 공차 −3
(c) 초항 3, 둘째항 7
(d) 초항 −2, 둘째항 −5

예제 2.5 예시 답안

(a) 3, 7, 11, 15, 19

(b) −2, −5, −8, −11, −14

(c) 공차가 $4(=7-3)$이며, 초항이 3이니 구하고자 하는 등차수열은 다음과 같다.

$$3, \quad 7, \quad 11, \quad 15, \quad 19$$

(d) 공차가 $-3(=-5-(-2))$이며, 초항이 −2이니 구하고자 하는 등차수열은 다음과 같다.

$$-2, \quad -5, \quad -8, \quad -11, \quad -14$$

□□□

초항이 $a_1 = a$이고 공차가 d인 등차수열의 항을 차례대로 나열하게 되면 다음과 같다.

$$\begin{aligned}
\text{초항:} \quad & a_1 = a \\
\text{둘째항:} \quad & a_2 = a_1 + d = a + d \\
\text{세째항:} \quad & a_3 = a_2 + d = a + 2d \\
\text{네째항:} \quad & a_4 = a_3 + d = a + 3d \\
& \vdots \\
n\text{째항:} \quad & a_n = a_{n-1} + d = a + (n-1)d
\end{aligned}$$

결국 초항이 a이고 공차가 d인 등차수열의 일반항 a_n은 다음과 같다.

$$\boxed{a_n = a + (n-1)d \qquad (n = 1,\ 2,\ 3,\ \ldots)} \tag{2.1}$$

예제 2.6 다음 등차수열의 일반항을 구하시오.

(a) 초항 4, 공차 2 (b) 세째항 -6, 다섯째항 -10

예제 2.6 예시 답안

(a) 초항 $a_1 = a = 4$이고 $d = 2$이니 식 2.1에 의거해서

$$a_n = 4 + (n-1) \times 2 = 2(n+1)$$

(b) 초항을 a, 공차를 d라고 하면, 세째항이 -6이니 식 2.1에 의거해서

$$a_3 = a + (3-1) \times d = a + 2d = -6$$

을 얻을 수 있고, 또한 다섯째항이 -10이니 식 2.1에 의거해서

$$a_5 = a + (5-1) \times d = a + 4d = -10$$

을 얻을 수 있다. 위 두 식을 연립하여 풀게 되면 $a = -2, d = -2$를 구하게 된다. 결국 구하고자 하는 등차수열의 일반항은 다음과 같다.

$$a_n = -2 + (n-1) \times (-2) = -2n$$

□□□

연이어 있는 세 수 a, b, c가 등차수열을 이룰 때, 가운데 수인 b를 a와 b의 '등차중앙(arithmetic mean)'이라고 부른다. 예를 들어, 세 수 10, 20, 30에 대해 수 20을 10과 30의 등차중앙이라고 부른다. 연이어 있는 세 수 a, b, c에 대해 가운데 수 b가 등차중앙을 이룰 때 다음과 같은 식이 성립한다.

$$\boxed{b = \frac{a+c}{2}} \tag{2.2}$$

예제 2.7 식 2.2가 성립함을 보이시오.

예제 2.7 예시 답안 세 수 a, b, c가 등차수열을 이루니 공차 d는 같게 된다. 결국 다음과 같이 증명이 된다.

$$
\begin{aligned}
& b-a = c-b = d \\
\therefore\quad & 2b = a+c \\
\therefore\quad & b = \frac{a+c}{2}
\end{aligned}
$$

□□□

지금부터 등차수열의 합을 구해보자. 초항이 a, 공차가 d, 말항이 l인 등차수열에서 초항부터 n번째 항까지의 합을 S_n이라고 하면

$$
\begin{aligned}
S_n &= a_1 + a_2 + a_3 + \ldots + a_{n-1} + a_n \\
&= \underbrace{a + (a+d) + (a+2d) + \ldots + (l-d) + l}_{n\text{개}}
\end{aligned}
$$

이 되며, 우변에 있는 항을 역순으로 배치하게 되면

$$S_n = \underbrace{l + (l-d) + (l-2d) + \ldots + (a+d) + a}_{n\text{개}}$$

가 된다. 이제 위에 있는 두 식을 더하게 되면 다음과 같은 식을 얻게 된다.

$$2 \times S_n = \underbrace{(a+l) + (a+l) + \ldots + (a+l) + (a+l)}_{n\text{개}} = n(a+l)$$

그러므로 구하고자 하는 등차수열의 초항 a부터 n번째 항인 말항 l까지의 합 S_n은

$$S_n = \frac{n(a+l)}{2}$$

이 된다. 또한 말항이 $l = a + (n-1)d$이니 다음과 같이 등차수열의 합 공식을 구할 수 있다.

$$S_n = \frac{n(a+l)}{2} = \frac{n[2a+(n-1)d]}{2} \tag{2.3}$$

여기서 n은 항의 개수, a는 초항, d는 공차, l은 말항이 된다.

예제 2.8 초항이 10, 공차가 2인 등차수열에서 초항부터 몇번째 항까지의 합이 처음으로 90을 넘는가?

예제 2.8 예시 답안 식 2.3에 의해 n번째 항까지의 합은

$$S_n = \frac{n \times [2 \times 10 + (n-1) \times 2]}{2} = n(n+9)$$

가 되니, $S_n = n(n+9) > 90$에서

$$\begin{aligned} & n^2 + 9n - 90 > 0 \\ \therefore \quad & (n+15)(n-6) > 0 \\ \therefore \quad & n < -15 \qquad \text{또는} \qquad n > 6 \end{aligned}$$

n은 자연수이니 구하고자 하는 항은 $n = 7$이 되고 7항의 값 $a_7 = 10 + (7-1) \times 2 = 22$가 된다. 즉 7항까지의 합이 $S_7 = \frac{7\times(10+22)}{2} = 112$가 되어 그 합이 90을 넘음을 알 수 있다. 참고로 6항의 값은 $a_6 = 10 + (6-1) \times 2 = 20$이 되고, 6항까지의 합은 $S_6 = \frac{6\times(10+20)}{2} = 90$이 되어 90을 넘지 못한다.

□□□

예제 2.9 바둑판에 180개의 바둑돌이 놓여있다. 이 돌들을 1개, 3개, 5개, 7개, 9개, ...개씩 바둑통에 집어넣을 경우, 몇번째에 바둑판에 있는 모든 돌인 180개를 바둑통에 집어넣을 수 있는지를 계산해 보시오.

예제 2.9 예시 답안 초항이 $a_1 = 1$, 공차 $d = 2$이니 n번째 항까지의 합 S_n이 180보다 큰 n의 값을 구하면 된다. 결국 식 2.3을 이용하여 다음과 같이 n을 구할

수 있다.

$$\begin{aligned} & S_n = \frac{n\left[2\times 1+(n-1)\times 2\right]}{2} > 180 \\ \therefore \quad & n^2 > 180 \\ \therefore \quad & n = 14 \end{aligned}$$

즉 바둑판에 놓여있는 180개의 바둑돌을 1, 3, 5, 7, 9, ...개씩 바둑통에 집어넣는 경우, 14번째에 바둑판에 놓여있는 모든 돌들을 바둑통에 집어넣을 수가 있다. 참고로 13번째까지 바둑통에 집어넣을 바둑돌의 수는 169(= 13^2)개가 된다.

□□□

등차수열 $\{a_n\}$의 초항부터 n항까지의 합이 S_n인 경우

$$\begin{aligned} S_1 &= a_1 \\ S_2 &= a_1 + a_2 = S_1 + a_2 \\ S_3 &= a_1 + a_2 + a_3 = S_2 + a_3 \\ &\vdots \\ S_{n-1} &= a_1 + a_2 + a_3 + \ldots + a_{n-1} = S_{n-2} + a_{n-1} \\ S_n &= a_1 + a_2 + a_3 + \ldots + a_{n-1} + a_n = S_{n-1} + a_n \end{aligned}$$

가 되어, 수열 $\{a_n\}$의 초항부터 n항까지의 합 S_n과 일반항 a_n 사이에는 다음과 관계를 얻을 수 있다.

$$a_1 = S_1, \qquad a_n = S_n - S_{n-1} \quad (\text{단}, n \geq 2) \tag{2.4}$$

예제 2.10 초항부터 n항까지의 합이 $S_n = n(n+1)$인 수열의 일반항 a_n을 구하시오.

예제 2.10 예시 답안 식 2.4에 의해 일반항 a_n은 다음과 같이 구할 수 있다.

$$\begin{aligned} & a_n = S_n - S_{n-1} \\ \therefore \quad & a_n = n(n+1) - (n-1)n = 2n \end{aligned}$$

결국 $n \geq 1$인 범위내에서 일반항은 $a_n = 2n$이 된다. 즉, 구하고자하는 수열은 다음과 같다.

$$2, \quad 4, \quad 6, \quad 8, \quad \ldots$$

참고로 초항 $a_1 = 2$가 되며, 공차 $d = 2$가 된다.

□□□

제 2 절 등비수열

"어떤 수에 차례로 일정한 수를 곱하여 만든 수열"을 '등비수열(geometric sequence)' 이라고 하며, 그 일정한 수를 '공비(common ratio)'라고 한다. 예를 들어 다음과 같은 수열이 있을 때

$$2, \quad 4, \quad 8, \quad 16, \quad 32, \quad \ldots$$

공비는

$$\frac{4}{2} = \frac{8}{4} = \frac{16}{8} = \frac{32}{16} = \ldots = 2$$

가 된다. 즉 공비가 r인 등비수열 $\{a_n\}$에서 제n항인 a_n에 공비 r을 곱하면 제$(n+1)$항인 a_{n+1}이 되므로 다음과 같은 식이 성립한다.

$$a_{n+1} = r \times a_n \qquad \text{즉,}\ \frac{a_{n+1}}{a_n} = r$$

여기서 $n = 1, 2, 3, \ldots$이 된다.

예제 2.11 다음 등비수열의 초항부터 제5항까지 나열해 보시오.

(a) 초항 3, 공비 4

(b) 초항 2, 공비 -3

(c) 초항 -3, 둘째항 6

(d) 초항 $-\frac{3}{2}$, 둘째항 -2

예제 2.11 예시 답안

(a) 3, 12, 48, 192, 768

(b) 2, -6, 18, -54, 162

(c) 공비가 $-2\,(= \frac{6}{-3})$이며, 초항이 -3이니 구하고자 하는 등비수열은 다음과 같다.

$$-3, \quad 6, \quad -12, \quad 24, \quad -48$$

(d) 공비가 $\frac{4}{3}\left(= \frac{-2}{-\frac{3}{2}}\right)$이며, 초항이 $-\frac{3}{2}$이니 구하고자 하는 등차수열은 다음과 같다.

$$-\frac{3}{2}, \quad -2, \quad -\frac{8}{3}, \quad -\frac{32}{9}, \quad -\frac{128}{27}$$

□□□

초항이 $a_1 = a$이고 공비가 r인 등비수열의 항을 차례대로 나열하게 되면 다음과 같다.

$$
\begin{aligned}
\text{초항:}\quad & a_1 = a \\
\text{둘째항:}\quad & a_2 = a_1 r = ar \\
\text{세째항:}\quad & a_3 = a_2 r = ar^2 \\
\text{네째항:}\quad & a_4 = a_3 r = ar^3 \\
& \vdots \\
n\text{째항:}\quad & a_n = a_{n-1} r = ar^{n-1}
\end{aligned}
$$

결국 초항이 a이고 공비가 r인 등비수열의 일반항 a_n은 다음과 같다.

$$
\boxed{a_n = ar^{n-1} \qquad (n = 1,\ 2,\ 3,\ \ldots)} \tag{2.5}
$$

예제 2.12 다음 등비수열의 일반항을 구하시오.

(a) 초항 4, 공비 2

(b) 초항 -6, 공비 $\frac{2}{3}$

(c) $5, \quad -10, \quad 20, \quad -40, \quad \ldots$

(d) $\sqrt{3}, \quad 3, \quad 3\sqrt{3}, \quad 9, \quad \ldots$

예제 2.12 예시 답안

(a) 초항 $a = 4$이고 공비 $r = 2$이니 일반항은 다음과 같다.

$$a_n = 4 \times 2^{n-1} = 2^{n+1}$$

(b) 초항 $a = -6$이고 공비 $r = \frac{2}{3}$이니 일반항은 다음과 같다.

$$a_n = -6 \times \left(\frac{2}{3}\right)^{n-1}$$

(c) 초항 $a = 5$이고 공비 $r = \frac{-10}{5} = -2$이니 일반항은 다음과 같다.

$$a_n = 5 \times (-2)^{n-1}$$

(d) 초항 $a = \sqrt{3}$이고 공비 $r = \sqrt{3}$이니 일반항은 다음과 같다.

$$a_n = \sqrt{3} \times \left(\sqrt{3}\right)^{n-1} = \left(\sqrt{3}\right)^n$$

□□□

연이어 있는 세수 a, b, c가 등비수열을 이룰 때, 가운데 수인 b를 a와 c의 '등비중앙(geometric mean)'이라고 부른다. 예를 들어, 세 수 10, 20, 40에 대해 수 20을 10과 40의 등비중앙이라고 부른다. 연이어 있는 세 수 a, b, c에 대해 가운데 수 b가 등비중앙을 이룰 때

$$\frac{b}{a} = \frac{c}{b} = r$$

이 성립하니, 다음과 같은 식이 성립한다.

$$\boxed{b^2 = ac} \tag{2.6}$$

예제 2.13 연이어 있는 다섯개의 수인 a, b, c, d, e가 등비수열을 이루고 있다. 만약 a가 5이고 e가 80일 때 세 수 b, c, d의 값을 구하시오.

예제 2.13 예시 답안 주어진 등비수열에서 첫째항인 a가 5이고 다섯번째 항인 e가 80이니,

$$80 = 5r^{5-1} = 5r^4$$

가 된다. 그러므로 공비 $r = \pm 2$을 구할 수 있다. 따라서 $r = 2$인 경우

$$b = 10, \qquad c = 20, \qquad d = 40$$

이 되며, $r = -2$인 경우

$$b = -10, \qquad c = 20, \qquad d = -40$$

이 된다.

□□□

예제 2.14 연이은 세 수 4, a, b가 등차수열을 이루고, 아울러 연이은 세 수 a, b, 18이 등비수열을 이루는 경우에 a, b의 값을 구하시오.

예제 2.14 예시 답안 세 수 4, a, b가 등차수열을 이루니

$$2a = 4 + b$$

가 되고, 세 수 $a, b, 18$이 등비수열을 이루니

$$b^2 = 18a$$

가 된다. 위 두 식에서

$$\begin{aligned} & b^2 = 18 \times \frac{4+b}{2} \\ \therefore \quad & b^2 - 9b - 36 = 0 \\ \therefore \quad & (b-12)(b+3) = 0 \\ \therefore \quad & b = 12, \qquad b = -3 \end{aligned}$$

을 얻는다. 결국 $b = 12$인 경우 $a = 8$이 되며, $b = -3$인 경우 $a = \frac{1}{2}$이 된다.

□□□

공비가 r인 등비수열 $\{a_n\}$의 초항 a부터 n항까지의 합이 S_n인 경우

$$S_n = a + ar + ar^2 + ar^3 + \ldots + ar^{n-1}$$

가 된다. 윗식의 양변에 공비 r을 곱하게 되면

$$rS_n = ar + ar^2 + ar^3 + \ldots + ar^{n-1} + ar^n$$

가 된다. 위 두 식에서 $S_n - rS_n$을 하게 되면

$$(1-r)S_n = a - ar^n$$

을 얻을 수가 있다. 이 때, $r \neq 1$인 경우 $S_n = \frac{a(1-r^n)}{1-r}$이 되며, $r = 1$인 경우 $S_n = na$가 된다. 결국 공비가 r인 등비수열 $\{a_n\}$의 초항 a부터 n항까지의 합 S_n은 다음과 같다.

$$\begin{aligned} r \neq 1\text{일 때}, \quad & S_n = \frac{a(1-r^n)}{1-r} = \frac{a(r^n-1)}{r-1} \\ r = 1\text{일 때}, \quad & S_n = na \end{aligned} \tag{2.7}$$

예제 2.15 초항이 1이고, 공비가 2인 등비수열의 초항부터 5번째 항까지의 합을 구하시오.

예제 2.15 예시 답안 초항 $a = 1$이고, 공비 $r = 2$이니, 5번째 항까지의 합 S_5는 식 2.7에 의해 다음과 같다.

$$S_5 = \frac{1 \times (2^5 - 1)}{2 - 1} = 31$$

□□□

예제 2.16 다음 등비수열의 합을 구하시오.

(a) 초항 4, 공비 2, 항수 10 (b) 초항 −6, 공비 −2, 말항 192

예제 2.16 예시 답안

(a) 초항 $a = 4$, 공비 $r = 2$, 항수 $n = 10$이니 10번째까지의 합 S_{10}은 다음과 같다.

$$S_{10} = \frac{4 \times (2^{10} - 1)}{2 - 1} = 4,092$$

(b) 초항 $a = -6$, 공비 $r = -2$이고 말항이 192이니

$$192 = -6 \times (-2)^{n-1}$$

에서 $n = 6$이 된다. 결국 6번째 항까지의 S_6은 다음과 같다.

$$S_6 = \frac{(-6) \times \left[1 - (-2)^6\right]}{1 - (-2)} = 126$$

□□□

예제 2.17 초항이 2이고 공비가 2인 경우, 초항부터 몇번째 항까지의 합이 100을 넘겠는가?

예제 2.17 예시 답안 초항 $a = 2, r = 2$이니 n항까지의 합 S_n은

$$S_n = \frac{2 \times (2^n - 1)}{2 - 1} = 2^{n+1} - 2$$

가 된다. n번째 항까지의 합 S_n이 100보다 커야 하니 다음과 같이 된다.

$$\begin{aligned} S_n &= 2^{n+1} - 2 > 100 \\ \therefore \quad 2^{n+1} &> 102 \end{aligned}$$

한편 $2^6 = 64$이고 $2^7 = 128$이니, 구하고자 하는 n의 값은 $n = 6$이 된다. 결국 제6항까지의 합이 처음으로 100보다 크게 된다.

□□□

예제 2.18 다음 수열의 합을 구하시오.

$$9, \quad 99, \quad 999, \quad 9999, \quad 99999$$

예제 2.18 예시 답안 주어진 수열의 일반항 a_n은 $a_n = 10^n - 1$이 된다. 결국 주어진 수열은 다음과 같이 재표현할 수 있다.

$$(10-1), \quad (10^2-1), \quad (10^3-1), \quad (10^4-1), \quad (10^5-1)$$

그러므로 제5항까지의 합 S_5는 다음과 같이 구할 수가 있다.

$$\begin{aligned} S_5 &= (10-1)+(10^2-1)+(10^3-1)+(10^4-1)+(10^5-1) \\ &= 10+10^2+10^3+10^4+10^5-1\times 5 \\ &= \frac{10\times(10^5-1)}{10-1}-5 \\ &= \frac{1}{9}\left(10^6-55\right) \end{aligned}$$

□□□

예제 2.19 다음 수열의 초항부터 n항까지의 합을 구하시오.

(a) 1, 11, 111, ... (b) 0.3, 0.33, 0.333, ...

예제 2.19 예시 답안

(a) 주어진 수열의 일반항 a_n은 $a_n = \frac{1}{9}(10^n - 1)$이 된다. 그러므로 n번째까지의 합 S_n은 다음과 같이 구할 수가 있다.

$$\begin{aligned} S_n &= \frac{1}{9}(10-1)+\frac{1}{9}(10^2-1)+\frac{1}{9}(10^3-1)+\ldots+\frac{1}{9}(10^n-1) \\ &= \frac{1}{9}\left[10+10^2+10^3+10^4+\ldots+10^n-1\times n\right] \\ &= \frac{1}{9}\left[\frac{10\times(10^n-1)}{10-1}-n\right] \\ &= \frac{1}{81}\left(10^{n+1}-10-9n\right) \end{aligned}$$

(b) 주어진 수열의 일반항 a_n은 $a_n = \frac{1}{3}(1-10^{-n})$이 된다. 그러므로 n번째까지의 합 S_n은 다음과 같이 구할 수가 있다.

$$\begin{aligned} S_n &= \frac{1}{3}\left[1 \times n - \left(\frac{1}{10} + \frac{1}{10^2} + \ldots + \frac{1}{10^n}\right)\right] \\ &= \frac{1}{3}\left[n - \frac{\frac{1}{10} \times \left(1 - \frac{1}{10^n}\right)}{1 - \frac{1}{10}}\right] \\ &= \frac{1}{3}\left[n - \frac{1}{9}\left(1 - \frac{1}{10^n}\right)\right] \end{aligned}$$

□□□

제 3 절　여러가지 수열

가. 수열의 합

수열 $\{a_n\}$의 초항부터 제 n항까지의 합인

$$a_1 + a_2 + a_3 + \ldots + a_n$$

을 기호 $\sum$를 이용하여 다음과 같이 나타낼 수 있다.

$$\sum_{i=1}^{n} a_i = a_1 + a_2 + a_3 + \ldots + a_n$$

예를 들어 1부터 100까지의 합인

$$1 + 2 + 3 + 4 + \ldots + 100$$

을 기호 $\sum$를 이용하여 표현하면 다음과 같다.

$$\sum_{i=1}^{100} i \qquad \text{또는} \qquad \sum_{k=1}^{100} k$$

예제 2.20　다음을 합의 형태로 표기하시오.

(a) $\sum_{i=1}^{5} 2i$　　　(b) $\sum_{k=2}^{5} (k+3)$

예제 2.20 예시 답안

(a) $\sum_{i=1}^{5} 2i = 2 \times 1 + 2 \times 2 + 2 \times 3 + 2 \times 4 + 2 \times 5 = 2 + 4 + 6 + 8 + 10$

(b) $\sum_{k=2}^{5} (k+3) = (2+3) + (3+3) + (4+3) + (5+3) = 5 + 6 + 7 + 8$

□□□

예제 2.21　다음을 기호 $\sum$를 이용하여 표기하시오.

(a) $3 + 6 + 9 + 12 + 15$　　　(b) $2 + 5 + 8 + \ldots + (3n-1)$

예제 2.21 예시 답안

(a) 수열의 일반항이 $a_n = 3n$으로 표현되니, 구하고자하는 수열의 합은 $\sum_{i=1}^{5} 3i$로 표기가 된다.

(b) $\sum_{i=1}^{n}(3i-1)$

□□□

일반적으로 기호 $\sum$는 다음과 같은 성질이 있다.

$$
\begin{aligned}
&\sum_{i=1}^{n}(a_i \pm b_i) = \sum_{i=1}^{n} a_i \pm \sum_{i=1}^{n} b_i \qquad \text{(복부호 동순)} \\
&\sum_{i=1}^{n} ca_i = c\sum_{i=1}^{n} a_i \qquad \text{(단, } c\text{는 상수)} \\
&\sum_{i=1}^{n} c = cn \qquad \text{(단, } c\text{는 상수)}
\end{aligned}
\tag{2.8}
$$

예제 2.22 $\sum_{i=1}^{5} a_i = 10$, $\sum_{i=1}^{5} b_i = 20$인 경우 다음 식의 값을 구하시오.

(a) $\sum_{i=1}^{5}(a_i + b_i)$

(b) $\sum_{i=1}^{5}(2a_i - 3b_i + 4)$

예제 2.22 예시 답안

(a) $\sum_{i=1}^{n}(a_i \pm b_i) = \sum_{i=1}^{n} a_i \pm \sum_{i=1}^{n} b_i$이니 주어진 식은 다음과 같다.

$$\sum_{i=1}^{5}(a_i + b_i) = \sum_{i=1}^{5} a_i + \sum_{i=1}^{5} b_i = 10 + 20 = 30$$

(b) $\sum_{i=1}^{n}(a_i \pm b_i) = \sum_{i=1}^{n} a_i \pm \sum_{i=1}^{n} b_i$이고, $\sum_{i=1}^{n} c = cn$이니 주어진 식은 다음과 같다.

$$\sum_{i=1}^{5}(2a_i - 3b_i + 4) = 2\sum_{i=1}^{5} a_i - 3\sum_{i=1}^{5} b_i + 4\sum_{i=1}^{5} 1 = 2 \times 10 - 3 \times 20 + 4 \times 5 = -20$$

□□□

자연수의 합인 1부터 n까지의 합은 다음과 같이 표시될 수 있다.

$$1 + 2 + 3 + \ldots + n = \frac{n(n+1)}{2} = \sum_{i=1}^{n} i$$

윗식을 이용하여 1부터 n까지의 자연수의 제곱의 합인

$$1^2 + 2^2 + 3^2 + \ldots + n^2$$

을 구해보자. 제곱의 합을 구하기 위해 항등식 $(k+1)^3 - k^3 = 3k^2 + 3k + 1$에 차례로 $k = 1, 2, 3, \ldots, n$을 대입해 보면 다음과 같은 식을 얻을 수가 있다.

$$\begin{array}{ll} k = 1\text{일 때}, & 2^3 - 1^3 = 3 \times 1^2 + 3 \times 1 + 1 \\ k = 2\text{일 때}, & 3^3 - 2^3 = 3 \times 2^2 + 3 \times 2 + 1 \\ k = 3\text{일 때}, & 4^3 - 3^3 = 3 \times 3^2 + 3 \times 3 + 1 \\ \vdots & \vdots \\ k = n\text{일 때}, & (n+1)^3 - n^3 = 3 \times n^2 + 3 \times n + 1 \end{array}$$

윗식에 있는 모든 항을 더하게 되면 다음과 같은 식을 얻을 수 있다.

$$\begin{aligned} (n+1)^3 - 1^3 &= 3(1^2 + 2^2 + \ldots + n^2) + 3(1 + 2 + \ldots + n) + n \\ &= 3\sum_{k=1}^{n} k^2 + 3\sum_{k=1}^{n} k + n \end{aligned}$$

그러므로 윗식에서

$$\begin{aligned} \sum_{k=1}^{n} k^2 &= \frac{1}{3}\left[(n+1)^3 - 1^3 - 3\sum_{k=1}^{n} k - n\right] \\ &= \frac{1}{3}\left[(n+1)^3 - 3 \times \frac{n(n+1)}{2} - (n+1)\right] \\ &= \frac{1}{3} \times \frac{n+1}{2}\left[2(n+1)^2 - 3n - 2\right] \\ &= \frac{n(n+1)(2n+1)}{6} \end{aligned}$$

을 얻을 수 있다. 또한 항등식 $(k+1)^4 - k^4 = 4k^3 + 6k^2 + 4k + 1$을 이용하면 다음과 같은 식을 얻을 수 있다.

$$\sum_{k=1}^{n} k^3 = \left[\frac{n(n+1)}{2}\right]^2$$

결국 자연수의 거듭제곱의 합을 정리해 보면 다음과 같은 식을 얻을 수 있다.

$$\begin{aligned}\sum_{k=1}^{n} k &= \frac{n(n+1)}{2}\\ \sum_{k=1}^{n} k^2 &= \frac{n(n+1)(2n+1)}{6}\\ \sum_{k=1}^{n} k^3 &= \left[\frac{n(n+1)}{2}\right]^2\end{aligned} \tag{2.9}$$

예제 2.23 다음 식의 값을 구하시오.

(a) $\sum_{k=1}^{5} k(k-1)$ (b) $\sum_{k=1}^{n} k(k+1)(k-1)$

예제 2.23 예시 답안

(a) $\sum_{k=1}^{n} k = \frac{n(n+1)}{2}$, $\sum_{k=1}^{n} k^2 = \frac{n(n+1)(2n+1)}{6}$ 을 이용하면 다음과 같다.

$$\sum_{k=1}^{5} k(k-1) = \sum_{k=1}^{5} (k^2-k) = \frac{5(5+1)(2\times 5+1)}{6} - \frac{5(5+1)}{2} = 40$$

(b) $\sum_{k=1}^{n} k = \frac{n(n+1)}{2}$, $\sum_{k=1}^{n} k^3 = \left[\frac{n(n+1)}{2}\right]^2$ 을 이용하면 다음과 같다.

$$\begin{aligned}\sum_{k=1}^{n} k(k+1)(k-1) &= \sum_{k=1}^{n} (k^3-k)\\ &= \left[\frac{n(n+1)}{2}\right]^2 - \frac{n(n+1)}{2}\\ &= \frac{n(n+1)}{2}\left[\frac{n(n+1)}{2} - 1\right]\\ &= \frac{(n-1)n(n+1)(n+2)}{4}\end{aligned}$$

□□□

예제 2.24 다음 식의 값을 구하시오.

(a) $1 \times 2 + 2 \times 3 + 3 \times 4 + \ldots + n \times (n+1)$

(b) $1 + (1+2) + (1+2+3) + \ldots + (1+2+3+\ldots+n)$

(c) $\frac{1}{1 \times 2} + \frac{1}{2 \times 3} + \frac{1}{3 \times 4} + \ldots + \frac{1}{n(n+1)}$

(d) $1 + \frac{1}{1+2} + \frac{1}{1+2+3} + \ldots + \frac{1}{1+2+3+\ldots+n}$

예제 2.24 예시 답안

(a) n번째 항이 $a_n = n(n+1)$로 표현이 되니, 초항부터 n번째 항까지의 합 S_n은 다음과 같이 구할 수 있다.

$$\begin{aligned} S_n &= \sum_{k=1}^{n} k(k+1) = \sum_{k=1}^{n} (k^2 + k) \\ &= \frac{n(n+1)(2n+1)}{6} + \frac{n(n+1)}{2} \\ &= \frac{n(n+1)}{2} \left(\frac{2n+1}{3} + 1 \right) \\ &= \frac{n(n+1)(n+2)}{3} \end{aligned}$$

(b) k번째 항이 $a_k = \sum_{t=1}^{k} t$로 표현이 되니, 초항부터 n번째 항까지의 합 S_n은 다음과 같이 구할 수 있다.

$$S_n = \sum_{k=1}^{n} a_k = \sum_{k=1}^{n} \sum_{t=1}^{k} t = \sum_{k=1}^{n} \frac{k(k+1)}{2} = \frac{1}{2} \sum_{k=1}^{n} (k^2 + k) = \frac{n(n+1)(n+2)}{6}$$

(c) k번째 항이 $a_k = \frac{1}{k(k+1)} = \frac{1}{k} - \frac{1}{k+1}$인 부분분수의 합으로 표현이 되니, 초항부터 n번째 항까지의 합 S_n은 다음과 같이 구할 수 있다.

$$\begin{aligned} S_n &= \sum_{k=1}^{n} \left(\frac{1}{k} - \frac{1}{k+1} \right) \\ &= \left(\frac{1}{1} - \frac{1}{2} \right) + \left(\frac{1}{2} - \frac{1}{3} \right) + \left(\frac{1}{3} - \frac{1}{4} \right) + \ldots + \left(\frac{1}{n} - \frac{1}{n+1} \right) \\ &= 1 - \frac{1}{n+1} = \frac{n}{n+1} \end{aligned}$$

(d) k번째 항이 $a_k = \frac{1}{\sum_{t=1}^{k} t} = \frac{2}{k(k+1)}$로 표현이 되니, 초항부터 n번째 항까지의 합 S_n은 다음과 같이 구할 수 있다.

$$S_n = \sum_{k=1}^{n} \frac{1}{\sum_{t=1}^{k} t} = \sum_{k=1}^{n} \frac{2}{k(k+1)} = 2\sum_{k=1}^{n} \left(\frac{1}{k} - \frac{1}{k+1} \right) = \frac{2n}{n+1}$$

□□□

나. 계차수열

수열 $\{a_n\}$이 다음과 같이 주어진 경우 즉각적으로 일반항을 구하기가 쉽지 않다.

$$1, \quad 2, \quad 5, \quad 10, \quad 17, \quad 26, \quad \ldots$$

위에 있는 수열 $\{a_n\}$내에 있는 항들간의 차이를 살펴보면 그림 2.5와 같음을 알 수 있다.

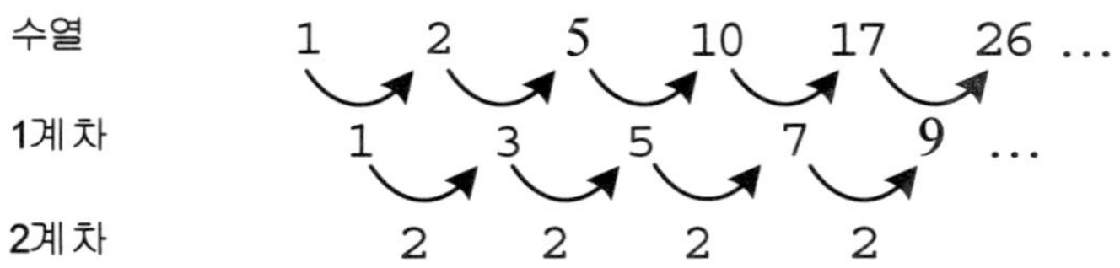

그림 2.5: 계차수열

그림 2.5에서 1계차를 살펴 보면, 수열이 일정한 규칙인 등차수열을 이루고 있음을 알 수 있다. 즉, 1계차에 있는 수열 $b_n = a_{n+1} - a_n$이 등차수열을 이루고 있다. 이때 수열 $\{b_n\}$을 수열 $\{a_n\}$에 대한 '계차수열(difference sequence)'이라고 한다.

수열 $\{a_n\}$의 계차수열을 $\{b_n\}$이라 하면 다음과 같은 식을 얻을 수 있다.

$$\begin{aligned} a_2 - a_1 &= b_1 \\ a_3 - a_2 &= b_2 \\ a_4 - a_3 &= b_3 \\ &\vdots \\ a_n - a_{n-1} &= b_{n-1} \end{aligned}$$

윗식을 모두 더하게 되면 다음과 같은 식을 얻을 수 있다.

$$a_n - a_1 = b_1 + b_2 + \ldots + b_{n-1} = \sum_{k=1}^{n-1} b_k \quad (n \geq 2)$$

$$\therefore \quad a_n = a_1 + \sum_{k=1}^{n-1} b_k$$

결국 수열 $\{a_n\}$의 계차수열을 $\{b_n\}$이라 하면, 수열 $\{a_n\}$의 일반항 a_n은 다음과 같이 구할 수 있다.

$$a_n = a_1 + \sum_{k=1}^{n-1} b_k \qquad (n \geq 2) \tag{2.10}$$

예제 2.25 다음 수열 $\{a_n\}$의 일반항 a_n을 구하시오.

(a) 1, 5, 13, 25, 41, 61, ... (b) 2, 3, 5, 9, 17, 33, ...

예제 2.25 예시 답안

(a) 주어진 수열의 1계차를 살펴보면 다음과 같다.

$$4, \quad 8, \quad 12, \quad 16, \quad 20, \quad \ldots$$

이는 초항이 4이고 공차가 4인 등차수열이다. 결국 계차수열은 $b_n = 4n$으로 표기가 된다. 이를 이용하면 주어진 수열 $\{a_n\}$의 일반항 a_n은 다음과 같다.

$$\begin{aligned} a_n &= a_1 + \sum_{k=1}^{n-1} b_k = 1 + \sum_{k=1}^{n-1} 4k = 1 + 4 \times \frac{(n-1)n}{2} \\ &= 2n^2 - 2n + 1 \end{aligned}$$

(b) 주어진 수열의 1계차를 살펴 보면 다음과 같다.

$$1, \quad 2, \quad 4, \quad 8, \quad 16, \quad \ldots$$

이는 초항이 1이고 공비가 2인 등비수열이다. 결국 계차수열은 $b_n = 2^{n-1}$로 표기가 된다. 이를 이용하면 주어진 수열 $\{a_n\}$의 일반항 a_n은 다음과 같다.

$$\begin{aligned} a_n &= a_1 + \sum_{k=1}^{n-1} b_k = 2 + \sum_{k=1}^{n-1} 2^{k-1} \\ &= 2 + \left(2^0 + 2^1 + 2^2 + 2^3 + \ldots + 2^{n-2}\right) \\ &= 2 + \frac{1 \times (2^{n-1} - 1)}{2-1} = 2^{n-1} + 1 \end{aligned}$$

예제 2.26 바둑알이 다음과 같은 수열로 차례로 바둑판에 놓여있는 경우에 n번째 바둑돌은 몇 개가 되겠는가를 계차수열을 이용하여 계산해 보시오.

$$1, \quad 4, \quad 9, \quad 16, \quad 25, \quad \ldots$$

예제 2.26 예시 답안 주어진 수열의 1계차를 살펴보면 다음과 같다.

$$3, \quad 5, \quad 7, \quad 9, \quad \ldots$$

이는 초항이 3이고 공차가 2인 등차수열이다. 결국 계차수열은

$$b_n = 3 + 2(n-1) = 2n + 1$$

로 표기가 된다. 이를 이용하면 바둑판에 놓여진 바둑알의 수열인 $\{a_n\}$의 일반항 a_n은 다음과 같다.

$$\begin{aligned} a_n &= a_1 + \sum_{k=1}^{n-1} b_k \\ &= 1 + \sum_{k=1}^{n-1} (1 + 2k) \\ &= 1 + (n-1) + 2 \times \frac{(n-1)n}{2} \\ &= n^2 \end{aligned}$$

□□□

다. 재귀호출

'재귀호출(recursive call)'은 "시스템 내에서 어떠한 루틴(routine) 또는 명령군이 자신의 분신을 반복하여 호출하는 것"을 말한다. 재귀호출의 기본 개념은 어떠한 문제를 작은 문제들로 나누어서, 쪼개진 작은 문제가 손 쉽게 풀릴 때까지 이를 반복하는 과정이 된다.

인도에서 전해져 내려오는 전설 중에 '하노이 탑(Tower of Hanoi)'에 대한 내용이 있다. (현재 베트남의 하노이에 있는) 고대 인도의 베나레스에는 세상의 중심이 있고, 그 곳에는 한 사원이 있었다고 한다. 그 사원에는 그림 2.6의 A와 같이 한 막대기에 64개의 원판이 꽂혀져 있다. 이 막대기에 꽂혀져 있는 모든 원판을 다음과 같은 방법으로 다른 막대기(B 또는 C)에 옮기게 되면 우주가 멸망한다고 하였다.

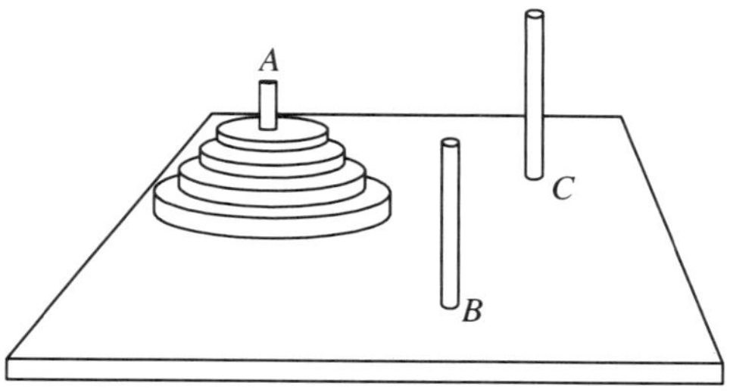

그림 2.6: 하노이 탑

"원판을 한 번에 한 개씩만 옮겨야 하고, 절대로 작은 원판 위에 큰 원판을 올려놓아서는 안된다."

우주의 나이는 대략 100~200억년, 태양계의 수명은 100억년, 태양계의 현재 나이는 50억년이다. 막대기에 꽂혀 있는 원판의 개수가 n개인 경우, n개의 원판을 다른 막대기가 있는 위치로 옮길 때 이동되는 원판의 총 개수는 $(2^n - 1)$개가 된다. 이를 '점화식(recursion formula)'을 이용하여 구하고, 원판 한 개를 다른 막대기로 옮기는데 1초가 걸린다고 하면 64개의 원판을 옮기는데 대략 얼마나 걸리는지 계산해 보자.

현재 원판이 있는 위치를 A라 하고, 최종적으로 옮길 위치를 B, 임시로 사용되는 위치를 C라고 하자. 탑위에 원판이 한 개 있는 경우에는 그림 2.7에서 보듯이 A에서 B로 한 번만 옮기면 되고, 두 개인 경우에는 그림 2.8에서 보듯이 세 번을 옮기면 된다.

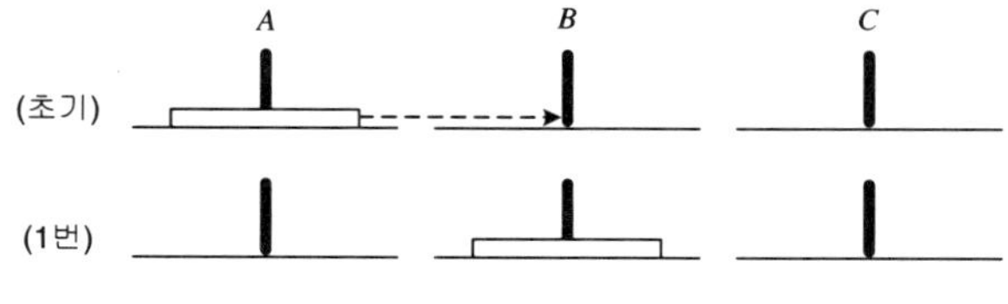

그림 2.7: 원판이 1개인 경우

또한 원판이 3개인 경우에는 그림 2.9에서 보듯이 7번을 옮겨야 한다. 대·중·소형으로 된 3개의 원판을 옮기는 방법의 수와 중·소형으로 된 2개의 원판을 옮기는 방법의 수에 대한 연관성을 고려해 보자. 그림 2.10과 같이 대·중·소형으로 된 3개의 원판이 있는 경우에 3개의 원판을 A에서 다른 위치로 옮기는 방법의 수인 a_3은 중·소형 원판을 A에서 C로 옮기는 1단계인 a_2, 대형 원판을 B로 옮기는 2단계 방법의 수인 1, 그리고 중·소형 원판을 C에서 B로 옮기는 3단계인 a_2의 합으로 표시할 수 있다. 즉,

$$a_3 = a_2 + 1 + a_2 = 2a_2 + 1$$

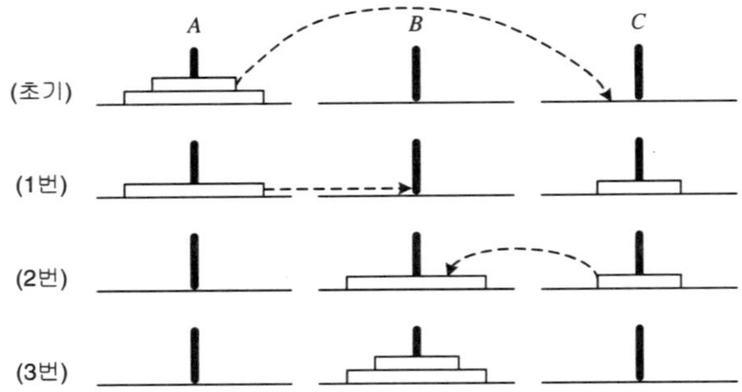

그림 2.8: 원판이 2개인 경우

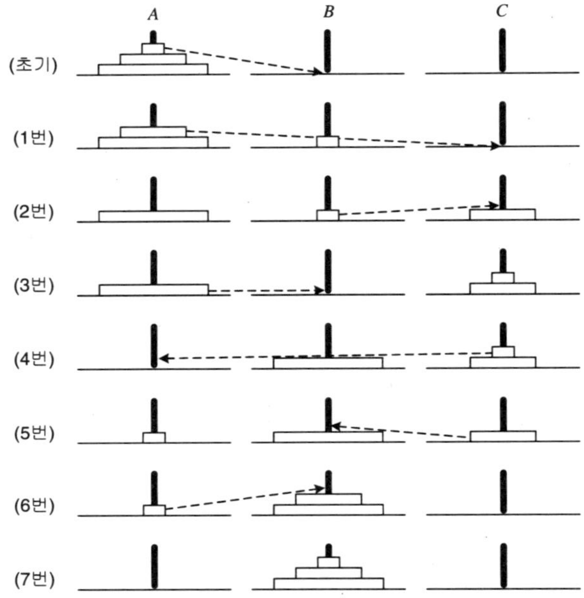

그림 2.9: 원판이 3개인 경우

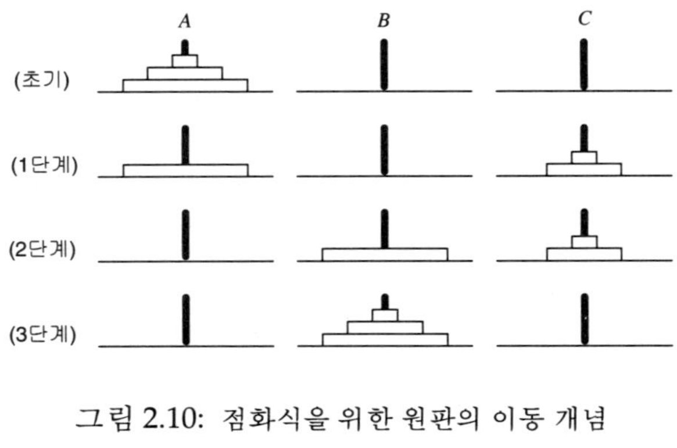

그림 2.10: 점화식을 위한 원판의 이동 개념

가 되며, 이를 n개의 원판에 대해 일반화 시키면

$$a_n = a_{n-1} + 1 + a_{n-1} = 2a_{n-1} + 1 \tag{2.11}$$

이라는 점화식의 형태가 된다. 식 2.11에서

$$a_{n-1} = 2a_{n-2} + 1 \tag{2.12}$$

을 얻을 수 있으며, 식 2.11에서 식 2.12을 빼면

$$\begin{aligned} a_n - a_{n-1} = b_n &= 2\left(a_{n-1} - a_{n-2}\right) = 2b_{n-1} \\ \therefore \quad b_n &= 2 \cdot b_{n-1} = 2^{n-1} \cdot b_1 \end{aligned}$$

이라는 계차수열이 된다. 이로 부터

$$a_n = a_1 + \sum_{k=1}^{n-1} b_k = a_1 + \sum_{k=1}^{n-1} b_1 \cdot 2^{k-1} = a_1 + \sum_{k=1}^{n-1} \left(a_2 - a_1\right) 2^{k-1}$$

가 된다. 한편 원판 1개를 옮기는 방법의 수인 $a_1 = 1$이 되며, 원판 2개를 옮기는 방법의 수는 $a_2 = 3$이 되니, 이를 윗식에 대입하면

$$a_n = 1 + (3-1) \sum_{k=1}^{n-1} 2^{k-1} = 1 + 2 \times \frac{1 \times \left(2^{n-1} - 1\right)}{2-1} = 2^n - 1$$

이 된다. 만약 1초에 원판을 한 개씩 옮긴다면 64개의 원판을 모두 옮기는데는 $\left(2^{64} - 1\right)$초가 소요되며, 이를 년으로 환산하면 대략

$$\frac{2^{64} - 1}{365.25 \times 24 \times 60 \times 60} \approx 5,800 \text{ (억년)}$$

이 된다. 문제에서 태양의 잔여 수명을 50억년으로 간주하고 있으니, 태양계가 없어지기 전까지 옮길 수 없다는 결론을 얻을 수 있다.

문제 2.1 연속된 두 수를 더하여 그 다음의 수가 되는 수열을 '피보나치 수열(Fibonacci sequence)'이라고 한다. 그 대표적인 예가 이탈리아 수학자 '레오나르도 피보나치'가 문제를 낸 토끼의 번식 수 계산이 된다. 내용을 살펴보면 다음과 같다.

> "어떤 종의 토끼는 태어난지 2달째가 되면, 한 쌍의 토끼를 낳을 수가 있다. 그리고 그 다음부터는 매달 한 쌍의 토끼를 낳을 수 있다. 이런 토끼를 처음 한 쌍부터 키워갈 때, n달 후의 토끼는 모두 몇 쌍인가?"

토끼의 번식 수 문제를 풀기 위한 피보나치 수열을 구해보고, 일반항 a_n을 멱급수의 형태로 표현해 보시오.

힌트: 토끼의 번식 수 문제를 일반화하여 피보나치 수열을 구하시오. 점화식을 이용하여 일반항 a_n을 멱급수의 형태로 표현하면 된다.

□□□

문제 2.2 흑돌과 백돌로 바둑판에 바둑알을 일렬로 배치하고자 한다. 단 백돌은 이웃하여 연속해서 배치하면 안된다. 이러한 방법으로 n개의 바둑돌을 일렬배치하는 경우, 몇 가지의 방법이 있는가를 수열로 나타내 보시오. 한 예로 그림 2.11은 3개의 바둑돌로 바둑판에 배치하는 5개의 방법을 보여주고 있다.

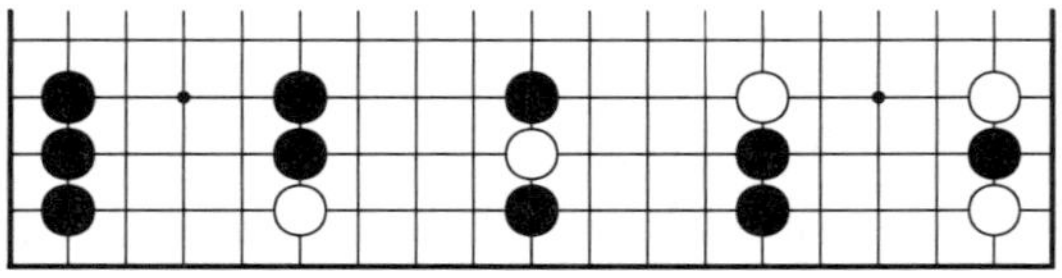

그림 2.11: 3개의 바둑돌로 배치하는 방법

힌트: 주어진 문제를 일반화하여 피보나치 수열로 표시하면 된다.

□□□

문제 2.3 '황금비(golden ratio)'는 선분의 분할로 정의할 수 있는데, 이는

전체 길이 : 긴 길이 = 긴 길이 : 짧은 길이

를 만족하는 분할의 비를 말한다 . 황금비는 무리수 $\frac{\sqrt{5}+1}{2}$로 나타나는데, 보통 소수점 세째자리까지인 1.618을 사용한다. 피타고라스 학파는 정오각형의 한 대각선이 다른 대각선에 의해 분할될 때 생기는 두 부분의 길이의 비가 황금비가 됨을 발견했다. 또한 직사각형에서 가로와 세로의 길이의 비가 황금비를 이룰 때, 사람들은 이 직사각형을 가장 안정감 있고 균형을 갖춘 아름다운 사각형으로 여긴다.

그림 2.12에 있는 선분 $\overline{AB}$를 황금분할하는 점 P를 통해 황금비를 구해 보시오.

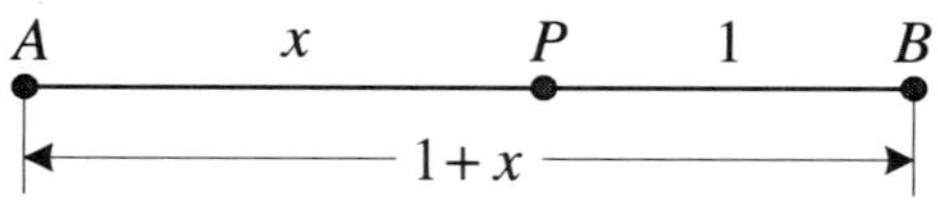

그림 2.12: 선분 AB를 황금분할하는 내분점 P

힌트: 황금비 정의를 활용하시오.

□□□

문제 2.4 피타고라스 학파의 상징인 정오각형 모양의 별에도 황금비가 숨어있다. 별은 오각형의 꼭짓점들을 이은 5개의 대각선을 그리면 얻을 수 있기에 '펜타그램(pentagram)'이라고 한다. 특히 정오각형인 경우에는 한 변과 그 대각선의 비를 구해보면 대략 1 : 1.618로 황금비가 된다. 즉, 그림 2.13(a)에 있는 정오각형의 한 변인 $\overline{AB}$와 대각선인 $\overline{BE}$의 비가 $\frac{1+\sqrt{5}}{2}$를 이룬다.

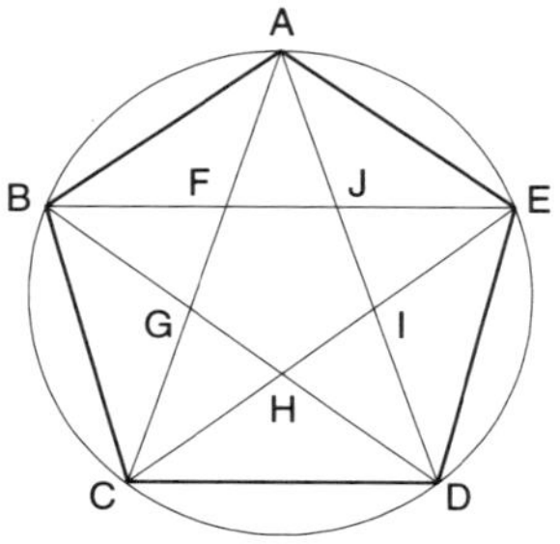

(a) 펜타그램 $ACEBDA$

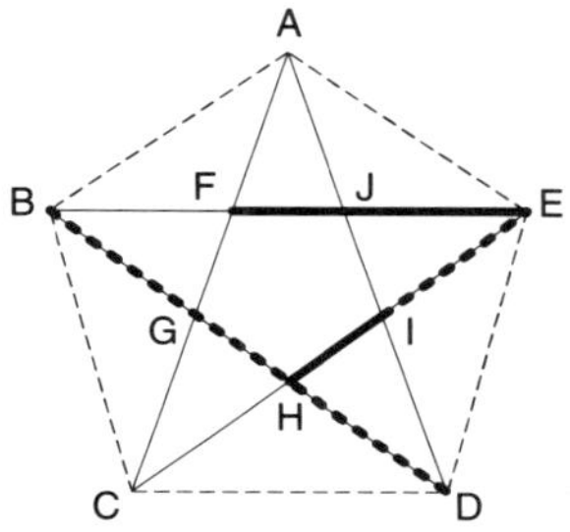

(b) $\frac{\overline{IE}}{\overline{HI}} = \frac{\overline{FE}}{\overline{IE}} = \frac{\overline{BD}}{\overline{FE}}$

그림 2.13: 정오각형과 황금비

그림 2.13(b)를 통해 정오각형 모양의 별에 있어서 황금비를 구해 보시오.

힌트: $\triangle BCH$와 $\triangle BDE$가 닮음을 이용하시오. □□□

문제 2.5 연속된 두 수를 더하여 그 다음의 수가 되는 수열을 피보나치 수열이라고 하며, 그 대표적인 예가 이탈리아 수학자 '레오나르도 피보나치'가 문제를 낸 토끼의 번식 수 계산이 된다. 피보나치 수열의 일반항은

$$a_{n+2} = a_{n+1} + a_n, \qquad (\text{여기서 } a_1 = a_2 = 1) \tag{2.13}$$

으로 표기가 된다. 이러한 형태의 수는 자연 속에서도 쉽게 발견되는데, 예를 들어, 높이에 따른 나무의 가지 수나 고동의 나선 형태 등이 있다. 그림 2.14는 고동의 나선 형태를 피보나치 수열을 이루는 정사각형들로 부터 그려낸 모습이다.

피보나치 수열 $\{a_n\}$의 일반항인 a_n에 대해, 연속한 두 항의 비인 $\frac{a_{n+1}}{a_n}$이 수렴을 할 때, 그 비가 황금비가 됨을 보이시오.

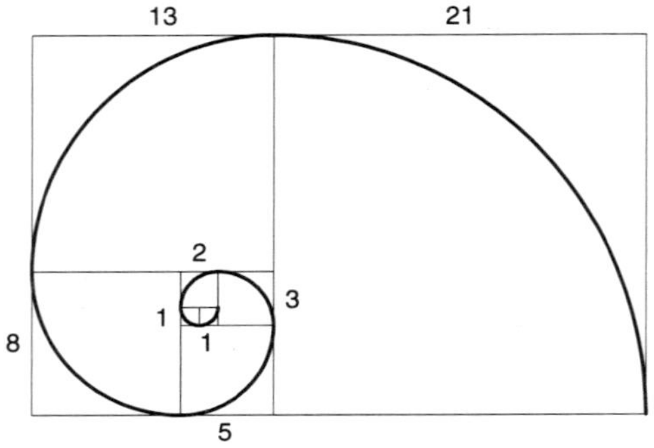

그림 2.14: 피보나치 수열로 부터 그려낸 고동의 나선 모습

힌트: 식 2.13을 변형하면 된다.

□□□

문제 2.6 그림 2.15에서와 같이 길이가 2인 선분 $\overline{AB}$를 자와 컴퍼스만을 갖고 선분 $\overline{AB}$내에 황금분할점을 작도해 보시오.

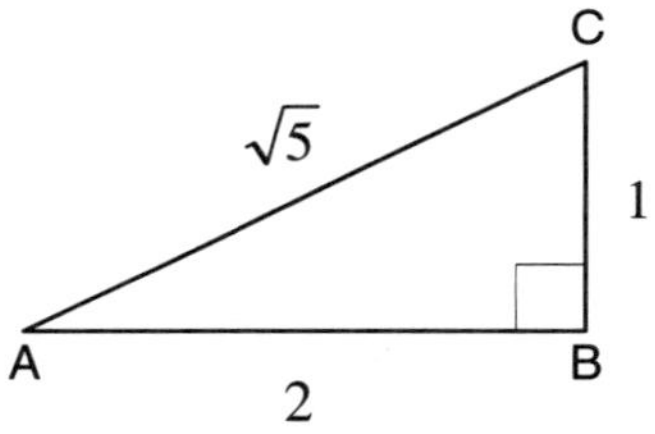

그림 2.15: 직각삼각형 ABC

□□□

제 4 절 도형수

피타고라스는 자연수의 성질을 연구하기 위하여 특이한 성질을 갖는 수를 '홀수(odd number)', '짝수(even number)', '소수(prime number)', '서로소인 수(mutually prime numbers)', '완전수(perfect number)', '과잉수(abundant number)', '부족수(deficient number)', '친화수(amicable number)' 등으로 구분하였다.

- 완전수: "자신을 제외한 모든 약수의 합과 같은 수"이다. 예를 들어 6의 약수는 $\{1, 2, 3, 6\}$이 된다. 6의 약수 중 6을 제외한 나머지 약수의 합은

  $$1 + 2 + 3 = 6$$

  이 되어, 6은 완전수가 된다.

- 과잉수: "자신을 제외한 모든 약수의 합보다 작은 수"이다. 예를 들면 12의 약수는 $\{1, 2, 3, 4, 6, 12\}$가 된다. 12의 약수 중 12를 제외한 나머지 약수의 합은

  $$1 + 2 + 3 + 4 + 6 = 16 > 12$$

  가 되어, 12는 과잉수가 된다.

- 부족수: "자신을 제외한 모든 약수의 합보다 큰 수"이다. 예를 들면 8의 약수는 $\{1, 2, 4, 8\}$이 된다. 8의 약수 중 8을 제외한 나머지 약수의 합은

  $$1 + 2 + 4 = 7 < 8$$

  가 되어, 8은 부족수가 된다.

- 친화수: "두 수에 대해 각각의 '진약수(proper divisor)'(자신을 제외한 모든 약수들)의 합이 서로 같은 수들"을 친화수라고 한다. 예를 들어 220과 284의 진약수는 각각 $\{ 1, 2, 4, 5, 10, 11, 20, 22, 44, 55, 110\}$과 $\{ 1, 2, 4, 71, 142\}$가 된다. 이 진약수들을 더하게 되면 그 합이 각각 284와 220이 된다. 결국 두 수 220과 284는 친화수가 된다.

피타고라스는 수를 도형과도 결부시켜 $\{1, 3, 6, 10, \ldots\}$과 같이 점으로 정삼각형으로 배열할 수 있는 수들을 '삼각수(triangular number)'라 하였으며, $\{1, 4, 9, 16, \ldots\}$과 같이 정사각형으로 배열할 수 있는 수들을 '사각수(square number)'라 하였다. 그 외에도 '오각수(pentagon number)', '육각수(hexagon number)'들을 다루었다.

'도형수(figurate number)'란 "점을 규칙적인 형태로 배열해서 나타낼 수 있는 수"를 말하며 '형상수'라고도 부른다.

가. 삼각수

그림 2.16은 바둑판 내에서 바둑돌로 이루어진 네 개의 삼각형의 모양이다. 이 삼각형들로 부터 규칙성을 찾아내어 n번째 삼각형의 돌의 개수를 구해보자.

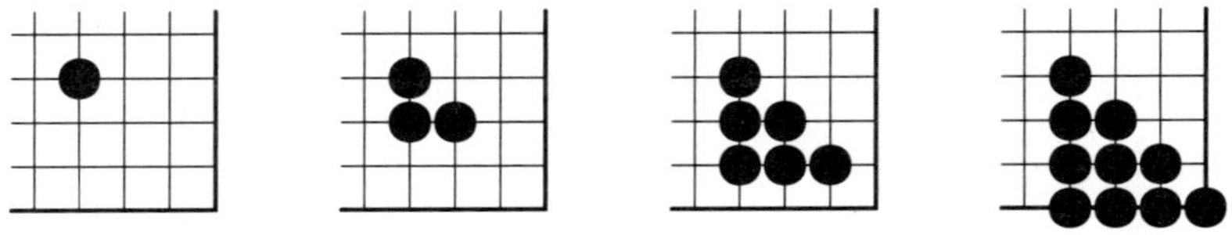

(a) $T_1 = 1$ (b) $T_2 = 3$ (c) $T_3 = 6$ (d) $T_4 = 10$

그림 2.16: 삼각수들

그림 2.16에 있는 바둑돌의 개수를 차례로 살펴보면 다음과 같은 규칙성을 갖으며, n번째의 삼각형의 돌의 개수는 $T_n = \frac{n(n+1)}{2}$이 됨을 알 수 있다.

$$\begin{aligned} T_1 &= 1 \\ T_2 &= 1+2 \\ T_3 &= 1+2+3 \\ &\vdots \\ T_n &= 1+2+3+\ldots+n = \frac{n(n+1)}{2} \end{aligned}$$

예제 2.27 그림 2.17은 그림 2.16의 세번째 삼각수의 값(흑돌의 개수)인

$$T_3 = 1+2+3 = 6$$

이 됨을 도형으로 구하는 과정을 보여주고 있다. 그림 2.17을 이용하여 다섯번째 삼각수의 값이

$$T_5 = \frac{5 \times 6}{2} = 15$$

가 됨을 보이고, 아울러 n번째의 삼각수의 값이 $T_n = \frac{n(n+1)}{2}$이 됨을 보이시오.

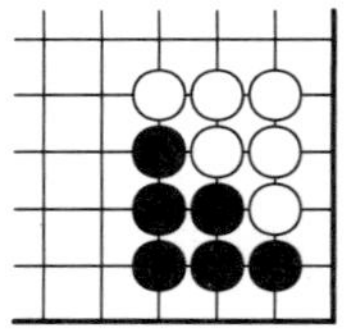

그림 2.17: $T_3 = \frac{3 \times 4}{2}$

예제 2.27 예시 답안 그림 2.17에서 보듯이 흑돌의 개수인 T_3의 값을 구하기 위하여, 동일한 값을 갖는 삼각형(백 모양)을 흑 모양에 붙여놓게 되면 3×4인 직사각형이 생긴다. 결국 흑돌의 개수 T_3은 직사각형 면적의 반이 됨을 알 수 있다. 즉,

$$T_3 = \frac{1}{2} \times (3 \times 4)$$

가 된다. 그러므로 다섯번째 삼각수의 값인

$$T_5 = \frac{5 \times 6}{2} = 15$$

가 되며, n번째의 삼각수의 값은

$$T_n = \frac{n(n+1)}{2}$$

이 됨을 알 수 있다.

□□□

예제 2.28 그림 2.16과 같은 삼각수 중에서 n번째 삼각수 T_n까지의 합인 S_n을 구해 보시오.

예제 2.28 예시 답안 n번째 삼각수 T_n까지의 합인 S_n을 구하기 위해 수열의 합 공식인

$$\sum_{i=1}^{n} i^2 = \frac{n(n+1)(2n+1)}{6}, \qquad \sum_{i=1}^{n} i = \frac{n(n+1)}{2}$$

을 이용하면 다음과 같다.

$$\begin{aligned}
S_n &= T_1 + T_2 + T_3 + \ldots = \sum_{i=1}^{n} T_i \\
&= \sum_{i=1}^{n} \frac{i(i+1)}{2} = \frac{1}{2} \sum_{i=1}^{n} \left(i^2 + i\right) \\
&= \frac{1}{2} \left[\frac{n(n+1)(2n+1)}{6} + \frac{n(n+1)}{2}\right] \\
&= \frac{1}{2} \times \frac{n(n+1)(2n+1) + 3n(n+1)}{6} \\
&= \frac{n(n+1)(n+2)}{6}
\end{aligned}$$

이번에는 도형을 이용하여 S_n의 값을 구해보도록 하자. 그림 2.18은 S_1, S_2, S_3을 구하기 위한 도형이 된다. 앞에서 삼각수의 값은 $T_1 = 1, T_2 = 3, T_3 = 6, \ldots$가 됨을 알고 있다. 우선 그림 2.18(a)에서 S_1을 구해보자. 주어진 도형은 돌의 개수가 동일한 흑돌, 백돌 및 기타돌인 세 부분으로 나누어져 있다. 구하고자 하는 흑돌의 총합 S_1은 다음과 같이 표현할 수 있다.

$$\begin{aligned}
&3 \times T_1 = 1 \times 3 = 3 \times S_1 = (1+2) \times T_1 \\
\therefore \quad &S_1 = T_1 = \frac{(1+2)}{3} T_1
\end{aligned}$$

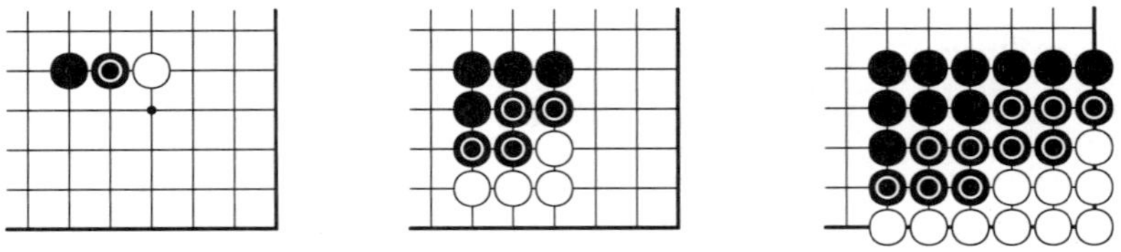

(a) $S_1 = T_1$ (b) $S_2 = T_1 + T_2$ (c) $S_3 = T_1 + T_2 + T_3$

그림 2.18: 삼각수들의 합 구하기

같은 방법으로 그림 2.18(b)에서 S_2를 구해보자. 이 도형 역시 돌의 개수가 동일한 흑돌, 백돌 및 기타돌인 세 부분으로 나누어져 있다. 그러므로 구하고자 하는 흑돌의 총합 S_2는 다음과 같이 표현할 수 있다.

$$
\begin{aligned}
& 3 \times (T_1 + T_2) = 4 \times 3 = 3 \times S_2 = (2+2) \times T_2 \\
\therefore \quad & S_2 = T_1 + T_2 = \frac{(2+2)}{3} T_2
\end{aligned}
$$

마지막으로 그림 2.18(c)에서 S_3을 구해보자. 이 도형 역시 돌의 개수가 동일한 흑돌, 백돌 및 기타돌인 세 부분으로 나누어져 있다. 그러므로 구하고자 하는 흑돌의 총합 S_3은 다음과 같이 표현할 수 있다.

$$
\begin{aligned}
& 3 \times (T_1 + T_2 + T_3) = 5 \times 6 = 3 \times S_3 = (3+2) \times T_3 \\
\therefore \quad & S_3 = T_1 + T_2 + T_3 = \frac{(3+2)}{3} T_3
\end{aligned}
$$

윗식에서 S_1, S_2, S_3을 살펴보면 다음과 같은 일반식을 구할 수 있다.

$$
\begin{aligned}
& S_1 = \frac{(1+2)}{3} T_1 \\
& S_2 = \frac{(2+2)}{3} T_2 \\
& S_3 = \frac{(3+2)}{3} T_3 \\
& \quad \vdots \\
\therefore \quad & S_n = \frac{(n+2)}{3} T_n = \frac{(n+2)}{3} \times \frac{n(n+1)}{2} = \frac{n(n+1)(n+2)}{6}
\end{aligned}
$$

결국 n번째 삼각수 T_n까지의 합인 S_n은 다음과 같이 표현이 된다.

$$
S_n = T_1 + T_2 + T_3 + \ldots + T_n = \frac{n(n+1)(n+2)}{6}
$$

□□□

나. 사각수

그림 2.19는 바둑판 내에서 바둑돌로 이루어진 네 개의 정사각형의 모양이다. 이 사각형들로 부터 규칙성을 찾아내어 n번째 사각형의 돌의 개수를 구해보자.

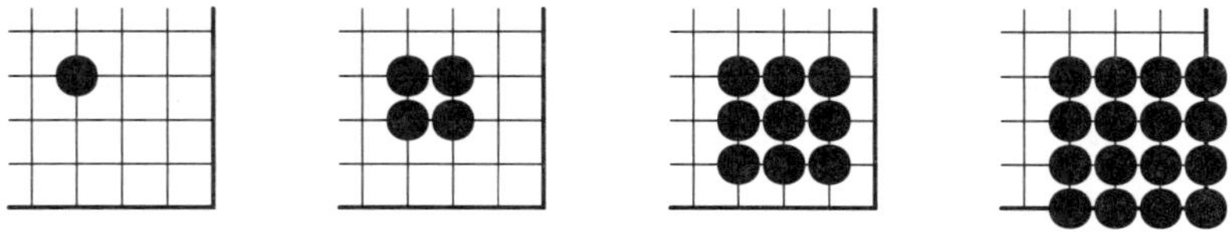

(a) $S_1 = 1$ (b) $S_2 = 4$ (c) $S_3 = 9$ (d) $S_4 = 16$

그림 2.19: 사각수들

그림 2.19에서 보듯이 n번째 사각형의 돌의 개수 S_n은 다음과 같다.

$$
\begin{aligned}
S_1 &= 1 = 1^2 \\
S_2 &= 1 + 3 = 4 = 2^2 \\
S_3 &= 1 + 3 + 5 = 9 = 3^2 \\
&\vdots \\
S_n &= 1 + 3 + 5 + 9 + \ldots + (2n - 1) = n^2
\end{aligned}
$$

예제 2.29 그림 2.20은 세번째 삼각수 T_3(흑돌)과 네번째 삼각수인 T_4(백돌)을 보여주고 있다. 그림에 있는 도형을 이용하여 T_3과 T_4의 합이 네번째 사각수인 S_4가 됨을 보이시오. 즉,

$$S_4 = T_3 + T_4$$

가 됨을 설명하시오.

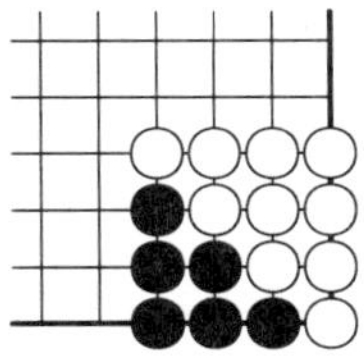

그림 2.20: $S_4 = T_3 + T_4$

또한 일반적으로 삼각수와 사각수의 관계는

$$S_n = T_{n-1} + T_n = 2 \times T_{n-1} + n$$

가 됨을 보이시오.

예제 2.29 예시 답안 그림 2.20을 살펴보면 $T_3 = 6$, $T_4 = 10$이 되어 $T_3 + T_4 = 16$이 되며, 이 값은 사각수 $S_4 = 4^2 = 16$과 같음을 알 수 있다. 즉, $S_4 = T_3 + T_4$가

됨을 알 수 있다. 결국 위의 식에서 삼각수와 사각수의 관계는 다음과 같이 된다.

$$\begin{aligned} T_{n-1} + T_n &= \frac{(n-1)n}{2} + \frac{n(n+1)}{2} = \frac{(n^2-n)+(n^2+n)}{2} = n^2 \\ &= S_n \end{aligned}$$

또한 $T_n = 1+2+3+\ldots+(n-1)+n = T_{n-1}+n$으로 표현이 되니,

$$\begin{aligned} S_n &= T_{n-1} + T_n \\ &= T_{n-1} + (T_{n-1} + n) \\ &= 2T_{n-1} + n \end{aligned}$$

이 됨도 알 수 있다.

□□□

다. 오각수

그림 2.21은 바둑판 내에서 바둑돌로 이루어진 네 개의 오각형의 모양이다.

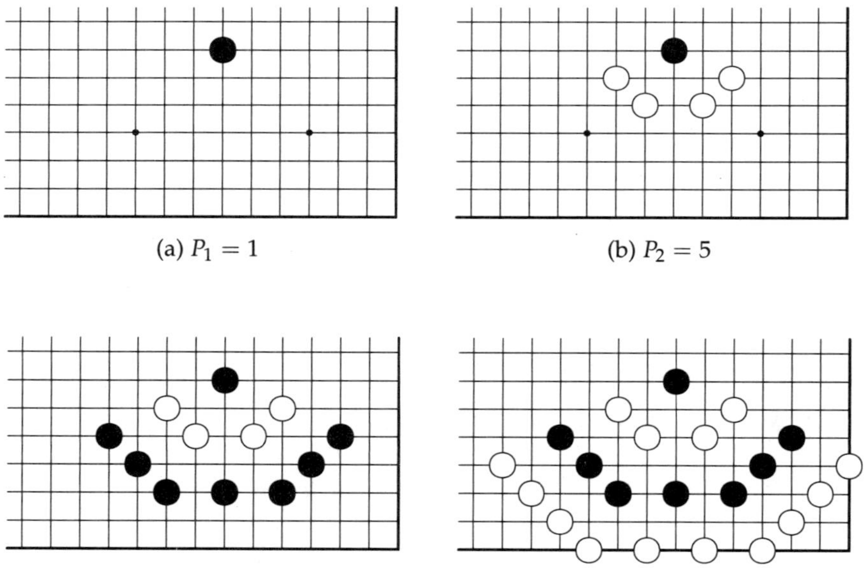

(a) $P_1 = 1$ (b) $P_2 = 5$

(c) $P_3 = 12$ (d) $P_4 = 22$

그림 2.21: 오각수들

이 오각형들로 부터 규칙성을 찾아내어 n번째 오각형의 돌의 개수를 구해보자.

n번째의 오각수를 P_n이라고 하면 다음과 같은 규칙성을 찾을 수가 있다.

$$\begin{aligned}
P_1 &= 1 \\
P_2 &= 1+4=5 \\
P_3 &= 1+4+7=12 \\
P_4 &= 1+4+7+10=22 \\
&\vdots \\
P_n &= 1+4+7+10+\ldots+(3n-2) \\
&= \sum_{i=1}^{n}(3i-2) \\
&= 3\times\frac{n(n+1)}{2}-2n \\
&= \frac{n(3n-1)}{2}
\end{aligned}$$

예제 2.30 오각수 P_n을 삼각수 T_n과 사각수 S_n으로 표현하시오.

예제 2.30 예시 답안 오각수 P_n은 다음과 같은 식에서 규칙성을 찾을 수 있다.

$$\begin{aligned}
P_1 &= 1 \\
P_2 &= 1+4=1+(3+1)=(1+3)+1=S_2+T_1 \\
P_3 &= 1+4+7=1+(3+1)+(5+2)=(1+3+5)+(1+2) \\
&= S_3+T_2 \\
P_4 &= 1+4+7+10=1+(3+1)+(5+2)+(7+3) \\
&= (1+3+5+7)+(1+2+3) \\
&= S_4+T_3 \\
&\vdots \\
P_n &= S_n+T_{n-1}
\end{aligned}$$

□□□

다. 육각수

그림 2.22는 바둑판 내에서 바둑돌로 이루어진 네번째의 육각수 H_4이다. 이 육각수로 부터 규칙성을 찾아내어 n번째 육각수의 값을 구해보자. n번째의 육각수를 H_n이라고 하면 다음과 같은 규칙성을 찾을 수가 있다.

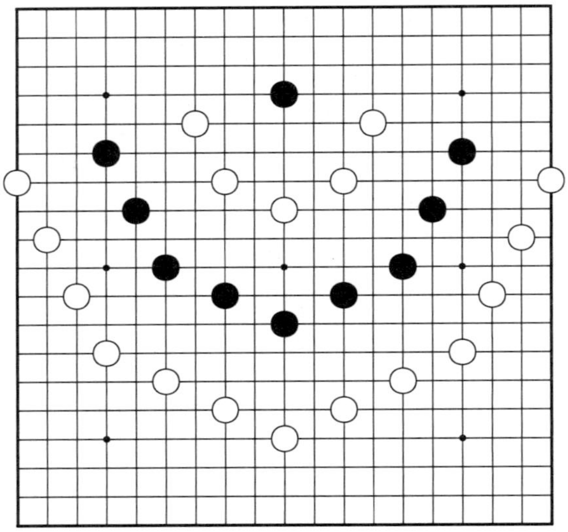

그림 2.22: 네번째 육각수 H_4

$$
\begin{aligned}
H_1 &= 1 \\
H_2 &= 1+5=6 \\
H_3 &= 1+5+9=15 \\
H_4 &= 1+5+9+13=28 \\
H_5 &= 1+5+9+13+17=45 \\
&\vdots \\
H_n &= 1+5+9+13+\ldots+(4n-3) \\
&= \sum_{i=1}^{n}(4i-3) = 4\times\frac{n(n+1)}{2}-3n \\
&= n(2n-1)
\end{aligned}
$$

예제 2.31 육각수 H_n을 오각수 P_n과 삼각수 T_n으로 표현하시오.

예제 2.31 예시 답안 육각수 H_n은 다음과 같은 식에서 규칙성을 찾을 수 있다.

$$
\begin{aligned}
H_1 &= 1 \\
H_2 &= 1+5 = 1+(4+1) = (1+4)+1 \\
&= P_2 + T_1 \\
H_3 &= 1+5+9 = 1+(4+1)+(7+2) = (1+4+7)+(1+2) \\
&= P_3 + T_2 \\
H_4 &= 1+5+9+13 = 1+(4+1)+(7+2)+(10+3) \\
&= (1+4+7+10)+(1+2+3) \\
&= P_4 + T_3 \\
&\vdots \\
H_n &= P_n + T_{n-1}
\end{aligned}
$$

□□□

그래프는 "정점간을 연결한 선으로 이루어진 형태"이며, 트리는 "임의의 두 정점 간에 단 한 개의 경로로 연결된 무방향성 그래프"이다.

3 그래프와 트리

제 1 절 그래프

그래프 이론은 18세기 스위스의 수학자 오일러(Euler)에 의해 그림 3.1에 있는 쾨니히스베르크 다리 문제를 풀면서 제안되었다.

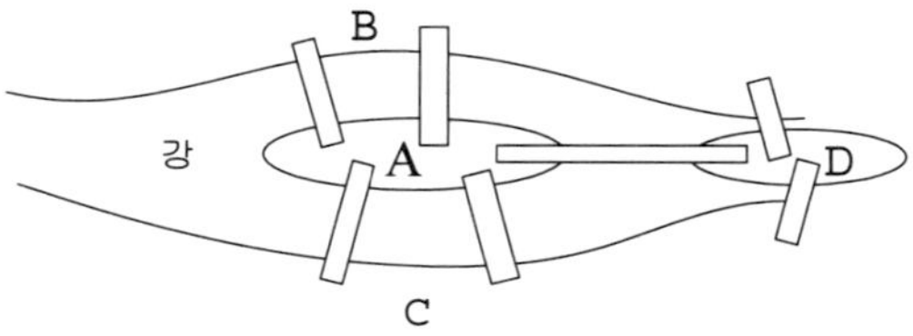

그림 3.1: 쾨니히스베르크 다리

쾨니히스베르크 다리 문제는 2개의 섬과 강둑 사이를 연결하는 7개의 다리에 대해, 이 다리들을 단 한번만 경유하여 출발지로 되돌아올 수 있느냐는 문제였다. 오일러는 이 문제를 위해 '정점(vertex)' 또는 '노드(node)'와 두 정점을 연결하는 '연결선(edge)'이라는 개념을 이용해 그림 3.2와 같은 멀티 그래프 모델을 창안하였다.

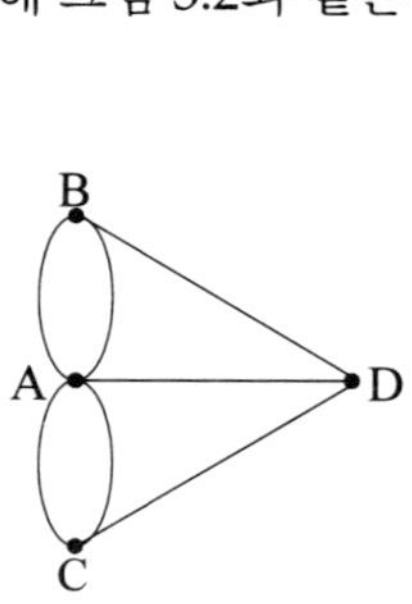

그림 3.2: 멀티 그래프 모델

그림 3.2에는 4개의 정점(A, B, C, D)과 7개의 연결선((A, B), (A, C), (B, A), (C, A), (A, D), (B, D), (C, D))이 있다. '오일러 경로(Euler path)'는 멀티 그래프에서 "모든 연결선을 단 한 번씩만 통과하는 경로"를 말한다. 오일러 경로가 되기 위해서는 정점과 연결된 연결선의 개수에서 홀수인 정점의 개수가 2개 이하인 경우만 가능하다. 그림 3.2를 살펴보면 정점 A에 대해 5개의 연결선, B에 대해 3개의 연결선, C에 대해 3개의 연결선, D에 대해 3개의 연결선이 연결되어 있다. 즉, 정점과 연결된 연결선의 개수가 모두 홀수개로 홀수인 정점의 개수가 5개가 되어 오일러 경로가 없다.

가. 오일러 공식

꼭짓점의 개수가 E, 모서리의 개수가 V, 면의 개수가 F인 다면체에서 모서리와 면의 수의 합은 꼭짓점 개수에 2를 더한 값과 같다. 즉 다면체에 대한 오일러 공식은 식 3.1과 같이 표기가 된다.

$$\boxed{V - E + F = 2} \tag{3.1}$$

예를 들어 그림 3.3(a)와 같이 4개의 꼭짓점, 6개의 모서리, 4개의 면을 갖는 사면체를 살펴보면,

$$V - E + F = 4 - 6 + 4 = 2$$

가 됨을 알 수 있다.

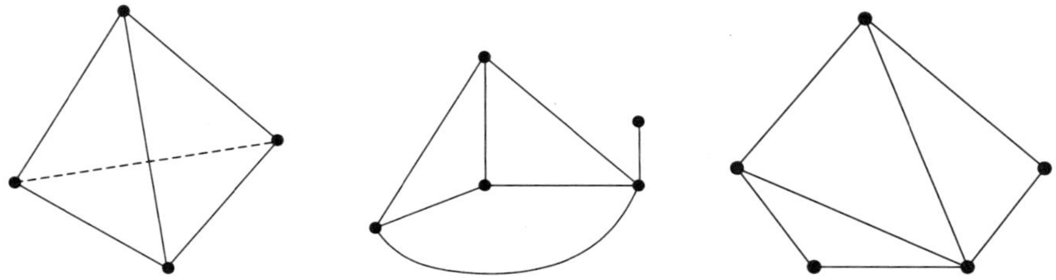

(a) 사면체 (b) 그래프 (c) 3면으로 된 오각형

그림 3.3: 다면체와 그래프들

예제 3.1 6개의 꼭짓점, 12개의 모서리로 된 정다면체가 있다. 이 정다면체에 대한 면의 수를 계산하시오.

예제 3.1 예시 답안 다면체에 대한 오일러 공식을 이용하게 되면

$$V - E + F = 6 - 12 + F = 2$$
$$\therefore \quad F = 8$$

이 됨을 알 수 있다. 즉 면의 개수는 8이 되고, 구하고자 하는 다면체는 정8면체가 된다.

□□□

나. 그래프

그래프는 그림 3.3(b)와 같이 유한개의 정점과 연결선으로 구성되어 있다. 오일러는 그래프에 있어 연결선과 면의 수의 합은 언제나 정점의 수에 1을 더한 값과 같다는 것을 발견하였다. 즉 그래프에 있어 오일러 공식은 식 3.2와 같고, 이 공식은 다각형에도 적용될 수 있다.

$$\boxed{V - E + F = 1} \qquad (3.2)$$

여기서 V는 연결선의 개수, E는 정점의 개수, F는 그래프(또는 다각형)의 면의 개수가 된다. 다각형의 예를 들어 4개의 꼭짓점, 4개의 모서리, 1개의 면을 갖는 사각형을 살펴보면

$$V - E + F = 4 - 4 + 1 = 1$$

이 됨을 알 수 있다. 또 다른 그래프의 예로 그림 3.3(b)에 있는 그래프를 살펴보면 5개의 정점, 7개의 연결선, 3개의 면으로 구성되어 있다. 이 또한

$$V - E + F = 5 - 7 + 3 = 1$$

이 됨을 알 수 있다.

예제 3.2 5개의 정점, 면의 수가 3개인 그래프가 있다. 이 그래프에 대한 연결선의 개수를 구하시오.

예제 3.2 예시 답안 그래프에 대한 오일러 공식을 대입해 보면 다음과 같은 식을 구할 수 있다.

$$V - E + F = 5 - E + 3 = 1$$

그러므로 연결선의 개수 $E = 7$이 되어 그림 3.3(c)에서 보듯이 7개가 된다.

□□□

문제 3.1 꼭짓점의 개수가 V, 모서리의 수가 E, 면의 수가 F인 n각형에서 오일러 공식인 $V - E + F = 1$이 성립함을 보이시오.

그래프에서 오일러 경로는 모든 정점을 단 한번만 통과하는 연속된 경로이다. '오일러 순환(Euler cycle)' 또는 '오일러 회로(Euler circuit)'는 "어떤 정점에서 시작하여 시작한 정점으로 끝나는 오일러 경로"를 말한다. 정점의 '차수(degree)'는 "그 정점에서 시작되는 연결선의 총 개수"를 말한다. 홀수개의 차수가 2개 이하인 그래프는 오일러 경로를 갖는다. 오일러 경로를 그리는 방법은 홀수 차수를 가지는 한 정점에서 시작하여 홀수 차수를 가지는 또 다른 정점에서 끝나면 된다. 또한 그래프에서 모든 정점의 차수가 짝수인 경우는 '오일러 순환'이 된다. 오일러 순환를 그리는 방법은 임의의 정점에서 시작하여 시작한 정점에서 끝내면 된다.

예제 3.3 그림 3.4에서 오일러 경로와 오일러 순환이 있는지를 찾아보시오.

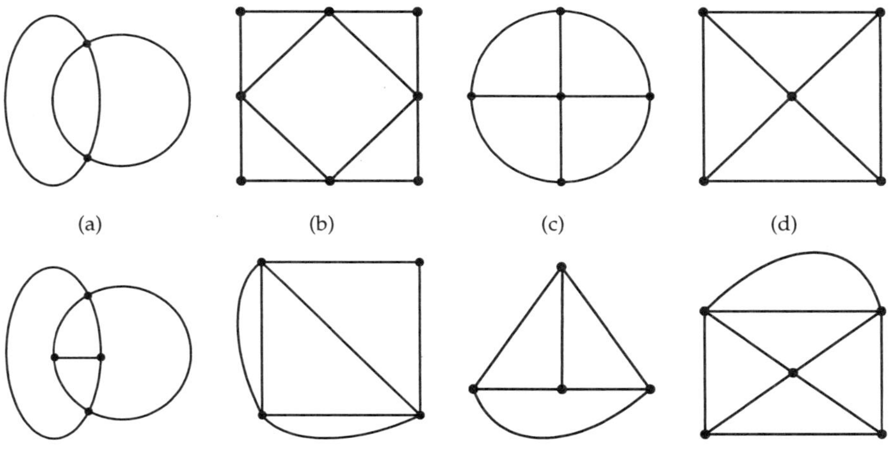

(a) (b) (c) (d) (e) (f) (g) (h)

그림 3.4: 그래프들

예제 3.3 예시 답안 그림 3.4에 있는 그래프 내의 정점에 따른 차수는 다음과 같다.

(a) 차수가 4인 2개의 정점

(b) 차수가 2인 4개의 정점과 차수가 4인 4개의 정점

(c) 차수가 4인 1개의 정점과 차수가 3인 4개의 정점

(d) 차수가 3인 4개의 정점과 차수가 4인 1개의 정점

(e) 차수가 4인 2개의 정점과 차수가 3인 2개의 정점

(f) 차수가 4인 3개의 정점과 차수가 2인 1개의 정점

(g) 차수가 3인 4개의 정점

(h) 차수가 4인 3개의 정점과 차수가 3인 2개의 정점

그러므로 (a), (b), (e), (f), (h)는 홀수 차수의 개수가 2이하이기 때문에 오일러 경로가 있다. 또한 오일러 경로가 있는 (a), (b), (f)는 단지 짝수개의 차수만을 가지고 있기 때문에 오일러 순환이 있다.

□□□

다. 그래프의 표현

그래프는 그림 3.5에서 보듯이 크게 '방향그래프(directed graph 또는 digraph)'와 '무방향그래프(undirected graph)'로 나누어진다.

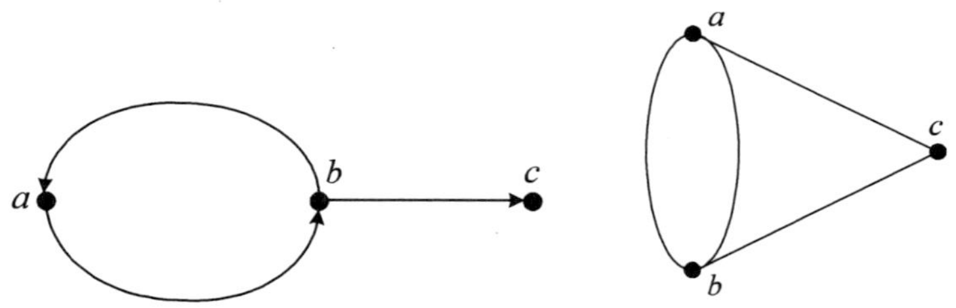

(a) 방향그래프 G (b) 무방향그래프 G

그림 3.5: 방향그래프와 무방향그래프

그림 3.5(a)에서 보듯이 "연결선에 방향이 있는 그래프"를 방향그래프라고 하며, 그림 3.5(b)와 같이 "연결선에 방향이 없는 그래프"를 무방향그래프라고 한다. 정점 V와 연결선 E로 된 그래프에서 방향그래프는 $G = < V, E >$로 표현이 되고, 무방향그래프는 $G = (V, E)$로 표현이 된다. 그림 3.5(a)에 있는 방향그래프를 집

합으로 표시하면 다음과 같다.

$$\begin{aligned} G &= < V, E > \\ V &= \{a, b, c\} \\ E &= \{< a, b >, < b, a >, < b, c >\} \end{aligned}$$

주의할 사항으로, 방향그래프에서 연결선 E를 표기할 때에는 정점의 시작과 끝을 나타내는 방향에 주의를 하여야 하며, 또한 기호 $< >$를 쓰는 것을 유의해야 한다. 같은 방법으로 그림 3.5(b)에 있는 무방향그래프를 집합으로 표시하면 다음과 같다.

$$\begin{aligned} G &= < V, E > \\ V &= \{a, b, c\} \\ E &= \{(a, b), (b, a), (b, c)\} \end{aligned}$$

주의할 사항으로, 무방향그래프에서 연결선 E를 표기할 때에는 기호 ( )를 쓰는 것을 유의해야 하며, 정점간의 방향에는 신경을 안 써도 된다.

예제 3.4 그래프 G가 다음과 같은 경우 이 그래프를 그림으로 표현하시오.

(a) $G =< V, E >, \ \ V = \{a, b, c\}, \ \ E = \{< a, b >, < b, c >, < a, c >\}$

(b) $G =< V, E >, \ \ V = \{a, b, c, d\}, \ \ E = \{(a, b), (b, c), (b, d)\}$

예제 3.4 예시 답안

(a) 연결선 집합 E에 기호 $< >$가 있기 때문에 주어진 그래프 G는 방향그래프이다. 정점의 집합 V와 연결선의 집합 E를 참고하여 그래프를 그리게 되면 그림 3.6(a)와 같다.

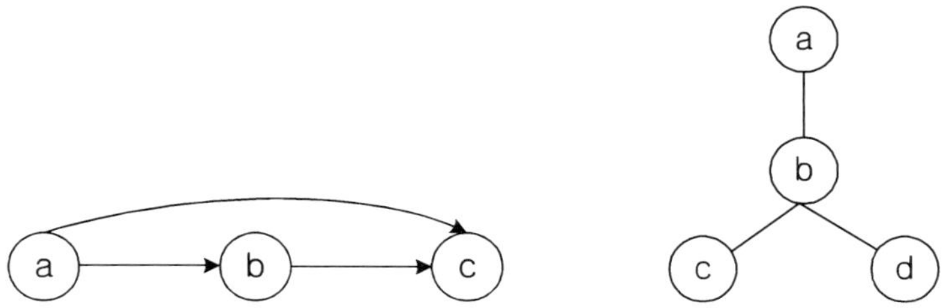

(a) 방향그래프 G (b) 무방향그래프 G

그림 3.6: 그래프

(b) 연결선 집합 E에 기호 ( )가 있기 때문에 주어진 그래프 G는 무방향그래프이다. 정점의 집합 V와 연결선의 집합 E를 참고하여 그림을 그리게 되면 그림 3.6(b)와 같다.

□□□

예제 3.5 그림 3.7과 같이 정점 d에 루프(loop)가 있는 그래프 G를 집합으로 표현해 보시오.

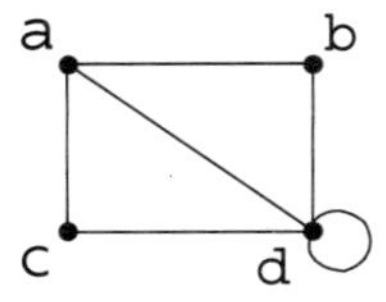

그림 3.7: 루프가 있는 그래프 G

예제 3.5 예시 답안 그래프 G를 집합으로 표현해 보면 다음과 같다.

$$\begin{aligned} G &= \langle V, E \rangle \\ V &= \{a, b, c, d\} \\ E &= \{(a,b),(a,c),(a,d),(c,d),(b,d),(d,d)\} \end{aligned}$$

□□□

"그래프 상의 임의의 두 정점 a, b 사이의 최단 경로"를 '거리(distance)'라고 하며, $d(a,b)$로 표기를 한다. 또한 "그래프 상의 임의의 두 정점간의 거리 중 최장거리"를 그래프의 '직경(diameter)'이라고 부른다. 한 예로 그림 3.8(a)에서 그래프 G의 정점 a와 f의 거리는 경로가 (a,d,f)가 되어 $d(a,f) = 2$가 된다.

또한 그림 3.8(a)에 있는 그래프 G의 직경은

$$d(a,e) = d(a,f) = \ldots = 2$$

가 됨을 알 수 있다.

예제 3.6 그림 3.8(b)에 있는 그래프 G를 참고하여 다음의 질문에 답하시오.

(a) 정점 a와 f의 거리

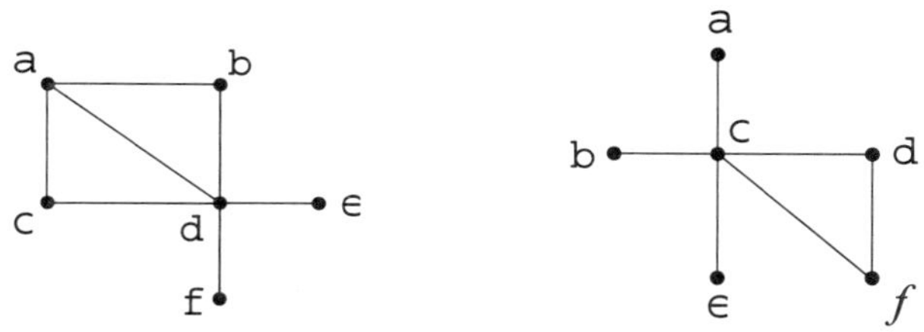

(a) (b)

그림 3.8: 무방향그래프들

(b) 정점 b와 f의 거리

(c) 그래프 G의 직경

예제 3.6 예시 답안

(a) 정점 a와 f의 최단 경로는 (a, c, f)가 되니 거리 $d(a, f) = 2$가 된다.

(b) 정점 b와 f의 최단 경로는 (b, c, f)가 되니 거리 $d(b, f) = 2$가 된다.

(c) 그래프 G의 직경은 $d(a, e) = d(a, f) = \ldots = 2$가 된다.

□□□

'해밀턴 경로(Hamilton path)'는 그래프에서 "각 정점들을 단 한 번씩만 통과하는 경로"를 말하며, '해밀턴 순환(Hamilton cycle)'은 그래프에서 "각 정점들을 단 한 번씩만 통과하는 순회하여 시작점으로 돌아오는 경로"가 된다. 해밀턴 순환의 대표적인 문제가 순회 판매원 문제(Traveling salesperson problem)이다. 이 문제는 순회할 도시간의 거리가 주어진 경우 판매원이 전체 도시를 두 번 방문함이 없이 모든 도시를 방문할 때 총 여행거리가 최소가 되는 경로를 찾는 문제이다. 일반적으로 최적의 경로를 찾는 알고리즘이 존재하지는 않으나 '최근접 이웃 방법(nearest neighbor method)'을 사용하여 유사한 최적의 경로를 찾는다. 한 예로 그림 3.9에 있는 그래프 G에서 오일러 경로, 오일러 순회, 해밀턴 경로, 해밀턴 순환을 살펴보자.

그래프 G는 차수가 4인 2개의 정점과 차수가 2인 4개의 정점으로 구성되어 있다. 그러므로 홀수 차수의 개수가 2이하이기 때문에 오일러 경로가 있으며, 아울러 모든 정점이 단지 짝수개의 차수만을 가지고 있기 때문에 오일러 회로도 있다. 오일러 경로이면서 오일러 순환이 되는 한 가지 경로의 예는 $(c, a, b, d, e, c, f, d, c)$가 된다.

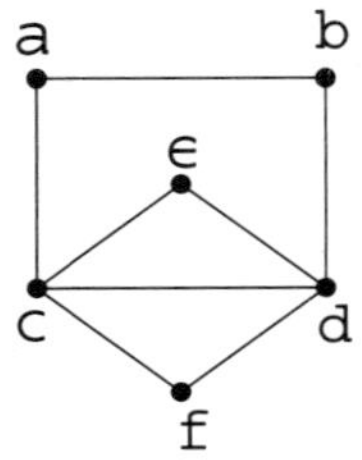

그림 3.9: 무방향 그래프 G

한편 그래프 G에는 해밀턴 경로가 존재하나 해밀턴 순환은 존재하지 않는다. 해밀턴 경로가 되는 한 예는 (a,b,d,e,c,f)라는 경로가 된다. 그림 3.10과 같이 그래프의 각 연결선에 값이 주어진 경우 이 값을 '가중치(weight)'라고 하며, 이러한 그래프를 '가중 그래프(weighted graph)'라 부른다.

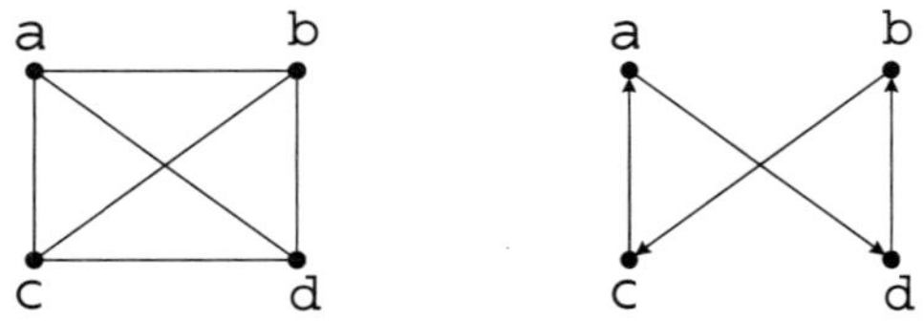

(a) 가중 그래프 (b) 해밀턴 순환

그림 3.10: 가중 그래프와 해밀턴 순환

그림 3.10(a)에 있는 가중 그래프에 최근접 이웃 방법을 적용하여 해밀턴 순환을 그려보면 다음과 같다.

(절차 1:) 임의의 정점 a를 선택한다.

(절차 2:) 정점 a에서 최소의 가중치를 갖는 연결선인 $< a,d >$를 선택한다.

(절차 3:) 정점 d에서 최소의 가중치를 갖는 연결선인 $< d,b >$를 선택한다.

(절차 4:) 마지막 남은 정점 c를 선택한다.

(절차 5:) 시작 정점인 a와 연결을 한다.

결국 위와 같은 절차에 의해 해밀턴 순환을 찾아보면 그림 3.10(b)에서 보듯이 (a,d,b,c,a)라는 경로가 생기며, 가중치의 총합은 $22(= 6+2+4+10)$가 된다.

제 2 절 트리

'트리(tree)'는 그림 3.11에서 보듯이 "하나 이상의 '노드(node)'로 구성된 그래프"이며, 트리의 가장 상위에는 '뿌리노드(root node)'가 있으며, 맨 밑에는 '단말노드(terminal node)'가 있다.

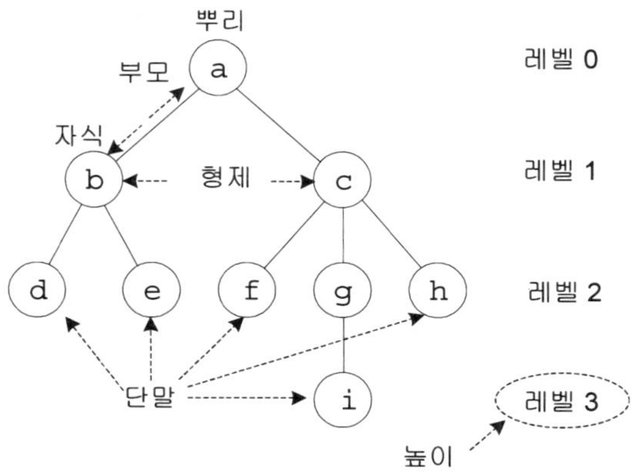

그림 3.11: 트리의 구성 요소들

즉, 그림 3.11에 있는 노드 a가 뿌리노드가 되며, 노드 d, e, f, i, h들은 자식을 갖지 않는 단말노드가 된다. "뿌리노드와 단말노드를 제외한 모든 노드"를 '비단말노드(non-terminal node)'라고 부른다. '자식노드(child node)'를 갖고 있는 노드를 그 자식의 '부모노드(parent node)'라고 부르며, 자식노드는 단 한 개의 부모노드를 갖고 있다. 예를 들어 그림 3.11에서 노드 b는 노드 a의 자식노드가 되고, 노드 a는 노드 b의 부모노드가 된다. 또한 노드 b는 노드 d, e의 부모노드가 된다.

"같은 '레벨(level)'에 있고 부모노드가 같은 자식노드"들을 '형제노드(sibling node)'라고 부른다. 어떤 노드의 '조상(ancestors)'이란 "그 노드로 부터 뿌리노드에 이르는 경로에 있는 모든 노드"를 말한다. 또한 어떤 노드의 '후손(descendants)'이란 "그 노드로 부터 그 노드의 단말노드에 이르는 경로에 있는 모든 노드"를 말한다. 예를 들어 노드 g의 조상은 노드 c와 a가 되며, 노드 c의 후손은 노드 f, g, h, i가 된다.

어떤 노드의 '높이(height)'는 "그 노드로부터 가장 깊게 있는 후손에 이르는 경로의 길이"가 된다. 그러므로 어떤 나무의 높이란 뿌리노드의 높이가 된다. 예를 들어 그림 3.11에 있는 나무의 높이는 뿌리노드인 a로 부터 가장 밑에 있는 후손인 노드 i까지의 경로 길이가 3이 되기 때문에 3이 된다. 유사하게 노드 c의 높이는 노드 c로 부터 단말노드 i까지의 경로 길이가 2가 되기 때문에 2가 된다. 어떤 노드의 '깊이(depth)'란 "뿌리노드로 부터 그 노드까지의 경로 길이"가 된다. 예를 들어 그림 3.11에 있는 나무의 깊이는 뿌리노드 a로 부터 단말노드 i까지의 경로 길이가 3이 되기 때문에 3이 된다.

어떤 노드의 레벨(level)은 "그 노드로부터 뿌리노드까지의 경로에 있는 노드의 수"를 말한다. 예를 들어 그림 3.11에 있는 노드 g의 레벨은 뿌리노드로 가기 위해 두 개의 노드인 c와 a가 있기 때문에 레벨 2가 된다. 달리 표현한다면, 그림 3.11에서와 같이 레벨 2에는 노드 d, e, f, g, h가 있다. 어떤 노드의 '하위나무(subtree)' 수를 그 노드의 '차수(degree)' 또는 '분기수(branching factor)'라고 한다. 예를 들어 노드 a와 c의 차수는 각각 2, 3이 된다.

예제 3.7 그림 3.12에 보인 트리를 이용하여 다음을 답하시오.

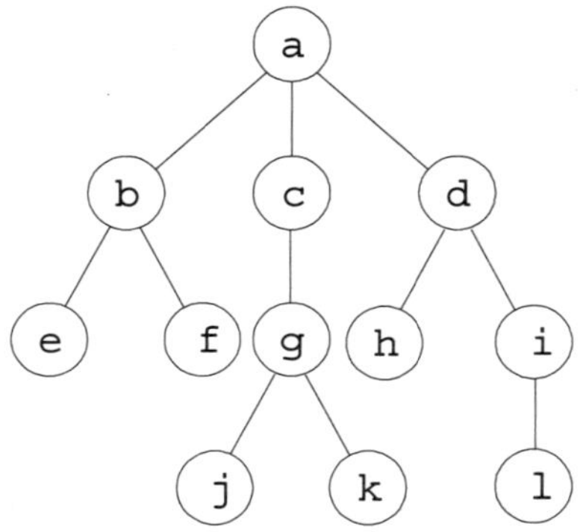

그림 3.12: 트리

(a) 게임나무의 뿌리노드와 단말노드들

(b) 노드 h의 부모노드

(c) 노드 b의 자식들

(d) 노드 g의 조상노드들

(e) 노드 d의 후손노드들

(f) 게임나무의 깊이와 높이

(g) 노드 g의 깊이

(h) 노드 g의 높이

(i) 레벨 1에 있는 노드들

예제 3.7 예시 답안

(a) 게임나무의 뿌리는 노드 a가 되며, 단말노드들은 e, f, j, k, h, l이 된다.

(b) 노드 h의 부모노드는 노드 d가 된다.

(c) 노드 b의 자식들은 노드 e와 f가 된다.

(d) 노드 g의 조상노드들은 노드 c와 a가 된다.

(e) 노드 d의 후손노드들은 노드 h, i, l이 된다.

(f) 게임나무의 깊이는 3이 되며, 높이 역시 3이 된다.

(g) 노드 g의 깊이는 2가 된다.

(h) 노드 g의 높이는 1이 된다.

(i) 레벨 1에 있는 노드들은 b, c, d가 된다.

□□□

가. 이진트리

모든 노드의 차수가 n개 이하인 트리를 '$n-$트리($n-$ary tree)'라고 하며, $n = 2$인 트리를 '이진트리(binary tree)'라고 한다. 트리의 깊이가 k인 이진트리의 최대 노드 수는 $\left(2^{k+1} - 1\right)$개가 된다. 그림 3.13(a)에서 보듯이 최대노드 수인 $(2^{n+1} - 1)$개를 갖는 이진트리를 '포화이진트리(full binary tree)'라고 한다. 또한 그림 3.13(b)에서 보듯이 '완전이진트리(complete binary tree)'는 최대노드 수인 $(2^{n+1} - 1)$개 보다 작은 노드를 갖고 있으며, 마지막 레벨 이외의 모든 레벨에는 노드가 꽉 차있고, 마지막 레벨에서는 왼쪽부터 오른쪽으로 노드가 배치되는 트리가 된다.

이진트리 순회는 '전위순회(preorder traversal)', '중위순회(inorder traversal)', '후위순회(postorder traversal)'가 있다. 전위순회는 "트리의 각 서브트리(하위나무: subtree)들을 방문하되, 트리의 부모노드를 먼저 방문한 다음 가장 왼쪽에 있는 서브트리를 먼저 방문한 후 가장 오른쪽에 있는 서브트리를 방문하는 방법"이 된다. 이를 달리 표현하면 다음과 같다.

(절차 1:) 부모노드를 방문한다.

(절차 2:) 왼쪽 서브트리를 전위순회한다.

(절차 3:) 오른쪽 서브트리를 전위순회한다.

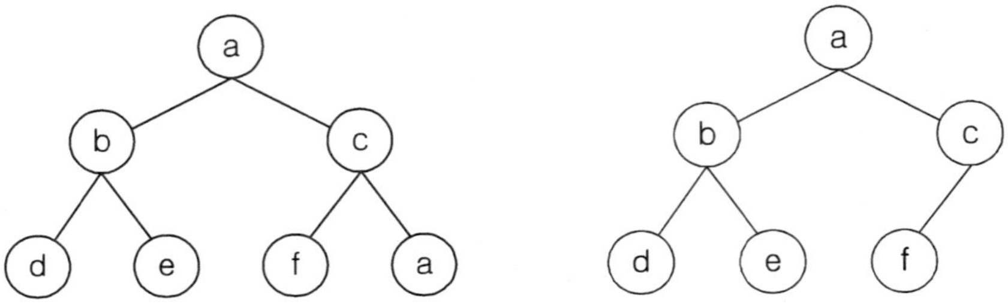

(a) 포화이진트리 (b) 완전이진트리

그림 3.13: 이진트리

예를 들어 그림 3.14와 같은 이진트리가 있는 경우, 전위순회를 적용하게 되면 노드를 방문하는 순서는 다음과 같다.

$$- \Rightarrow \hat{} \Rightarrow b \Rightarrow 2 \Rightarrow * \Rightarrow * \Rightarrow 4 \Rightarrow a \Rightarrow c$$

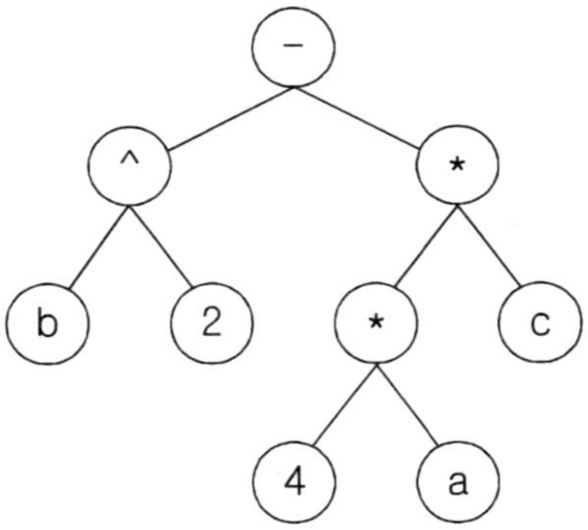

그림 3.14: 이진트리를 이용하여 판별식 $b^2 - 4ac$에 대한 수학적 표현

중위순회는 "트리의 각 서브트리들을 방문하되, 가장 왼쪽에 있는 서브트리를 먼저 방문하고 부모노드를 방문한 다음, 가장 오른쪽에 있는 서브트리를 방문하는 방법"이 된다. 이를 달리 표현하면 다음과 같다.

(절차 1:) 왼쪽 서브트리를 중위순회한다.

(절차 2:) 부모노드를 방문한다.

(절차 3:) 오른쪽 서브트리를 중위순회한다.

예를 들어 그림 3.14와 같은 이진트리가 있는 경우, 중위순회를 적용하게 되면 노드를 방문하는 순서는 다음과 같다.

$$b \Rightarrow \hat{} \Rightarrow 2 \Rightarrow - \Rightarrow 4 \Rightarrow * \Rightarrow a \Rightarrow * \Rightarrow c$$

한편 후위순회는 "트리의 각 서브트리들을 방문하되, 가장 왼쪽에 있는 서브트리를 먼저 방문하고, 가장 오른쪽에 있는 서브트리를 방문한 다음, 부모노드를 방문하는 방법"이 된다. 이를 달리 표현하면 다음과 같다.

(절차 1:) 왼쪽 서브트리를 후위순회한다.

(절차 2:) 오른쪽 서브트리를 후위순회한다.

(절차 3:) 부모노드를 방문한다.

예를 들어 그림 3.14와 같은 이진트리가 있는 경우 후위순회를 적용하게 되면 노드를 방문하는 순서는 다음과 같다.

$$b \Rightarrow 2 \Rightarrow \hat{} \Rightarrow 4 \Rightarrow a \Rightarrow * \Rightarrow c \Rightarrow * \Rightarrow -$$

수식 표현에 있어 "전위순회로 표기하는 것"을 '전위표기법(prefix)', "중위순회로 표기하는 것"을 '중위표기법(infix)', "후위순회로 표기하는 것"을 '후위표기법(postfix)'라고 한다. 예를 들어 수식 $b^2 - 4ac$를 전위표기법, 중위표기법, 후위표기법으로 표기하게 되면 다음과 같다.

(전위표기법:) $- \quad \hat{} \quad b \quad 2 \quad * \quad * \quad 4 \quad a \quad c$

(중위표기법:) $b \quad \hat{} \quad 2 \quad - \quad 4 \quad * \quad a \quad * \quad c$

(후위표기법:) $b \quad 2 \quad \hat{} \quad 4 \quad a \quad * \quad c \quad * \quad -$

예제 3.8 다음과 같은 두 수 a, b에 대한 조화평균을 구하는 수식 $\frac{2ab}{a+b}$를 이진트리로 나타내고, 이 수식을 전위표기법, 중위표기법, 후위표기법으로 나타내시오.

예제 3.8 예시 답안 주어진 식을 이진트리로 나타내면 그림 3.15와 같다. 주어진 식을 전위표기법, 중위표기법, 후위표기법으로 나타내면 다음과 같다.

(전위표기법:) $/ \quad * \quad * \quad 2 \quad a \quad b \quad + \quad a \quad b$

(중위표기법:) $2 \quad * \quad a \quad * \quad b \quad / \quad a \quad + \quad b$

(후위표기법:) $2 \quad a \quad * \quad b \quad * \quad a \quad b \quad + \quad /$

□□□

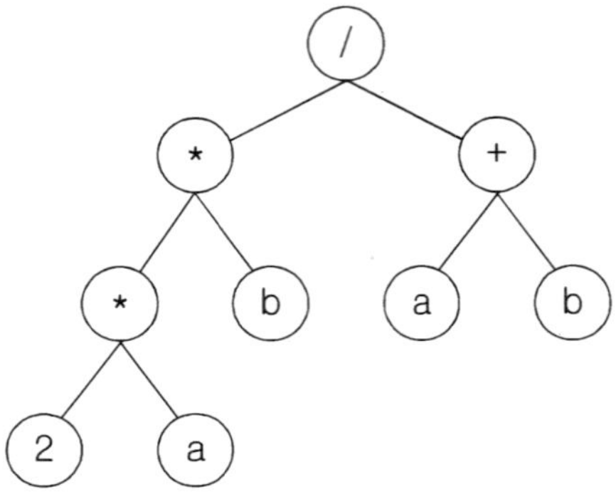

그림 3.15: 조화평균 $\frac{2ab}{a+b}$에 대한 이진트리 표현

나. 이진탐색트리

'이진탐색트리(binary search tree)'는 주어진 데이터를 삽입, 검색, 삭제하는 자료구조의 일종이다. 이진탐색트리를 만드는 방법은 다음의 절차에 따른다.

(절차 1:) 뿌리노드를 만든다.

(절차 2:) 주어진 원소의 값이 뿌리노드보다 작은 경우에는 왼쪽 서브트리에 배치하고, 주어진 원소의 값이 뿌리노드보다 큰 경우에는 오른쪽 서브트리에 배치한다.

예를 들어 주어진 원소의 값이 5, 4, 7, 1, 2, 9인 경우, 이들 원소에 대해 이진탐색트리를 만들어 보면 그림 3.16과 같다.

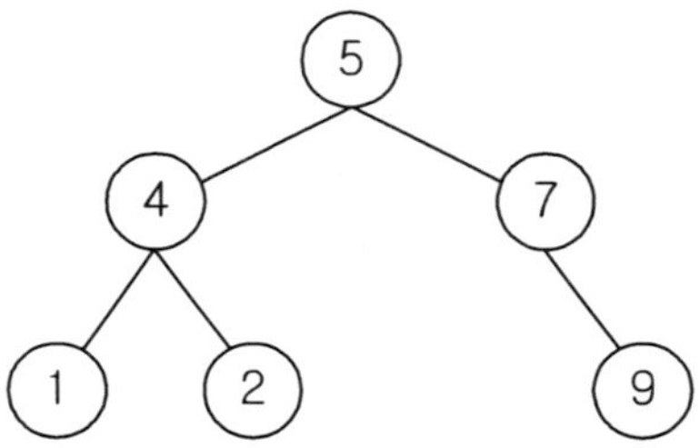

그림 3.16: 이진탐색트리

그림 3.16에 있는 이진탐색트리를 만드는 방법은 다음과 같다.

(절차 1:) 첫번째 원소값 5를 갖고 뿌리노드를 만든다.

(절차 2:) 두번째 원소값 4는 뿌리노드 값 5보다 작으니 왼쪽 서브트리에 배치.

(절차 3:) 세번째 원소값 7은 뿌리노드 값 5보다 크니 오른쪽 서브트리에 배치.

(절차 4:) 네번째 원소값 1은 노드 값 4보다 작으니 왼쪽 서브트리에 배치.

(절차 5:) 다섯번째 원소값 2는 노드 값 4보다 크니 오른쪽 서브트리에 배치.

(절차 6:) 다섯번째 원소값 9는 노드 값 7보다 크니 오른쪽 서브트리에 배치.

예제 3.9 주어진 원소의 값이 4, 9, 5, 7, 2, 1인 경우, 이들 원소에 대해 이진탐색트리를 만들어 보라.

예제 3.9 예시 답안 주어진 원소의 값으로 이진탐색트리로 만들어보면 그림 3.17과 같다.

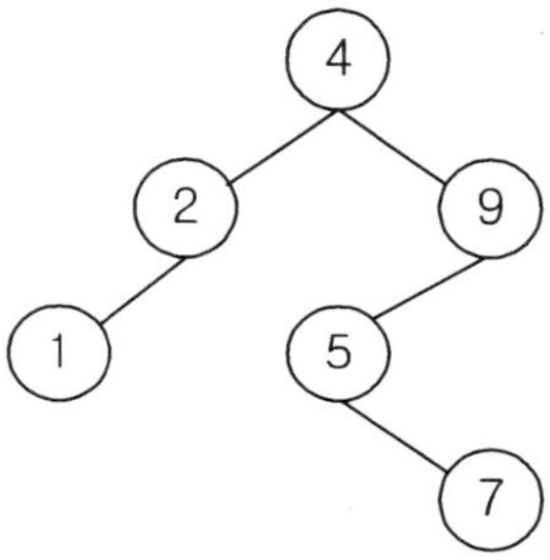

그림 3.17: 이진탐색트리

□□□

다. 트리의 탐색

트리를 탐색하는 방법으로는 '깊이우선탐색(Depth First Search)'와 '너비우선탐색(Breadth First Search)'이 있다. 깊이우선탐색(DFS)은 그래프의 모든 정점을 방문하되, 항상 깊은 곳에 있는 정점들을 먼저 방문한다. 즉, 어떤 특정된 정점으로 부터 모든 자식 노드들을 탐색을 한 후, '스택(stack)'[iv]에 남아 있는 그 다음 노드를 선택한 후 탐색을 계속한다. 달리 말하면 DFS는 연결할 수 있는 모든 자식 노드들을 먼저 탐색한 후 형제 및 부모노드들을 탐색한다.

그림 3.18은 그림 3.18(a)에 있는 간단한 트리에 대해 DFS가 어떻게 작동하는지를 보여주고 있다.

[iv] 스택(stack)과 큐(queue)는 정돈된 리스트(list)로서 자료를 다루는 방법이 사뭇 다르다. 스택은 LIFO(Last In First Out)로 불리며, 자료에 대한 모든 삽입과 삭제가 진행 순서로 수행이 된다 (즉, 리스트의 끝에서). 반면에 큐는 FIFO(First In First Out)로 불리며, 자료의 삽입은 큐의 뒤에서 자료의 삭제는 큐의 앞에서 각각 수행이 된다.

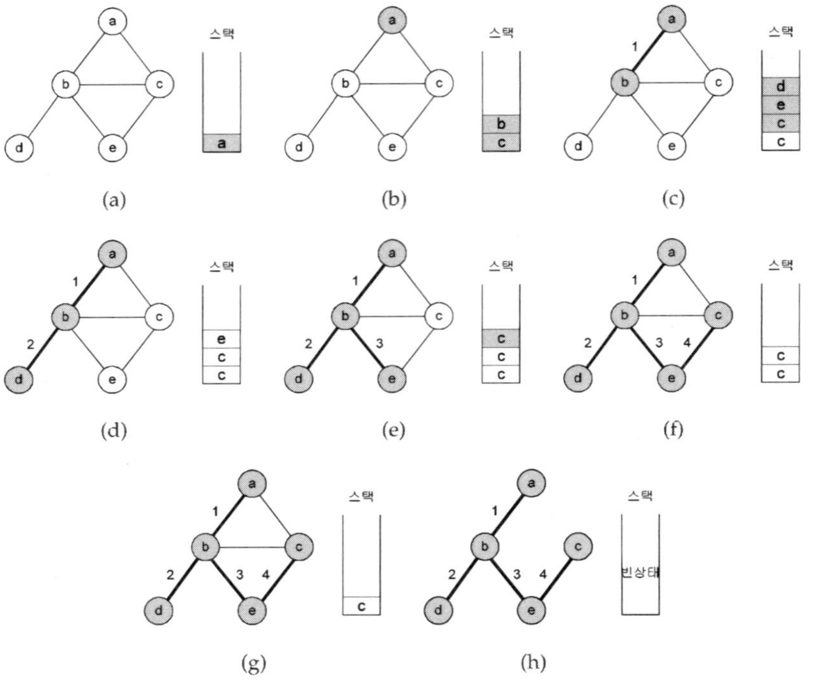

그림 3.18: 그림 3.18(a)에 있는 노드 a로 부터 시작하는 깊이우선탐색의 절차

그림 3.18을 살펴보면 다음과 같다. 뿌리노드에 있는 노드 a를 그림 3.18(a)에서 보듯이 스택에 넣는다. 노드 a를 스택에서 꺼낸 후 그림 3.18(b)에서 보듯이 노드 a를 방문한다. 노드 a에 대해 연결된 노드인 c, b를 그림 3.18(b)에서 보듯이 스택에 넣는다. 노드 b를 스택에서 꺼낸 후 그림 3.18(c)에서 보듯이 노드 b를 방문한다. 노드 b에 대해 연결된 노드인 c, e, d를 그림 3.18(c)에서 보듯이 스택에 넣는다. 노드 d를 스택에서 꺼낸 후 그림 3.18(d)에서 보듯이 노드 d를 방문한다. 노드 d는 단말노드로서 연결된 노드가 없기 때문에 그림 3.18(d)에서 보듯이 스택에 아무것도 넣지를 못한다.

노드 e를 스택에서 꺼낸 후 그림 3.18(e)에서 보듯이 노드 e를 방문한다. 또한 노드 e에 대해 연결된 노드인 c를 그림 3.18(e)에서 보듯이 스택에 넣는다. 노드 c를 스택에서 꺼낸 후 그림 3.18(f)에서 보듯이 노드 c를 방문한다. 노드 c에 방문하지 않은 연결노드가 없기 때문에 그림 3.18(f)에서 보듯이 스택에 아무것도 넣지를 못한다. 그림 3.18(g)에서 보듯이 노드 c를 스택에서 꺼냈으나 이미 방문한 노드이기 때문에 스택에 아무것도 넣지를 못한다. 이후 그림 3.18(g)에서 보듯이 노드 c를 스택에서 꺼냈으나 이미 방문한 노드이기 때문에 그림 3.18(h)의 상태가 된다. 그림 3.18(h)에서 보듯이 스택 내에 아무런 노드가 없기 때문에 탐색은 종료가 된다. 결국 주어진 트리에 대해 DFS를 적용하면 다음과 같은 순서로 전체 노드를 방문하게 된다.

$$a \Rightarrow b \Rightarrow d \Rightarrow e \Rightarrow c$$

한편 너비우선탐색(BFS)는 뿌리 노드로 부터 떨어진 거리의 순으로 하위노드를 탐색해 나간다. 즉, 다음 레벨에 있는 어떠한 노드를 확장하기 이전에 현재 레벨의 모든 노드를 확장한다. BFS는 레벨 단위로 방문해 나간다. 그러므로 다음 레벨을 탐색하기 전에 현재 레벨에 있는 모든 노드를 확장하며, 확장된 모든 노드들은 탐색이 끝나기 전까지 노드의 '큐(queue)'에 저장을 한다. 즉, 노드의 큐를 유지함으로서 BFS는 가장 쉽게 구현될 수 있다. 그림 3.19는 그림 3.19(a)에 있는 간단한 그래프에 대해 BFS가 어떻게 작동하는지를 보여주고 있다.

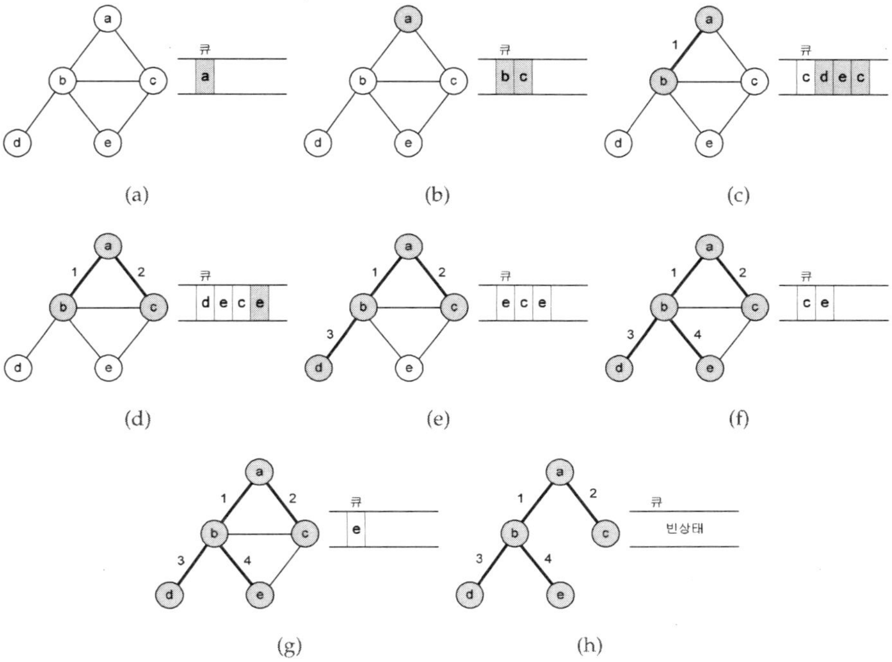

그림 3.19: 그림 3.19(a)에 있는 노드 a로 부터 시작하는 너비우선탐색의 절차

그림 3.19를 살펴보면 다음과 같다. 뿌리노드에 있는 노드 a를 그림 3.19(a)에서 보듯이 큐에 넣는다. 노드 a를 큐에서 꺼낸 후 그림 3.19(b)에서 보듯이 노드 a를 방문한다. 노드 a에 대해 연결된 노드인 b, c를 그림 3.19(b)에서 보듯이 큐에 넣는다.

노드 b를 큐에서 꺼낸 후 3.19(c)에서 보듯이 노드 b를 방문한다. 노드 b에 대해 연결된 노드인 d, e, c를 그림 3.19(c)에서 보듯이 큐에 넣는다. 노드 c를 큐에서 꺼낸 후 그림 3.19(d)에서 보듯이 노드 c를 방문한다. 노드 c에 대해 연결된 노드인 e를 그림 3.19(d)에서 보듯이 큐에 넣는다. 노드 d를 큐에서 꺼낸 후 그림 3.19(e)에서 보듯이 노드 d를 방문한다. 노드 d는 단말노드로서 연결된 노드가 없기 때문에 그림 3.19(e)에서 보듯이 큐에 아무것도 넣지를 못한다.

노드 e를 큐에서 꺼낸 후 그림 3.19(f)에서 보듯이 노드 e를 방문한다. 노드 e에 방문하지 않은 연결노드가 없기 때문에 그림 3.19(f)에서 보듯이 큐에 아무 것도 넣지를 못한다. 그림 3.19(g)에서 보듯이 노드 c를 큐에서 꺼냈으나 이미 방문한 노드이기 때문에 큐에 아무것도 넣지를 못한다. 이후 노드 e를 큐에서 꺼냈으나 이미 방문한 노드이기 때문에 큐에 아무것도 넣지를 못하고 그림 3.19(h)인 상태가 된다. 그림 3.19(h)에서 보듯이 큐 내에 아무런 노드가 없기 때문에 탐색은 종료가 된다. 결국 주어진 트리에 대해 BFS를 적용하면 다음과 같은 순서로 전체 노드를 방문하게 된다.

$$a \Rightarrow b \Rightarrow c \Rightarrow d \Rightarrow e$$

예제 3.10 "그래프 내의 모든 정점들을 포함하는 트리"를 '신장트리(spanning tree)'라고 한다. 그림 3.20(a)와 같은 무방향그래프가 주어진 경우 BFS와 DFS를 이용한 신장트리를 작성해 보시오.

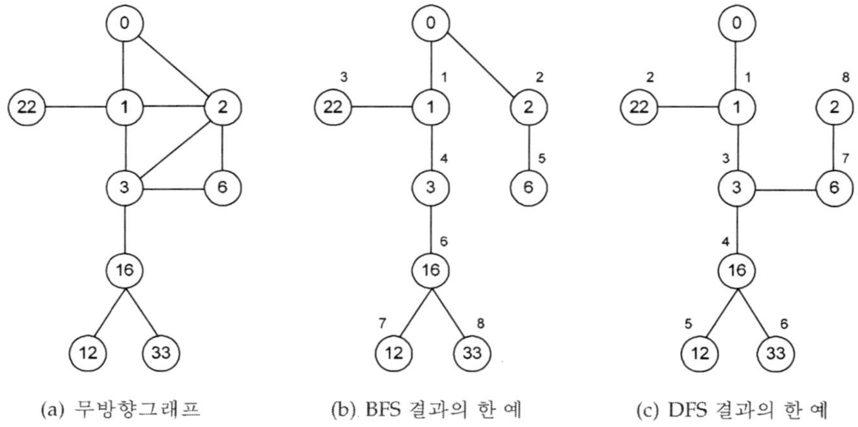

그림 3.20: 무방향그래프와 BFS와 DFS로 된 신장트리

예제 3.10 예시 답안 주어진 무방향그래프에 BFS와 DFS를 적용하면 그림 3.20(b), 그림 3.20(c)와 같은 결과를 얻을 수가 있다. 참고로 연결선에 있는 숫자는 방문 순서를 보여주고 있다.

□□□

문제 3.2 그림 3.21은 명지대 용인 캠퍼스 내에 있는 일부 건물을 보여주고 있다.

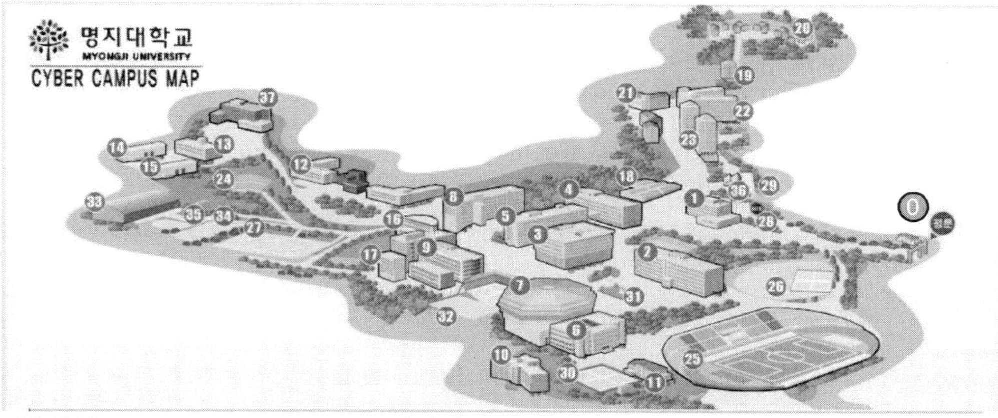

(0) 정문	(3) 명진당	(16) 방목기념관
(1) 학생회관	(6) 예체능관	(22) 명덕관
(2) 백마관	(12) 디자인센터	(33) 테니스장

그림 3.21: (웹사이트 http://www.mju.ac.kr/home/contents/campusinfo/view에서 참조한) 명지대 용인 캠퍼스

그림 3.21에 있는 학교 정문(노드 0)을 기준하여 무방향성 그래프를 그려보면 그림 3.20(a)와 같다. 참고로 그림 3.20(a)에는 9개의 노드가 있으며, 11개의 경로(path)가 있다. 9개의 노드는 그림 3.21에 있는 주요 건물이 되며, 11개의 경로는 각 건물 간을 연결하는 통로가 된다.

그림 3.20(a)를 참조하여 예체능관인 노드 6을 기준으로 무방향성 그래프를 그리고 나서, 예체능관인 노드 6으로 부터 명덕관인 노드 22까지 가는 최단 경로를 구해 보시오.

□□□

함수는 한 그룹의 수들이 다른 그룹의 수들과 어떻게 대응되는가를 보여준다.

4 함수와 그래프

제 1 절　함수

'함수(function)'는 "정의역에 있는 각 요소가 치역에 있는 단 하나의 요소와 대응하는 관계"를 말한다. 함수의 '정의역(domain)'은 입력치가 되는 값들의 집합을 말하며, 함수의 '치역(range)'은 출력치가 되는 값들의 집합을 말한다. 일반적으로 함수는 방정식의 형태인 $y = f(x)$로 표현이 된다. 이 방정식에서 x는 정의역의 요소가 되고 '독립변수(independent variable)'라고 부른다. 반면에 y는 요소 x에 대응되는 치역의 요소가 되며 '종속변수(dependent variable)'라고 부른다. 그림 4.1은 정의역과 치역간의 관계를 보여주고 있다.

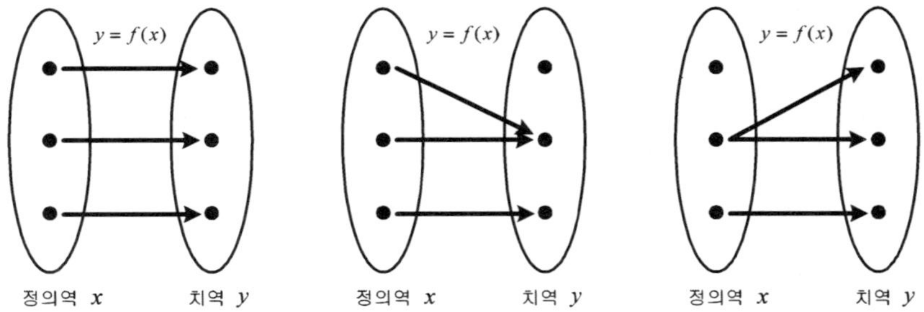

(a) 1:1 대응　(b) n : 1 대응　(c) 1 : n 대응

그림 4.1: 정의역과 치역의 관계

그림 4.1(a), 4.1(b)는 x로 부터 y로의 함수가 되나, 그림 4.1(c)는 정의역에 있는 하나의 요소가 치역에 있는 둘 이상의 요소와 관련이 있기 때문에 함수가 안된다.

예제 4.1　x에서 y로의 함수를 보여주는 그래프를 고르시오.

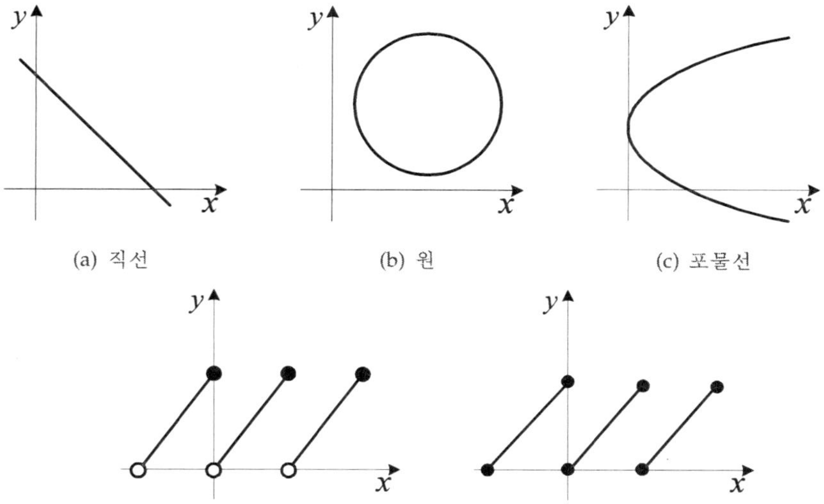

(a) 직선 (b) 원 (c) 포물선

(d) 톱니 (e) 톱니

그림 4.2: 그래프들

예제 4.1 예시 답안 그래프 (a), (d)는 x에서 y로의 함수를 보여주고 있다. 즉, 각 x의 값에 대해 단지 한 개의 y값을 갖고 있다. 반면에 함수 (b), (c), (e)는 어떤 x의 값에 대해 두 개 이상의 y값을 갖고 있는 것이 있기 때문에 함수가 될 수 없다. 결국 (a)와 (d)는 함수 그래프이며, (b), (c), (e)는 그냥 그래프이다.

□□□

제 2 절 일차함수

그림 4.3(a)는 다음 표에 있는 데이터를 갖고 그린 $y = 3x + 2$의 그래프를 보여주고 있다.

x	...	-2	-1	0	1	2	3	...
$y = 3x + 2$	...	-4	-1	2	5	8	11	...

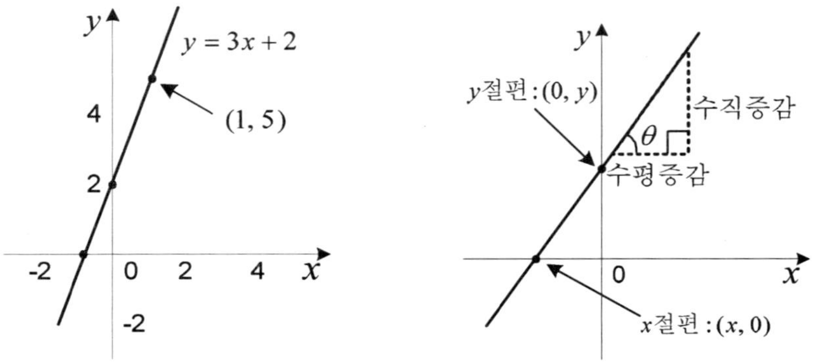

(a) $y = 3x + 2$　　　(b) 절편과 기울기

그림 4.3: 일차함수 그래프들

그림 4.3(b)에서 보듯이 '$y-$절편(y$-$intercept)'은 그래프가 $y-$축(수직축)과 만나는 점이 되고, '$x-$절편(x$-$intercept)'은 그래프가 $x-$축(수평축)과 만나는 점이 된다.

예제 4.2 다음 함수의 그래프를 그리시오.

(a) $1 \le x \le 4$ 범위에서의 $y = \frac{1}{2}x + 1$

(b) $1 < x < 4$ 범위에서의 $y = -\frac{1}{2}x + 1$

예제 4.2 예시 답안

(a) 그림 4.4(a)는 함수의 정의역이 폐구간 $[1, 4]$일 때, $y = \frac{1}{2}x + 1$의 그래프를 보여주고 있다. 주의할 사항으로는 그래프가 $x = 1$과 $x = 4$일 때의 y의 값을 포함하고 있다. 함수 $y = \frac{1}{2}x + 1$의 그래프는 $y = \frac{1}{2}x$의 그래프를 y축 방향으로 1만큼 평행이동한 그래프이다.

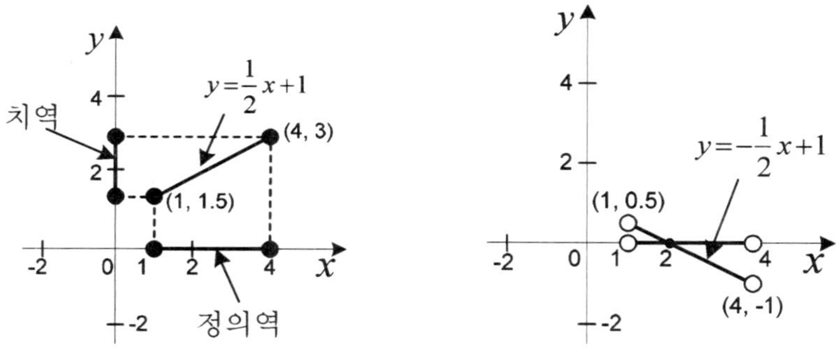

(a) $y = \frac{1}{2}x + 1$ (b) $y = -\frac{1}{2}x + 1$

그림 4.4: 직선들

(b) 그림 4.4(b)는 함수의 정의역이 개구간 (1, 4)일 때, $y = -\frac{1}{2}x + 1$의 그래프를 보여주고 있다. 주의할 사항으로는 그래프가 $x = 1$과 $x = 4$일 때의 y의 값을 포함하고 있지 않다. 함수 $y = -\frac{1}{2}x + 1$의 그래프는 $y = -\frac{1}{2}x$의 그래프를 y축 방향으로 1만큼 평행이동한 그래프이다.

□□□

일차함수의 일반식은 다음과 같다.

$$y = ax + b$$

여기서 a는 기울기가 되고, b는 $y-$절편의 값이 된다. 그림 4.3(b)에 있는 $\tan\theta$는 기울기 a가 되고, 다음과 같이 계산이 된다.

$$\text{기울기 } a = \tan\theta = \frac{\text{수직증감}}{\text{수평증감}}$$

만약 a가 양수인 경우 그림 4.5(a)에서 보듯이 x값이 증가할 때 y값은 증가하게 된다. 만약 a가 음수인 경우 그림 4.5(b)에서 보듯이 x값이 증가할 때 y값은 감소하게 된다. 만약 a의 값이 0인 경우, 그림 4.5(c)에서 보듯이 x값이 증가할 때 y값은 변하지 않는다. 두 직선의 기울기가 각각 m_1, m_2이고 서로 수직인 관계가 있는 경우, 두 직선의 기울기의 곱은 다음과 같다.

$$m_1 \times m_2 = -1 \tag{4.1}$$

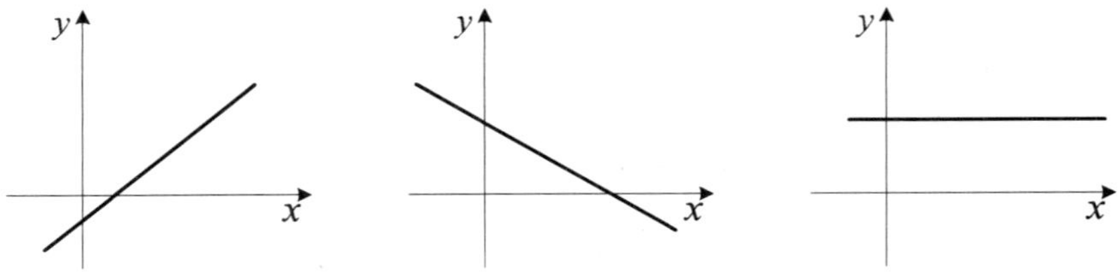

(a) 증가함수 (b) 감소함수 (c) 상수함수

그림 4.5: 기울기 값에 따른 일차함수들

예제 4.3 직선 $3y = 2x + 5$에 수직인 직선의 기울기 값을 구하시오.

예제 4.3 예시 답안 직선 $3y = 2x + 5$의 기울기는 $\frac{2}{3}$가 된다. 그러므로 이 직선에 수직인 직선의 기울기 m은 다음과 같이 계산이 된다.

$$m \times \frac{2}{3} = -1$$
$$\therefore \quad m = \frac{-1}{\frac{2}{3}} = -\frac{3}{2}$$

□□□

일차함수의 식을 구하는 방법은 다음과 같이 네 가지가 있다.

□ 기울기 m과 $y-$절편 n(즉, $P(0, n)$)가 주어진 경우

$$y = mx + n$$

□ 기울기 m과 한 점의 좌표 $P(x_1, y_1)$이 주어진 경우

$$y - y_1 = m(x - x_1)$$

□ 두 점의 좌푯값인 $A(x_1, y_1)$, $B(x_2, y_2)$가 주어진 경우

$$y - y_1 = \frac{y_2 - y_1}{x_2 - x_1}(x - x_1)$$

□ $x-$절편 x_1(즉, $A(x_1, 0)$)과 $y-$절편 y_1(즉, $B(0, y_1)$)이 주어진 경우

$$\frac{x}{x_1} + \frac{y}{y_1} = 1$$

예제 4.4 어떤 직선의 기울기가 -2이고, 점 $P(0,2)$를 지날 때, 이 직선의 식을 구하시오.

예제 4.4 예시 답안 기울기 m과 $y-$절편값인 n이 주어진 경우, 직선의 식은 $y = mx + n$이 된다. 그러므로 구하고자 하는 직선의 식은 $y = -2x + 2$가 된다.

□□□

문제 4.1 직선의 기울기가 m이고 한 점 $P(x_1, y_1)$을 지나는 직선의 식이

$$y - y_1 = m(x - x_1)$$

이 됨을 보이시오.

□□□

문제 4.2 직선 위에 있는 두 점의 좌푯값이 $A(x_1, y_1)$, $B(x_2, y_2)$인 경우, 직선의 식이

$$y - y_1 = \frac{y_2 - y_1}{x_2 - x_1}(x - x_1)$$

이 됨을 보이시오.

□□□

예제 4.5 어떤 직선이 두 점 $A(1,2)$, $B(3,4)$를 지나고 있을 때, 이 직선에 대한 다음의 질문에 답하시오.

(a) 직선의 기울기 (b) 직선의 식

예제 4.5 예시 답안

(a) 기울기 m은 다음과 같다.

$$\frac{y_2 - y_1}{x_2 - x_1} = \frac{4-2}{3-1} = \frac{2}{2} = 1$$

(b) 기울기 m과 한 점 $P(x_1, y_1)$이 주어진 경우, 직선의 식은 공식에 의거해서 $y - y_1 = m(x - x_1)$이 된다. 그러므로 기울기 $m = 1$, 한 점 $A(1,2)$이니 다음과 같이 직선의 식이 구해진다.

$$y - 2 = 1 \times (x - 1)$$

$$\therefore \quad y = x + 1$$

또 다른 방법으로 직선의 식을 구하기 위해서는 두 점의 좌푯값 $A(x_1, y_1)$, $B(x_2, y_2)$가 주어진 경우, 공식 $y - y_1 = \frac{y_2 - y_1}{x_2 - x_1}(x - x_1)$을 이용하면 된다. 두 점의 좌푯값 $A(1,2)$, $B(3,4)$를 알고 있기 때문에 다음의 식을 구할 수가 있다.

$$y - 2 = \frac{4-2}{3-1} \times (x - 1)$$

윗식으로부터 $y = x + 1$을 얻을 수 있으며, 이는 앞에서 구한 결과와 같다.

□□□

문제 4.3 $x-$절편 x_1과 $y-$절편 y_1이 주어진 경우, 직선의 식이

$$\frac{x}{x_1} + \frac{y}{y_1} = 1$$

이 됨을 보이시오.

□□□

문제 4.4 직선이 한 점 $P(1,3)$을 지나고 있고 기울기가 2이다. 이 경우 다음에 있는 질문에 답하시오.

(a) 직선의 식 (b) $x-$절편 (c) $y-$절편

□□□

예제 4.6 직선의 $x-$절편, $y-$절편이 각각 $(1,0)$, $(0,2)$이다. 이 경우 다음에 있는 질문에 답하시오.

(a) 직선의 식 (b) $y = 1$에 대응되는 x값

예제 4.6 예시 답안

(a) 공식에 의해 $\frac{x}{1} + \frac{y}{2} = 1$이 되니, $y = -2x + 2$가 된다.

(b) $y = -2x + 2$는 $x = -\frac{1}{2}y + 1$과 같으니, $y = 1$에서의 x값은 $x = \frac{1}{2}$이 된다.

□□□

제 3 절 이차함수

그림 4.6(a)는 다음 표에 있는 데이터를 갖고 그린 $y = x^2 - x - 2$의 그래프를 보여 주고 있다.

x	...	-2	-1	0	1	2	3	...
$y = x^2 - x - 2$	...	4	0	-2	-2	0	4	...

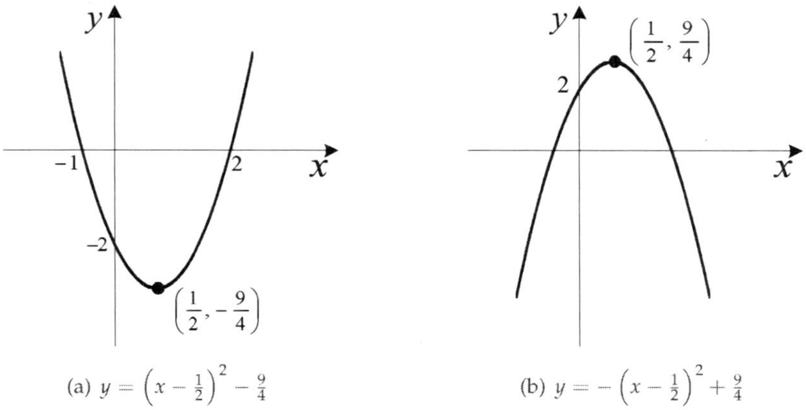

그림 4.6: 이차함수들

예제 4.7 $y = -x^2 + x + 2$의 그래프를 그려 보시오.

예제 4.7 예시 답안 주어진 식을 완전제곱의 형태로 정리하게 되면 다음과 같이 된다.

$$\begin{aligned} y &= -x^2 + x + 2 = -(x^2 - x) + 2 \\ &= -\left[\left(x - \frac{1}{2}\right)^2 - \frac{1}{4}\right] + 2 \\ &= -\left(x - \frac{1}{2}\right)^2 + \frac{9}{4} \end{aligned}$$

윗식을 살펴보면 이차함수 그래프의 꼭짓점 좌표가 $\left(\frac{1}{2}, \frac{9}{4}\right)$이 되니, 구하고자 하는 그래프의 그림은 그림 4.6(b)와 같다.

□□□

이차함수의 일반식은 다음과 같다.

$$y = ax^2 + bx + c, \qquad \text{여기서 } a \neq 0$$

이차함수의 그래프를 '포물선(parabola)'이라 부른다. 윗식에서 a의 값은 그래프의 벌어진 정도를 나타낸다. 즉 a의 절댓값인 $|a|$의 값이 클수록 그래프는 폭이 더 좁아진다. 만약 a가 양수인 경우 포물선은 그림 4.7(a)에서 보듯이 위쪽으로 열려있으며, a가 음수인 경우 포물선은 그림 4.7(b)에서 보듯이 아래쪽으로 열려있게 된다. 포물선은 수직선으로 된 한 개의 대칭축 $x = -\frac{b}{2a}$를 갖고 있다. 포물선과 대칭축 간의 교점이 포물선의 꼭짓점이 된다. 만약 그림 4.7(a)와 같이 a가 양수인 경우에는 꼭짓점의 $y-$좌푯값은 최솟값이 된다.

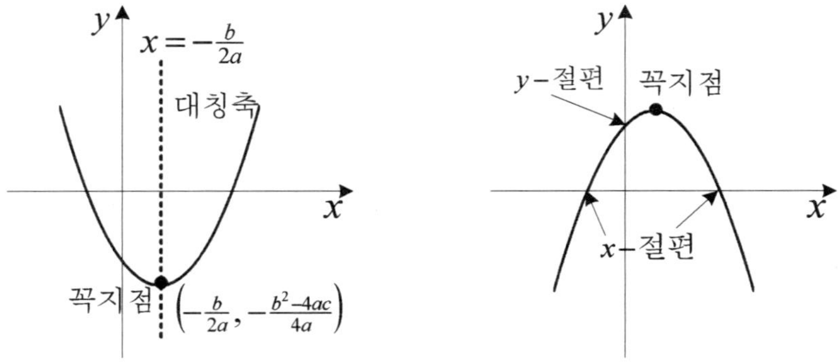

(a) 양수 a인 포물선 (b) 음수 a인 포물선

그림 4.7: a의 부호에 따른 포물선

반대로 그림 4.7(b)와 같이 a가 음수인 경우에는 꼭짓점의 $y-$좌푯값이 최댓값이 된다. 결국 이차함수 그래프의 꼭짓점 좌표는 다음과 같다.

$$x = -\frac{b}{2a}, \qquad y = -\frac{b^2 - 4ac}{4a} \tag{4.2}$$

식 4.2를 유도해 보자. 이차함수의 식으로부터 다음을 얻는다.

$$y = ax^2 + bx + c = a\left(x + \frac{b}{2a}\right)^2 - \frac{b^2 - 4ac}{4a}$$

만약 $a > 0$인 경우, x의 값에 상관없이 항상 y의 값은 $-\frac{b^2-4ac}{4a}$보다 같거나 크게 된다. 즉 $y \geq -\frac{b^2-4ac}{4a}$가 되니, y의 최솟값은 $-\frac{b^2-4ac}{4a}$가 된다. 반면에 $a < 0$인 경우, x의 값에 상관없이 항상 y의 값은 $-\frac{b^2-4ac}{4a}$보다 같거나 작

게 된다. 즉 $y \leq -\frac{b^2-4ac}{4a}$가 되니, y의 최댓값은 $-\frac{b^2-4ac}{4a}$가 된다. 그러므로 점 $\left(-\frac{b}{2a}, -\frac{b^2-4ac}{4a}\right)$는 이차함수의 꼭짓점 좌표가 된다.

문제 4.5 함수 $y = ax^2 + bx + c$인 포물선의 꼭짓점의 좌표가 $\left(-\frac{b}{2a}, -\frac{b^2-4ac}{4a}\right)$가 됨을 보이시오.

□□□

예제 4.8 다음에 있는 함수의 그래프를 그리고 나서 y의 최댓값과 최솟값을 구하시오.

(a) $y = 2x^2 + 8x + 10$ (b) $y = -3x^2 + 12$

예제 4.8 예시 답안

(a) 주어진 함수의 그래프는 그림 4.8(a)와 같다.

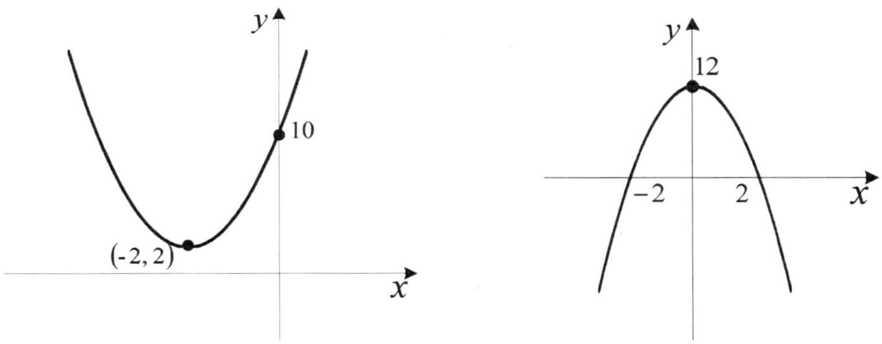

(a) $y = 2x^2 + 8x + 10$ (b) $y = -3x^2 + 12$

그림 4.8: 이차함수 그래프들

주어진 식으로부터 다음을 얻는다.

$$y = 2x^2 + 8x + 10 = 2(x^2 + 4x) + 10 = 2(x+2)^2 + 2$$

그러므로 y의 최솟값은 $x = -2$에서 $y = 2$가 된다. 그림 4.8(a)에 있는 그래프는 원함수 $y = 2x^2$을 $x-$축으로 -2만큼 평행이동하고, $y-$축으로 2만큼 평행이동한 것이다.

(b) 주어진 함수의 그래프는 그림 4.8(b)와 같다. 주어진 식으로부터 다음을 얻는다.

$$y = -3(x-0)^2 + 12$$

그러므로 y의 최댓값은 $x = 0$에서 $y = 12$가 된다. 그림 4.8(b)에 있는 그래프는 원함수 $y = -3x^2$을 $y-$축으로 12만큼 평행이동한 것이다.

□□□

예제 4.9 예제 4.8에 있는 각 그래프로부터 범위가 $-1 \le x \le 1$인 경우에서의 y의 최댓값과 최솟값을 구하시오.

예제 4.9 예시 답안

(a) 주어진 함수는 $-1 \le x \le 1$인 범위에서 y의 값이 증가함을 알 수 있어 $x = -1$에서 y는 최솟값 4를 갖고, $x = 1$에서 y는 최댓값 20을 갖게 된다.

(b) 주어진 함수 $y = -3x^2 + 12$는 $-1 \le x \le 1$인 범위에서 $x = 0$일 때 꼭짓점을 갖는다. 그러므로 $x = -1$(또는 $x = 1$)일 때 y는 최솟값 9가 되고, $x = 0$일 때 y는 최댓값 12를 갖게 된다.

□□□

문제 4.6 헤드라이트의 기본 원리는 전구에서 나오는 빛을 포물 반사경을 통해 평행 광선으로 전방에 빛을 멀리 비춰주는 방식이다.

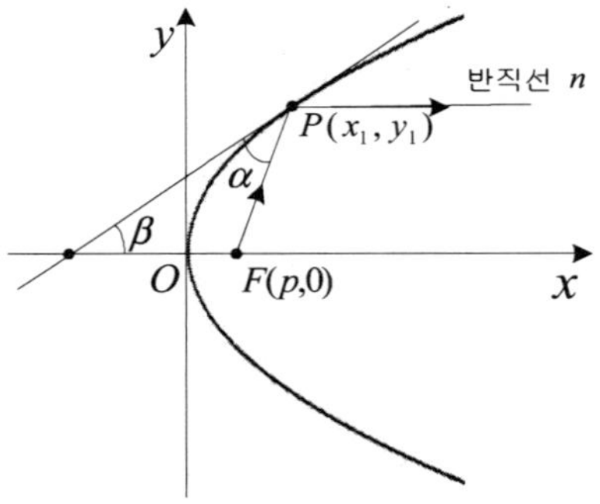

그림 4.9: $y^2 = 4px$인 포물 반사경

그림 4.9에서와 같이 촛점 $F(p,0)$에서 나온 빛이 점 $P(x_1, y_1)$에서 반사되어 반직선 n을 따라 반사한다. 점 P에서 포물선의 '접선(tangent line)'과 선분 $\overline{FP}$와의

사잇각을 $\angle\alpha$라 하고, 점 P에서 포물선의 접선과 포물선의 축(즉, x축)과의 사잇각을 $\angle\beta$라고 할 때, 반직선 n이 포물선의 축과 평행함을 보이시오.

힌트: $\angle\alpha = \angle\beta$임을 보이고 반사의 법칙(입사각 = 반사각)을 이용하면 된다. 참고로 포물선의 방정식을 $y^2 = 4px$라고 하면, 점 $P(x_1, y_1)$에서의 접선 방정식은 다음과 같다.

$$yy_1 = 2p(x + x_1)$$

□□□

문제 4.7 그림 4.10은 무한히 먼 광원으로부터 포물 반사경의 축(즉 x축)에 나란하게 들어온 광원이 포물 반사경의 촛점 F에 모이는 모습을 보여주고 있다.

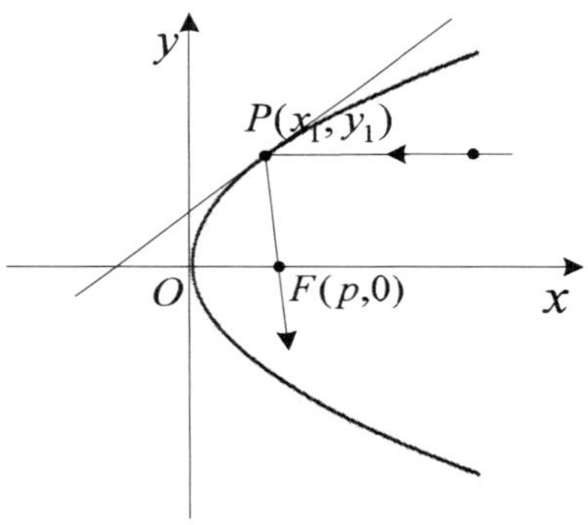

그림 4.10: $y^2 = 4px$인 포물 반사경

x축에 나란하게 들어온 광원이 포물 반사경의 촛점 F를 향하는 것을 증명해 보시오.

힌트: 포물선의 방정식을 $y^2 = 4px$라고 하면, 점 $P(x_1, y_1)$에서의 접선 방정식은 다음과 같다.

$$yy_1 = 2p(x + x_1)$$

□□□

제 4 절 여타 그래프들

가. 직각 쌍곡선

'직각 쌍곡선(rectangular hyperbola)'축은 쌍곡선의 특수 형태이며, 서로 수직인 '점근선(asymptote)'을 갖고 있다. 직각 쌍곡선의 일반식은 다음과 같다.

$$xy = c \qquad \text{또는} \qquad y = \frac{c}{x}$$

여기서 $x \neq 0$이고 c는 상수이다.

점근선이란 "함수의 그래프가 만나지는 않지만 그래프가 접근하는 직선"이 된다. 직각 쌍곡선에서는 두 개의 점금선인 '수직 점금선(vertical asymptote)', '수평 점근선(horizontal asymptote)'이 있다. 그림 4.11(a)는 $x-$축인 수평 점근선과 $y-$축인 수직 점근선을 보여주고 있다.

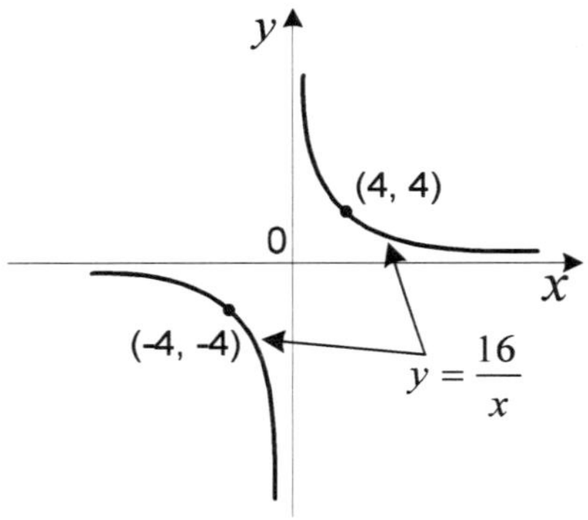

(a) $y = \frac{16}{x}$

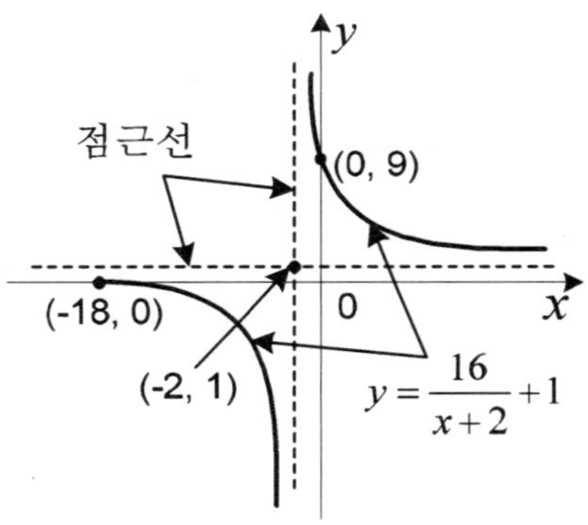

(b) $y = \frac{16}{x+2} + 1$

그림 4.11: 직각 쌍곡선들

그림 4.11(b)는 $y = 1$이라는 수평 점근선과 $x = -2$라는 수직 점근선을 보여주고 있다. 그림 4.11(b)에 있는 그래프는 그림 4.11(a)에 있는 원함수 $y = \frac{16}{x}$를 $x-$축으로 -2만큼 평행이동하고, $y-$축으로 1만큼 평행이동한 그래프이다.

예제 4.10 함수 $y = \frac{x+1}{x-1}$의 그래프를 그려보시오.

예제 4.10 예시 답안 주어진 함수의 그래프는 그림 4.12(a)와 같다. 주어진 함수는 다음과 같이 변형이 된다.

$$y = \frac{x+1}{x-1} = \frac{x-1+2}{x-1} = \frac{2}{x-1} + 1$$

즉, 수평 점근선은 $y = 1$이 되고, 수직 점근선은 $x = 1$이 된다. 그림 4.12(a)에 있는 그래프는 원함수 $y = \frac{2}{x}$를 x−축으로 1만큼 평행이동하고, y−축으로 1만큼 평행이동한 그래프이다.

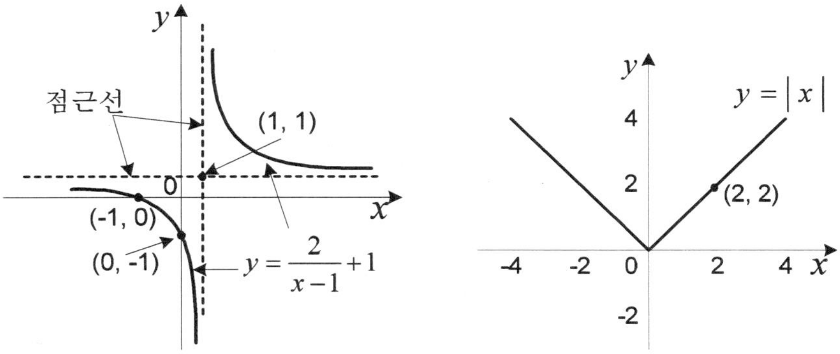

(a) $y = \frac{x+1}{x-1}$ (b) $y = |x|$

그림 4.12: 직각 쌍곡선 함수와 절댓값 함수 그래프

나. 절댓값 함수

x에 대한 '절댓값(absolute value)'은 다음과 같이 표시가 된다.

$$y = |x| = \begin{cases} x & \text{만약 } x \geq 0 \\ -x & \text{만약 } x < 0 \end{cases}$$

예를 들어, $|2| = 2$가 되고, $|-3.5| = 3.5$가 된다. 그림 4.12(b)는 $x = 0$이라는 단 한 개의 대칭축을 갖고 있는 $y = |x|$의 그래프를 보여주고 있다.

예제 4.11 범위 $-1 \leq x \leq 3$에서 $y = |x-2|$의 그래프를 그려 보시오.

예제 4.11 예시 답안 주어진 함수식의 그래프를 그려보면 그림 4.13(a)와 같다. 그림 4.13(a)에 있는 그래프는 $x = 2$라는 한 개의 대칭축을 갖고 있다. 함수 $y = |x-2|$는 원함수 $y = |x|$를 x−축으로 2만큼 평행이동한 것이다.

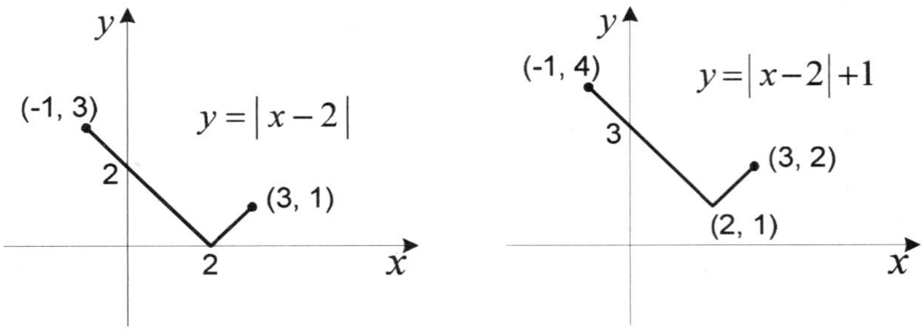

(a) $y = |x-2|$ (b) $y = |x-2|+1$

그림 4.13: 절댓값 함수 그래프들

□□□

예제 4.12 범위 $-1 \leq x \leq 3$에서 $y = |x-2|+1$의 그래프를 그려 보시오.

예제 4.12 예시 답안 주어진 함수식의 그래프를 그려보면 그림 4.13(b)와 같다. 그림 4.13(b)에 있는 그래프는 원함수 $y = |x|$를 $x-$축으로 2만큼, $y-$축으로 1만큼 평행이동한 그래프이다.

□□□

다. 지수함수

'지수함수(exponential function)'의 일반식은 다음과 같다.

$$y = a^x, \qquad a > 0$$

그림 4.14(a)는 $y = 0$인 점근선(즉, $x-$축)과 점 $P(0,1)$을 지나는 함수 $y = 2^x$의 그래프를 보여주고 있다. 만약 $a > 1$인 경우 그림 4.14(a)와 같이 x값이 증가할 때 y값은 증가하고, 만약 $a < 1$인 경우 그림 4.14(b)와 같이 x값이 증가할 때 y값은 감소하게 된다.

예제 4.13 함수 $y = \left(\frac{1}{2}\right)^x + 1$의 그래프를 그려 보시오.

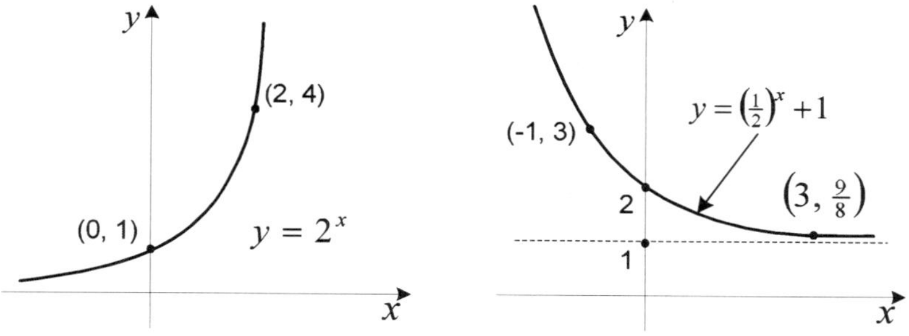

(a) $y = 2^x$ (b) $y = \left(\frac{1}{2}\right)^x + 1$

그림 4.14: 지수함수 그래프들

예제 4.13 예시 답안 주어진 함수식의 그래프를 그려보면 그림 4.14(b)와 같다. 그림 4.14(b)에 있는 그래프는 $y = 1$이라는 한 개의 점근선을 갖고 있으며, y절편 $P(0,2)$를 지나고 있다. 함수 $y = \left(\frac{1}{2}\right)^x + 1$은 원함수 $y = \left(\frac{1}{2}\right)^x$를 $y-$축으로 1만큼 평행이동한 함수가 된다.

□□□

라. 삼차함수

'삼차함수(cubic function)'의 일반식은 다음과 같다.

$$y = ax^3 + bx^2 + cx + d, \qquad a \neq 0$$

그림 4.15(a)는 원점 $P(0,0)$을 지나는 $y = x^3$의 그래프를 보여주고 있다. 만약 그림 4.15(a)에서 보듯이 x^3의 계수인 $a > 0$인 경우, x값이 $+\infty$로 접근하면 y값은 $+\infty$로 접근하고, x값이 $-\infty$로 접근하면 y값은 $-\infty$로 접근하게 된다. 반면에 그림 4.15(b)에서 보듯이 $a < 0$인 경우, x값이 $+\infty$로 접근하면 y값은 $-\infty$로 접근하고, x값이 $-\infty$로 접근하면 y값은 $+\infty$로 접근하게 된다.

예제 4.14 함수 $y = -(x+1)(x-1)(x-2)$의 그래프를 그려 보시오.

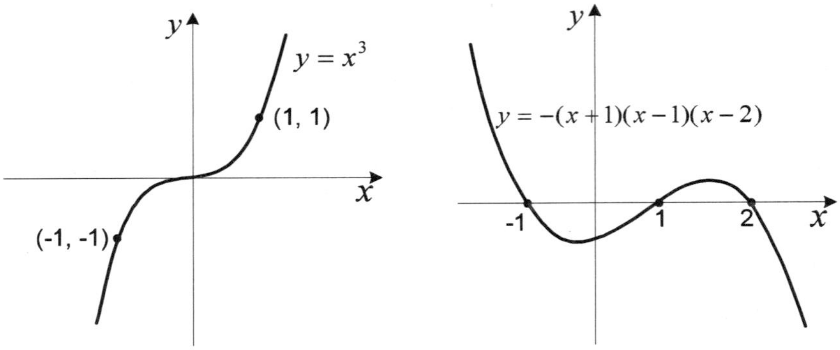

(a) $y = x^3$ (b) $y = -(x+1)(x-1)(x-2)$

그림 4.15: 삼차함수 그래프들

예제 4.14 예시 답안 주어진 함수의 그래프를 그려보면 그림 4.15(b)와 같다. 주어진 방정식 $-(x+1)(x-1)(x-2) = 0$을 풀어 그래프에 대한 x절편의 값들을 구할 수가 있다. 즉, $x = -1, 1, 2$를 얻을 수가 있어 주어진 삼차함수의 그래프는 세 점 $P_1(-1,0)$, $P_2(1,0)$, $P_3(2,0)$을 지나게 된다. x^3의 계수가 음수이기 때문에 x값이 $+\infty$로 접근하면 y값은 $-\infty$로 접근하게 되고, x값이 $-\infty$로 접근하면 y값은 $+\infty$로 접근하게 된다.

□□□

마. 원

원점 $P(0,0)$을 중심으로 하는 '원(circle)'의 일반식은 다음과 같다.

$$x^2 + y^2 = r^2$$

여기서 r은 원의 반경이 된다.

그림 4.16(a)는 원점 $P(0,0)$을 중심으로 하고 반지름의 길이가 1인 함수 $x^2 + y^2 = 1$의 그래프를 보여주고 있다.

문제 4.8 한 점 $P(a,b)$를 원점으로 하고 반지름의 길이가 r인 원의 방정식이

$$(x-a)^2 + (y-b)^2 = r^2$$

이 됨을 보이시오.

□□□

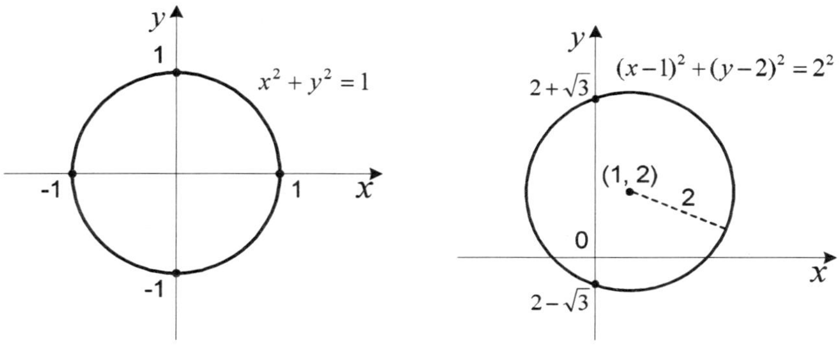

(a) $x^2+y^2=1$ (b) $(x-1)^2+(y-2)^2=4$

그림 4.16: 원들의 그래프들

예제 4.15 함수 $(x-1)^2+(y-2)^2=4$의 그래프를 그려 보시오.

예제 4.15 예시 답안 주어진 함수의 그래프를 그려보면 그림 4.16(b)와 같다. 원의 중심의 좌표는 $P(1,2)$가 되고 반지름의 길이는 2가 된다. 그림 4.16(b)의 그래프는 원함수 $x^2+y^2=4$의 그래프를 $x-$축으로 1만큼, $y-$축으로 2만큼 평행이동한 그래프이다.

□□□

문제 4.9 그림 4.17(a)에서와 같이 두 '할선(secant line)' $\overline{AB}$와 $\overline{CD}$로 원이 분할되어있다. 선분의 길이인 $\overline{AP}=2$, $\overline{PB}=3$, $\overline{CP}=4$인 경우 선분 $\overline{PD}$의 길이를 구하시오.

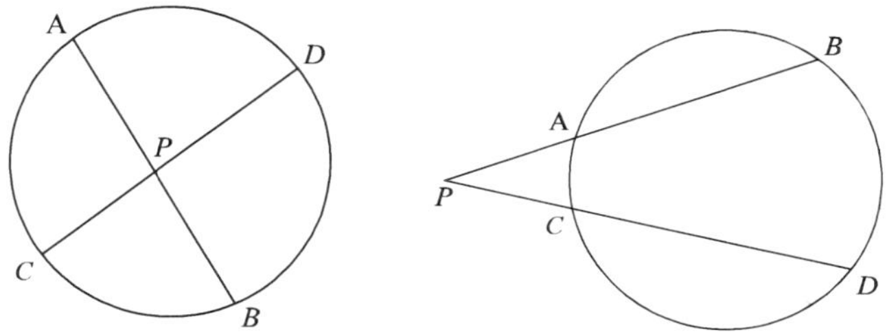

(a) (b)

그림 4.17: 두 할선으로 분할된 원

힌트: $\triangle PAC$와 $\triangle PDB$가 닮은꼴임을 활용하시오.

□□□

문제 4.10 그림 4.17(b)에서와 같이 두 할선 $\overline{PB}$와 $\overline{PD}$로 원이 분할되어있다. 선분의 길이인 $\overline{PA} = 2, \overline{AB} = 4, \overline{PC} = 3$인 경우 선분 $\overline{CD}$의 길이를 구하시오.

힌트: $\triangle PAD$와 $\triangle PCB$가 닮은꼴임을 활용하시오.

□□□

문제 4.11 그림 4.18에서와 같이 접선 $\overline{PT}$와 할선 $\overline{PB}$로 원이 분할되어있다. 선분의 길이인 $\overline{PT} = 4, \overline{PA} = 2$인 경우 선분 $\overline{AB}$의 길이를 구하시오.

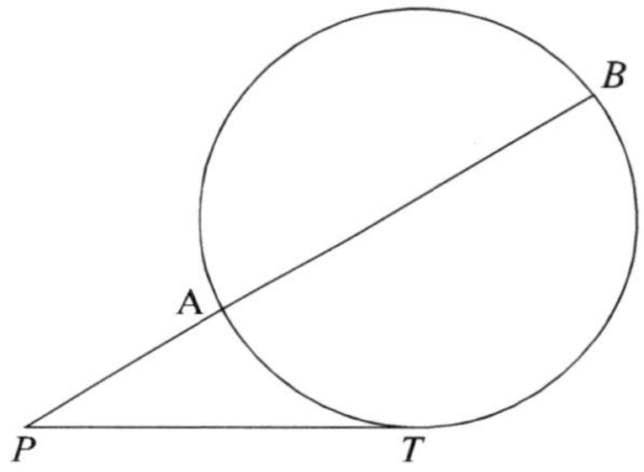

그림 4.18: 접선과 할선으로 분할된 원

힌트: $\triangle PAT$와 $\triangle PTB$가 닮은꼴임을 활용하시오.

□□□

바. 타원

원점 $P(0,0)$에 중심을 둔 '타원(ellipse)'의 일반식은 다음과 같다.

$$\frac{x^2}{a^2} + \frac{y^2}{b^2} = 1$$

여기서 $a > b$인 경우, a는 '장축(major axis)' 길이의 반이 되며, b는 '단축(minor axis)' 길이의 반이 된다.

그림 4.19(a)는 원점 $P(0,0)$에 중심을 두고, 장축의 길이가 4이고, 단축의 길이가 2인 함수 $\frac{x^2}{2^2} + \frac{y^2}{1^1} = 1$의 그래프를 보여주고 있다.

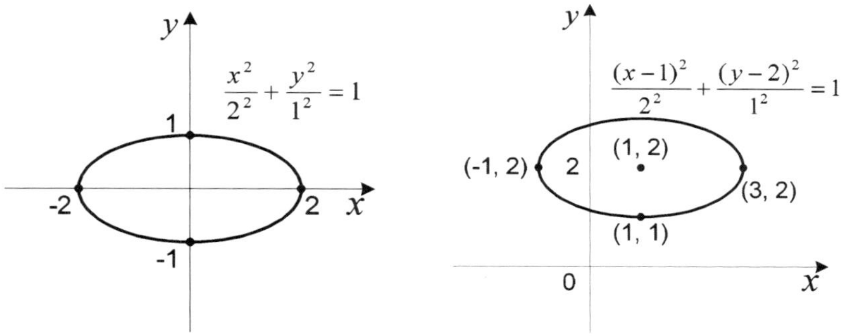

(a) $\frac{x^2}{2^2} + \frac{y^2}{1^2} = 1$ (b) $\frac{(x-1)^2}{2^2} + \frac{(y-2)^2}{1^2} = 1$

그림 4.19: 타원들의 그래프들

문제 4.12 타원의 중심이 원점인 $P(0,0)$에 있고, $x-$축 상에 있는 장축의 길이가 $2a$이고, $y-$축 상에 있는 단축의 길이가 $2b$인 타원의 방정식이

$$\frac{x^2}{a^2} + \frac{y^2}{b^2} = 1$$

이 됨을 보이시오.

□□□

예제 4.16 함수 $\frac{(x-1)^2}{2^2} + \frac{(y-2)^2}{1^2} = 1$의 그래프를 그려 보시오.

예제 4.16 예시 답안 주어진 함수의 그래프를 그려보면 그림 4.19(b)와 같다. 즉, 점 $P(1,2)$에 중심을 두고 있고 장축의 길이가 4, 단축의 길이가 2이다. 그림 4.19(b)에 있는 그래프는 그림 4.19(a)에 있는 원함수 $\frac{x^2}{2^2} + \frac{y^2}{1^2} = 1$을 $x-$축으로 1만큼, $y-$축으로 2만큼 평행이동한 그래프이다.

□□□

문제 4.13 '카발리에리(Cavalieri)' 원리란 "단면의 비가 일정하면, 전체의 부피의 비도 일정하다."이다. 그림 4.20와 같이 x축에 평행한 선으로 타원과 원을 잘라

보면, 잘린 부분의 선분의 길이는 타원인 경우가 원보다 항상 크게 되며, 그 비는 $a:b$가 된다. 타원의 방정식이 $\frac{x^2}{a^2}+\frac{y^2}{b^2}=1$이고, 원의 방정식이 $x^2+y^2=b^2$일 때 이를 이용하여 타원의 면적과 타원체의 부피를 구해 보시오.

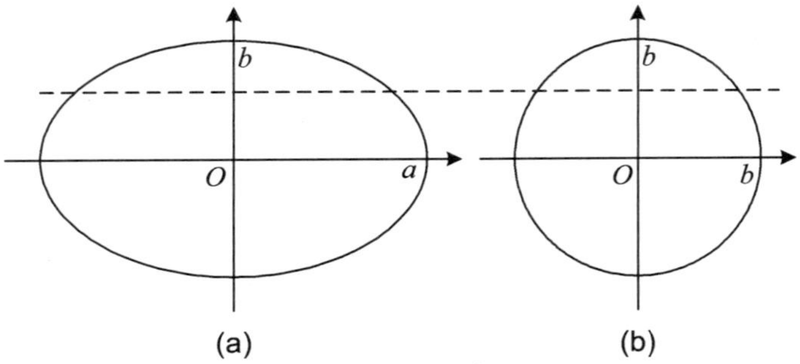

그림 4.20: (a) 타원 $\frac{x^2}{a^2}+\frac{y^2}{b^2}=1$, (b) 원 $x^2+y^2=1$

힌트: 타원의 면적은 잘린 부분의 선의 길이 비가 일정함을 이용하면 되고, 타원체의 부피는 타원을 회전시켰을 때 잘린 부분의 면적의 비가 일정함을 이용하면 된다.

□□□

사. 쌍곡선

원점에 중심을 둔 '쌍곡선(hyperbola)'의 일반식은 다음과 같다.

$$\frac{x^2}{a^2}-\frac{y^2}{b^2}=1$$

여기서 a는 $x-$축 상에 있는 '횡단축(transverse axis)' 길이의 반이며, b는 $y-$축 상에 있는 '켤레축(conjugate axis)' 길이의 반이다.

그림 4.21(a)는 원점 $P(0,0)$에 중심을 두고, 횡단축의 길이가 4, 켤레축의 길이가 2인 함수 $\frac{x^2}{2^2}-\frac{y^2}{1^2}=1$의 그래프를 보여주고 있다.

문제 4.14 쌍곡선의 중심이 원점인 $P(0,0)$에 있고, $x-$축 상에 있는 횡단축의

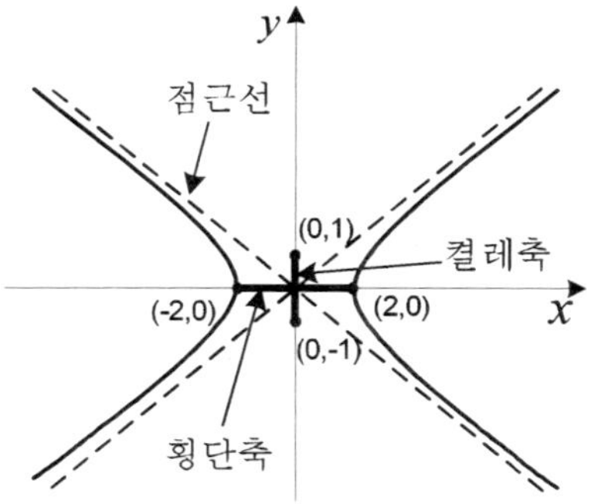

(a) $\frac{x^2}{2^2} - \frac{y^2}{1^2} = 1$

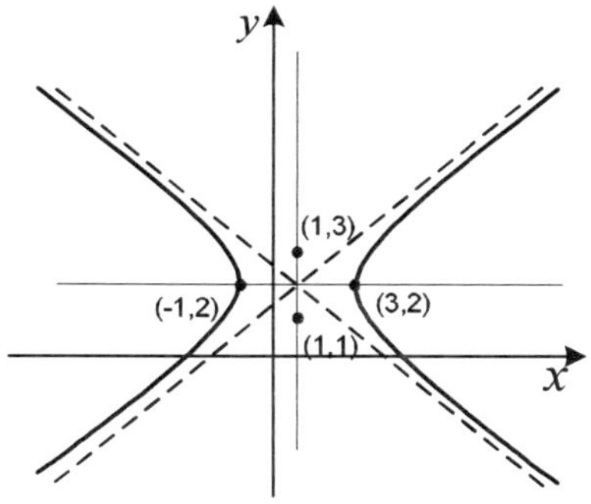

(b) $\frac{(x-1)^2}{2^2} - \frac{(y-2)^2}{1^2} = 1$

그림 4.21: 쌍곡선들의 그래프들

길이가 $2a$, $y-$축 상에 있는 켤레축의 길이가 $2b$인 타원의 방정식이

$$\frac{x^2}{a^2} - \frac{y^2}{b^2} = 1$$

이 됨을 보이시오.

□□□

예제 4.17 함수 $\frac{(x-1)^2}{2^2} - \frac{(y-2)^2}{1^2} = 1$의 그래프를 그려 보시오.

예제 4.17 예시 답안 주어진 함수의 그래프를 그려보면 그림 4.21(b)와 같다. 즉, 점 $P(1,2)$에 중심을 두고 있고 횡단축의 길이가 4, 켤레축의 길이가 2이다. 그림 4.21(b)에 있는 그래프는 그림 4.21(a)에 있는 $\frac{x^2}{2^2} - \frac{y^2}{1^2} = 1$을 $x-$축으로 1만큼, $y-$축으로 2만큼 평행이동한 그래프이다.

□□□

문제 4.15 그림 4.22는 무한히 먼 광원으로부터 촛점 F_2를 향해 들어온 광원이 쌍곡선 반사경에 반사되어, 또 다른 쌍곡선 반사경의 촛점 F_1을 향하는 모습을 보여주고 있다. 촛점 F_2를 향해 들어온 광원이 쌍곡선 반사경에 반사되어, 촛점 F_1을 향하는 것을 증명해 보시오.

힌트: 쌍곡선의 방정식을 $\frac{x^2}{a^2} - \frac{y^2}{b^2} = 1$이라고 하면, 점 $P(x_1, y_1)$에서의 접선 방

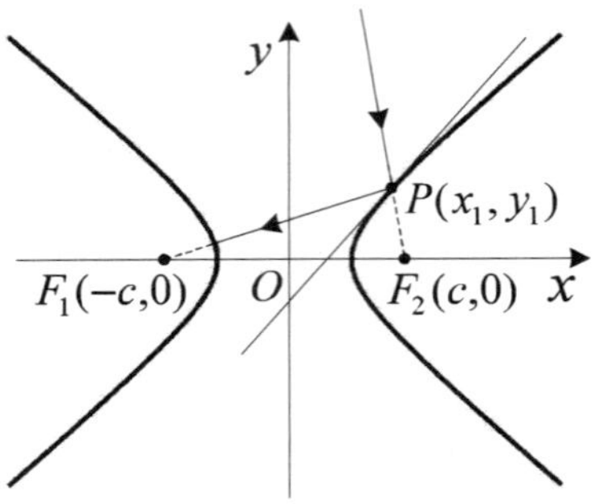

그림 4.22: 쌍곡선 반사경

정식은 다음과 같다.

$$\frac{x_1 x}{a^2} - \frac{y_1 y}{b^2} = 1$$

□□□

그림 4.11에서 보인 직각 쌍곡선은 쌍곡선의 특수 형태이고, 일반식은 $xy = ab$가 된다. 여기서 a는 $x-$축 상에 있는 횡단축 길이의 반이 되며, b는 $y-$축 상에 있는 켤레축 길이의 반이 된다.

문제 4.16 원점 $P(0,0)$에 중심을 두고 있고, 횡단축의 길이인 $2a$가 4이고, 켤레축의 길이인 $2b$가 2인 직각 쌍곡선의 그래프를 그려 보시오.

□□□

제 5 절 함수의 변형

함수를 $y = f(x)$를 '이동(translation)', '대칭(symmetry)', '확대/축소(scaling)' 및 '회전(rotation)'을 하여 함수를 변형할 수 있다. 다음에 있는 것은 각 변형 방법에 의해 변형된 함수식이 된다.

□ $x-$축으로 a만큼 $y-$축으로 b만큼 평행이동:

$$y - b = f(x - a)$$

즉, $y = f(x - a) + b$가 된다.

□ $x-$축에 의한 대칭: $-y = f(x)$, 즉 $y = -f(x)$가 된다.

□ $y-$축에 의한 대칭: $y = f(-x)$가 된다. $y-$축에 대칭인 함수를 '우함수(even function)'이라고 한다.

□ 원점에 의한 대칭: $-y = f(-x)$, 즉 $y = -f(-x)$가 된다. 원점에 대칭인 함수를 '기함수(odd function)'이라고 한다.

□ $y = x$에 의한 대칭: $x = f(y)$가 된다. $y = x$에 대칭인 함수를 '역함수(inverse function)'이라고 한다.

□ $x-$축으로 a만큼 확대/축소, $y-$축으로 b만큼 확대/축소:

$$\frac{y}{b} = f\left(\frac{x}{a}\right)$$

즉, $y = b \times f\left(\frac{x}{a}\right)$가 된다.

□ 시계 방향으로 90° 회전: $-x = f(y)$, 즉 $x = -f(y)$가 된다.

□ 시계 방향으로 180° 회전: $-y = f(-x)$, 즉 $y = -f(-x)$가 된다.

□ 시계 방향으로 270° 회전: $x = f(-y)$가 된다.

참고로 회전에 관련하여, 반시계 방향으로 θ만큼 회전 이동되는 경우에 대한 '회전 행렬(rotation matrix)'는

$$M_R = \begin{pmatrix} \cos\theta & \sin\theta \\ -\sin\theta & \cos\theta \end{pmatrix}$$

가 된다.

예제 4.18 함수 $f(x) = 2x + 1$이 주어졌을 때 다음의 값을 구하시오.

(a) $f(x-2)$ (b) $-f(-x)$ (c) $3 \times f(2x)$

예제 4.18 예시 답안

(a) $f(x-2) = 2 \times (x-2) + 1 = 2x - 3$

(b) $-f(-x) = -\left[2 \times (-x) + 1\right] = 2x - 1$

(c) $3 \times f(2x) = 3 \times \left[2 \times (2x) + 1\right] = 12x + 3$

□□□

예제 4.19 함수 $y = x^2$를 $x-$축으로 2만큼, $y-$축으로 3만큼 평행이동한 함수를 그려보시오.

예제 4.19 예시 답안 그림 4.23(a)는 변형된 함수인 $y - 3 = (x-2)^2$, 즉 $y = (x-2)^2 + 3$의 그래프를 보여주고 있다.

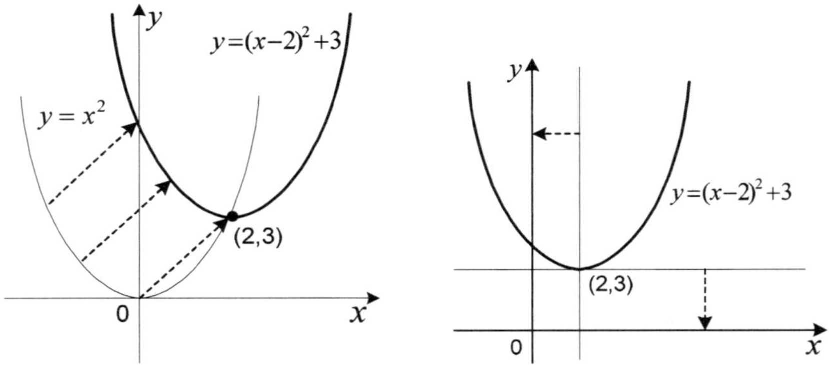

(a) $y = (x-2)^2 + 3$ (b) $y = (x-2)^2 + 3$

그림 4.23: 변형된 함수들

□□□

그림 4.23(a)는 원래의 그래프로부터 모든 점들을 옮겨 구성된 변형함수를 보여주고 있다. 반면에 그림 4.23(b)는 원래의 그래프에서 두 개의 축인 $x-$축과 $y-$축만을 옮겨 생성된 변형 함수이다. 주어진 함수의 변형함수를 구하는 방법으로 그림 4.23(b)에서 보듯이 후자의 방법이 전자의 방법보다 훨씬 쉬운 것을 알 수 있다.

예제 4.20 함수 $y = (x-1)^2 + 2$를 갖고 원점에 대칭인 함수의 식을 구하시오.

예제 4.20 예시 답안 주어진 함수가 $y = x^2 - 2x + 3$이니, 이 함수를 갖고 원점에 대칭인 함수를 구하면 다음과 같이 된다.

$$(-y) = (-x)^2 - 2(-x) + 3$$

그러므로 구하고자 하는 변형식은 $y = -x^2 - 2x - 3$이 된다. 또 다른 방법은 곧 바로 x, y대신에 각각 $-x$, $-y$를 주어진 식 $y = (x-1)^2 + 2$에 대입하는 것이다. 즉 다음과 같이 변형식을 구할 수가 있다.

$$-y = [(-x) - 1]^2 + 2 = x^2 + 2x + 3$$

그러므로 구하고자 하는 변형식은 $y = -x^2 - 2x - 3$이 되어 앞에서 구한 식의 결과와 같다.

□□□

행렬은 "사각형 형태로 숫자의 배열을 표현한 수학적 객체"이다.

5 행렬

'행렬(matrix)'은 "괄호를 이용하여 수를 직사각형 형태로 배열한 것"이다. 행렬 내에 있는 각 수를 '성분(component)' 또는 '요소(element)'라고 한다. 행렬의 '차원(dimension)'은 행과 열의 수로 결정된다. 행렬에서 가로의 줄을 '행(column)'이라고 하며, 세로의 줄을 '열(row)'이라고 한다. 다음에 있는 행렬 **A**는 r행 c열로 된 $r \times c$ 행렬이다. 행렬 내에 있는 성분은 다음과 같은 방법으로 표기가 된다.

$$\mathbf{A} = \begin{pmatrix} a_{11} & a_{12} & \dots & a_{1c} \\ a_{21} & a_{22} & \dots & a_{2c} \\ \vdots & \vdots & \ddots & \vdots \\ a_{r1} & a_{r2} & \dots & a_{rc} \end{pmatrix}$$

여기서 첫번째 첨자는 행을 나타내며, 두번째 첨자는 열을 나타낸다.

'벡터(vector)'는 단 한줄의 행('행벡터(column vector)'로 호칭) 또는 한줄의 열('열벡터(row vector)'로 호칭)로 된 특수한 형태의 행렬이다. 예를 들어 행벡터는 다음과 같다.

$$\begin{pmatrix} 1 & 2 & 3 \end{pmatrix}$$

또한 열벡터의 예는 다음과 같다.

$$\begin{pmatrix} 1 \\ 2 \\ 3 \end{pmatrix}$$

즉 다음에 있는 $1 \times c$ 행렬 **A**는 행벡터가 되고, $r \times 1$ 행렬 **B**는 열벡터가 된다.

$$\mathbf{A} = \begin{pmatrix} a_{11} & a_{12} & \dots & a_{1c} \end{pmatrix}, \qquad \mathbf{B} = \begin{pmatrix} b_{11} \\ b_{21} \\ \vdots \\ b_{r1} \end{pmatrix}$$

'스칼라(scalar)'는 단지 한 개의 행과 열로 된 특수한 형태의 행렬이다. 숫자들이 가끔 스칼라가 된다. 예를 들어 3, 0.7, −2.5 등이 스칼라이다.

제 1 절 행렬

다음에 있는 행렬 **C**는 3행 2열로 되었기 때문에 3×2 행렬이 된다. 행렬 내의 성분은 행과 열이 만나는 위치로 표현이 된다. 예를 들어, 행렬 **A**의 두번째 행과 세번째 열의 성분은 a_{23}으로 표기가 되며, 그 값은 6이 된다.

$$\mathbf{A} = \begin{pmatrix} 1 & 2 & 3 \\ 4 & 5 & 6 \\ 7 & 8 & 9 \end{pmatrix} \quad \mathbf{B} = \begin{pmatrix} 1 \\ 2 \\ 3 \end{pmatrix} \quad \mathbf{C} = \begin{pmatrix} 6 & 5 \\ 4 & 3 \\ 2 & 1 \end{pmatrix} \quad \mathbf{D} = \begin{pmatrix} 6 & 5 & 4 \\ 3 & 2 & 1 \end{pmatrix}$$

예제 5.1 위에 있는 행렬 **A**, **B**, **C**, **D**의 차원을 구하시오.

예제 5.1 예시 답안 행렬 **A**의 차원은 3×3이며, 행렬 **B**는 3개의 행과 1개의 열을 갖는 3×1 행렬이다. 행렬 **C**와 **D**의 차원은 각각 3×2, 2×3이 된다.

□□□

예제 5.2 3×3 행렬 **A**가 $\begin{pmatrix} 1 & 2 & 3 \\ 4 & 5 & 6 \\ 7 & 8 & 9 \end{pmatrix}$로 주어진 경우, 다음에 있는 합을 구하시오.

(a) $a_{11} + a_{21} + a_{31}$ (b) $a_{21} + a_{22} + a_{23}$ (c) $a_{11} + a_{22} + a_{33}$

예제 5.2 예시 답안 행렬 **A**는 다음과 같은 형태로 표기가 되니, 각각의 합은 아래와 같다.

$$\mathbf{A} = \begin{pmatrix} a_{11} & a_{12} & a_{13} \\ a_{21} & a_{22} & a_{23} \\ a_{31} & a_{32} & a_{33} \end{pmatrix} = \begin{pmatrix} 1 & 2 & 3 \\ 4 & 5 & 6 \\ 7 & 8 & 9 \end{pmatrix}$$

(a) $a_{11} + a_{21} + a_{31} = 1 + 4 + 7 = 12$

(b) $a_{21} + a_{22} + a_{23} = 4 + 5 + 6 = 15$

(c) $a_{11} + a_{22} + a_{33} = 1 + 5 + 9 = 15$

'영행렬(zero matrix)'행렬는 **O**로 표현이 되고, 벡터 내 모든 성분이 0이 된다. 예를 들어, 다음에 있는 벡터 **E**는 영벡터이다.

$$\mathbf{E} = \begin{pmatrix} 0 & 0 & 0 \\ 0 & 0 & 0 \end{pmatrix} \quad \mathbf{F} = \begin{pmatrix} 1 & 2 \\ 3 & 4 \end{pmatrix} \quad \mathbf{G} = \begin{pmatrix} 1 & 0 & 0 \\ 0 & 5 & 0 \\ 0 & 0 & 9 \end{pmatrix} \quad \mathbf{H} = \begin{pmatrix} 1 & 0 & 0 \\ 0 & 1 & 0 \\ 0 & 0 & 1 \end{pmatrix}$$

'정방행렬(square matrix)'는 행과 열의 수가 같은 행렬이다. 예를 들어, 2×2 행렬과 3×3 행렬이 정방행렬이 된다. 앞에 있는 행렬 **A**, **F**, **G**, **H**는 정방행렬이지만, 행렬 **B**, **C**, **D**, **E**는 정방행렬이 아니다. 정방행렬 **A**에서 $i = j$인 성분 a_{ij}를 '주대각선 성분(main diagonal element)'이라고 부른다. 예를 들어, 다음에 있는 행렬 **M**의 주대각성 성분은 $m_{11} = 1, m_{22} = 5, m_{33} = 9$가 된다.

$$\mathbf{M} = \begin{pmatrix} 1 & 3 & 7 \\ 3 & 5 & -2 \\ 7 & -2 & 9 \end{pmatrix} \qquad \mathbf{N} = \begin{pmatrix} 1 & 3 & 7 \\ 2 & 5 & -2 \\ 6 & -1 & 9 \end{pmatrix}$$

'대칭행렬(symmetric matrix)'은 모든 i, j에 대해 $a_{ij} = a_{ji}$인 앞에서 보인 정방행렬 **M**이 된다. 위에 있는 행렬 **M**은 대칭행렬이지만 행렬 **N**은 '비대칭행렬(non-symmetric matrix)'이다. '대각행렬(diagonal matrix)'는 주대각선을 제외한 모든 성분이 0으로 된 정방행렬이다. 행렬 **G**와 **H**가 대각행렬이다. '항등행렬(identity matrix)' 또는 '단위행렬(unit matrix)'은 **I**로 표기가 되며, 모든 주대각선의 성분들이 1인 대각행렬이다. 행렬 **H**는 3×3 항등행렬이며, 모든 주대각선 성분이 1이고 주대각선 이외의 성분은 모두 0으로 되어있다. 예를 들어, 2×2 항등행렬은 다음과 같다.

$$\mathbf{I} = \begin{pmatrix} 1 & 0 \\ 0 & 1 \end{pmatrix}$$

문제 5.1 $m \times n$ 행렬의 '전치행렬(transpose matrix)'는 $n \times m$ 행렬이 되며, 주어진 행렬의 행과 열을 서로 바꾼 행렬이 된다. 행렬 **A**의 전치행렬은 $\mathbf{A}^T$로 표기가 된다. 예를 들어 2×3인 행렬 **A**가

$$\mathbf{A} = \begin{pmatrix} a_{11} & a_{12} & a_{13} \\ a_{21} & a_{22} & a_{23} \end{pmatrix}$$

로 주어진 경우, 행렬 **A**의 전치행렬 $\mathbf{A}^T$는 3×2인 행렬이 된다.

$$\mathbf{A}^T = \begin{pmatrix} a_{11} & a_{21} \\ a_{12} & a_{22} \\ a_{13} & a_{23} \end{pmatrix}$$

3×2인 행렬 **B**와 2×2인 항등행렬 **I**가

$$\mathbf{B} = \begin{pmatrix} 1 & 2 \\ 3 & 4 \\ 5 & 6 \end{pmatrix}, \qquad \mathbf{I} = \begin{pmatrix} 1 & 0 \\ 0 & 1 \end{pmatrix}$$

인 경우, 다음을 구하시오.

(a) $\mathbf{B}^T$ (b) $\left(\mathbf{B}^T\right)^T$

(c) $\mathbf{I}^T$ (d) $\left(\mathbf{I}^T\right)^T$

힌트: 어떤 행렬의 전치행렬은 주어진 행렬의 행과 열을 서로 바꾼 행렬이다.

□□□

문제 5.2 다음을 증명하시오.

(a) 모든 항등행렬은 대칭이다. (b) 모든 정방행렬은 대칭이다.

힌트: 만약 $\mathbf{A} = \mathbf{A}^T$이면 행렬 **A**가 대칭인 속성을 사용하여 문제 (a)를 푸시오. 주어진 문장이 항상 사실이 아님을 증명하기 위해 '반례(counter example)'를 보여 문제 (b)를 푸시오.

□□□

제 2 절 행렬의 연산

행렬의 연산 결과는 행렬이 되거나 스칼라가 된다. 행렬에 대한 연산은 덧셈, 뺄셈, 곱셈, 나눗셈 등 네 가지가 있다.

가. 행렬의 덧셈

두 행렬을 더하거나 빼기 위해서는

두 행렬의 하나가 스칼라이거나, 두 행렬의 차원이 같아야 한다.

이를 달리 표현을 하면 다음과 같다. $p \times q$인 행렬 **A**를 행렬 **B**에 더하고자 하는 경우, 행렬 **B**는 스칼라이거나 $p \times q$인 행렬이 되어야 한다. 스칼라에 행렬을 더하는 경우(또는 스칼라를 행렬에 더하는 경우)는 단순히 행렬의 모든 성분에 스칼라의 값을 더하면 된다. 예를 들면,

$$3 + \begin{pmatrix} 1 & 2 & 3 \\ 4 & 5 & 6 \\ 7 & 8 & 9 \end{pmatrix} = \begin{pmatrix} 3+1 & 3+2 & 3+3 \\ 3+4 & 3+5 & 3+6 \\ 3+7 & 3+8 & 3+9 \end{pmatrix} = \begin{pmatrix} 4 & 5 & 6 \\ 7 & 8 & 9 \\ 10 & 11 & 12 \end{pmatrix}$$

이 되고

$$\begin{pmatrix} 1 & 2 & 3 \\ 4 & 5 & 6 \\ 7 & 8 & 9 \end{pmatrix} + 3 = \begin{pmatrix} 1+3 & 2+3 & 3+3 \\ 4+3 & 5+3 & 6+3 \\ 7+3 & 8+3 & 9+3 \end{pmatrix} = \begin{pmatrix} 4 & 5 & 6 \\ 7 & 8 & 9 \\ 10 & 11 & 12 \end{pmatrix}$$

가 된다. 그러므로 위 두 식으로 부터

$$3 + \begin{pmatrix} 1 & 2 & 3 \\ 4 & 5 & 6 \\ 7 & 8 & 9 \end{pmatrix} = \begin{pmatrix} 1 & 2 & 3 \\ 4 & 5 & 6 \\ 7 & 8 & 9 \end{pmatrix} + 3$$

을 얻을 수가 있다. 위의 결과를 살펴보면 행렬에 대해 스칼라를 합하는 것은 '교환법칙(commutative law)'이 성립한다. 즉, 행렬과 스칼라의 연산 순서를 바꾸어도 무방하다. 두 행렬을 더하는 경우에는 두 행렬내의 동일 행과 열의 값을 더하기만 하면 된다.

$$\begin{pmatrix} 1 & 2 \\ 3 & 4 \\ 5 & 6 \end{pmatrix} + \begin{pmatrix} 2 & 3 \\ 4 & 5 \\ 6 & 7 \end{pmatrix} = \begin{pmatrix} 1+2 & 2+3 \\ 3+4 & 4+5 \\ 5+6 & 6+7 \end{pmatrix} = \begin{pmatrix} 3 & 5 \\ 7 & 9 \\ 11 & 13 \end{pmatrix}$$

즉, 두 행렬 **A**, **B**의 차원이 같은 경우에 결과행렬인 **C** = **A** + **B**는 행렬 **A**와 행렬 **B**를 더함으로서 구해진다. 결과행렬 **C**내에 있는 성분 c_{ij}는 연산 c_{ij} =

$a_{ij} + b_{ij}$에 의해 구해지며, i와 j는 각각 i행과 j열을 가리킨다.

예제 5.3 두 행렬 $\mathbf{A} = \begin{pmatrix} -1 & -2 \\ -3 & -4 \end{pmatrix}$ 이고 $\mathbf{B} = \begin{pmatrix} 1 & 2 \\ 3 & 4 \end{pmatrix}$ 로 주어진 경우에 다음의 연산식을 구하시오. 단, 행렬 $\mathbf{O}$는 영행렬이고 행렬 $\mathbf{I}$는 항등행렬이다.

(a) $\mathbf{A} + \mathbf{O}$	(b) $\mathbf{A} + \mathbf{B}$	(c) $\mathbf{A} + \mathbf{I}$
(d) $\mathbf{I} + \mathbf{A}$	(e) $\mathbf{A} + (\mathbf{B} + \mathbf{I})$	(f) $(\mathbf{A} + \mathbf{B}) + \mathbf{I}$

예제 5.3 예시 답안

(a) 2×2인 영행렬 $\mathbf{O} = \begin{pmatrix} 0 & 0 \\ 0 & 0 \end{pmatrix}$이니 다음의 연산식을 얻을 수가 있다.

$$\mathbf{A} + \mathbf{O} = \begin{pmatrix} -1 & -2 \\ -3 & -4 \end{pmatrix} + \begin{pmatrix} 0 & 0 \\ 0 & 0 \end{pmatrix} = \begin{pmatrix} -1 & -2 \\ -3 & -4 \end{pmatrix} = \mathbf{A}$$

여기서 영행렬 $\mathbf{O}$는 행렬 $\mathbf{A}$에 대해 '덧셈항등행렬(additive identity matrix)'가 된다. 즉, 영행렬 $\mathbf{O}$는 다음 성질에 의거 임의의 행렬 $\mathbf{M}$에 대해 덧셈항등행렬이 된다.

$$\boxed{\mathbf{M} + \text{덧셈항등행렬} = \mathbf{M}}$$

달리 말해, 임의의 행렬 $\mathbf{M}$과 영행렬 $\mathbf{O}$를 더하는 경우에 그 결과는 주어진 행렬인 $\mathbf{M}$이 된다.

(b) 두 행렬 $\mathbf{A}$와 $\mathbf{B}$의 차원이 동일하기 때문에 다음의 연산식을 얻는다.

$$\mathbf{A} + \mathbf{B} = \begin{pmatrix} -1 & -2 \\ -3 & -4 \end{pmatrix} + \begin{pmatrix} 1 & 2 \\ 3 & 4 \end{pmatrix} = \begin{pmatrix} 0 & 0 \\ 0 & 0 \end{pmatrix} = \mathbf{O}$$

여기서 행렬 $\mathbf{B}$는 행렬 $\mathbf{A}$에 대한 '덧셈역행렬(additive inverse matrix)'가 된다. 즉, 임의의 행렬 $\mathbf{M}$과 덧셈역행렬 $-\mathbf{M}$을 더하게 되면 그 결과는 다음의 성질에 의거 덧셈항등행렬인 영행렬 $\mathbf{O}$가 된다.

$$\boxed{\mathbf{M} + \text{덧셈역행렬} = \text{덧셈항등행렬 } (= \mathbf{O})}$$

(c) 2×2인 항등행렬 $\mathbf{I} = \begin{pmatrix} 1 & 0 \\ 0 & 1 \end{pmatrix}$이 되니 다음과 같은 연산식을 얻는다.

$$\mathbf{A} + \mathbf{I} = \begin{pmatrix} -1 & -2 \\ -3 & -4 \end{pmatrix} + \begin{pmatrix} 1 & 0 \\ 0 & 1 \end{pmatrix} = \begin{pmatrix} 0 & -2 \\ -3 & -3 \end{pmatrix}$$

(d) 2×2인 항등행렬 $\mathbf{I} = \begin{pmatrix} 1 & 0 \\ 0 & 1 \end{pmatrix}$이 되니 다음과 같은 연산식을 얻는다.

$$\mathbf{I} + \mathbf{A} = \begin{pmatrix} 1 & 0 \\ 0 & 1 \end{pmatrix} + \begin{pmatrix} -1 & -2 \\ -3 & -4 \end{pmatrix} = \begin{pmatrix} 0 & -2 \\ -3 & -3 \end{pmatrix}$$

예시 답안 (c), (d)에서 행렬은 덧셈에 대해 '교환법칙(commutative law)'이 성립함을 알 수 있다. 즉, 임의의 두 행렬 **A**와 **B**의 차원이 같은 경우에 다음과 같은 식을 얻는다.

$$\boxed{\mathbf{A} + \mathbf{B} = \mathbf{B} + \mathbf{A}}$$

(e) 2×2인 항등행렬 $\mathbf{I} = \begin{pmatrix} 1 & 0 \\ 0 & 1 \end{pmatrix}$이니 다음과 같은 식을 얻는다.

$$\begin{aligned} \mathbf{A} + (\mathbf{B} + \mathbf{I}) &= \begin{pmatrix} -1 & -2 \\ -3 & -4 \end{pmatrix} + \left[\begin{pmatrix} 1 & 2 \\ 3 & 4 \end{pmatrix} + \begin{pmatrix} 1 & 0 \\ 0 & 1 \end{pmatrix} \right] \\ &= \begin{pmatrix} -1 & -2 \\ -3 & -4 \end{pmatrix} + \begin{pmatrix} 2 & 2 \\ 3 & 5 \end{pmatrix} \\ &= \begin{pmatrix} 1 & 0 \\ 0 & 1 \end{pmatrix} \end{aligned}$$

(f) 2×2인 항등행렬 $\mathbf{I} = \begin{pmatrix} 1 & 0 \\ 0 & 1 \end{pmatrix}$이니 다음과 같은 식을 얻는다.

$$\begin{aligned} (\mathbf{A} + \mathbf{B}) + \mathbf{I} &= \left[\begin{pmatrix} -1 & -2 \\ -3 & -4 \end{pmatrix} + \begin{pmatrix} 1 & 2 \\ 3 & 4 \end{pmatrix} \right] + \begin{pmatrix} 1 & 0 \\ 0 & 1 \end{pmatrix} \\ &= \begin{pmatrix} 0 & 0 \\ 0 & 0 \end{pmatrix} + \begin{pmatrix} 1 & 0 \\ 0 & 1 \end{pmatrix} \\ &= \begin{pmatrix} 1 & 0 \\ 0 & 1 \end{pmatrix} \end{aligned}$$

예시 답안 (e), (f)에서 보듯이 행렬이 '결합법칙(associative law)'이 성립함을 알 수 있다. 즉, 임의의 세 행렬 **A**, **B**, **C**의 차원이 같은 경우 다음과 같은 식을 얻는다.

$$\boxed{\mathbf{A}+(\mathbf{B}+\mathbf{C})=(\mathbf{A}+\mathbf{B})+\mathbf{C}}$$

□□□

결론적으로 행렬은 덧셈에 대해 다음과 같이 교환 및 결합법칙이 성립이 된다.

$$\boxed{\mathbf{A}+\mathbf{B}=\mathbf{B}+\mathbf{A}, \qquad \mathbf{A}+(\mathbf{B}+\mathbf{C})=(\mathbf{A}+\mathbf{B})+\mathbf{C}} \tag{5.1}$$

예제 5.4 2×2인 항등행렬 $\mathbf{I}=\begin{pmatrix}1 & 0\\ 0 & 1\end{pmatrix}$이 주어진 경우, 다음을 구하시오.

(a) $\underbrace{\mathbf{I}+\mathbf{I}+\ldots+\mathbf{I}}_{n\text{개}}$

(b) $1+\mathbf{I}+2+\mathbf{I}+\ldots+10+\mathbf{I}$

예제 5.4 예시 답안

(a) $n=2$일 때 다음을 얻는다.

$$\mathbf{I}+\mathbf{I}=\begin{pmatrix}1 & 0\\ 0 & 1\end{pmatrix}+\begin{pmatrix}1 & 0\\ 0 & 1\end{pmatrix}=\begin{pmatrix}2 & 0\\ 0 & 2\end{pmatrix}=2\begin{pmatrix}1 & 0\\ 0 & 1\end{pmatrix}=2\mathbf{I}$$

그러므로 주어진 식은 다음과 같이 된다.

$$\underbrace{\mathbf{I}+\mathbf{I}+\ldots+\mathbf{I}}_{n\text{개}}=\begin{pmatrix}n & 0\\ 0 & n\end{pmatrix}=n\begin{pmatrix}1 & 0\\ 0 & 1\end{pmatrix}=n\mathbf{I}$$

(b) 덧셈에 대한 교환 및 결합법칙에 의거 다음의 식을 구할 수 있다.

$$\begin{aligned}
1+\mathbf{I}+2+\mathbf{I}+\ldots+10+\mathbf{I} &= (1+2+\ldots+10)+\left(\underbrace{\mathbf{I}+\mathbf{I}+\ldots+\mathbf{I}}_{10\text{개}}\right) \\
&= \frac{10\times(1+10)}{2}+\begin{pmatrix} 10 & 0 \\ 0 & 10 \end{pmatrix} \\
&= 55+\begin{pmatrix} 10 & 0 \\ 0 & 10 \end{pmatrix}=\begin{pmatrix} 55+10 & 55+0 \\ 55+0 & 55+10 \end{pmatrix} \\
&= \begin{pmatrix} 65 & 55 \\ 55 & 65 \end{pmatrix}=5\begin{pmatrix} 13 & 11 \\ 11 & 13 \end{pmatrix}
\end{aligned}$$

□□□

나. 행렬의 뺄셈

스칼라로부터 행렬을 빼는 경우에는 스칼라로부터 행렬의 각 성분을 다음과 같이 단순히 빼면 된다.

$$3-\begin{pmatrix} 1 & 2 & 3 \\ 4 & 5 & 6 \end{pmatrix}=\begin{pmatrix} 3-1 & 3-2 & 3-3 \\ 3-4 & 3-5 & 3-6 \end{pmatrix}=\begin{pmatrix} 2 & 1 & 0 \\ -1 & -2 & -3 \end{pmatrix}$$

행렬로부터 스칼라를 빼는 경우에는 행렬에 있는 각 성분으로부터 스칼라 값을 다음과 같이 단순히 빼주면 된다.

$$\begin{pmatrix} 1 & 2 & 3 \\ 4 & 5 & 6 \end{pmatrix}-3=\begin{pmatrix} 1-3 & 2-3 & 3-3 \\ 4-3 & 5-3 & 6-3 \end{pmatrix}=\begin{pmatrix} -2 & -1 & 0 \\ 1 & 2 & 3 \end{pmatrix}$$

위에 있는 결과로 부터 다음과 같은 식을 얻을 수 있다.

$$3-\begin{pmatrix} 1 & 2 & 3 \\ 4 & 5 & 6 \end{pmatrix}\neq\begin{pmatrix} 1 & 2 & 3 \\ 4 & 5 & 6 \end{pmatrix}-3$$

즉, 행렬에 대해 스칼라를 빼는 경우에는 교환법칙이 성립되지 않는다. 두 행렬에 대한 뺄셈을 하기 위해서는 두 행렬의 차원이 같아야 한다. 그리고 결과행렬은 두 행렬의 동일 행과 열의 값을 뺌으로서 구해진다. 즉, 두 행렬 **A**, **B**의 차원이 같은 경우에 결과행렬인 $\mathbf{C}=\mathbf{A}-\mathbf{B}$는 행렬 **A**에서 행렬 **B**를 뺌으로서 구해진다. 결과행렬 **C**내에 있는 성분 c_{ij}는 $c_{ij}=a_{ij}-b_{ij}$에 의해 구해지며, 이때 i, j는 각각 i행과 j열이 된다. 예를 들면 다음과 같다.

$$\begin{pmatrix} 1 & 2 \\ 3 & 4 \\ 5 & 6 \end{pmatrix}-\begin{pmatrix} 2 & 3 \\ 4 & 5 \\ 6 & 7 \end{pmatrix}=\begin{pmatrix} 1-2 & 2-3 \\ 3-4 & 4-5 \\ 5-6 & 6-7 \end{pmatrix}=\begin{pmatrix} -1 & -1 \\ -1 & -1 \\ -1 & -1 \end{pmatrix}=-\begin{pmatrix} 1 & 1 \\ 1 & 1 \\ 1 & 1 \end{pmatrix}$$

이고

$$\begin{pmatrix} 2 & 3 \\ 4 & 5 \\ 6 & 7 \end{pmatrix} - \begin{pmatrix} 1 & 2 \\ 3 & 4 \\ 5 & 6 \end{pmatrix} = \begin{pmatrix} 2-1 & 3-2 \\ 4-3 & 5-4 \\ 6-5 & 7-6 \end{pmatrix} = \begin{pmatrix} 1 & 1 \\ 1 & 1 \\ 1 & 1 \end{pmatrix}$$

이 된다. 그러므로 위에 있는 식으로 부터 다음과 같은 식을 얻는다.

$$\begin{pmatrix} 1 & 2 \\ 3 & 4 \\ 5 & 6 \end{pmatrix} - \begin{pmatrix} 2 & 3 \\ 4 & 5 \\ 6 & 7 \end{pmatrix} \neq \begin{pmatrix} 2 & 3 \\ 4 & 5 \\ 6 & 7 \end{pmatrix} - \begin{pmatrix} 1 & 2 \\ 3 & 4 \\ 5 & 6 \end{pmatrix}$$

위에 있는 결과로 부터 행렬에 대한 뺄셈에 있어 교환법칙이 성립하지 않음을 알 수 있다. 즉, 다음과 같은 식을 얻는다.

$$\boxed{\mathbf{A} - \mathbf{B} \neq \mathbf{B} - \mathbf{A}} \tag{5.2}$$

또한 행렬의 뺄셈에 있어 결합법칙도 성립하지 않는다. 즉 다음과 같은 식을 얻는다.

$$\boxed{(\mathbf{A} - \mathbf{B}) - \mathbf{C} \neq \mathbf{A} - (\mathbf{B} - \mathbf{C})} \tag{5.3}$$

예제 5.5 두 행렬이 $\mathbf{A} = \begin{pmatrix} -1 & -2 \\ -3 & -4 \end{pmatrix}$ 이고 $\mathbf{B} = \begin{pmatrix} 1 & 2 \\ 3 & 4 \end{pmatrix}$ 인 경우 다음을 구하시오. 단 행렬 $\mathbf{O}$는 영행렬이고 행렬 $\mathbf{I}$는 항등행렬이다.

(a) $\mathbf{A} - \mathbf{O}$ (b) $\mathbf{A} - \mathbf{A}$ (c) $\mathbf{A} - \mathbf{B}$
(d) $\mathbf{B} - \mathbf{A}$ (e) $\mathbf{A} - (\mathbf{B} - \mathbf{I})$ (f) $(\mathbf{A} - \mathbf{B}) - \mathbf{I}$

예제 5.5 예시 답안

(a) 2×2인 영행렬 $\mathbf{O} = \begin{pmatrix} 0 & 0 \\ 0 & 0 \end{pmatrix}$ 이니 다음을 얻는다.

$$\mathbf{A} - \mathbf{O} = \begin{pmatrix} -1 & -2 \\ -3 & -4 \end{pmatrix} - \begin{pmatrix} 0 & 0 \\ 0 & 0 \end{pmatrix} = \begin{pmatrix} -1 & -2 \\ -3 & -4 \end{pmatrix} = \mathbf{A}$$

여기서 영행렬 $\mathbf{O}$는 행렬 $\mathbf{A}$에 대한 '뺄셈항등행렬(subtractive identity matrix)'이다. 즉, 다음과 같은 성질에 의거하여 영행렬 $\mathbf{O}$는 임의의 행렬 $\mathbf{M}$에

대한 뺄셈항등행렬이다.

$$\mathbf{M} - \text{뺄셈항등행렬} = \mathbf{M}$$

즉, 만약 임의의 행렬 **M**으로 부터 영행렬 **O**를 빼는 경우에 그 결과는 행렬 **M**이 된다.

(b)

$$\mathbf{A} - \mathbf{A} = \begin{pmatrix} -1 & -2 \\ -3 & -4 \end{pmatrix} - \begin{pmatrix} -1 & -2 \\ -3 & -4 \end{pmatrix} = \begin{pmatrix} 0 & 0 \\ 0 & 0 \end{pmatrix} = \mathbf{O}$$

여기서 두번째 행렬인 **A**는 첫번째 행렬인 **A**에 대해 '뺄셈역행렬(subtractive inverse matrix)'가 된다.

만약 임의의 행렬 **M**으로부터 뺄셈역행렬을 빼는 경우에 다음 성질에 의거 그 결과는 뺄셈항등행렬인 영행렬 **O**가 된다.

$$\mathbf{M} - \text{뺄셈역행렬} = \text{뺄셈항등행렬} \ (= \mathbf{O})$$

(c) $\mathbf{A} - \mathbf{B} = \begin{pmatrix} -1 & -2 \\ -3 & -4 \end{pmatrix} - \begin{pmatrix} 1 & 2 \\ 3 & 4 \end{pmatrix} = \begin{pmatrix} -2 & -4 \\ -6 & -8 \end{pmatrix} = -2\begin{pmatrix} 1 & 2 \\ 3 & 4 \end{pmatrix}$

(d) $\mathbf{B} - \mathbf{A} = \begin{pmatrix} 1 & 2 \\ 3 & 4 \end{pmatrix} - \begin{pmatrix} -1 & -2 \\ -3 & -4 \end{pmatrix} = \begin{pmatrix} 2 & 4 \\ 6 & 8 \end{pmatrix} = 2\begin{pmatrix} 1 & 2 \\ 3 & 4 \end{pmatrix}$

예시 답안 (c), (d)로 부터 $\mathbf{A} - \mathbf{B} \neq \mathbf{B} - \mathbf{A}$이 됨을 알 수 있다.

(e) 2×2인 항등행렬 $\mathbf{I} = \begin{pmatrix} 1 & 0 \\ 0 & 1 \end{pmatrix}$ 이기 때문에 다음을 얻는다.

$$\begin{aligned} \mathbf{A} - (\mathbf{B} - \mathbf{I}) &= \begin{pmatrix} -1 & -2 \\ -3 & -4 \end{pmatrix} - \left[\begin{pmatrix} 1 & 2 \\ 3 & 4 \end{pmatrix} - \begin{pmatrix} 1 & 0 \\ 0 & 1 \end{pmatrix}\right] \\ &= \begin{pmatrix} -1 & -2 \\ -3 & -4 \end{pmatrix} - \begin{pmatrix} 0 & 2 \\ 3 & 3 \end{pmatrix} = \begin{pmatrix} -1 & -4 \\ -6 & -7 \end{pmatrix} \\ &= -\begin{pmatrix} 1 & 4 \\ 6 & 7 \end{pmatrix} \end{aligned}$$

(f) 예시 답안 (c)로 부터 $\mathbf{A}-\mathbf{B}=\begin{pmatrix} -2 & -4 \\ -6 & -8 \end{pmatrix}$가 되니 결과행렬은 다음과 같다.

$$(\mathbf{A}-\mathbf{B})-\mathbf{I}=\begin{pmatrix} -2 & -4 \\ -6 & -8 \end{pmatrix}-\begin{pmatrix} 1 & 0 \\ 0 & 1 \end{pmatrix}=\begin{pmatrix} -3 & -4 \\ -6 & -9 \end{pmatrix}=-\begin{pmatrix} 3 & 4 \\ 6 & 9 \end{pmatrix}$$

예시 답안 (e), (f)로 부터 $\mathbf{A}-(\mathbf{B}-\mathbf{I}) \neq (\mathbf{A}-\mathbf{B})-\mathbf{I}$가 됨을 알 수 있다.

□□□

예제 5.6 2×2 항등행렬인 $\mathbf{I}=\begin{pmatrix} 1 & 0 \\ 0 & 1 \end{pmatrix}$가 주어졌을 때 다음을 구하시오.

(a) $\underbrace{\mathbf{I}-\mathbf{I}+\mathbf{I}-\mathbf{I}+\ldots+\mathbf{I}-\mathbf{I}}_{100\text{개}}$ (b) $1-\mathbf{I}+2-\mathbf{I}+\ldots+10-\mathbf{I}$

예제 5.6 예시 답안

(a) 우리는 다음과 같은 성질을 알고 있다.

$$\mathbf{I}-\mathbf{I}=\begin{pmatrix} 1 & 0 \\ 0 & 1 \end{pmatrix}-\begin{pmatrix} 1 & 0 \\ 0 & 1 \end{pmatrix}=\begin{pmatrix} 0 & 0 \\ 0 & 0 \end{pmatrix}=\mathbf{O}$$

그러므로 주어진 식은 다음과 같이 표현이 된다.

$$\underbrace{\mathbf{I}-\mathbf{I}+\mathbf{I}-\mathbf{I}+\ldots+\mathbf{I}-\mathbf{I}}_{100\text{개}}=\underbrace{\mathbf{O}+\mathbf{O}+\ldots+\mathbf{O}}_{50\text{개}}=\begin{pmatrix} 0 & 0 \\ 0 & 0 \end{pmatrix}=\mathbf{O}$$

(b) 덧셈에 대한 교환법칙에 의해 주어진 식은 다음과 같이 변한다.

$$\begin{aligned} 1-\mathbf{I}+2-\mathbf{I}+\ldots+10-\mathbf{I} &= (1+2+\ldots+10)-\left(\underbrace{\mathbf{I}+\mathbf{I}+\ldots+\mathbf{I}}_{10\text{개}}\right) \\ &= \frac{10\times(1+10)}{2}-\begin{pmatrix} 10 & 0 \\ 0 & 10 \end{pmatrix} \\ &= 55-\begin{pmatrix} 10 & 0 \\ 0 & 10 \end{pmatrix}=\begin{pmatrix} 55-10 & 55-0 \\ 55-0 & 55-10 \end{pmatrix} \\ &= \begin{pmatrix} 45 & 55 \\ 55 & 45 \end{pmatrix}=5\begin{pmatrix} 9 & 11 \\ 11 & 9 \end{pmatrix} \end{aligned}$$

□□□

다. 행렬의 곱셈

두 행렬에 대한 곱셈을 위해서는

> □ 두 행렬 중 한쪽이 스칼라이거나, 또는
> □ 첫번째 행렬의 열의 수가 두번째 행렬의 행의 수와 같아야 한다.
> 즉, 만약 첫번째 행렬 **A**가 $p \times q$행렬이라면, 두번째 행렬 **B**는 $q \times r$행렬이 되어, 차원 $p \times r$인 결과행렬 **C** = **AB**를 생성시킨다.

어떤 행렬에 스칼라를 곱하기 위해서는(또는 스칼라에 어떤 행렬을 곱하는 경우에는) 그냥 행렬 내에 있는 모든 성분에 스칼라 값을 곱하기만 하면 된다. 즉, 행렬 **A**에 스칼라 s를 곱하는 경우에는 결과행렬 $s\mathbf{A}$는 $s \times a_{ij}$에 의해 계산이 되어진다. 이때 i, j는 각각 i번째 행과 j번째 열을 가르킨다. 예를 들어,

$$3 \times \begin{pmatrix} 1 & 2 & 3 \\ 4 & 5 & 6 \\ 7 & 8 & 9 \end{pmatrix} = \begin{pmatrix} 3\times1 & 3\times2 & 3\times3 \\ 3\times4 & 3\times5 & 3\times6 \\ 3\times7 & 3\times8 & 3\times9 \end{pmatrix} = \begin{pmatrix} 3 & 6 & 9 \\ 12 & 15 & 18 \\ 21 & 24 & 27 \end{pmatrix}$$

이 되고

$$\begin{pmatrix} 1 & 2 & 3 \\ 4 & 5 & 6 \\ 7 & 8 & 9 \end{pmatrix} \times 3 = \begin{pmatrix} 1\times3 & 2\times3 & 3\times3 \\ 4\times3 & 5\times3 & 6\times3 \\ 7\times3 & 8\times3 & 9\times3 \end{pmatrix} = \begin{pmatrix} 3 & 6 & 9 \\ 12 & 15 & 18 \\ 21 & 24 & 27 \end{pmatrix}$$

이 된다. 그러므로 위에 있는 결과로 부터 다음과 같은 식이 성립이 된다.

$$3 \times \begin{pmatrix} 1 & 2 & 3 \\ 4 & 5 & 6 \\ 7 & 8 & 9 \end{pmatrix} = \begin{pmatrix} 1 & 2 & 3 \\ 4 & 5 & 6 \\ 7 & 8 & 9 \end{pmatrix} \times 3$$

즉, 행렬에 대해 스칼라를 곱하는 경우에는 교환법칙이 성립한다. 즉 연산 순서가 바뀌어도 무방하다. 즉, 다음과 같은 식이 성립된다.

$$s\mathbf{A} = \mathbf{A}s, \qquad s(\mathbf{AB}) = (s\mathbf{A})\mathbf{B} = \mathbf{A}(s\mathbf{B}) = (\mathbf{AB})s \tag{5.4}$$

$p \times q$인 행렬 **A**와 $q \times r$인 행렬 **B**를 곱해 결과행렬 $p \times r$인 **C** = **AB**를 생성시키

기 위해서는 결과행렬 **C**의 성분은 다음과 같이 계산이 되어진다.

$$\begin{aligned}\mathbf{C} &= \mathbf{AB}\\ &= \begin{pmatrix} a_{11} & a_{12} & \cdots & a_{1q}\\ a_{21} & a_{22} & \cdots & a_{2q}\\ \vdots & \vdots & \ddots & \vdots\\ a_{p1} & a_{p2} & \cdots & a_{pq}\end{pmatrix}\begin{pmatrix} b_{11} & b_{12} & \cdots & b_{1r}\\ b_{21} & b_{22} & \cdots & b_{2r}\\ \vdots & \vdots & \ddots & \vdots\\ b_{q1} & b_{q2} & \cdots & b_{qr}\end{pmatrix}\\ &= \begin{pmatrix} c_{11} & c_{12} & \cdots & c_{1r}\\ c_{21} & c_{22} & \cdots & c_{2r}\\ \vdots & \vdots & \ddots & \vdots\\ c_{p1} & c_{p2} & \cdots & c_{pr}\end{pmatrix}\end{aligned}$$

여기서 $c_{ij} = \sum_{k=1}^{q} a_{ik} \times b_{kj}$가 된다.

즉, 결과행렬 **C**의 ij번째 성분은 첫번째 행렬 **A**의 i번째 행과 두번째 행렬 **B**의 j번째 열의 곱의 합에 의해 계산이 되어진다. 간단한 예를 보이기 위해 열벡터(예를 들어 1×3인 행렬 **A**)와 행벡터(예를 들어 3×1인 행렬 **B**)를 고려해 보자. 이 경우 첫번째 행렬 **A**에 두번째 행렬 **B**를 곱함으로서 결과행렬인 **C = AB**가 구해진다.

$$\mathbf{C} = \mathbf{AB} = \begin{pmatrix} 1 & 2 & 3 \end{pmatrix}\begin{pmatrix} 4\\ 5\\ 6\end{pmatrix} = 1 \times 4 + 2 \times 5 + 3 \times 6 = 32$$

또 다른 예로, 다음과 같이 2×3인 행렬 **A**에 3×2인 행렬 **B**를 곱하게 되면 결과행렬은 2×2인 행렬 **C**가 된다.

$$\begin{aligned}\mathbf{C} &= \mathbf{AB} = \begin{pmatrix} 1 & 2 & 3\\ 4 & 5 & 6\end{pmatrix}\begin{pmatrix} 2 & 3\\ 4 & 5\\ 6 & 7\end{pmatrix}\\ &= \begin{pmatrix} 1 \times 2 + 2 \times 4 + 3 \times 6 & 1 \times 3 + 2 \times 5 + 3 \times 7\\ 4 \times 2 + 5 \times 4 + 6 \times 6 & 4 \times 3 + 5 \times 5 + 6 \times 7\end{pmatrix}\\ &= \begin{pmatrix} 28 & 34\\ 64 & 79\end{pmatrix}\end{aligned}$$

여기서 예를 들어 행렬 **C**의 두번째 행과 첫번째 열의 성분인 c_{21}은 행렬 **A**의 두번째 행과 행렬 **B**의 첫번째 열을 곱함으로서 계산이 되어진다.

$$c_{21} = \begin{pmatrix} 4 & 5 & 6 \end{pmatrix}\begin{pmatrix} 2\\ 4\\ 6\end{pmatrix} = 4 \times 2 + 5 \times 4 + 6 \times 6 = 64$$

예제 5.7 두 행렬 **B**, **C**가 다음과 같이 주어졌을 때 두 행렬의 곱인 $\mathbf{A} = \mathbf{BC}$를 구하시오.

$$\mathbf{B} = \begin{pmatrix} 1 & 4 \\ -2 & 3 \\ 2 & 1 \end{pmatrix}, \qquad \mathbf{C} = \begin{pmatrix} 3 & -1 \\ 2 & 4 \end{pmatrix}$$

예제 5.7 예시 답안 행렬 **B**가 3×2인 행렬이고, 행렬 **C**가 2×2인 행렬이기 때문에 결과행렬 **A**는 차원이 3×2가 된다. 그러므로 결과행렬은 다음과 같다.

$$\begin{aligned} \mathbf{A} &= \mathbf{BC} = \begin{pmatrix} 1 & 4 \\ -2 & 3 \\ 2 & 1 \end{pmatrix} \begin{pmatrix} 3 & -1 \\ 2 & 4 \end{pmatrix} \\ &= \begin{pmatrix} 1 \times 3 + 4 \times 2 & 1 \times (-1) + 4 \times 4 \\ -2 \times 3 + 3 \times 2 & -2 \times (-1) + 3 \times 4 \\ 2 \times 3 + 1 \times 2 & 2 \times (-1) + 1 \times 4 \end{pmatrix} \\ &= \begin{pmatrix} 11 & 15 \\ 0 & 14 \\ 8 & 2 \end{pmatrix} \end{aligned}$$

가끔 벡터를 작은 규모의 벡터로 분해하는 것이 유용한 경우가 있다. 위에 있는 행렬 **B**를 열벡터와 행렬 **C**를 행벡터로 분해함으로서, 행렬의 곱을 벡터의 곱의 확장으로 고려할 수 있다. 즉, 행렬 **B**를 3개의 행벡터로 분해하고 행렬 **C**를 2개의 열벡터로 분해할 수가 있다.

$$\mathbf{B} = \begin{pmatrix} \mathbf{b}_1 \\ \mathbf{b}_2 \\ \mathbf{b}_3 \end{pmatrix}, \qquad \mathbf{C} = \begin{pmatrix} \mathbf{c}_1 & \mathbf{c}_2 \end{pmatrix}$$

여기서

$$\mathbf{b}_1 = \begin{pmatrix} 1 & 4 \end{pmatrix}, \quad \mathbf{b}_2 = \begin{pmatrix} -2 & 3 \end{pmatrix}, \quad \mathbf{b}_3 = \begin{pmatrix} 2 & 1 \end{pmatrix},$$
$$\mathbf{c}_1 = \begin{pmatrix} 3 \\ 2 \end{pmatrix}, \quad \mathbf{c}_2 = \begin{pmatrix} -1 \\ 4 \end{pmatrix}$$

가 된다. 다음으로 결과행렬 **A**는 열벡터와 행벡터의 곱으로 간주를 할 수 있다.

$$\begin{aligned} \mathbf{A} &= \mathbf{BC} = \begin{pmatrix} \mathbf{b}_1 \\ \mathbf{b}_2 \\ \mathbf{b}_3 \end{pmatrix} \begin{pmatrix} \mathbf{c}_1 & \mathbf{c}_2 \end{pmatrix} = \begin{pmatrix} \mathbf{b}_1\mathbf{c}_1 & \mathbf{b}_1\mathbf{c}_2 \\ \mathbf{b}_2\mathbf{c}_1 & \mathbf{b}_2\mathbf{c}_2 \\ \mathbf{b}_3\mathbf{c}_1 & \mathbf{b}_3\mathbf{c}_2 \end{pmatrix} \\ &= \begin{pmatrix} a_{11} & a_{12} \\ a_{21} & a_{22} \\ a_{31} & a_{23} \end{pmatrix} = \begin{pmatrix} 11 & 15 \\ 0 & 14 \\ 8 & 2 \end{pmatrix} \end{aligned}$$

여기서 성분 a_{ij}는 다음과 같이 두 벡터 **b**, **c**의 곱으로 계산이 되어진다.

$$a_{11} = \mathbf{b}_1\mathbf{c}_1 = \begin{pmatrix} 1 & 4 \end{pmatrix}\begin{pmatrix} 3 \\ 2 \end{pmatrix} = 1 \times 3 + 4 \times 2 = 11$$

$$a_{12} = \mathbf{b}_1\mathbf{c}_2 = \begin{pmatrix} 1 & 4 \end{pmatrix}\begin{pmatrix} -1 \\ 4 \end{pmatrix} = 1 \times (-1) + 4 \times 4 = 15$$

$$a_{21} = \mathbf{b}_2\mathbf{c}_1 = \begin{pmatrix} -2 & 3 \end{pmatrix}\begin{pmatrix} 3 \\ 2 \end{pmatrix} = -2 \times 3 + 3 \times 2 = 0$$

$$a_{22} = \mathbf{b}_2\mathbf{c}_2 = \begin{pmatrix} -2 & 3 \end{pmatrix}\begin{pmatrix} -1 \\ 4 \end{pmatrix} = -2 \times (-1) + 3 \times 4 = 14$$

$$a_{31} = \mathbf{b}_3\mathbf{c}_1 = \begin{pmatrix} 2 & 1 \end{pmatrix}\begin{pmatrix} 3 \\ 2 \end{pmatrix} = 2 \times 3 + 1 \times 2 = 8$$

$$a_{32} = \mathbf{b}_3\mathbf{c}_2 = \begin{pmatrix} 2 & 1 \end{pmatrix}\begin{pmatrix} -1 \\ 4 \end{pmatrix} = 2 \times (-1) + 1 \times 4 = 2$$

□□□

예제 5.8 세 행렬 **A, B, C**가 다음과 같이 주어진 경우 주어진 문제를 푸시오. 여기서 **I**는 2×2인 항등행렬이다.

$$\mathbf{A} = \begin{pmatrix} 1 & 2 \\ 3 & 4 \end{pmatrix}, \qquad \mathbf{B} = \begin{pmatrix} -2 & 1 \\ \frac{3}{2} & -\frac{1}{2} \end{pmatrix}, \qquad \mathbf{C} = \begin{pmatrix} 2 & 3 \\ 4 & 5 \end{pmatrix}$$

(a) **AI** (b) **IA** (c) **AB** (d) **AC**
(e) **CA** (f) **A** (**BC**) (g) (**AB**) **C** (h) **III** $(= \mathbf{I}^3)$

예제 5.8 예시 답안

(a) 2×2인 항등행렬 $\mathbf{I} = \begin{pmatrix} 1 & 0 \\ 0 & 1 \end{pmatrix}$ 이기 때문에 다음과 같은 식을 얻을 수가 있다.

$$\begin{aligned} \mathbf{AI} &= \begin{pmatrix} 1 & 2 \\ 3 & 4 \end{pmatrix}\begin{pmatrix} 1 & 0 \\ 0 & 1 \end{pmatrix} \\ &= \begin{pmatrix} 1 \times 1 + 2 \times 0 & 1 \times 0 + 2 \times 1 \\ 3 \times 1 + 4 \times 0 & 3 \times 0 + 4 \times 1 \end{pmatrix} = \begin{pmatrix} 1 & 2 \\ 3 & 4 \end{pmatrix} \\ &= \mathbf{A} \end{aligned}$$

여기서 항등행렬 **I**는 행렬 **A**에 대한 '곱항등행렬(multiplicative identity matrix)'가 된다. 즉, 항등행렬 **I**는 임의의 행렬 **M**에 대해 다음과 같은 성질에 의거 곱항등행렬이 된다.

$$\mathbf{M} \times \text{곱항등행렬} = \mathbf{M}$$

이를 달리 표현하면, 만약 임의의 행렬 $\mathbf{M}$에 항등행렬 $\mathbf{I}$를 곱하게 되면 그 결과는 원래의 행렬인 $\mathbf{M}$이 된다.

(b) 2×2인 항등행렬 $\mathbf{I} = \begin{pmatrix} 1 & 0 \\ 0 & 1 \end{pmatrix}$이기 때문에 다음과 같은 식을 얻을 수가 있다.

$$\begin{aligned} \mathbf{IA} &= \begin{pmatrix} 1 & 0 \\ 0 & 1 \end{pmatrix}\begin{pmatrix} 1 & 2 \\ 3 & 4 \end{pmatrix} \\ &= \begin{pmatrix} 1\times1+0\times3 & 1\times2+0\times4 \\ 0\times1+1\times3 & 0\times2+1\times4 \end{pmatrix} = \begin{pmatrix} 1 & 2 \\ 3 & 4 \end{pmatrix} \\ &= \mathbf{A} \end{aligned}$$

예시 답안 (a), (b)로 부터 항등행렬 $\mathbf{I}$는 행렬에 대한 곱항등행렬이며 항등행렬은 교환법칙이 성립한다.

$$\mathbf{AI} = \mathbf{IA} = \mathbf{A} \tag{5.5}$$

(c) 두 행렬의 곱에 의한 결과행렬은 다음과 같이 된다.

$$\begin{aligned} \mathbf{AB} &= \begin{pmatrix} 1 & 2 \\ 3 & 4 \end{pmatrix}\begin{pmatrix} -2 & 1 \\ \frac{3}{2} & -\frac{1}{2} \end{pmatrix} \\ &= \begin{pmatrix} 1\times(-2)+2\times\frac{3}{2} & 1\times1+2\times\left(-\frac{1}{2}\right) \\ 3\times(-2)+4\times\frac{3}{2} & 3\times1+4\times\left(-\frac{1}{2}\right) \end{pmatrix} = \begin{pmatrix} 1 & 0 \\ 0 & 1 \end{pmatrix} \\ &= \mathbf{I} \end{aligned}$$

여기서 행렬 $\mathbf{B}$는 행렬 $\mathbf{A}$의 '곱역행렬(multiplicative inverse matrix)'이다. 즉, 만약 임의의 행렬 $\mathbf{M}$에 곱역행렬을 곱하게 되면 곱항등행렬인 항등행렬 $\mathbf{I}$가 다음의 속성에 의해 반환이 된다.

$$\mathbf{M} \times \text{곱역행렬} = \text{곱항등행렬 } (= \mathbf{I})$$

(d) 주어진 식의 결과행렬은 다음과 같다.

$$\begin{aligned}\mathbf{AC} &= \begin{pmatrix} 1 & 2 \\ 3 & 4 \end{pmatrix}\begin{pmatrix} 2 & 3 \\ 4 & 5 \end{pmatrix} = \begin{pmatrix} 1\times2+2\times4 & 1\times3+2\times5 \\ 3\times2+4\times4 & 3\times3+4\times5 \end{pmatrix} \\ &= \begin{pmatrix} 10 & 13 \\ 22 & 29 \end{pmatrix}\end{aligned}$$

(e) 주어진 식의 결과행렬은 다음과 같다.

$$\begin{aligned}\mathbf{CA} &= \begin{pmatrix} 2 & 3 \\ 4 & 5 \end{pmatrix}\begin{pmatrix} 1 & 2 \\ 3 & 4 \end{pmatrix} = \begin{pmatrix} 2\times1+3\times3 & 2\times2+3\times4 \\ 4\times1+5\times3 & 4\times2+5\times4 \end{pmatrix} \\ &= \begin{pmatrix} 11 & 16 \\ 19 & 28 \end{pmatrix}\end{aligned}$$

예시 답안 (d), (e)로 부터 $\mathbf{AC} \neq \mathbf{CA}$가 됨을 알 수 있기 때문에 행렬은 곱셈에 대해 교환법칙이 성립하지 않는다. 즉, 일반적으로 임의의 행렬 **A**, **B**에 대해 다음과 같은 식을 얻을 수가 있다.

$$\boxed{\mathbf{AB} \neq \mathbf{BA}} \tag{5.6}$$

(f) 주어진 식의 곱행렬 **BC**는 다음과 같다.

$$\begin{aligned}\mathbf{BC} &= \begin{pmatrix} -2 & 1 \\ \frac{3}{2} & -\frac{1}{2} \end{pmatrix}\begin{pmatrix} 2 & 3 \\ 4 & 5 \end{pmatrix} \\ &= \begin{pmatrix} -2\times2+1\times4 & -2\times3+1\times5 \\ \frac{3}{2}\times2+\left(-\frac{1}{2}\right)\times4 & \frac{3}{2}\times3+\left(-\frac{1}{2}\right)\times5 \end{pmatrix} \\ &= \begin{pmatrix} 0 & -1 \\ 1 & 2 \end{pmatrix}\end{aligned}$$

그러므로 주어진 식은 다음과 같이 변경이 된다.

$$\begin{aligned}\mathbf{A}(\mathbf{BC}) &= \begin{pmatrix} 1 & 2 \\ 3 & 4 \end{pmatrix}\begin{pmatrix} 0 & -1 \\ 1 & 2 \end{pmatrix} \\ &= \begin{pmatrix} 1\times0+2\times1 & 1\times(-1)+2\times2 \\ 3\times0+4\times1 & 3\times(-1)+4\times2 \end{pmatrix} \\ &= \begin{pmatrix} 2 & 3 \\ 4 & 5 \end{pmatrix}\end{aligned}$$

(g) 예시 답안 (c)에서 $\mathbf{AB} = \mathbf{I}$가 되기 때문에 주어진 식은 다음과 같다.

$$(\mathbf{AB})\,\mathbf{C} = \mathbf{IC} = \mathbf{C} = \begin{pmatrix} 2 & 3 \\ 4 & 5 \end{pmatrix}$$

여기서 식 5.5에 있는 성질에 의거해서 $\mathbf{IC} = \mathbf{C}$가 된다.

예시 답안 (f), (g)로 부터 $\mathbf{A}\,(\mathbf{BC}) = (\mathbf{AB})\,\mathbf{C}$가 되기 때문에 행렬의 곱은 결합법칙이 성립된다. 즉, 다음과 같은 식은 얻을 수가 있다.

$$\boxed{(\mathbf{AB})\,\mathbf{C} = \mathbf{A}\,(\mathbf{BC})} \tag{5.7}$$

(h) 2×2인 항등행렬 $\mathbf{I} = \begin{pmatrix} 1 & 0 \\ 0 & 1 \end{pmatrix}$가 되기 때문에 곱행렬 $\mathbf{II}\ (= \mathbf{I}^2)$은 다음과 같이 된다.

$$\begin{aligned} \mathbf{I}^2 &= \begin{pmatrix} 1 & 0 \\ 0 & 1 \end{pmatrix}\begin{pmatrix} 1 & 0 \\ 0 & 1 \end{pmatrix} \\ &= \begin{pmatrix} 1 \times 1 + 0 \times 0 & 1 \times 0 + 0 \times 1 \\ 0 \times 1 + 1 \times 0 & 0 \times 0 + 1 \times 1 \end{pmatrix} \\ &= \begin{pmatrix} 1 & 0 \\ 0 & 1 \end{pmatrix} \\ &= \mathbf{I} \end{aligned}$$

그렇기 때문에 주어진 행렬 $\mathbf{I}^3$은 다음과 같이 된다.

$$\mathbf{I}^3 = \mathbf{I}^2\mathbf{I} = \mathbf{II} = \mathbf{I}$$

즉, 다음과 같은 식을 얻는다.

$$\boxed{\mathbf{I}^n = \mathbf{I} \qquad \text{여기서 } n\text{은 양의 정수}} \tag{5.8}$$

□□□

문제 5.3 행렬 $\mathbf{A} = \begin{pmatrix} 0 & 1 \\ -1 & 0 \end{pmatrix}$가 주어졌을 때 다음을 구하시오.

(a) $\mathbf{A}^2$

(b) $\mathbf{A}^{99}$

(c) $\mathbf{A}^{99}\begin{pmatrix} x \\ y \end{pmatrix} = \begin{pmatrix} 1 \\ 2 \end{pmatrix}$가 성립할 때, 식 $x - y$의 값

힌트: 다음의 속성을 이용하시오.

$$\mathbf{AI} = \mathbf{IA} = \mathbf{A}, \qquad \mathbf{I}^n = \mathbf{I}$$

여기서 n은 양의 정수이다.

□□□

문제 5.4 두 행렬이 다음과 같이 주어진 경우 $\mathbf{A}^2 - k\mathbf{A} = 2\mathbf{I}$를 만족하는 k의 값을 구하시오.

$$\mathbf{A} = \begin{pmatrix} 1 & 2 \\ 3 & 4 \end{pmatrix}, \qquad \mathbf{I} = \begin{pmatrix} 1 & 0 \\ 0 & 1 \end{pmatrix}$$

힌트: 주어진 식의 좌변을 전개한 후에 이를 우변과 같게 하시오.

□□□

문제 5.5 두 행렬 $\mathbf{A}, \mathbf{I}$가 다음과 같이 주어졌다.

$$\mathbf{A} = \begin{pmatrix} a & b \\ c & d \end{pmatrix}, \qquad \mathbf{I} = \begin{pmatrix} 1 & 0 \\ 0 & 1 \end{pmatrix}$$

이 경우 다음의 식이 성립함을 보이시오.

$$\mathbf{A}^2 - (a+d)\mathbf{A} + (ad-bc)\mathbf{I} = \mathbf{O}$$

여기서 행렬 $\mathbf{O}$는 2×2인 영행렬이다.

힌트: 행렬 $\mathbf{A}^2, \mathbf{A}, \mathbf{I}$를 주어진 식의 좌변에 대입하시오.

□□□

문제 5.6 차원이 2×2인 정방행렬 $\mathbf{A} = \begin{pmatrix} a & b \\ c & d \end{pmatrix}$가 주어진 경우 '케일리-해밀턴 정리(Cayley-Hamilton theorem)'은 다음과 같다.

$$\mathbf{A}^2 - (a+d)\mathbf{A} + (ad-bc)\mathbf{I} = \mathbf{O}$$

행렬 $\mathbf{A} = \begin{pmatrix} 1 & 1 \\ 2 & 1 \end{pmatrix}$에 대해 케일리-해밀턴 정리를 이용하여 다음을 구하시오.

(a) $\mathbf{A}^3$ (b) $\mathbf{A}^5$

힌트: 케일리-해밀턴 정리에 의해 다음과 같은 식을 얻을 수가 있다.

$$\begin{aligned} & \mathbf{A}^2 - (1+1)\mathbf{A} + (1\times 1 - 2\times 1)\mathbf{I} = \mathbf{O} \\ \therefore \quad & \mathbf{A}^2 = 2\mathbf{A} + \mathbf{I} \end{aligned}$$

그러므로 주어진 식은 다음과 같이 변경이 된다.

$$\mathbf{A}^3 = \mathbf{A}\mathbf{A}^2 = \mathbf{A}(2\mathbf{A} + \mathbf{I})$$

□□□

문제 5.7 다음의 식이 성립함을 보이시오.

$$\begin{pmatrix} 1 & k \\ 0 & 1 \end{pmatrix}^n = \begin{pmatrix} 1 & nk \\ 0 & 1 \end{pmatrix}$$

여기서 n은 양의 정수이다.

힌트: 행렬 $\mathbf{A}$를 $\begin{pmatrix} 1 & k \\ 0 & 1 \end{pmatrix}$이라고 하자. 그러면 케일리-해밀턴 정리에 의거 다음과 같은 식을 얻는다.

$$\begin{aligned} & \mathbf{A}^2 - 2\mathbf{A} + \mathbf{I} = \mathbf{O} \\ \therefore \quad & \mathbf{A}^2 = 2\mathbf{A} - \mathbf{I} \end{aligned}$$

이고

$$\mathbf{A}^3 = \mathbf{A}\mathbf{A}^2 = \mathbf{A}(2\mathbf{A} - \mathbf{I}) = 2\mathbf{A}^2 - \mathbf{A}\mathbf{I} = 2(2\mathbf{A} - \mathbf{I}) - \mathbf{A} = 3\mathbf{A} - 2\mathbf{I}$$

그러므로 주어진 식 $\mathbf{A}^n$은 다음과 같이 된다.

$$\mathbf{A}^n = n\mathbf{A} - (n-1)\mathbf{I}$$

□□□

라. 행렬의 나눗셈

행렬을 스칼라로 나누는 경우에는 행렬 내에 있는 모든 성분을 단순히 스칼라로 나누면 된다.

$$\begin{pmatrix} 3 & 4 & 5 \\ 6 & 7 & 8 \end{pmatrix} \div 3 = \begin{pmatrix} 3 & 4 & 5 \\ 6 & 7 & 8 \end{pmatrix} \times \frac{1}{3} = \frac{1}{3} \times \begin{pmatrix} 3 & 4 & 5 \\ 6 & 7 & 8 \end{pmatrix} = \begin{pmatrix} 1 & \frac{4}{3} & \frac{5}{3} \\ 2 & \frac{7}{3} & \frac{8}{3} \end{pmatrix}$$

주의할 사항으로 스칼라를 행렬로 나누는 것은 정의되고 있지 않다. 또한 행렬간의 나눗셈도 정의되고 있지 않다. 이제까지 행렬간의 수학적 연산인 덧셈, 뺄셈, 곱셈, 나눗셈을 고려해 왔다. 이를 정리하면 다음과 같은 유용한 성질을 얻을 수가 있다.

□ 교환법칙:	
$\mathbf{A} + \mathbf{B} = \mathbf{B} + \mathbf{A}$	
□ 결합법칙:	
$\mathbf{A} + (\mathbf{B} + \mathbf{C}) = (\mathbf{A} + \mathbf{B}) + \mathbf{C}$	$\mathbf{A}(\mathbf{BC}) = (\mathbf{AB})\mathbf{C}$
$m(\mathbf{AB}) = (m\mathbf{A})\mathbf{B} = \mathbf{A}(m\mathbf{B}) = (\mathbf{AB})m$	
□ 분배법칙:	
$m(\mathbf{A} + \mathbf{B}) = m\mathbf{A} + m\mathbf{B}$	$(m+n)\mathbf{A} = m\mathbf{A} + n\mathbf{A}$
$\mathbf{A}(\mathbf{B} + \mathbf{C}) = \mathbf{AB} + \mathbf{AC}$	$(\mathbf{A} + \mathbf{B})\mathbf{C} = \mathbf{AC} + \mathbf{BC}$
□ 항등성:	
$\mathbf{A} + \mathbf{O} = \mathbf{O} + \mathbf{A} = \mathbf{A}$	$1\mathbf{A} = \mathbf{A}(1) = \mathbf{A}$
$\mathbf{AI} = \mathbf{IA} = \mathbf{A}$	$\mathbf{I}^n = \mathbf{I}$

표 5.1: 행렬연산을 위한 유용한 성질들

제 3 절　행렬의 행렬식

정방행렬의 '행렬식(determinant)'은 스칼라이고 $|\mathbf{A}|$ 또는 $\det(\mathbf{A})$로 표기가 된다. 본 절에서는 주로 2×2, 3×3 행렬에 대한 행렬식을 다루고자 한다. 2×2인 행렬 $\mathbf{A}=\begin{pmatrix} a_{11} & a_{12}\\ a_{21} & a_{22}\end{pmatrix}$가 주어진 경우, 행렬 $\mathbf{A}$의 행렬식은 다음과 같이 주어진다.

$$\det(\mathbf{A})=\det\begin{bmatrix} a_{11} & a_{12}\\ a_{21} & a_{22}\end{bmatrix}=\begin{vmatrix} a_{11} & a_{12}\\ a_{21} & a_{22}\end{vmatrix}=a_{11}a_{22}-a_{21}a_{12}$$

정방행렬 $\mathbf{A}$의 행렬식이 0이 되는 경우, 행렬 $\mathbf{A}$를 '특이행렬(singular matrix)'이라고 한다. 반면에 판별식이 0이 아닌 경우, 행렬 $\mathbf{A}$를 '정칙행렬(non-singular matrix)' 또는 '비특이행렬'이라고 부른다. 예를 들어 다음과 같이 2×2 행렬에서 한 행이나 열이 다른 쪽의 스칼라 곱인 경우, 행렬 $\mathbf{A}$의 행렬식은 0이 된다.

$$\det\begin{bmatrix} 2 & 3\\ -20 & -30\end{bmatrix}=\begin{vmatrix} 2 & 3\\ -20 & -30\end{vmatrix}=2\times(-30)-(-20)\times 3=0$$

여기서 두번째 행은 첫번째 행의 곱이다. 또한 한 열이 다른 열의 곱인 예를 들면 다음과 같다.

$$\det\begin{bmatrix} 2 & -20\\ 3 & -30\end{bmatrix}=\begin{vmatrix} 2 & -20\\ 3 & -30\end{vmatrix}=2\times(-30)-3\times(-20)=0$$

여기서 두번째 열은 첫번째 열의 곱이 된다. 3×3 행렬인 $\mathbf{A}=\begin{pmatrix} a_{11} & a_{12} & a_{13}\\ a_{21} & a_{22} & a_{23}\\ a_{31} & a_{32} & a_{33}\end{pmatrix}$인 경우, $\mathbf{A}$의 행렬식은 다음과 같이 주어진다.

$$\begin{aligned}\det(\mathbf{A})=\det\begin{bmatrix} a_{11} & a_{12} & a_{13}\\ a_{21} & a_{22} & a_{23}\\ a_{31} & a_{32} & a_{33}\end{bmatrix}&=\begin{vmatrix} a_{11} & a_{12} & a_{13}\\ a_{21} & a_{22} & a_{23}\\ a_{31} & a_{32} & a_{33}\end{vmatrix}\\ &= a_{11}a_{22}a_{33}+a_{12}a_{23}a_{31}+a_{13}a_{32}a_{21}-a_{31}a_{22}a_{13}-a_{21}a_{12}a_{33}-a_{11}a_{23}a_{32}\end{aligned}$$

예제 5.9　다음과 같은 행렬들이 주어졌다.

$$\mathbf{A}=\begin{pmatrix} 0 & 0\\ 0 & 0\end{pmatrix},\quad \mathbf{B}=\begin{pmatrix} 1 & 2\\ 3 & 4\end{pmatrix},\quad \mathbf{C}=\begin{pmatrix} 0 & 1\\ 0 & 1\end{pmatrix},$$

$$\mathbf{D}=\begin{pmatrix} 1 & 2 & 3\\ 4 & 5 & 6\\ 7 & 8 & 9\end{pmatrix},\quad \mathbf{E}=\begin{pmatrix} 1 & 2 & 3\\ 2 & 4 & 6\\ 3 & 6 & 9\end{pmatrix}$$

이 경우 각 행렬의 행렬식을 구하고, 행렬이 특이행렬인지 여부를 판정하시오.

예제 5.9 예시 답안

(a) $\det(\mathbf{A}) = \begin{vmatrix} 0 & 0 \\ 0 & 0 \end{vmatrix} = 0 \times 0 - 0 \times 0 = 0$

(b) $\det(\mathbf{B}) = \begin{vmatrix} 1 & 2 \\ 3 & 4 \end{vmatrix} = 1 \times 4 - 3 \times 2 = -2$

(c) $\det(\mathbf{C}) = \begin{vmatrix} 0 & 1 \\ 0 & 1 \end{vmatrix} = 0 \times 1 - 0 \times 1 = 0$

(d) 주어진 행렬의 행렬식은 다음과 같이 주어진다.

$$\begin{aligned} \det(\mathbf{D}) &= \begin{vmatrix} 1 & 2 & 3 \\ 4 & 5 & 6 \\ 7 & 8 & 9 \end{vmatrix} \\ &= 1 \times 5 \times 9 + 2 \times 6 \times 7 + 3 \times 8 \times 4 - 7 \times 5 \times 3 - 4 \times 2 \times 9 - 1 \times 6 \times 8 \\ &= 0 \end{aligned}$$

(e) 주어진 행렬의 행렬식은 다음과 같이 주어진다.

$$\begin{aligned} \det(\mathbf{E}) &= \begin{vmatrix} 1 & 2 & 3 \\ 2 & 4 & 6 \\ 3 & 6 & 9 \end{vmatrix} \\ &= 1 \times 4 \times 9 + 2 \times 6 \times 3 + 3 \times 6 \times 2 - 3 \times 4 \times 3 - 2 \times 2 \times 9 - 1 \times 6 \times 6 \\ &= 0 \end{aligned}$$

특이행렬의 행렬식은 0이 되기 때문에 행렬 **A**, **C**, **D**, **E**는 특이행렬이 된다. 아울러 행렬 **B**는 비특이행렬(또는 정칙행렬)이 된다.

□□□

제 4 절 역행렬

정방행렬 $\mathbf{A}$의 역은 $\mathbf{A}^{-1}$로 표기가 된다. 정방행렬 $\mathbf{A}$를 그의 역인 $\mathbf{A}^{-1}$로 곱하게 되면 항등행렬 $\mathbf{I}$가 된다.

$$\boxed{\mathbf{A}\mathbf{A}^{-1} = \mathbf{A}^{-1}\mathbf{A} = \mathbf{I}} \tag{5.9}$$

즉, 두 정방행렬의 곱이 항등행렬이 될 때, 이 두 행렬은 역의 관계가 있다고 말한다.

예제 5.10 다음의 행렬의 곱을 구하시오.

$$\begin{pmatrix} 1 & 2 \\ 3 & 4 \end{pmatrix}\begin{pmatrix} -2 & 1 \\ \frac{3}{2} & -\frac{1}{2} \end{pmatrix}$$

예제 5.10 예시 답안 두 행렬의 곱은 다음과 같다.

$$\begin{aligned}
\begin{pmatrix} 1 & 2 \\ 3 & 4 \end{pmatrix}\begin{pmatrix} -2 & 1 \\ \frac{3}{2} & -\frac{1}{2} \end{pmatrix} &= \begin{pmatrix} 1\times(-2)+2\times\frac{3}{2} & 1\times 1+2\times\left(-\frac{1}{2}\right) \\ 3\times(-2)+4\times\frac{3}{2} & 3\times 1+4\times\left(-\frac{1}{2}\right) \end{pmatrix} \\
&= \begin{pmatrix} 1 & 0 \\ 0 & 1 \end{pmatrix} \\
&= \mathbf{I}
\end{aligned}$$

즉, 행렬 $\begin{pmatrix} -2 & 1 \\ \frac{3}{2} & -\frac{1}{2} \end{pmatrix}$는 행렬 $\begin{pmatrix} 1 & 2 \\ 3 & 4 \end{pmatrix}$의 역이 된다. 그리고

$$\begin{aligned}
\begin{pmatrix} -2 & 1 \\ \frac{3}{2} & -\frac{1}{2} \end{pmatrix}\begin{pmatrix} 1 & 2 \\ 3 & 4 \end{pmatrix} &= \begin{pmatrix} -2\times 1+1\times 3 & -2\times 2+1\times 4 \\ \frac{3}{2}\times 1+\left(-\frac{1}{2}\right)\times 3 & \frac{3}{2}\times 2+\left(-\frac{1}{2}\right)\times 4 \end{pmatrix} \\
&= \begin{pmatrix} 1 & 0 \\ 0 & 1 \end{pmatrix} \\
&= \mathbf{I}
\end{aligned}$$

위에 있는 결과로 부터 다음과 같은 성질을 알 수 있다.

$$\begin{pmatrix} 1 & 2 \\ 3 & 4 \end{pmatrix}\begin{pmatrix} -2 & 1 \\ \frac{3}{2} & -\frac{1}{2} \end{pmatrix} = \begin{pmatrix} -2 & 1 \\ \frac{3}{2} & -\frac{1}{2} \end{pmatrix}\begin{pmatrix} 1 & 2 \\ 3 & 4 \end{pmatrix} = \mathbf{I}$$

그러므로 비특이행렬 $\mathbf{A}$와 그의 역인 $\mathbf{A}^{-1}$에 대해 다음과 같은 성질을 알 수 있다.

$$\mathbf{A}\mathbf{A}^{-1} = \mathbf{A}^{-1}\mathbf{A} = \mathbf{I}$$

□□□

어떤 행렬이 역을 갖기 위해서는 정방행렬이 되어야 하지만 모든 정방행렬이 역을 갖는 것은 아니다. 몇몇의 경우에 있어서 정방행렬은 자신의 역을 갖고 있지 않다. 만약 행렬이 특이행렬인 경우(즉, 행렬의 행렬식이 0이 되는 경우) 역을 갖고 있지 않고, 단지 비특이행렬(즉, 행렬의 행렬식이 0이 아닌 경우)인 경우에만 그의 역을 갖고 있다.

2×2 행렬의 역을 구하도록 해보자. 임의의 a, b, c, d에 대해 다음의 두 행렬의 곱은 다음과 같다.

$$\begin{aligned}
\begin{pmatrix} a & b \\ c & d \end{pmatrix} \begin{pmatrix} d & -b \\ -c & a \end{pmatrix} &= \begin{pmatrix} ad-bc & 0 \\ 0 & ad-bc \end{pmatrix} \\
&= (ad-bc) \begin{pmatrix} 1 & 0 \\ 0 & 1 \end{pmatrix} \\
&= D\mathbf{I}
\end{aligned}$$

여기서 스칼라 $D\ (= ad - bc)$는 행렬 $\begin{pmatrix} a & b \\ c & d \end{pmatrix}$의 행렬식이 된다.

위에 있는 방정식의 양변을 D로 나누게 되면 다음을 얻는다.

$$\begin{aligned}
\frac{1}{D} \begin{pmatrix} a & b \\ c & d \end{pmatrix} \begin{pmatrix} d & -b \\ -c & a \end{pmatrix} &= \frac{1}{D} D\mathbf{I} \\
\therefore \quad \begin{pmatrix} a & b \\ c & d \end{pmatrix} \frac{1}{D} \begin{pmatrix} d & -b \\ -c & a \end{pmatrix} &= \mathbf{I} \\
\therefore \quad \begin{pmatrix} a & b \\ c & d \end{pmatrix} \begin{pmatrix} a & b \\ c & d \end{pmatrix}^{-1} &= \mathbf{I}
\end{aligned}$$

즉, $\frac{1}{D} \begin{pmatrix} d & -b \\ -c & a \end{pmatrix}$는 비특이행렬 $\begin{pmatrix} a & b \\ c & d \end{pmatrix}$의 역이 된다. 위에 있는 결과로 부터 2×2인 비특이행렬 $\mathbf{A}$의 역을 구하는 유효한 공식은 다음과 같다.

만약 $\mathbf{A} = \begin{pmatrix} a & b \\ c & d \end{pmatrix}$ 이면 $\mathbf{A}^{-1} = \frac{1}{D} \begin{pmatrix} d & -b \\ -c & a \end{pmatrix}$ 가 된다. (5.10)

여기서 $D\ (= ad - bc)$는 행렬 $\mathbf{A}$의 행렬식이다.

그러므로 다음과 같은 3단계를 통해 2×2인 비특이행렬의 역을 구할 수가 있다.

□1 단계: 행렬 내에 있는 주대각성분을 교환한다. □2 단계: 행렬 내에 있는 기타 주대각성분의 값에 음수를 취한다. □3 단계: 이 행렬을 원래 행렬의 행렬식 D로 나눈다.

예제 5.11 다음에 있는 각 행렬의 역을 구하시오.

(a) $\mathbf{A} = \begin{pmatrix} 2 & 3 \\ 4 & 5 \end{pmatrix}$ (b) $\mathbf{B} = \begin{pmatrix} 2 & 0 \\ 0 & 2 \end{pmatrix}$ (c) $\mathbf{C} = \begin{pmatrix} 2 & 3 \\ 4 & 6 \end{pmatrix}$

예제 5.11 예시 답안 정방행렬의 역을 구하기 위해서는 주어진 행렬의 행렬식이 0이 되어서는 안된다. 즉, 정방행렬은 비특이행렬이 되어야 한다.

(a) 행렬 $\mathbf{A}$의 행렬식은 다음과 같다.

$$D = \begin{vmatrix} 2 & 3 \\ 4 & 5 \end{vmatrix} = -2$$

행렬식이 0이 되지 않기 때문에 행렬 $\mathbf{A}$의 역은 다음과 같다.

$$\mathbf{A}^{-1} = \frac{1}{D}\begin{pmatrix} 5 & -3 \\ -4 & 2 \end{pmatrix} = \frac{1}{-2}\begin{pmatrix} 5 & -3 \\ -4 & 2 \end{pmatrix} = \begin{pmatrix} -\frac{5}{2} & \frac{3}{2} \\ 2 & -1 \end{pmatrix}$$

(b) 행렬 $\mathbf{B}$의 행렬식은 다음과 같다.

$$D = \begin{vmatrix} 2 & 0 \\ 0 & 2 \end{vmatrix} = 4$$

행렬식이 0이 아니기 때문에 행렬 $\mathbf{B}$의 역은 다음과 같다.

$$\mathbf{B}^{-1} = \frac{1}{D}\begin{pmatrix} 2 & 0 \\ 0 & 2 \end{pmatrix} = \frac{1}{4}\begin{pmatrix} 2 & 0 \\ 0 & 2 \end{pmatrix} = \begin{pmatrix} \frac{1}{2} & 0 \\ 0 & \frac{1}{2} \end{pmatrix}$$

(c) 행렬 $\mathbf{C}$의 행렬식은 다음과 같다.

$$D = \begin{vmatrix} 2 & 3 \\ 4 & 6 \end{vmatrix} = 0$$

행렬의 행렬식이 0이 되기 때문에 주어진 행렬은 특이행렬이다. 그렇기 때문에 주어진 행렬은 역행렬이 없다.

□□□

예제 5.12 2×2인 항등행렬 $\mathbf{I}$가 주어진 경우 다음을 구하시오.

(a) $\mathbf{I}$의 행렬식

(b) $\mathbf{I}$의 역

(c) $\mathbf{I}$와 $\mathbf{I}^{-1}$의 곱

(d) $\mathbf{I}^{-1}$ 와 $\mathbf{I}$의 곱

예제 5.12 예시 답안

(a) 2×2인 항등행렬의 행렬식인 다음과 같다.

$$D = \det \begin{bmatrix} 1 & 0 \\ 0 & 1 \end{bmatrix} = \begin{vmatrix} 1 & 0 \\ 0 & 1 \end{vmatrix} = 1$$

(b) 행렬 $\mathbf{I}$의 행렬식이 1이기 때문에 $\mathbf{I}$의 역은 다음과 같다.

$$\mathbf{I}^{-1} = \frac{1}{D}\begin{pmatrix} 1 & 0 \\ 0 & 1 \end{pmatrix} = \frac{1}{1}\begin{pmatrix} 1 & 0 \\ 0 & 1 \end{pmatrix} = \begin{pmatrix} 1 & 0 \\ 0 & 1 \end{pmatrix} = \mathbf{I}$$

위의 결과를 통해 항등행렬의 역은 자기 자신인 항등행렬이 된다.

(c) 예시 답안 (b)로 부터 행렬 $\mathbf{I}^{-1} = \begin{pmatrix} 1 & 0 \\ 0 & 1 \end{pmatrix}$이 되기 때문에 다음을 얻는다.

$$\mathbf{I}\mathbf{I}^{-1} = \begin{pmatrix} 1 & 0 \\ 0 & 1 \end{pmatrix}\begin{pmatrix} 1 & 0 \\ 0 & 1 \end{pmatrix} = \begin{pmatrix} 1 & 0 \\ 0 & 1 \end{pmatrix} = \mathbf{I}$$

또 다른 방법은 다음과 같다. 예시 답안 (b)로 부터 $\mathbf{I}^{-1} = \mathbf{I}$가 되기 때문에 $\mathbf{I}$와 $\mathbf{I}^{-1}$의 곱은 다음과 같다.

$$\mathbf{I}\mathbf{I}^{-1} = \mathbf{I}\mathbf{I} = \mathbf{I}^2 = \mathbf{I}$$

여기서 식 5.8에 있는 성질에 의거해서 $\mathbf{I}^2 = \mathbf{I}$가 된다.

(d) 예시 답안 (b)로 부터 행렬 $\mathbf{I}^{-1} = \begin{pmatrix} 1 & 0 \\ 0 & 1 \end{pmatrix}$이 되기 때문에 다음을 얻는다.

$$\mathbf{I}^{-1}\mathbf{I} = \begin{pmatrix} 1 & 0 \\ 0 & 1 \end{pmatrix}\begin{pmatrix} 1 & 0 \\ 0 & 1 \end{pmatrix} = \mathbf{I}$$

또 다른 방법은 다음과 같다. 식 5.9로 부터 $\mathbf{A}\mathbf{A}^{-1} = \mathbf{A}^{-1}\mathbf{A} = \mathbf{I}$가 되기 때문에 $\mathbf{I}^{-1}$와 $\mathbf{I}$의 곱은 다음과 같다.

$$\mathbf{I}^{-1}\mathbf{I} = \mathbf{I}$$

또 다른 방법은 다음과 같다. 예시 답안 (b)로 부터 $\mathbf{I}^{-1} = \mathbf{I}$가 되기 때문에 $\mathbf{I}^{-1}$와 $\mathbf{I}$의 곱은 다음과 같다.

$$\mathbf{I}^{-1}\mathbf{I} = \mathbf{I}\mathbf{I} = \mathbf{I}^2 = \mathbf{I}$$

여기서 식 5.8에 있는 성질에 의거해서 $\mathbf{I}^2 = \mathbf{I}$가 된다.

□□□

문제 5.8 행렬 $\mathbf{A} = \begin{pmatrix} 2 & 5 \\ 6 & 8 \end{pmatrix}$이 주어진 경우 다음을 구하시오.

(a) $\mathbf{A}^{-1}$ (b) $\left(\mathbf{A}^{-1}\right)^{-1}$ (c) $\left[\left(\mathbf{A}^{-1}\right)^{-1}\right]^{-1}$

힌트: 만약 비특이행렬 $\mathbf{A} = \begin{pmatrix} a & b \\ c & d \end{pmatrix}$인 경우 $\mathbf{A}^{-1} = \frac{1}{D}\begin{pmatrix} d & -b \\ -c & a \end{pmatrix}$가 된다. 단, 여기서 행렬식 $D = ad - bc$.

□□□

문제 5.9 행렬 $\mathbf{A} = \begin{pmatrix} 2 & 5 \\ 6 & 8 \end{pmatrix}$이 주어진 경우 케일리-해밀턴 정리를 이용하여 $\mathbf{A}^{-1}$을 구하시오.

힌트: 만약 $|\mathbf{A}| \neq 0$이면 $\mathbf{A}^{-1}$은 존재한다. 행렬 $\mathbf{A} = \begin{pmatrix} a & b \\ c & d \end{pmatrix}$에 대해 케일리-해밀턴 정리를 이용하면 다음과 같다.

$$\mathbf{A}^2 - (a+d)\mathbf{A} + (ad-bc)\mathbf{I} = \mathbf{O}$$

□□□

제 5 절　선형방정식 풀기

'선형방정식계(linear equations)'가 n개의 미지수인 $x_1, x_2, \ldots, x_n$으로 된 n개의 선형방정식으로 되어 있는 경우, 이를 다음과 같은 형태로 표기를 할 수 있다.

$$\begin{array}{ccccccccc} a_{11}x_1 & + & a_{12}x_2 & + & \ldots & + & a_{1n}x_n & = & b_1 \\ a_{21}x_1 & + & a_{22}x_2 & + & \ldots & + & a_{2n}x_n & = & b_2 \\ & & & & \ddots & & & & \\ a_{n1}x_1 & + & a_{n2}x_2 & + & \ldots & + & a_{nn}x_n & = & b_n \end{array}$$

여기서 a_{ij}, b_k들은 계수이다.

선형방정식계는 $\mathbf{AX} = \mathbf{B}$와 같은 행렬의 곱으로 표기를 할 수 있다.

$$\mathbf{AX} = \begin{pmatrix} a_{11} & a_{12} & \ldots & a_{1n} \\ a_{21} & a_{22} & \ldots & a_{2n} \\ \vdots & \vdots & \ddots & \vdots \\ a_{n1} & a_{n2} & \ldots & a_{nn} \end{pmatrix} \begin{pmatrix} x_1 \\ x_2 \\ \vdots \\ x_n \end{pmatrix} = \begin{pmatrix} b_1 \\ b_2 \\ \vdots \\ b_n \end{pmatrix} = \mathbf{B}$$

여기서 **A**는 '계수행렬(coefficient matrix)', **X**는 '해벡터(solution vector)', **B**는 '우변벡터(right-hand side vector)'로 각각 부른다.

예제 5.13　선형방정식계를 행렬의 곱의 형태로 재표현해 보시오.

(a) $x + 2y = 3$이고 $2x + 3y = 4$

(b) $x + 2y = 3$이고 $2x + 4y = 6$

(c) $x + 2y = 3$이고 $2x + 4y = 7$

예제 5.13 예시 답안

(a) 주어진 계는 다음과 같은 행렬의 곱으로 표현이 되어진다.

$$\begin{pmatrix} 1 & 2 \\ 2 & 3 \end{pmatrix} \begin{pmatrix} x \\ y \end{pmatrix} = \begin{pmatrix} 3 \\ 4 \end{pmatrix}$$

두 직선 $x + 2y = 3$과 $2x + 3y = 4$의 기울기는 서로 다르기 때문에 주어진 계는 유일한 해를 갖는다. 즉, 두 직선은 한 개의 교점에서 교차를 한다.

(b) 주어진 계는 다음과 같이 행렬의 곱으로 표현이 된다.

$$\begin{pmatrix} 1 & 2 \\ 2 & 4 \end{pmatrix} \begin{pmatrix} x \\ y \end{pmatrix} = \begin{pmatrix} 3 \\ 6 \end{pmatrix}$$

두 직선 $x+2y=3$과 $2x+4y=6$는 동일하기 때문에 주어진 계는 무한 개의 해를 갖는다. 즉, 주어진 계는 두 개의 직선 식이 아닌 단 한 개의 직선 식이 된다.

(c) 주어진 계는 다음과 같이 표현이 된다.

$$\begin{pmatrix} 1 & 2 \\ 2 & 4 \end{pmatrix} \begin{pmatrix} x \\ y \end{pmatrix} = \begin{pmatrix} 3 \\ 7 \end{pmatrix}$$

두 직선 $x+2y=3$과 $2x+4y=7$의 기울기는 서로 같고 $y-$절편이 다르다. 그러므로 두 직선은 서로 평행하기 때문에 두 직선에 대한 해가 존재하지 않는다.

□□□

예제 5.14 두 점 $A(1,2)$, $B(2,4)$가 주어진 경우 두 점을 지나는 직선의 식을 구하시오. 두 점을 지나는 직선의 식 $y=ax+b$의 계수인 a, b를 구하기 위해 연립방정식을 행렬의 곱의 형태로 만드시오.

예제 5.14 예시 답안 구하고자 하는 직선은 두 점 $A(1,2)$, $B(2,4)$를 지나기 때문에 연립방정식은 다음과 같다.

$$\begin{cases} a\times 1 + b = 2 \\ a\times 2 + b = 4 \end{cases}$$

그러므로 연립방정식은 다음과 같은 행렬의 곱으로 표현이 된다.

$$\begin{pmatrix} 1 & 1 \\ 2 & 1 \end{pmatrix} \begin{pmatrix} a \\ b \end{pmatrix} = \begin{pmatrix} 2 \\ 4 \end{pmatrix}$$

□□□

가. 일치 및 불일치계

선형방정식의 계인 **AX=B**는 표 5.2에서 보인바와 같이 '일치(consistent)' 및 '불일치(inconsistent)'로 나누어 진다. 만약 선형방정식의 계가 적어도 하나의 해를 갖는다면 '일치계(consistent system)'로 불리운다. 만약 해가 없는 경우에는 '불일치계(inconsistent system)'로 불리운다. 주의할 점으로 만약 계가 무한의 해를 갖

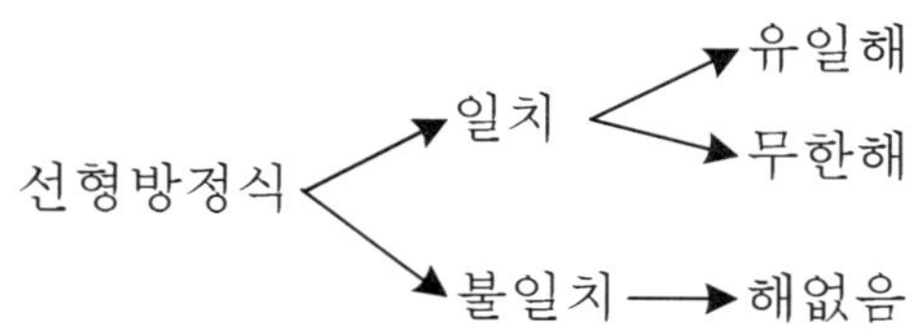

표 5.2: 선형방정식계의 분류

는 경우, 이 역시 일치계로 불리운다.

예제 5.15 예제 5.13에 있는 계를 일치계 및 불일치계로 구분해 보시오.

예제 5.15 예시 답안 예제 5.13(a)에 있는 계는 단 한개의 해를 갖고 있기 때문에 일치계가 된다. 예제 5.13(b)에 있는 계 역시 무한개의 해를 갖고 있기 때문에 일치계가 된다. 반면에 예제 5.13(c)에 있는 계는 해가 없기 때문에 불일치계가 된다.

□□□

나. 가우스 소거법

선형방정식계의 해를 구하기 위한 방법으로는 '가우스 소거법(Gauss elimination method)', 가우스 소거법의 변형인 '가우스-조단 소거법(Gauss-Jordan elimination method)', '역행렬법(inverse matrix method)'과 '크래머 정리(Cramer's rule)' 등이 있다. 선형계인 $\mathbf{AX} = \mathbf{B}$를 풀기 위해 가장 널리 쓰이는 방법은 가우스 소거법의 변형인 가우스-조단 소거법이다. 그러나 주로 사용되는 또 다른 방법인 역행렬 방법과 크래머 정리를 차례로 살펴 보도록 하자.

가우스 소거법은 계수행렬 $\mathbf{A}$를 위삼각형 형태로 변환하여 값을 구한다. 가우스 소거법을 수행하기 위한 절차는 다음과 같다.

- □ 1 단계: 주어진 계를 첨가행렬 형태인 $[\mathbf{A}|\mathbf{B}]$로 변환을 한다.
- □ 2 단계: 첨가행렬에 대해 행연산을 하여 계수행렬 $\mathbf{A}$를 위삼각형 형태로 변환한다.
- □ 3 단계: 후진대입법을 활용하여 주어진 계의 해들을 구한다.

한 예로 다음에 있는 연립방정식을 풀어보자.

$$\begin{cases} x + 2y + 3z = 14 \\ 2x + 3y + z = 11 \\ 3x + y + 2z = 11 \end{cases}$$

위에 있는 연립방정식은 다음과 같은 행렬의 곱인 $\mathbf{AX} = \mathbf{B}$로 표현이 된다.

$$\begin{pmatrix} 1 & 2 & 3 \\ 2 & 3 & 1 \\ 3 & 1 & 2 \end{pmatrix} \begin{pmatrix} x \\ y \\ z \end{pmatrix} = \begin{pmatrix} 14 \\ 11 \\ 11 \end{pmatrix}$$

첫 단계로 계수행렬 **A**를 첨가행렬의 형태로 표현을 해 보자. 이를 위해 다음과 같이 우변벡터 **B**를 계수행렬 내에 수직선을 그린 후, 맨 오른쪽 열에 추가를 한다.

$$\left[\begin{array}{ccc|c} 1 & 2 & 3 & 14 \\ 2 & 3 & 1 & 11 \\ 3 & 1 & 2 & 11 \end{array}\right] \qquad \begin{array}{c} \text{원래의} \\ \text{첨가} \\ \text{행렬} \end{array}$$

두번째 단계로 계수행렬을 위삼각형 형태로 변환을 하기 위하여 첨가행렬에서 행연산을 실시한다. r_1, r_2, r_3를 각각 첨가행렬의 첫번째, 두번째, 세번째 행벡터로 간주하자. 첫번째 행에 -2를 곱한 후, 이를 두번째 행과 더하여 그 값들을 두번째 행으로 대체를 한다. 즉, 다음과 같이 $-2r_1 + r_2$를 하여 이를 두번째 행으로 대체를 한다.

$$r_2 = \begin{pmatrix} -2 & -4 & -6 & -28 \end{pmatrix} + \begin{pmatrix} 2 & 3 & 1 & 11 \end{pmatrix} = \begin{pmatrix} 0 & -1 & -5 & -17 \end{pmatrix}$$

위의 작업을 하게 되면 첨가행렬은 다음과 같다.

$$\left[\begin{array}{ccc|c} 1 & 2 & 3 & 14 \\ 0 & -1 & -5 & -17 \\ 3 & 1 & 2 & 11 \end{array}\right] \qquad -2r_1 + r_2$$

첫번째 행에 -3을 곱한 후, 이를 세번째 행과 더하여 그 값들을 세번째 행으로 대체를 한다. 즉, 다음과 같이 $-3r_1 + r_3$를 하여 이를 세번째 행으로 대체를 한다.

$$r_3 = \begin{pmatrix} -3 & -6 & -9 & -42 \end{pmatrix} + \begin{pmatrix} 3 & 1 & 2 & 11 \end{pmatrix} = \begin{pmatrix} 0 & -5 & -7 & -31 \end{pmatrix}$$

위의 작업을 하게 되면 첨가행렬은 다음과 같다.

$$\left[\begin{array}{ccc|c} 1 & 2 & 3 & 14 \\ 0 & -1 & -5 & -17 \\ 0 & -5 & -7 & -31 \end{array}\right] \qquad -3r_1 + r_3$$

두번째 행에 -5을 곱한 후, 이를 세번째 행과 더하여 그 값들을 세번째 행으로 대체를 한다. 즉, 다음과 같이 $-5r_2 + r_3$를 하게 되면 다음과 같다.

$$r_3 = \begin{pmatrix} 0 & 5 & 25 & 85 \end{pmatrix} + \begin{pmatrix} 0 & -5 & -7 & -31 \end{pmatrix} = \begin{pmatrix} 0 & 0 & 18 & 54 \end{pmatrix}$$

그렇기 때문에 첨가행렬은 다음과 같이 된다.

$$\left[\begin{array}{ccc|c} 1 & 2 & 3 & 14 \\ 0 & -1 & -5 & -17 \\ 0 & 0 & 18 & 54 \end{array}\right] \qquad -5r_2 + r_3$$

위에 있는 첨가행렬로 부터 0이 아닌 성분이 모두 행렬의 위삼각형에 배치되어 있음을 알 수 있다.

세번째 단계로서 연립방정식의 해를 구하기 위하여 후진대입을 하여보자. 첨가행렬의 세번째 행으로 부터 다음을 얻는다.

$$\begin{aligned} & 0 \times x + 0 \times y + 18z = 54 \\ \therefore \quad & z = 3 \end{aligned}$$

유사한 방법으로 첨가행렬의 두번째 행으로 부터 다음을 얻는다.

$$\begin{aligned} & 0 \times x - y - 5z = -17 \\ \therefore \quad & y = 17 - 5z = 17 - 5 \times 3 = 2 \end{aligned}$$

첫번째 행으로 부터 다음을 얻는다.

$$\begin{aligned} & x + 2y + 3z = 14 \\ \therefore \quad & x = 14 - 2y - 3z = 14 - 2 \times 2 - 3 \times 3 = 1 \end{aligned}$$

그렇기 때문에 연립방정식의 해는 다음과 같다.

$$x = 1, \qquad y = 2, \qquad z = 3$$

문제 5.10 가우스 소거법을 활용하여 예제 5.13에 있는 계의 해를 구하시오.

힌트: 선형방정식계를 위한 첨가행렬을 작성하시오. 다음으로 행 연산을 이용하여 계수행렬을 위삼각형 형태로 변환하시오. 마지막으로 해를 구하기 위해 후진대입법을 사용하시오.

□□□

문제 5.11 가우스 소거법을 활용하여 세 개의 선형방정식으로 된 계의 해를 구하시오.

$$\begin{cases} x + y + z = 6 \\ x + 2y + 3z = 14 \\ x - y + z = 2 \end{cases}$$

힌트: 선형방정식계를 위한 첨가행렬을 작성하시오. 다음으로 행 연산을 이용하여 계수행렬을 위삼각형 형태로 변환하시오. 마지막으로 해를 구하기 위해 후진대입법을 사용하시오.

□□□

다. 역행렬 방법

다음과 같은 연립방정식이 주어졌다고 하자.

$$\begin{cases} 2x + 3y = 13 \\ x - 2y = -4 \end{cases}$$

이때 위에 있는 연립방정식을 행렬곱의 형태로 변환을 할 수 있다.

$$\begin{pmatrix} 2 & 3 \\ 1 & -2 \end{pmatrix}\begin{pmatrix} x \\ y \end{pmatrix} = \begin{pmatrix} 13 \\ -4 \end{pmatrix}$$

만약

$$\mathbf{A} = \begin{pmatrix} 2 & 3 \\ 1 & -2 \end{pmatrix}, \quad \mathbf{X} = \begin{pmatrix} x \\ y \end{pmatrix}, \quad \mathbf{B} = \begin{pmatrix} 13 \\ -4 \end{pmatrix}$$

라고 간주한다면, 위에 있는 연립방정식은 $\mathbf{AX} = \mathbf{B}$로 표기가 된다. 양변에 $\mathbf{A}^{-1}$를 곱하게 되면 다음과 같은 식을 얻는다.

$$\mathbf{A}^{-1}\mathbf{AX} = \mathbf{A}^{-1}\mathbf{B}$$

$\mathbf{A}^{-1}\mathbf{A} = \mathbf{I}$가 되기 때문에 위에 있는 식은 다음과 같이 된다.

$$\mathbf{IX} = \mathbf{X} = \mathbf{A}^{-1}\mathbf{B}$$

한편

$$\mathbf{A}^{-1} = \frac{1}{2 \times (-2) - 1 \times 3}\begin{pmatrix} -2 & -3 \\ -1 & 2 \end{pmatrix} = \frac{1}{7}\begin{pmatrix} 2 & 3 \\ 1 & -2 \end{pmatrix}$$

이 되기 때문에 행렬 **X**는 다음과 같이 된다.

$$\mathbf{X} \;=\; \begin{pmatrix} x \\ y \end{pmatrix} = \mathbf{A}^{-1}\mathbf{B} = \frac{1}{7}\begin{pmatrix} 2 & 3 \\ 1 & -2 \end{pmatrix}\begin{pmatrix} 13 \\ -4 \end{pmatrix} = \begin{pmatrix} 2 \\ 3 \end{pmatrix}$$

그러므로 연립방정식의 해는 $x = 2, y = 3$이 된다.

예제 5.16 밑에 있는 각 방정식에 대해 행렬 **A**를 구하시오.

(a) $\begin{pmatrix} 1 & 2 \\ 3 & 4 \end{pmatrix}\mathbf{A} = \begin{pmatrix} 3 & -3 \\ 7 & -7 \end{pmatrix}$ (b) $\mathbf{A}\begin{pmatrix} 1 & 2 \\ 3 & 4 \end{pmatrix} = \begin{pmatrix} -2 & -2 \\ -2 & -2 \end{pmatrix}$

예제 5.16 예시 답안

(a) 주어진 식의 양변에 행렬 $\begin{pmatrix} 1 & 2 \\ 3 & 4 \end{pmatrix}^{-1}$을 곱하게 되면 다음의 식을 얻을 수가 있다.

$$\begin{pmatrix} 1 & 2 \\ 3 & 4 \end{pmatrix}^{-1}\begin{pmatrix} 1 & 2 \\ 3 & 4 \end{pmatrix}\mathbf{A} = \begin{pmatrix} 1 & 2 \\ 3 & 4 \end{pmatrix}^{-1}\begin{pmatrix} 3 & -3 \\ 7 & -7 \end{pmatrix}$$

한편 $\begin{pmatrix} 1 & 2 \\ 3 & 4 \end{pmatrix}^{-1}\begin{pmatrix} 1 & 2 \\ 3 & 4 \end{pmatrix} = \mathbf{I}$ 이고 $\mathbf{IA} = \mathbf{A}$가 되기 때문에 다음의 식을 얻는다.

$$\begin{aligned} \mathbf{A} &= \begin{pmatrix} 1 & 2 \\ 3 & 4 \end{pmatrix}^{-1}\begin{pmatrix} 3 & -3 \\ 7 & -7 \end{pmatrix} \\ &= \frac{1}{1\times 4 - 3\times 2}\begin{pmatrix} 4 & -2 \\ -3 & 1 \end{pmatrix}\begin{pmatrix} 3 & -3 \\ 7 & -7 \end{pmatrix} \\ &= \begin{pmatrix} -2 & 1 \\ \frac{3}{2} & -\frac{1}{2} \end{pmatrix}\begin{pmatrix} 3 & -3 \\ 7 & -7 \end{pmatrix} \\ &= \begin{pmatrix} 1 & -1 \\ 1 & -1 \end{pmatrix} \end{aligned}$$

(b) 주어진 식의 양변에 행렬 $\begin{pmatrix} 1 & 2 \\ 3 & 4 \end{pmatrix}^{-1}$를 곱하게 되면 다음의 식을 얻는다.

$$\begin{aligned}
\mathbf{A} &= \begin{pmatrix} -2 & -2 \\ -2 & -2 \end{pmatrix}\begin{pmatrix} 1 & 2 \\ 3 & 4 \end{pmatrix}^{-1} \\
&= \begin{pmatrix} -2 & -2 \\ -2 & -2 \end{pmatrix}\frac{1}{1\times 4 - 3\times 2}\begin{pmatrix} 4 & -2 \\ -3 & 1 \end{pmatrix} \\
&= \begin{pmatrix} -2 & -2 \\ -2 & -2 \end{pmatrix}\begin{pmatrix} -2 & 1 \\ \frac{3}{2} & -\frac{1}{2} \end{pmatrix} = \begin{pmatrix} 1 & -1 \\ 1 & -1 \end{pmatrix}
\end{aligned}$$

□□□

라. 크래머 정리

선형방정식계를 풀기 위해 크래머 정리를 살펴보도록 하자. 다음과 같이 두 개의 선형방정식으로 된 계를 살펴보자.

$$\begin{cases} ax + by = e \\ cx + dy = f \end{cases}$$

여기서 x, y는 미지수이며, a, b, c, d, e, f는 계수이다.

위에 있는 계는 다음과 같은 행렬곱의 형태로 변환이 되어진다.

$$\mathbf{AX} = \mathbf{B} = \begin{pmatrix} a & b \\ c & d \end{pmatrix}\begin{pmatrix} x \\ y \end{pmatrix} = \begin{pmatrix} e \\ f \end{pmatrix}$$

계수행렬 $\mathbf{A}$의 행렬식 D가 0이 아닌 경우에 선형계를 풀기 위해 크래머 정리를 사용할 수 있다. 주어진 계로 부터 계수행렬 $\mathbf{A}$의 행렬식 D는 다음과 같이 된다.

$$D = \det(\mathbf{A}) = \begin{vmatrix} a & b \\ c & d \end{vmatrix} = ad - cb$$

행렬식 D의 첫번째 열을 주어진 계의 우변으로 교체함으로서 행렬식 D_x를 다음과 같이 얻는다.

$$D_x = \begin{vmatrix} \boldsymbol{e} & b \\ \boldsymbol{f} & d \end{vmatrix} = ed - fb$$

또한 유사한 방법으로 행렬식 D의 두번째 열을 주어진 계의 우변으로 교체함으로서 행렬식 D_y를 다음과 같이 얻을 수 있다.

$$D_y = \begin{vmatrix} a & \boldsymbol{e} \\ c & \boldsymbol{f} \end{vmatrix} = af - ce$$

다음으로 크래머 정리에 의거해서 주어진 계의 x, y의 값을 다음과 같이 구할 수가 있다.

$$x = \frac{D_x}{D} = \frac{\begin{vmatrix} e & b \\ f & d \end{vmatrix}}{\begin{vmatrix} a & b \\ c & d \end{vmatrix}}, \qquad y = \frac{D_y}{D} = \frac{\begin{vmatrix} a & e \\ c & f \end{vmatrix}}{\begin{vmatrix} a & b \\ c & d \end{vmatrix}} \tag{5.11}$$

여기서 행렬식 $D \neq 0$이다.

예제 5.17 크래머 정리를 활용하여 다음을 푸시오.

(a) $\begin{cases} x + y = 0 \\ x - y = 2 \end{cases}$ (b) $\begin{cases} x + y = 2 \\ 2x + 2y = 4 \end{cases}$ (c) $\begin{cases} x + y = 2 \\ 2x + 2y = 8 \end{cases}$

예제 5.17 예시 답안

(a) 주어진 계의 계수행렬은 다음과 같이 표현이 되어진다.

$$\mathbf{A} = \begin{pmatrix} 1 & 1 \\ 1 & -1 \end{pmatrix}$$

계수행렬 $\mathbf{A}$의 행렬식 D를 다음과 같이 구할 수가 있다.

$$D = \det(\mathbf{A}) = \begin{vmatrix} 1 & 1 \\ 1 & -1 \end{vmatrix} = -2$$

$D \neq 0$이기 때문에 선형방정식계을 풀기 위해 크래머 정리를 사용할 수가 있다. 크래머 정리에 의거해서 행렬식 D_x, D_y는 다음과 같다.

$$D_x = \begin{vmatrix} 0 & 1 \\ 2 & -1 \end{vmatrix} = -2, \qquad D_y = \begin{vmatrix} 1 & 0 \\ 1 & 2 \end{vmatrix} = 2$$

그러므로 주어진 계의 해는 다음과 같다.

$$x = \frac{D_x}{D} = \frac{-2}{-2} = 1, \qquad y = \frac{D_y}{D} = \frac{2}{-2} = -1$$

선형방정식계를 풀기 위한 또 다른 방법으로 역행렬 방법을 사용할 수가 있다. 다음과 같은 행렬이 있다고 간주하자.

$$\mathbf{A} = \begin{pmatrix} 1 & 1 \\ 1 & -1 \end{pmatrix}, \qquad \mathbf{X} = \begin{pmatrix} x \\ y \end{pmatrix}, \qquad \mathbf{B} = \begin{pmatrix} 0 \\ 2 \end{pmatrix}$$

그러면 주어진 선형방정식계는 다음과 같은 행렬곱의 형태로 표현이 가능하다.

$$\mathbf{AX} = \mathbf{B} = \begin{pmatrix} 1 & 1 \\ 1 & -1 \end{pmatrix} \begin{pmatrix} x \\ y \end{pmatrix} = \begin{pmatrix} 0 \\ 2 \end{pmatrix}$$

양변을 $\mathbf{A}^{-1}$로 곱함으로서 행렬 $\mathbf{X}$를 다음과 같이 구할 수가 있다.

$$\begin{aligned} \mathbf{X} &= \mathbf{A}^{-1}\mathbf{B} = \begin{pmatrix} x \\ y \end{pmatrix} \\ &= \frac{1}{D} \begin{pmatrix} -1 & -1 \\ -1 & 1 \end{pmatrix} \begin{pmatrix} 0 \\ 2 \end{pmatrix} \\ &= \frac{1}{-1 \times 1 - (-1) \times (-1)} \begin{pmatrix} -1 & -1 \\ -1 & 1 \end{pmatrix} \begin{pmatrix} 0 \\ 2 \end{pmatrix} = -\frac{1}{2} \begin{pmatrix} -2 \\ 2 \end{pmatrix} \\ &= \begin{pmatrix} 1 \\ -1 \end{pmatrix} \end{aligned}$$

그러므로 구하고자 하는 해 $x = 1, y = -1$을 구할 수가 있다.

(b) 계수행렬의 행렬식은 다음과 같다.

$$D = \begin{vmatrix} 1 & 1 \\ 2 & 2 \end{vmatrix} = 0$$

$D = 0$이기 때문에 계수행렬은 특이행렬이다. 그러한 이유로 유일한 해를 구할 수가 없다. 주어진 계를 살펴보면 두 방정식은 동일하다. 그렇기 때문에 무한해가 존재한다. 즉, 주어진 계는 판정이 불가하다. 행렬식D_x, D_y를 구하도록 해 보자. 크래머 정리에 의해 다음의 식을 얻을 수가 있다.

$$D_x = \begin{vmatrix} 2 & 1 \\ 4 & 2 \end{vmatrix} = 0, \qquad D_y = \begin{vmatrix} 1 & 2 \\ 2 & 4 \end{vmatrix} = 0$$

이러한 결과로 부터 선형방정식계의 행렬식 D가 0이 되고 D_x, D_y 모두가 0이 되는 경우에, 선형방정식은 판정이 불가하며 무한해를 갖는다.

(c) 계수행렬의 행렬식은 다음과 같이 된다.

$$D = \begin{vmatrix} 1 & 1 \\ 2 & 2 \end{vmatrix} = 0$$

$D = 0$이 되기 때문에 계수행렬은 특이행렬이다. 그렇기 때문에 유일한 해를 얻기가 불가하다. 두 선형방정식의 그래프를 살펴 보면 두 그래프가 평행임

을 알 수가 있다. 즉, 주어진 께는 불일치가 된다. 행렬식 D_x, D_y를 구하도록 해 보자. 크래머 정리에 의해 다음의 식을 얻을 수가 있다.

$$D_x = \begin{vmatrix} 2 & 1 \\ 8 & 2 \end{vmatrix} = -4, \qquad D_y = \begin{vmatrix} 1 & 2 \\ 2 & 8 \end{vmatrix} = 4$$

위에 있는 결과로 부터 만약 행렬식 D가 0이고 D_x, D_y 모두가 0이 아닌 경우에 선형계는 불일치가 되며 해가 존재하지 않는다.

정리하면 다음과 같다. 선형방정식계가 주어진 경우 계수행렬의 행렬식 D가 0이 아닌 경우에 주어진 계의 해를 구하기 위해 크래머 정리를 사용할 수가 있다. 만약 계수행렬의 행렬식 D가 0이 아닌 경우에 주어진 계는 유일한 해를 갖는다. 반면에 계수행렬의 행렬식 D가 0인 경우에는 주어진 계는 판정불가이거나 불일치가 된다.

□□□

예제 5.18 다음에 있는 연립방정식의 x, y, z의 값을 구하시오.

$$\begin{cases} x + y + z = 2 \\ 2x - y + z = 6 \\ x - y - 2z = 1 \end{cases}$$

예제 5.18 예시 답안 주어진 3×3 선형방정식에 있어 계수행렬의 행렬식은 다음과 같이 되어진다.

$$\begin{aligned} D &= \begin{vmatrix} 1 & 1 & 1 \\ 2 & -1 & 1 \\ 1 & -1 & -2 \end{vmatrix} \\ &= 1 \times (-1) \times (-2) + 1 \times 1 \times 1 + 1 \times (-1) \times 2 \\ &\quad -1 \times (-1) \times 1 - 2 \times 1 \times (-2) - 1 \times 1 \times (-1) \\ &= 7 \end{aligned}$$

$D \neq 0$이기 때문에 주어진 선형계를 풀기 위해서 크래머 정리를 사용할 수가 있

다. 행렬식 D_x, D_y, D_z는 다음과 같이 되어진다.

$$\begin{aligned}
D_x &= \begin{vmatrix} 2 & 1 & 1 \\ 6 & -1 & 1 \\ 1 & -1 & -2 \end{vmatrix} \\
&= 2\times(-1)\times(-2)+1\times1\times1+1\times(-1)\times6 \\
&\quad -1\times(-1)\times1-6\times1\times(-2)-2\times1\times(-1) \\
&= 14
\end{aligned}$$

$$\begin{aligned}
D_y &= \begin{vmatrix} 1 & 2 & 1 \\ 2 & 6 & 1 \\ 1 & 1 & -2 \end{vmatrix} \\
&= 1\times6\times(-2)+2\times1\times1+1\times1\times2 \\
&\quad -1\times6\times1-2\times2\times(-2)-1\times1\times1 \\
&= -7
\end{aligned}$$

$$\begin{aligned}
D_z &= \begin{vmatrix} 1 & 1 & 2 \\ 2 & -1 & 6 \\ 1 & -1 & 1 \end{vmatrix} \\
&= 1\times(-1)\times1+1\times6\times1+2\times(-1)\times2 \\
&\quad -1\times(-1)\times2-2\times1\times1-1\times6\times(-1) \\
&= 7
\end{aligned}$$

그러므로 주어진 연립방정식의 해는 다음과 같다.

$$x=\frac{D_x}{D}=\frac{14}{7}=2,\qquad y=\frac{D_y}{D}=\frac{-7}{7}=-1,\qquad z=\frac{D_z}{D}=\frac{7}{7}=1$$

□□□

문제 5.12 주어진 연립방정식의 계는 해가 없음을 보이시오. 즉, 불일치함을 보이시오.

$$\begin{cases} 3x + (2+a)y = 5-a \\ (4+a)x + 8y = 3a \end{cases}$$

힌트: 만약 계수행렬의 행렬식이 0이 되는 경우에, 주어진 선형방정식계는 판정불가이거나 불일치가 된다.

□□□

선형방정식계인 **AX** = **B**를 풀기 위한 가우스-조단 소거법은 가우스 소거법의 변형이다. 가우스-조단 소거법은 계수행렬을 0으로 이루어진 대각행렬을 만들고자 함이다. 가우스-조단 소거법을 수행하기 위한 절차는 다음과 같다.

□ 1 단계: 주어진 계를 [**A**|**B**] 형태인 첨가행렬로 변형을 시키다.
□ 2 단계: 첨가행렬에 대해 행연산을 실시하여 계수행렬 **A**를 대각행렬로 변환을 시킨다.
□ 3 단계: 대각행렬을 항등행렬로 바꾼 후, 전진대입법을 활용하여 주어진 계의 해를 구한다.

예를 들어 다음에 있는 연립방정식을 풀도록 해보자.

$$\begin{cases} x + 2y + 3z = 14 \\ 2x + 3y + z = 11 \\ 3x + y + 2z = 11 \end{cases}$$

첫번째 단계로 다음과 같은 첨가행렬을 구할 수가 있다.

$$\left[\begin{array}{ccc|c} 1 & 2 & 3 & 14 \\ 2 & 3 & 1 & 11 \\ 3 & 1 & 2 & 11 \end{array}\right] \quad \text{원래의 첨가행렬}$$

두번째 단계로 첨가행렬에 대해 기본적인 행연산을 수행함으로서 계수행렬을 다음과 같은 대각행렬로 바꿀 수가 있다.

$$\left[\begin{array}{ccc|c} 1 & 2 & 3 & 14 \\ 0 & -1 & -5 & -17 \\ 3 & 1 & 2 & 11 \end{array}\right] \quad -2r_1 + r_2$$

$$\left[\begin{array}{ccc|c} 1 & 2 & 3 & 14 \\ 0 & -1 & -5 & -17 \\ 0 & -5 & -7 & -31 \end{array}\right] \quad -3r_1 + r_3$$

$$\left[\begin{array}{ccc|c} 1 & 2 & 3 & 14 \\ 0 & -1 & -5 & -17 \\ 0 & 0 & 18 & 54 \end{array}\right] \quad -5r_2 + r_3$$

$$\left[\begin{array}{ccc|c} 1 & 2 & 3 & 14 \\ 0 & -1 & 0 & -2 \\ 0 & 0 & 18 & 54 \end{array}\right] \quad \tfrac{5}{18}r_3 + r_2$$

$$\left[\begin{array}{ccc|c} 1 & 0 & 3 & 10 \\ 0 & -1 & 0 & -2 \\ 0 & 0 & 18 & 54 \end{array}\right] \qquad 2r_2 + r_1$$

$$\left[\begin{array}{ccc|c} 1 & 0 & 0 & 1 \\ 0 & -1 & 0 & -2 \\ 0 & 0 & 18 & 54 \end{array}\right] \qquad -\tfrac{3}{18}r_3 + r_1$$

이제 대각행렬을 구했기 때문에, 마지막 단계로 각 주대각선 성분을 1로 만들 필요가 있다.

$$\left[\begin{array}{ccc|c} 1 & 0 & 0 & 1 \\ 0 & 1 & 0 & 2 \\ 0 & 0 & 18 & 54 \end{array}\right] \qquad r_2 \div (-1)$$

$$\left[\begin{array}{ccc|c} 1 & 0 & 0 & 1 \\ 0 & 1 & 0 & 2 \\ 0 & 0 & 1 & 3 \end{array}\right] \qquad r_3 \div 18$$

그러한 이유로 항등행렬로 된 계수행렬을 얻을 수가 있다. 새로운 계수행렬은 다음과 같은 형태로 표현이 된다.

$$\begin{array}{ccccccc} 1 \times x & + & 0 \times y & + & 0 \times z & = & 1 \\ 0 \times x & + & 1 \times y & + & 0 \times z & = & 2 \\ 0 \times x & + & 0 \times y & + & 1 \times z & = & 3 \end{array}$$

그러므로 연립방정식의 해는

$$x = 1, \qquad y = 2, \qquad z = 3$$

이 된다.

문제 5.13 가우스-조단 소거법을 이용하여 예제 5.13에 있는 계의 해를 구하시오.

힌트: 선형방정식계를 위하여 첨가행렬을 작성하시오. 기본적인 행연산을 통해 계수행렬을 대각행렬로 변환하시오. 다음으로 대각행렬을 항등행렬로 바꾼 후, 전진대입법으로 주어진 계의 해를 구하시오.

□□□

문제 5.14 가우스-조단 소거법을 이용하여 문제 5.11에 있는 선형방정식계를 구하시오.

힌트: 주어진 계에 대한 첨가행렬을 작성하시오. 기본적인 행연산을 통해 계수행렬을 대각행렬의 형태로 변환하시오. 다음으로 각 주대각선 성분을 1로 만드시오.

□□□

통계학은 "집단의 현상을 수량적으로 관찰하여 집단적 특성을 찾아내는 학문"이다.

6 통계

'통계학(statistics)'은 주어진 자료를 근간으로 의사 결정을 하기 위하여 자료를 분석, 해석 및 표현하는 데에 그 목적이 있다. '표본(sample)' 자료에 있는 정보로 부터 통계학은 알려져 있지 않은 '모집단(population)'의 특성을 추론한다. 예를 들어, 모집단의 '모수(parameter)'인 '모평균(population mean)', '모분산(population variance)' 및 '모표준편차(population standard deviation)'가 모집단의 속성을 분석하는데 중요한 통계적 양이 된다.

제 1 절 이산자료와 연속자료

'자료' 또는 '데이터(data)'는 그림 6.1에서 보듯이 크게 '양적자료(quantitative data)'와 '질적자료(qualitative data)'로 나눌 수 있다.

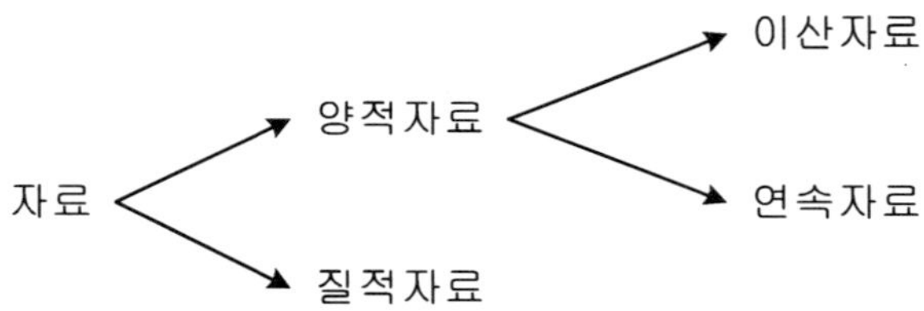

그림 6.1: 자료의 분류

양적자료는 숫자로 표현이 된다. 예를 들어 자동차의 수, 학생의 몸무게, 온도의 도수 등이 된다. 반면에 질적자료는 숫자로 표현되기 보다는 언어로서 표현이 된다. 예를 들어, 학생이 선호하는 색상, 음료수의 맛 정도, 국가 경제 상태 등이 된다. 통계에서 다루는 자료 대다수는 양적자료가 된다. 또한 양적자료는 '이산자료(discrete data)'와 '연속자료(continuous data)'로 구분이 된다. 이산자료는 그 값을 셀 수 있는 것이 된다. 이산자료는 자료가 딱 잘라지기 때문에 정확도를 기하지 않고 그 값을 셀 수 있다. 예를 들면, 학급에 있는 학생의 수가 된다. 학생의 수는 딱 잘라지기 때문에 2.5명 또는 3.3명과 같은 학생 수가 발생하지 않는다. 반면에 연속자료는 주어진 범위 내에 있는 한 점의 값이 된다. 연속자료는 측정 기계를 통해 그 값을 얻어낼 수 있다. 예를 들어, 학급 내 학생의 키 높이가 연속자료가 된다. 한 예로 학생의 키 1.8미터는 측정 기계를 통해 측정이 되며, 그 값은 1.75~1.85미터 구간 내에 있는 값이 된다.

예제 6.1 다음의 자료에서 이산자료와 연속자료를 찾아보시오.

(a) 미터로 표기된 거리 (b) 승객의 수
(c) ABO식 혈액형 (d) 킬로그램으로 표기된 몸무게
(e) 섭씨온도 (f) 사람 수

예제 6.1 예시 답안 (b), (c), (f)의 자료의 값은 모두 딱 잘라지기 때문에 이산자료가 된다. 예를 들어, 사람의 혈액형은 A, B, AB, O라는 단 4가지의 형태로만 나타내기 때문에 사람들의 혈액형의 수를 셀 수가 있다. 반면에 (a), (d), (e)의 자료의 값은 딱 잘라지지 않기 때문에 연속자료가 된다. 예를 들어, 측정 기계를 통해 측정된 거리 12.3미터의 실제값은 12.25와 12.35미터 사이에 있는 값이 된다.

□□□

제 2 절 자료의 표현

일상에서 얻어진 자료는 표, 차트, 도표 등을 이용하여 자료간의 연관성을 표현해 준다. 한 예로 표 6.1은 수학 시험을 본 30명의 학생에 대한 성적표이다.

95,	15,	70,	5,	20,	25,	50,	45,	45,	70,
5,	75,	30,	60,	75,	45,	45,	50,	10,	50,
10,	10,	15,	20,	45,	45,	50,	60,	60,	70.

표 6.1: 원시자료의 예

"자료의 값을 나눈 구간"을 '계급(class)'이라고 하며, "각 계급에 속한 자료의 개수"를 '도수(frequency)'라고 한다. '계급값(class value)'은 "각 계급을 대표하는 값"으로 각 계급의 가운데 값이 된다.

$$계급값 = \frac{계급의\ 하한값 + 계급의\ 상한값}{2} \tag{6.1}$$

가. 탤리차트

'탤리차트(tally chart)'는 기호 |와 같은 수직선을 이용하여 단순한 기록을 표현해 주고 있다. 탤리차트에서 도수는 각 점수가 발생한 횟수를 나타내준다. 표 6.1에 있는 자료를 탤리차트로 표현해 보자. 그림 6.2에 있는 도수를 '절대도수(absolute frequency)'라고 하며, 이는 각 점수의 탤리의 수를 나타내고 있다. 즉, 이는 자료 내에서 연관자료가 얼마나 발생했는지를 보여주고 있다.

<table>
<tr><th>점수</th><th>탤리</th><th>도수</th><th>점수</th><th>탤리</th><th>도수</th></tr>
<tr><td>5</td><td>||</td><td>2</td><td>45</td><td>𝍸 |</td><td>6</td></tr>
<tr><td>10</td><td>|||</td><td>3</td><td>50</td><td>||||</td><td>4</td></tr>
<tr><td>15</td><td>||</td><td>2</td><td>60</td><td>|||</td><td>3</td></tr>
<tr><td>20</td><td>||</td><td>2</td><td>70</td><td>|||</td><td>3</td></tr>
<tr><td>25</td><td>|</td><td>1</td><td>75</td><td>||</td><td>2</td></tr>
<tr><td>30</td><td>|</td><td>1</td><td>95</td><td>|</td><td>1</td></tr>
<tr><td>총합</td><td></td><td></td><td></td><td></td><td>30</td></tr>
</table>

그림 6.2: 탤리차트

나. 띠차트

'띠차트(strip chart)'는 자료 내에 있는 두 개 이상의 자료를 비교하는데 사용된다. 띠차트 내에 있는 각 막대기의 길이는 각 자료의 도수를 나타내고 있다. 표 6.1에 있는 자료를 이용하여 띠차트를 그려보면 그림 6.3과 같다.

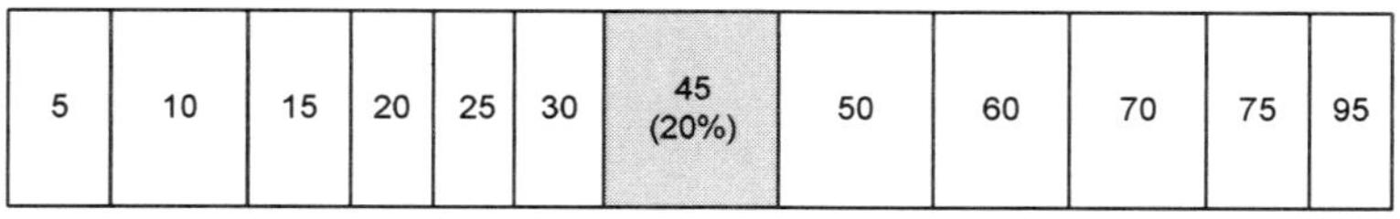

그림 6.3: 띠차트

그림 6.3에 있는 띠차트에서 점수 45의 백분율은 다음과 같다.

$$\frac{6}{30} \times 100\% = 20\%$$

즉 띠차트의 전체 길이를 $a$cm라고 했을 때, 점수 45를 나타내는 직사각형의 밑변의 길이는 $0.2a$cm$(= a \times 0.2)$가 된다.

다. 파이차트

'파이차트(pie chart)'에서 각 파이의 각 θ는 각 자료의 백분율을 의미한다.

$$\theta = \frac{\text{각 자료의 도수}}{\text{전체 도수}} \times 360^\circ$$

표 6.1에 있는 자료를 이용하여 파이차트를 그려보면 그림 6.4와 같다.

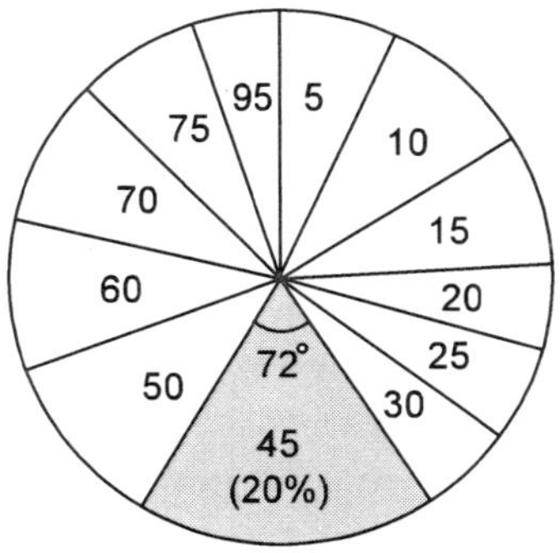

그림 6.4: 파이차트

참고로 그림 6.4에서 점수 45에 대한 각은 다음과 같이 계산이 된다.

$$\frac{6}{30} \times 360^\circ = 72^\circ$$

예제 6.2 그림 6.4에 있는 원의 반지름의 길이가 10cm인 경우, 다음의 값을 구하시오.

(a) 점수 45를 나타내는 부채꼴의 호의 길이

(b) 점수 45를 나타내는 부채꼴의 면적

예제 6.2 예시 답안

(a) $\theta = 72^\circ$이니 호의 길이 l은 다음과 같다.

$$l = 2\pi r \times \frac{\theta}{360^\circ} = 2 \times \pi \times 10 \times \frac{72^\circ}{360^\circ} = 4\pi \text{ (cm)}$$

(b) $\theta = 72^\circ$이니 부채꼴의 면적 A는 다음과 같다.

$$A = \pi r^2 \times \frac{\theta}{360^\circ} = \pi \times 10^2 \times \frac{72^\circ}{360^\circ} = 20\pi \text{ (cm}^2\text{)}$$

□□□

라. 점도수분포표

'점도수분포표(dot frequency diagram)'에서 각 자료의 도수는 점의 개수로 나타내어진다. 표 6.1에 있는 자료를 이용하여 점도수분포표를 그려보면 그림 6.5와 같다.

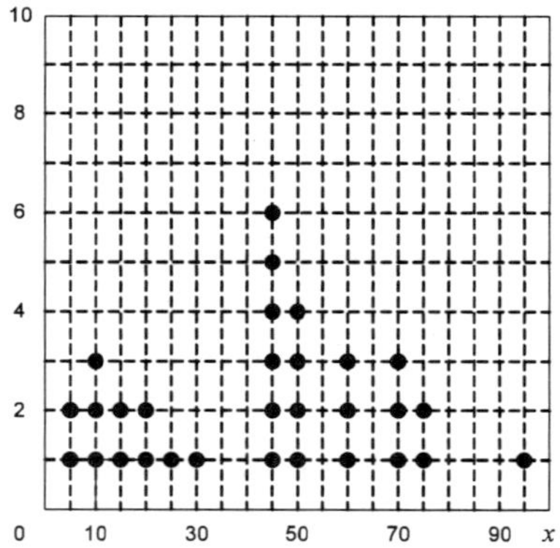

그림 6.5: 점도수분포표

마. 도수분포표

'도수분포표(frequency distribution table)'는 "전체의 자료를 몇 개의 계급과 도수로 나타내는 표"가 되며, 각 계급의 크기는 다루기 쉬운 수로 정하고, 모든 계급의 크기는 같아야 한다. 표 6.1에 있는 자료를 이용하여 도수분포표를 그려보면 표 6.2와 같으며, 계급의 크기는 20(예: $80 - 60 = 20$)이 된다.

점수	학생수
0-20	7
20-40	4
40-60	10
60-80	8
80-100	1
합계	30

표 6.2: 도수분포표

바. 막대차트

'막대차트(bar chart)'에서 각 자료는 막대기로 표현이 된다. 막대차트는 수평 또는 수직으로 그릴 수 있다. 표 6.1에 있는 자료를 이용하여 수직 막대차트를 그려보면 그림 6.6(a)와 같다.

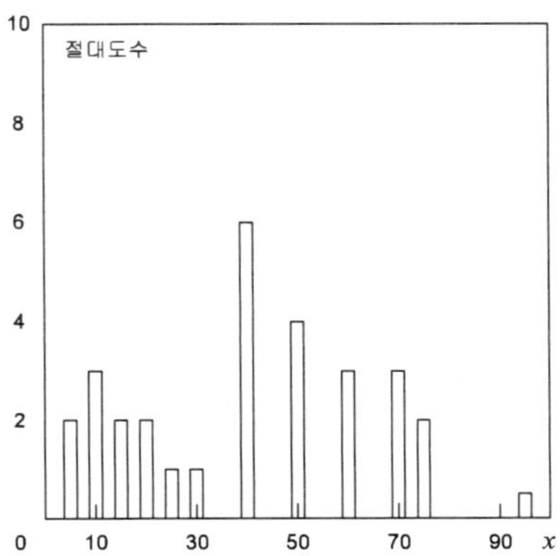

(a) 막대차트

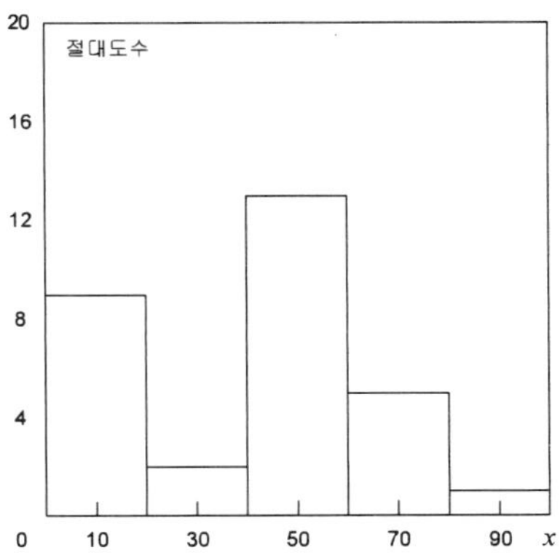

(b) 히스토그램

그림 6.6: 막대차트와 히스토그램

사. 히스토그램

'히스토그램(histogram)'은 수평 막대차트와 유사하며 연속자료나 그룹화된 자료를 표현해 준다. 히스토그램은 가로축에 계급, 세로축에 도수를 잡고, 도수분포표의 각 계급의 크기를 밑변으로 하고, 각 계급의 도수를 높이로 하는 직사각형을 좌표 평면위에 차례로 그린 그래프이다. 표 6.1에 있는 자료를 이용하여, 계급구간이 $0 \sim 20, 20 \sim 40, \ldots$ 등으로 표시되는 히스토그램을 그려보면 그림 6.6(b)와 같다.

아. 도수분포다각형

자료의 도수 또는 절대도수인 x는 자료 내에서 해당자료가 x개 나타남을 보여주고 있다. '상대도수(relative frequency)'는 자료의 도수 x를 전체자료의 개수인 n으로 나눈 값이 된다. '누적도수(cumulative frequency)'는 어떠한 값 y이하의 도수를 모두 합친 값이 된다. '누적상대도수 (cumulative relative frequency)는 누적도수를 전체자료의 개수인 n으로 나눈 값이 된다. 표 6.1에 있는 자료를 이용하여 도수분포표를 작성하도록 하자. 단, 계급 구간은 $0 \sim 20, 20 \sim 40, \ldots$ 등으로 표시하자. 표 6.1을 이용하여 도수분포표를 작성하면 표 6.3과 같다.

계급구간	계급점수	도수	상대도수	누적도수	누적상대도수
$0 \leq x_1 \leq 20$	10	9	0.30	9	0.30
$20 < x_2 \leq 40$	30	2	0.07	11	0.37
$40 < x_3 \leq 60$	50	13	0.43	24	0.80
$60 < x_4 \leq 80$	70	5	0.17	29	0.97
$80 < x_5 \leq 100$	90	1	0.03	30	1.00
합계		30	1.00		

표 6.3: 도수분포표

표 6.3에 있는 도수분포표를 이용하여 상대도수분포도, 상대도수분포다각형, 누적상대도수분포도를 그려보면 각각 그림 6.7(a), 6.7(b), 6.7(c)와 같다.

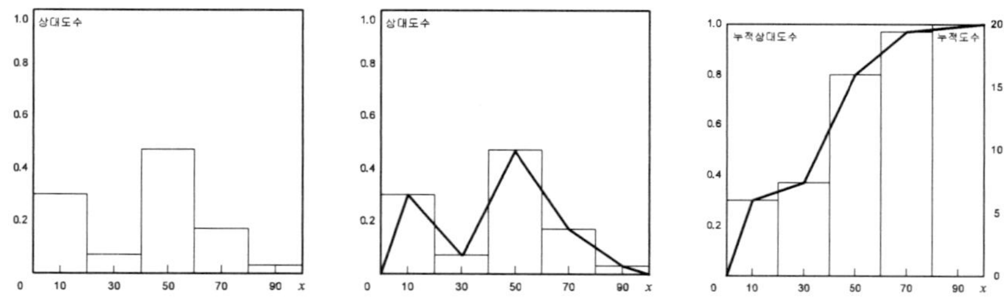

(a) 상대도수분포도 (b) 상대도수분포다각형 (c) 누적상대도수분포도

그림 6.7: 상대도수분포 그림들

예제 6.3 표 6.4에 있는 도수분포표에서 A, B, C의 값을 구하시오.

계급점수	도수	상대도수	누적상대도수
10	0	0.0	0.0
30	5	B	0.1
50	A	0.2	0.3
70	25	0.5	C
90	10	0.2	1.0
합계	50	1.0	

표 6.4: 도수분포표

예제 6.3 예시 답안

$$\begin{aligned} A &= 50-(0+5+25+10)=10, \\ B &= \frac{5}{50}=0.1, \\ C &= 0.3+0.5=0.8 \end{aligned}$$

□□□

자. 줄기와 잎 그림

'줄기와 잎 그림(stem-and-leaf plot)'은 자료가 모여져 있는 모양이나 분포를 보여주는데 사용된다. 각 자료는 줄기와 잎으로 분리가 된다. 일반적으로 자료의 마지막 자릿수 값은 잎이 되고, 나머지 자릿수의 값은 줄기가 된다. 줄기와 잎그림을 그리는 절차는 다음과 같다.

(1단계:) 높은 자리의 숫자를 줄기로 하여 크기가 높은 것부터 순서대로 아래로 나열한다.

(2단계:) 줄기의 좌·우에 세로줄을 긋는다.

(3단계:) 각 높은 자리의 숫자에 해당하는 낮은 자리의 숫자를 잎으로 하여 세로줄의 오른쪽에 크기가 작은 것부터 순서대로 가로로 나열한다.

줄기	잎
100	
90	5
80	
70	0, 0, 0, 5, 5
60	0, 0, 0
50	0, 0, 0, 0
40	5, 5, 5, 5, 5, 5
30	0
20	0, 5
10	0, 0, 5
0	5, 5

그림 6.8: 줄기와 잎 그림

표 6.1에 있는 자료를 이용하여, 줄기의 값이 십의 자리로 하는 줄기와 잎 그림을 그려보면 그림 6.8과 같다.

차. 산포도

'산포도(scatter diagram)'는 두 숫자 변수간의 관계를 그래프로 나타낸 것이다. 그림 6.9는 산포된 자료의 관계를 보여주고 있다.

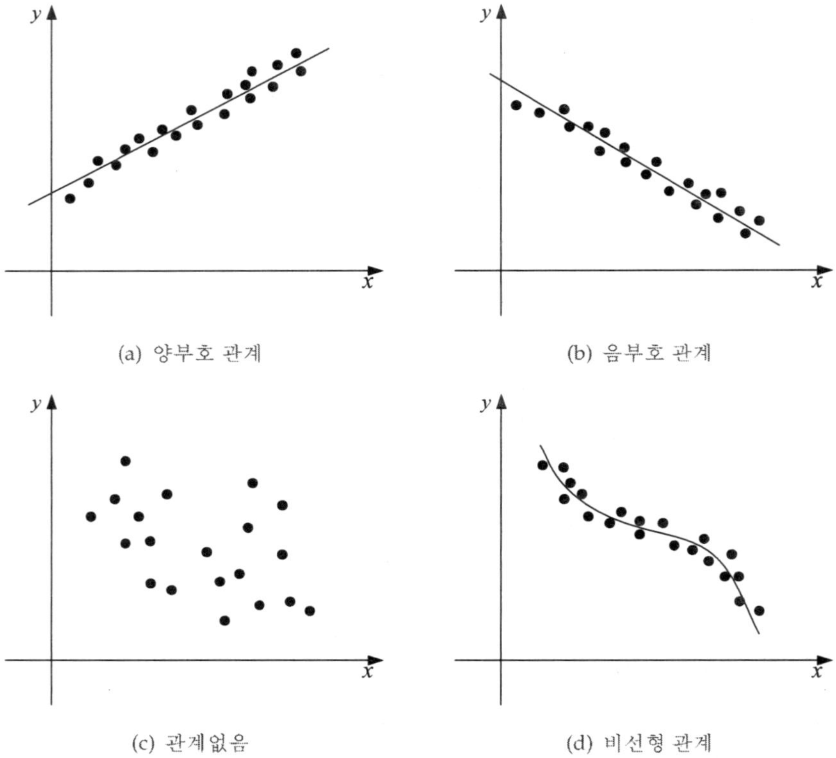

(a) 양부호 관계

(b) 음부호 관계

(c) 관계없음

(d) 비선형 관계

그림 6.9: 산포도

예를 들어, 그림 6.9(a)는 x의 값이 증가될 때 y값이 증가되는 양부호 관계를 보여주고 있다. 반면에 그림 6.9(b)는 x의 값이 증가될 때 y값이 감소하는 음부호 관계를 보여주고 있다. 그림 6.9(c)는 두 변수 x, y간에 관계가 없음을 보여주고 있으며, 그림 6.9(d)는 두 변수 x, y가 비선형 관계임을 보여주고 있다.

제 3 절 대푯값

자료의 분포 상태를 하나의 수 값으로 나타낼 때는 먼저 그 분포의 중심이 어디 있는지를 살펴보아야 한다. 이 분포의 중심위치를 나타내는 값을 '대푯값 (representative value)'이라고 한다. 대푯값에는 '평균값(mean)', '중앙값(median)', '최빈값(mode)'이 있다. 평균은 "데이터의 총합을 데이터의 개수로 나눈 값"인 '산술평균(arithmetic mean)'을 일반적으로 말한다. 중앙값은 "데이터를 크기순으로 늘어놓을 때 중앙에 놓이는 값"을 말하며, 최빈값은 "데이터 중에서 가장 많이 나타난 값"을 말한다.

예제 6.4 다음의 자료에서 중앙값을 구하시오.

(a) 1, 8, 6, 4, 5 (b) 7, 3, 5, 4

예제 6.4 예시 답안

(a) 주어진 데이터를 순서 배열하게 되면 1, 4, 5, 6, 8이 되니, 중앙값은 5가 된다.

(b) 주어진 데이터를 순서 배열하게 되면 3, 4, 5, 7이 된다. 주어진 데이터의 개수가 짝수이기 때문에 중앙값은 4와 5의 중간이 된다. 즉 $4.5\left(=\frac{4+5}{2}\right)$ 가 된다.

□□□

예제 6.5 다음의 자료에서 최빈값을 구하시오.

(a) 7, 6, 1, 2, 1, 3 (b) 3, 7, 8, 4, 2, 6, 5, 4, 3, 9

예제 6.5 예시 답안

(a) 데이터 내에 두 개의 1이 있기 때문에, 최빈값은 1이 된다.

(b) 데이터 내에 3과 4가 두 개씩 있기 때문에, 최빈값은 3 또는 4가 된다.

□□□

제 4 절　평균

평균(mean)은 크게 '산술평균(arithmetic mean)', '기하평균(geometric mean)', '조화평균(harmonic mean)'으로 구분이 되며, 우리가 일반적으로 사용하고 있는 평균은 산술평균이 된다.

가. 산술평균

n개의 자료 $x_1, x_2, \ldots, x_n$의 평균 m은

$$m = \frac{x_1 + x_2 + \ldots + x_n}{n} = \frac{1}{n}\sum_{i=1}^{n} x_i \tag{6.2}$$

가 된다. 위의 값은 빈도수가 1인 경우를 고려하여 계산을 한 것이고, 만약 i번째 변량의 빈도수가 f_i인 경우의 평균은

$$m_f = \frac{x_1 f_1 + x_2 f_2 + \ldots + x_i f_i + \ldots + x_n f_n}{f_1 + f_2 + \ldots + f_i + \ldots + f_n} = \frac{\sum_{i=1}^{n} x_i f_i}{\sum_{i=1}^{n} f_i} \tag{6.3}$$

예제 6.6　어느 대학 내 수학성적은 출석 30%, 중간고사 30%, 기말고사 40%를 반영하고 있다. 어느 학생의 성적표가 표 6.5와 같을 때 이 학생이 받는 최종점수는 얼마가 되는가?

구분	출석	중간고사	기말고사
가중치	0.3	0.3	0.4
점수	100	90	80

표 6.5: 성적표

예제 6.6 예시 답안　'가중평균(weighted mean)'을 적용하면 다음과 같은 최종

점수를 받게 된다.

$$m_w = \frac{\sum_{i=1}^{n} x_i w_i}{\sum_{i=1}^{n} w_i} = \frac{0.3 \times 100 + 0.3 \times 90 + 0.4 \times 80}{0.3 + 0.3 + 0.4} = 89 \text{ (점)}$$

예제 6.7 조세일보는 2011년 국회의원 292명의 개인당 평균재산 보유액이 162억 100만원으로 발표하였다. 전체 국민의 가구당 평균재산이 2억 7,268만원이니, 우리나라 개개의 국회의원은 국민 한 가구의 무려 60배나 되는 재산을 보유하고 있는 꼴이 된다. 도대체 그들은 어떻게 해서 그렇게 많은 돈을 모았는지 참 궁금해 진다. 과연 국회의원 개인이 평균 162억 이상의 돈을 보유하고 있다는 사실에 당신은 동감할 수 있겠는가? 동감할 수 없으면 동감할 수 없는 이유를 설명하시오.

예제 6.7 예시 답안 우선 292명에 대한 평균재산을 파악하기 위해 그들이 보유하고 있는 모든 재산을 더해 국회의원의 수(= 292명)로 나누면 우리가 구하고자 하는 국회의원에 대한 평균재산 보유액이 나온다. 이는 산술평균으로 계산한 결과이기 때문에 타당성이 있어 보인다. 그러나 한나라당 정몽준 의원의 재산액이 무려 3조 7천억원, 김호연 의원의 재산이 2,105억원이라는 사실을 아는 경우에는 산술평균 계산 방법이 모순을 안고 있다는 사실을 알게 될 것이다. 만약 정몽준 의원과 김호연 의원의 재산을 뺀 상태로 산술평균을 구하면, 국회의원 292명에 대한 평균 재산액은 29억 2,900만원이 된다. 이 값은 일면 타당성이 있어 보인다. 결국 이러한 극단치에 의해 산술평균 값의 정확도가 떨어진다는 것이 산술평균의 맹점이다. 이를 보완하기 위해 절사평균이라는 개념이 도입되었다.

□□□

나. 절사평균

산술평균의 장점은 계산의 용이성에 있으나, 극단치에 평균값이 부정확하지 않는 경우가 발생된다. 이를 위해 '절사평균(trimmed mean)'을 사용하곤 한다. 일반적으로 10%의 절사평균을 많이 사용하고 있는데, 이는 데이터 중에서 상위 5%, 하위 5%를 걸러낸 후 산술평균을 내는 방법이 된다. 한 예로 다음과 같은 자료 5개

10, 20, 30, 20, 10000

에 대해 40% 절사평균(상위 20%, 하위 20% 제거)를 적용하면 다음과 같은 평균값을 얻을 수 있다.

$$m_T = \frac{20 + 30 + 20}{3} = 23.3$$

예제 6.8 올림픽 경기 중 체조는 주심 1명이 경기를 진행하고, B심 6명이 채점을 한다. 다음은 2004 아테네 올림픽 경기때 양태영 선수가 뜀틀 경기에서 B심으로 받

은 채점표이다.

9.10, 9.10, 8.80, 8.90, 9.30, 9.50

이 경우 양태영 선수가 받은 최종 점수는 얼마가 될까?

예제 6.8 예시 답안 체조의 채점 방법은 절사평균을 따른다. 즉, 6명의 B심이 채점한 결과에서 최고치와 최저치를 뺀 나머지 4개의 점수로 최종 점수를 산출한다. 양태영 선수가 받은 점수 중 최고치인 9.50과 최저치인 8.80을 뺀 나머지 4개의 점수에 대한 산술평균을 적용하면

$$\frac{9.10 + 9.10 + 8.90 + 9.30}{4} = 9.10$$

이 된다. 결국 양태영 선수가 받은 최종 점수는 9.10이 된다. 이는 B심의 편파 판정을 배제하려는 취지이다.

□□□

다. 기하평균

'기하평균(geometric mean)'은 시간에 따른 인구변동률, 물가상승률과 같이 변화하는 비율을 나타낼 때 주로 이용된다. 예를 들어 1년차에 연봉 1억을 받는 사람이 2년차에 2억(1년차의 2배)을 받고, 3년차에는 16억(2년차의 8배 또는 1년차의 16배)을 받았을 경우, 이 사람에 대한 연봉 평균증가율을 산술평균으로 적용하여 계산해 보면

$$\frac{2+8}{2} = 5$$

가 되어, 해마다 평균 5배씩 증가되는 꼴이 된다. 이를 1년차 연봉을 기준하여 다시 계산해 보자. 1년차에 1억을 받으니 2년차에는 5억(= 1억 × 5)을 받게 되고, 3년차에는 25억(= 5억 × 5)이 되어 그 값이 실제 16억에 비해 너무 크다는 것을 알 수 있다. 그러나 연봉 평균증가율을 기하평균으로 계산해 보면

$$\sqrt[2]{2 \times 8} = 4$$

가 되어, 해마다 평균 4배씩 증가되는 꼴이 된다. 이를 1년차 연봉을 기준하여 다시 계산해 보자. 1년차에 1억을 받으니 2년차에는 4억(= 1억 × 4)을 받게 되고, 3년차에는 16억(= 4억 × 4)이 되어 실제값인 16억과 같음을 알 수 있다. 즉, 기하평균은 시간에 따른 변화율을 산출할 때 사용된다. n개의 데이터에 대한 기하평균은 다음

과 같이 계산이 된다.

$$m_G = \sqrt[n]{a_1 \times a_2 \times \ldots \times a_n} \tag{6.4}$$

여기서 $a_1, a_2, \ldots, a_n$은 변화율이다.

예제 6.9 정부가 발표한 2003년부터 2010년에 걸친 연도별 경제성장률이 표 6.6과 같았다.

연도	2003	2004	2005	2006	2007	2008	2009	2010
경제성장률 (%)	2.8	4.6	4.0	5.2	5.1	2.2	0.2	6.2

표 6.6: 연도별 경제성장률

연도별 평균 경제성장률은 얼마이며, 위의 자료를 근거로 2011년의 경제성장률은 얼마가 될 것인가?

예제 6.9 예시 답안 표 6.6에 있는 자료를 근간으로 하여 연도별 평균 경제성장률을 구하면 다음과 같다.

$$\sqrt[8]{2.8 \times 4.6 \times 4.0 \times 5.2 \times 5.1 \times 2.2 \times 0.2 \times 6.2} \approx 2.8\ (\%)$$

가 되니, 2011년 경제성장률은 2010년 대비 2.8% 증가한 6.37%(= 6.2% × 1.028)가 될 것으로 예측된다.

□□□

라. 조화평균

'조화 평균(harmonic mean)'은 역수의 산술 평균으로 정의되며, 속력처럼 상대적인 비(속력 = 일정 시간에 이동된 거리)를 갖는 단위의 평균을 계산하는데 유용하다. 예를 들어 그림 6.10과 같이 전체 거리의 절반을 80km/h, 나머지 절반을 100km/h로 이동을 하였을 경우 평균속력은 과연 얼마가 될까?

이를 산술평균으로 계산을 하게 되면 $90\left(= \frac{80+100}{2}\right)$km/h가 되나, 이는 옳지 않다. 그 이유를 살펴보기 위하여 전체의 거리를 a라고 하자. 속력은 거리를 소요시간으로 나눈 값이 되니, 절반을 가는데 소요되는 시간을 t_1, 나머지 절반을 가는데

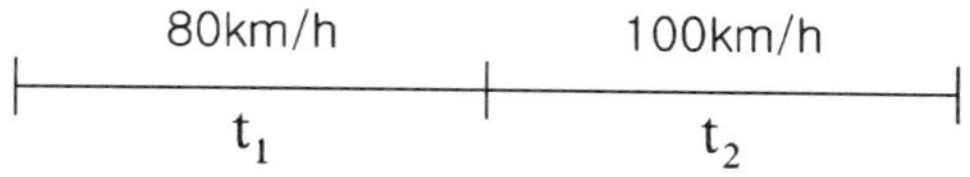

그림 6.10: 평균속력

걸리는 시간을 t_2라고 하자. 이 경우 전체 거리 a를 가는데 $t(=t_1+t_2)$시간이 소요되었으니, 우리가 구하는 평균속력 $\overline{v}$는

$$\overline{v}=\frac{a}{t}=\frac{a}{t_1+t_2}$$

가 된다. 우선 t_1, t_2의 값을 구해 보자. 절반을 가는데 걸린 시간 t_1은 절반의 거리인 $\frac{a}{2}$를 속력 80km/h로 나눈 값이 되고, 나머지 절반을 가는데 걸린 시간 t_2는 절반의 거리인 $\frac{a}{2}$를 속력 100km/h로 나눈 값이 되기 때문에 다음과 같다.

$$t_1=\frac{a/2}{80}=\frac{a}{2\times 80},\qquad t_2=\frac{a/2}{100}=\frac{a}{2\times 100}$$

그러므로 구하고자 하는 평균속력은 다음과 같다.

$$\overline{v}=\frac{a}{t}=\frac{a}{t_1+t_2}=\frac{a}{\frac{a}{2\times 80}+\frac{a}{2\times 100}}=\frac{2\times 80\times 100}{80+100}=88.9\ (\mathrm{km/h})$$

즉, 거리의 절반을 80km/h, 나머지 절반을 100km/h로 이동을 하였을 경우의 평균속력은 90km/h가 아닌 88.9km/h가 된다. n개의 데이터에 대한 조화평균은 다음과 같이 계산이 된다.

$$m_H=\frac{n}{\frac{1}{a_1}+\frac{1}{a_2}+\ldots+\frac{1}{a_n}} \tag{6.5}$$

예제 6.10 만약 전체 소요 시간의 절반을 80km/h, 절반의 나머지 소요 시간을 100km/h로 이동한 경우의 평균 속력은 얼마가 되는가?

예제 6.10 예시 답안 전체 이동거리 및 소요시간을 각각 a, t라고 하자. 80km/h로 간 거리를 a_1, 100km/h로 간 거리를 a_2라고 하면 전체 거리 a는 다음과 같이 표기가 된다.

$$a=a_1+a_2=80\times\frac{t}{2}+100\times\frac{t}{2}=\frac{t}{2}(80+100)$$

그러므로 우리가 구하는 평균속력은

$$\overline{v}=\frac{a}{t}=\frac{\frac{t}{2}(80+100)}{t}=\frac{80+100}{2}=90\ (\mathrm{km/h})$$

가 되어 산술평균의 값 $90\left(=\frac{80+100}{2}\right)$km/h가 된다.

□□□

예제 6.11 소비자 물가지수는 식품, 의복, 임대료 등과 같은 주요항목의 비용에 대한 지수가 다루어진다. 우리나라에서는 보통 470개 정도의 항목을 조사대상에 포함하고 있다. 식료품비의 변동을 추정하기 위하여 대표품목으로서 쌀 20kg과 소고기 1kg의 가격을 작년(2010년)과 올해(2011년)에 걸쳐 살펴보니 다음과 같았다.

> "작년에는 쌀 20kg에 4만원, 소고기 1kg에 1만 5천원이였고, 올해에는 쌀 20kg에 4만 5천원, 소고기 1kg에 13,333원이였다"

제시문의 쌀과 소고기의 가격을 참조하여, 여러가지 평균(산술, 기하, 조화평균)을 이용하여 다음의 주장이 옳음을 보이시오.

(1) 올해 식료품비가 작년에 비하여 증가하였다.

(2) 올해 식료품비가 작년에 비하여 감소하였다.

(3) 올해와 작년의 식료품비에 변동이 없다.

예제 6.11 예시 답안

(1) 산술평균을 이용하여 식료품비의 증감을 살펴보자.

$$\begin{aligned}\text{작년의 식료품 평균} &= \frac{40000+15000}{2} = 27,500\ (\text{원})\\ \text{올해의 식료품 평균} &= \frac{45000+13333}{2} = 29,167\ (\text{원})\end{aligned}$$

이 되어, 작년 대비 6%($=\frac{29167-27500}{27500}=0.06$)가 증가하였다.

(2) 조화평균을 이용하여 식료품비의 증감을 살펴보자.

$$\begin{aligned}\text{작년의 식료품 평균} &= \frac{2\times 40000\times 15000}{40000+15000} = 21,818\ (\text{원})\\ \text{올해의 식료품 평균} &= \frac{2\times 45000\times 13333}{45000+13333} = 20,571\ (\text{원})\end{aligned}$$

이 되어, 작년 대비 6%($=\frac{20571-21818}{21818}=-0.06$)가 감소하였다.

(3) 기하평균을 이용하여 식료품비의 증감을 살펴보자.

$$\begin{aligned}\text{작년의 식료품 평균} &= \sqrt{40000\times 15000} = 244,95\ (\text{원})\\ \text{올해의 식료품 평균} &= \sqrt{45000\times 13333} = 244,95\ (\text{원})\end{aligned}$$

이 되어, 작년 대비 0%($=\frac{24495-24495}{24495}$)로 변동이 없다.

결론적으로 위의 식료품비 자료를 근거로 세 개의 평균으로 구하면 작년 대비 금년의 식료품비가 증가, 감소 또는 동일함을 알 수 있다. 위의 예제인 경우, 구하고자 하는 값이 작년 대비 금년의 증감 정도를 파악하는 것이기 때문에 산술평균을 적용한 6% 증가가 적절한 답이 된다.

□□□

제 5 절　산포

어떤 데이터 집단의 특징을 하나의 수로 나타낸 값을 대푯값이라 한다. 대푯값으로는 주로 평균을 이용하지만 평균은 데이터 전체의 흩어져 있는 정도, 즉 산포의 정도를 알아보기에는 불충분한 값이다. 따라서 데이터들이 흩어져 있는 정도를 알아볼 수 있는 값이 필요하다. 즉 "퍼짐(산포)의 정도를 하나의 수로 나타낸 값"을 '산포도(spread)'라 한다. 달리 말해, '중앙경향치(central tendency)'를 나타내는 대푯값(중앙값, 최빈값, 평균값)과 더불어 분포의 형태를 나타내는 중요한 측도로서 퍼짐의 정도(산포도)를 생각해야 한다. 서로 다른 집단의 데이터의 대푯값은 같더라도 자료의 분포형태는 아주 다를 수 있기 때문이다. 데이터의 산포도를 측정하는 방법으로 '범위(range)', '분산(variance)', '표준편차(standard deviation)' 등이 있다.

가. 범위

범위를 측정하는 방법으로는 '범위(range)'와 '사분위 범위(interquartile range)'가 있으며, 범위는 데이터의 '최댓값(top)'과 '최솟값(bottom)'의 차이를 이용하여 구해진다. 즉, 범위는

$$\boxed{\text{범위} = \text{최댓값} - \text{최솟값}} \tag{6.6}$$

이 되며, 반면에 사분위 범위는 '사분위수(quartile)'를 이용하여 범위를 구하게 된다. 범위는 계산이 간단하고 해석이 쉬워 자료가 적은 경우에는 산포도로 적합하다. 그러나 자료 중에 극단적인 값이 존재하는 경우에는 그 값에 범위가 직접적인 영향을 받기 때문에 산포도로 사용하기에 부적합하다.

예제 6.12　표 6.1에 있는 자료에 대한 범위를 구하시오.

예제 6.12 예시 답안　표 6.6에 있는 자료에서 최댓값은 95, 최솟값은 5이니 구하고자 하는 범위는 다음과 같다.

$$95 - 5 = 90$$

□□□

나. 사분위수

사분위수를 구하는 방법은 다음과 같다. 우선 데이터를 그림 6.11와 같이 중앙값을 따라 균등하게 사등분을 한다. 이때 최솟값과 중앙값의 중간에 있는 값을 '하부 사위수'('제1사분위수') 또는 'LQ(lower quartile)'라고 호칭하며, 최댓값과 중앙값의 중간에 있는 값을 '상부 사위수'('제3사분위수') 또는 'UQ(upper quartile)'라고 부른다. 한 예로 5개의 데이터를 순서 배열하여

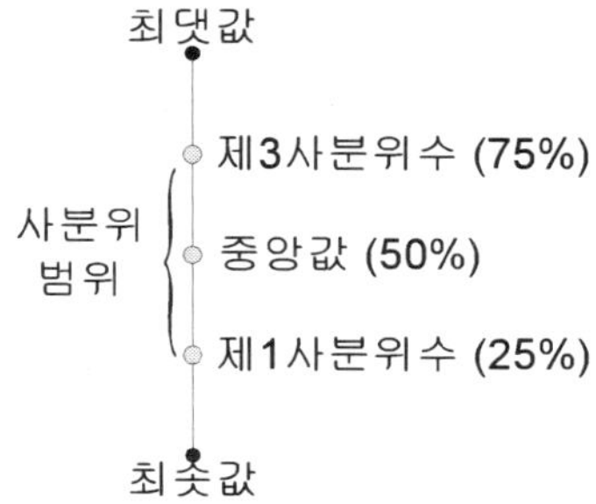

그림 6.11: 사분위수

1, 2, 3, 4, 5

인 경우 최댓값은 5가 되고, 최솟값은 1이 된다. 한편 중앙값은 전체 데이터 수의 50%가 되는 3번째 데이터인 3이 된다. 제1사분위는 전체 데이터의 25%가 되는 2번째 데이터인 2가 된다. 또한 제3분위수는 전체 데이터의 75%가 되는 4번째 데이터인 4가 된다. 사분위수는 '상자수염도(box-and-whisker plot)'로 표현이 된다. 참고로 최솟값이 5, 제1사분면수가 17.5, 중앙값이 45, 제3사분면수가 60, 최댓값이 95인 경우의 상자수염도는 그림 6.12와 같다.

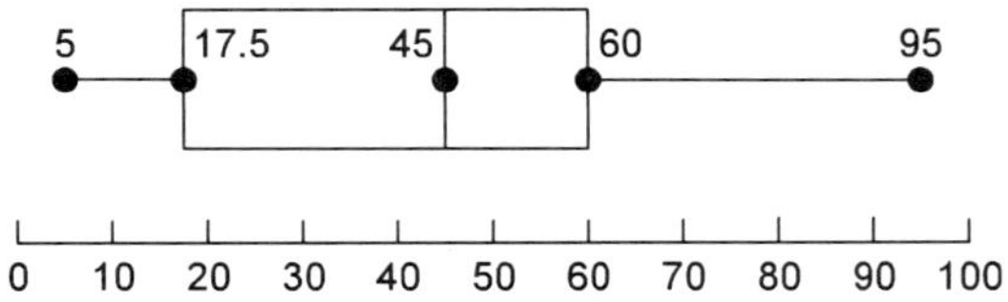

그림 6.12: 상자수염도

사분위수를 이용한 범위를 '사분위범위(IQR:interquartile range)'라 하며, 그 값은 그림 6.11에서 보듯이

$$\text{사분위 범위(IQR)} = \text{제3사분위수(UQ)} - \text{제1사분위수(LQ)} \quad (6.7)$$

가 된다.

예제 6.13 그림 6.13(a)는 학생들의 성적과 누적도수를 보여주는 누적도수그래프이다.

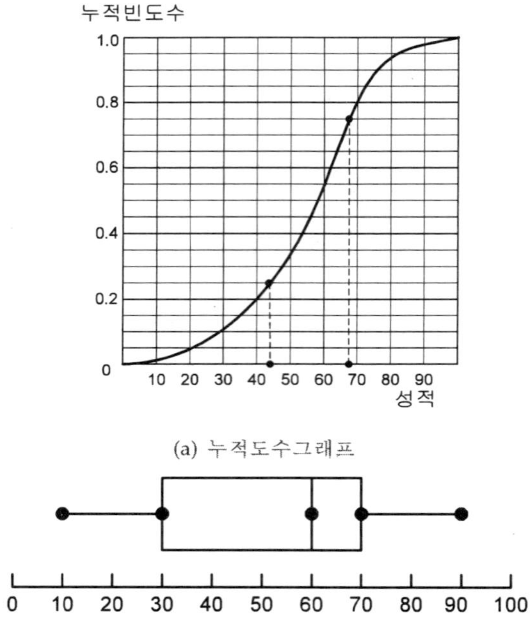

(a) 누적도수그래프

(b) 상자수염도

그림 6.13: 누적도수그래프와 상자수염도

이 그래프에서 사분위범위를 구하시오. 또한 그림 6.13(b)에 있는 상자수염도에서

$$\text{UQ} - \text{LQ} + \text{중앙값}$$

의 값을 구하시오.

예제 6.13 예시 답안 그림 6.13(a)에서 사분위범위를 구해보면 다음과 같다.

$$\text{사분위범위} = \text{UQ} - \text{LQ} = 67.5 - 44 = 23.5$$

또한 그림 6.13(b)를 살펴보면 UQ = 70, LQ = 30, 중앙값은 60이 된다. 그러므로 다음과 같이 구하고자 하는 값을 구할 수 있다.

$$\text{UQ} - \text{LQ} + \text{중앙값} = 70 - 30 + 60 = 100$$

□□□

제 6 절 분산

일반적으로 산포도에 대한 대푯값으로 분산(variance)과 표준편차(standard deviation)가 있으며, 이는 '편차(= |변량 − 평균값|)'의 제곱의 합을 이용하여 구해진다.

자료의 집단에 대한 "분산 또는 표준편차의 값이 크다."라는 의미는 "자료들이 넓게 퍼져있다."라는 것을 의미한다. 반대로 "분산 또는 표준편차의 값이 작다."라는 의미는 "자료들이 좁게 퍼져있다."라는 것을 의미한다. 아울러 '표준편차가 0인 경우'는 집단내에 있는 자료들이 "하나도 퍼져있지 않고 한 개의 값으로만 이루어져 있다."라는 의미가 된다.

어떤 학급에 세 사람 A, B, C에 대한 국어, 영어, 수학 성적에 대한 순서쌍이 다음과 같다고 하자.

$$A(50,50,50), \qquad B(40,50,60), \qquad C(0,50,100)$$

이를 도식화하면 그림 6.14와 같다.

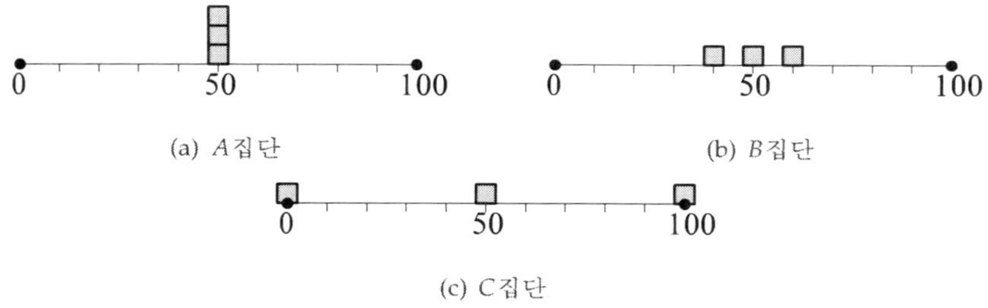

그림 6.14: 세 집단에 대한 자료의 배열 형태

이 경우 세 사람에 대한 산술평균을 구해 보면, 모두가 50점이 된다. 즉, 세 집단에 대한 특징을 분석하기 위하여 단순히 평균값인 50만을 알고 있는 경우에는 세 집단의 형태가 A형태인지, B형태인지, 또는 C형태인지 도통 감을 잡을 수가 없다. 즉, 세 집단의 특징을 분석하기 위해서는 평균이 아닌 또 다른 대푯값, 즉 퍼짐의 정도(산포도)가 필요하다.

가. 분산

평균은 데이터들이 모여있는 중심 위치를 나타내는 유용한 정보지만, 데이터의 분포 상태를 보여주지 못하기 때문에 범위를 이용하여 데이터의 분포 상태를 파악해 보았다. 단순한 범위로는 데이터의 이상한 극단값에 대해 대처하기가 난감하며, 사분위범위는 범위보다는 유용하나 평균과의 관계를 갖고 맺지 못하는 단점을 갖고 있다. 결국 데이터의 분포상태를 파악하기 위해서는 중심 위치를 나타내는 평균과 관련이 있는 또 다른 대푯값이 절실히 필요한 셈이다.

분산과 표준편차는 평균값으로부터 자료들이 떨어진 거리로서 자료의 흩어진 정도를 나타낼 수 있다. n개의 자료에 대한 변량이 $x_1, x_2, \ldots, x_n$이고 평균이 m일 때, 평균과 변량의 거리의 제곱을 취함으로서 분산을 구할 수 있다. 즉, 분산인 σ^2은

$$\sigma^2 = \sum_{i=1}^{n} \frac{(x_i - m)^2}{n} \tag{6.8}$$

이 된다. 이를 세 집단 A, B, C에 적용해 보면 다음과 같은 분산을 얻을 수 있다.

$$\begin{aligned}
\sigma_A^2 &= \frac{(50-50)^2 + (50-50)^2 + (50-50)^2}{3} = 0 \\
\sigma_B^2 &= \frac{(40-50)^2 + (50-50)^2 + (60-50)^2}{3} = 66.67 \\
\sigma_C^2 &= \frac{(0-50)^2 + (50-50)^2 + (100-50)^2}{3} = 1666.67
\end{aligned}$$

A, B, C 세 집단의 분산을 살펴보면, 집단 A는 분산값이 0이기 때문에 모든 자료가 하나도 흩어져 있지 않고 있으며, 집단 C의 분산값이 여타 집단의 분산값보다 가장 크기 때문에 자료들이 가장 많이 흩어져 있음을 알 수 있다. 또한 집단 B와 C를 비교하면 집단 B의 분산값이 집단 C의 분산값보다 작기 때문에, 집단 B의 자료들이 집단 C의 자료들 보다 덜 흩어져 있음을 알 수 있다.

예제 6.14 그림 6.15는 두 사격 선수 A와 B가 올림픽 국가 대표 선발전에서 표적에 10발의 사격을 한 모습이다.

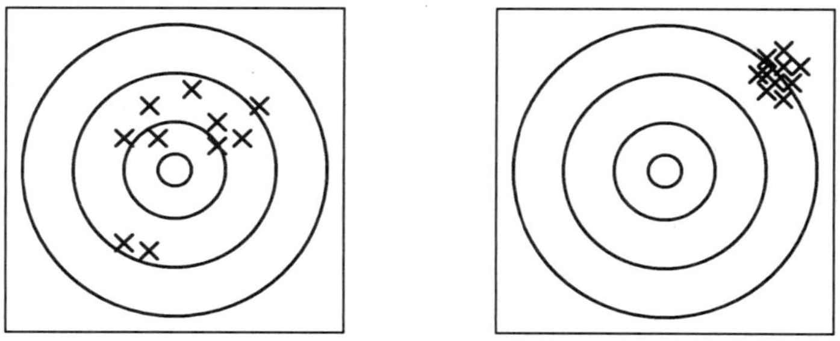

(a) A의 표적지　　(b) B의 표적지

그림 6.15: 사격용 표적지

탄환이 뚫고 지나간 지점들의 분포를 보고 두 선수 A, B의 사격 실력 평가에 대한 다음 질문에 답하시오.

(1) 누가 더 표적에 가깝게 더 많은 탄환을 명중시켰는가?

(2) 탄환의 명중 지점의 편차가 적은 사람은 누구인가?

(3) 만약 당신이 국가 대표를 선발하는 사람이라면, 누구를 선택할 것이며 그 이유는 무엇인가?

예제 6.14 예시 답안

(1) 표적의 중심에서 명중 지점까지의 거리의 합을 구해 보면, A가 B보다 값이 작기 때문에 표적에 더 가깝게 명중시켰음을 알 수 있다.

(2) 명중 지점들의 위치들의 평균을 구한 후, 평균으로 부터 각 명중 위치의 편차를 구해 보면 A는 편차가 크고 B는 작음을 알 수 있다. 즉, 명중 지점들 사이의 편차가 작은 사람은 B이다.

(3) 의사 결정을 위해서는 자료의 평균과 산포도라는 개념과 연관지어야 한다. 표적의 중심으로 부터 명중 지점까지의 거리를 변량으로 하자. 단순하게 변량의 합이 작은 선수를 국가 대표로 뽑는다면 A를 뽑아야 할 것이다. 그러나 A의 명중 지점은 편차가 크다. 이렇게 변량의 편차가 큰 경우에는 좋은 성적을 기대하기 어렵다. 즉, 일관된 점수를 기대하기 어렵다. 그렇기 때문에 일관된 성적을 못내는 A는 대표 선수로서의 자격이 부적합하다.

반면에 B의 변량의 합은 A의 변량의 합보다 크지만 변량의 편차가 작다. 이는 조준 방향에 어느 정도 수정을 가한다면(예를 들어, 영점조준) 고르게 표적의 중심에 가깝게 명중하게 될 것이다. 또는 현재 총 자체의 결함이 있을 수도 있다. 즉, B는 정확하게 겨냥을 했지만 총의 자체 결함때문에 명중 지점이 표적의 중심과 차이가 있을 수도 있다. 따라서 조준 지점에 수정을 하도록 하거나, 또는 제대로 된 총을 사용한다면 B의 변량은 고르게 표적 중앙을 중심으로 한 편차가 작은 값들을 나타나게 될 것이고, 이는 일관된 성적을 기대할 수가 있다. 결국 일관된 좋은 성적을 기대할 수 있는 선수는 B이기 때문에 B를 국가 대표로 선발하는 것이 바람직하다.

□□□

나. 표준편차

"분산의 양의 제곱근"을 '표준편차(standard deviation)'이라고 한다. 결국 표준편차인 σ는 다음과 같다.

$$\sigma = \sqrt{\sum_{i=1}^{n} \frac{(x_i - m)^2}{n}} \tag{6.9}$$

이를 세 집단 A, B, C에 적용해 보면 다음과 같은 표준편차를 구할 수 있다.

$$\begin{aligned}
\sigma_A &= \sqrt{\frac{(50-50)^2 + (50-50)^2 + (50-50)^2}{3}} = 0 \\
\sigma_B &= \sqrt{\frac{(40-50)^2 + (50-50)^2 + (60-50)^2}{3}} = \sqrt{66.67} = 8.16 \\
\sigma_C &= \sqrt{\frac{(0-50)^2 + (50-50)^2 + (100-50)^2}{3}} = \sqrt{1666.67} = 40.82
\end{aligned}$$

이제 분산과 표준편차를 간편하게 구하는 방법에 알아보도록 하자. n개의 변량 $x_1, x_2, \ldots, x_n$에 대한 평균 m은

$$m = \frac{x_1 + x_2 + \ldots + x_n}{n}$$

이 되니, 분산은 다음과 같이 구할 수 있다.

$$\begin{aligned}
\sigma^2 &= \frac{(x_1-m)^2 + (x_2-m)^2 + \ldots + (x_n-m)^2}{n} \\
&= \frac{(x_1^2 - 2mx_1 + m^2) + (x_2^2 - 2mx_2 + m^2) + \ldots + (x_n^2 - 2mx_n + m^2)}{n} \\
&= \frac{(x_1^2 + x_2^2 + \ldots + x_n^2) - 2m(x_1 + x_2 + \ldots + x_n) + nm^2}{n} \\
&= \frac{x_1^2 + x_2^2 + \ldots + x_n^2}{n} - 2m \times \frac{x_1 + x_2 + \ldots + x_n}{n} + \frac{nm^2}{n} \\
&= \frac{x_1^2 + x_2^2 + \ldots + x_n^2}{n} - 2m^2 + m^2 \\
&= \frac{x_1^2 + x_2^2 + \ldots + x_n^2}{n} - m^2
\end{aligned}$$

결국 분산은 "변량의 제곱의 평균에서 평균의 제곱을 뺀 값"이 된다. 이를 이용하여 표준편차를 구하면 다음과 같은 식을 얻을 수 있다.

$$\sigma = \sqrt{\frac{x_1^2 + x_2^2 + \ldots + x_n^2}{n} - m^2} \tag{6.10}$$

예제 6.15 바둑부 학생들의 바둑 기력(단위: 단)이 다음과 같을 때 바둑부 학생들의 평균기력, 분산 및 표준편차를 구하시오.

5단, 4단, 7단, 4단

예제 6.15 예시 답안 평균기력 m, 분산 σ^2, 표준편차 σ는 다음과 같다.

$$
\begin{aligned}
m &= \frac{5+4+7+4}{4} = 5\ (\text{단}) \\
\sigma^2 &= \frac{(5-5)^2+(4-5)^2+(7-5)^2+(4-5)^2}{4} = 1.5\ (\text{단}) \\
\sigma &= \sqrt{1.5} \approx 1.2\ (\text{단})
\end{aligned}
$$

위의 결과를 살펴보면, 바둑부 학생들의 평균기력은 5단이 되며 표준편차는 1.2단이 된다. 이는 대략 3.8단(= 5 − 1.2)에서 부터 6.2단(= 5 + 1.2) 사이에 바둑부 학생들의 기력이 분포되어 있음을 의미한다.

□□□

예제 6.16 다음은 2010년 BC카드배에 대한 이세돌 선수의 기록이다. 이를 근거로 대국 당 평균착수, 분산 및 표준편차를 구하시오.

날짜	승	패	대회명	결과
2010.04.27	이세돌	창하오	결승 제3국	171수 흑 불계승
2010.04.25	이세돌	창하오	결승 제2국	146수 백 불계승
2010.04.24	이세돌	창하오	결승 제1국	205수 흑 불계승
2010.04.03	이세돌	김기용	본선 준결승전	273수 흑4.5 집승
2010.03.19	이세돌	박영훈	본선 8강전	342수 흑4.5 집승
2010.02.27	이세돌	콩지에	본선 16강전	184수 백 불계승
2010.01.31	이세돌	홍성지	본선 32강전	210수 백 불계승
2010.01.16	이세돌	이주형	본선 64강전	339수 백3.5 집승

표 6.7: 대국 결과표

예제 6.16 예시 답안 대국 당 평균착수 m, 분산 σ^2, 표준편차 σ는 다음과 같다.

$$\begin{aligned} m &= \frac{171+146+\ldots+339}{8} \approx 234\ (\text{수}) \\ \sigma^2 &= \frac{(171-234)^2+(146-234)^2+\ldots+(339-234)^2}{8} \approx 4,980\ (\text{수}) \\ \sigma &= \sqrt{4980} \approx 71\ (\text{수}) \end{aligned}$$

위의 결과를 살펴보면, 이세돌 선수의 대국 당 평균착수는 234수가 되며 표준편차는 71수가 된다. 이는 이세돌 선수가 대략 163수($= 234 - 71$)에서 부터 305수($= 234 + 71$) 사이에서 한판의 대국을 마무리하고 있음을 알 수 있다.

□□□

제 7 절 정규분포

가. 연속확률변수

확률변수 X가 어떤 구간 안에 있는 모든 실숫값을 연속적을 취할 때, X를 '연속확률변수(continuous probability variable)'라고 한다. 예를 들어 길이, 무게, 시간 등과 같이 어떤 구간의 모든 실숫값을 취하는 확률변수가 된다. 반면에 동전의 앞면의 개수, 자동차의 대수 등과 같이 확률변수가 이산적인 값을 취하는 확률변수를 '이산확률변수(discrete probability variable)'라고 한다.

일반적으로 폐구간 $[\alpha, \beta]$에 속하는 모든 실숫값을 연속적으로 취하는 확률변수 X에 대해 함수 $f(x)$가 폐구간 $[\alpha, \beta]$에서 다음과 같은 성질을 만족할 때, 함수 $f(x)$를 확률변수 X의 '확률밀도함수(probability density function)'라고 한다.

> □ $f(x) \geq 0$ (단, $\alpha \leq x \leq \beta$)
> □ $y = f(x)$의 그래프와 x축 및 두 직선 $x = \alpha$, $x = \beta$로 둘러싸인 부분의 전체 면적은 1이 된다.
> □ 확률 $P(x_1 \leq X \leq x_2)$는 함수 $y = f(x)$의 그래프와 x축 및 직선 $x = x_1$과 $x = x_2$로 둘러싸인 면적이 된다.

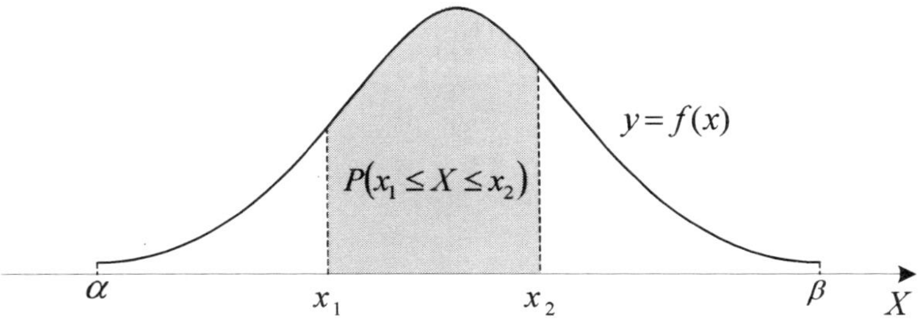

그림 6.16: 연속확률변수 X와 확률 P

예제 6.17 구간 $0 \leq x \leq 4$에서 함수 $f(x) = ax$가 연속확률변수 X의 확률밀도함수인 경우에 다음의 값을 구하시오.

(a) 상수 a

(b) 확률 $P(1 \leq X \leq 3)$

예제 6.17 예시 답안

(a) 폐구간 $[0,4]$에서 확률밀도함수 $f(x)$와 x축으로 둘러싸인 면적의 합이 그림 6.17(a)에서 보듯이 1이 되어야 한다.

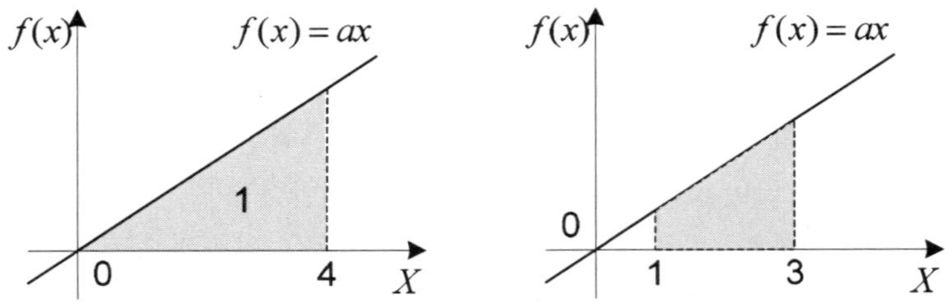

(a) (b)

그림 6.17: 확률밀도 함수

결국 삼각형의 면적을 이용하면 다음과 같이 상수 a의 값을 구할 수 있다.

$$4 \times 4a \times \frac{1}{2} = 1$$
$$\therefore \quad a = \frac{1}{8}$$

결국 확률밀도함수 $f(x) = \frac{x}{8}$가 된다.

(b) 확률밀도 함수 $f(x) = \frac{x}{8}$에 대한 확률 $P(1 \le X \le 3)$은 다음과 같이 사다리꼴 면적을 이용하여 구할 수 있다.

$$P(1 \le X \le 3) = \left(\frac{1}{8} + \frac{3}{8}\right) \times (3-1) \times \frac{1}{2} = \frac{1}{2}$$

□□□

나. 정규분포

연속확률변수 X의 확률밀도함수 $f(x)$가 다음과 같을 때, X는 "평균 μ와 분산 σ^2인 정규분포를 따른다."라고 말한다.

$$f(x) = \frac{1}{\sigma\sqrt{2\pi}}\, e^{-\frac{1}{2}\left(\frac{x-\mu}{\sigma}\right)^2} \tag{6.11}$$

여기서 e와 π는 상수로서 각각 근삿값이 2.72와 3.14가 된다. 또한 μ와 σ는 모집단에 대한 모수로서 각각 X의 평균과 표준편차가 된다.

평균이 μ, 표준편차가 σ(또는 분산 σ^2)인 정규분포를 $\mathrm{N}(\mu, \sigma^2)$으로 표기하며, 정규분포의 성질을 살펴보면 다음과 같다.

□ 직선 $x = \mu$에 대칭인 종(bell) 모양의 곡선이고, 점근선은 x축이 된다.
□ 곡선과 x축 사이의 전체 넓이는 일정한 값인 1이 된다.
□ 곡선의 넓이가 일정하기 때문에, 그림 6.18에서 보듯이 평균이 일정한 경우 표준편차 σ가 클수록 곡선의 높이는 낮아지고 폭이 넓어지며, σ가 작을수록 곡선의 높이는 높아지고 폭은 좁아진다.
□ 표준편차 σ가 일정할 때, 평균 μ의 값이 변하면 대칭축의 위치는 바뀌지만 곡선의 모양은 같다. 즉, 곡선의 평행이동이 된다.
□ 곡선에 대한 평균값, 최빈값, 중앙값은 같다.

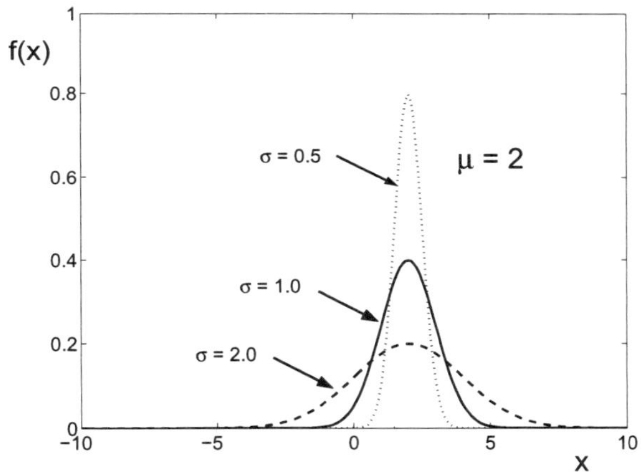

그림 6.18: 평균 $\mu = 2$인 정규분포

그림 6.19는 평균과 표준편차 사이에 놓인 모집단의 %를 보여주고 있다.

정규분포에서 모집단의 68.26%는 $(\mu - \sigma, \mu + \sigma)$사이에 놓이게 되며, 모집단의 95.44%는 $(\mu - 2\sigma, \mu + 2\sigma)$사이에 놓이게 된다. 또한 모집단의 99.73%는 $(\mu - 3\sigma, \mu + 3\sigma)$사이에 놓이게 된다. 이와 같은 정규분포의 성질을 종합하여 정리하면,

> "정규분포는 종 모양의 좌우 대칭인 곡선으로 확률변수 X의 범위가 실수인 연속형 분포를 말하며, 평균 근처에서 확률 변숫값이 출현할 확률이 높고 평균에서 멀어질수록 그 확률값은 점차 감소된다."

가 된다.

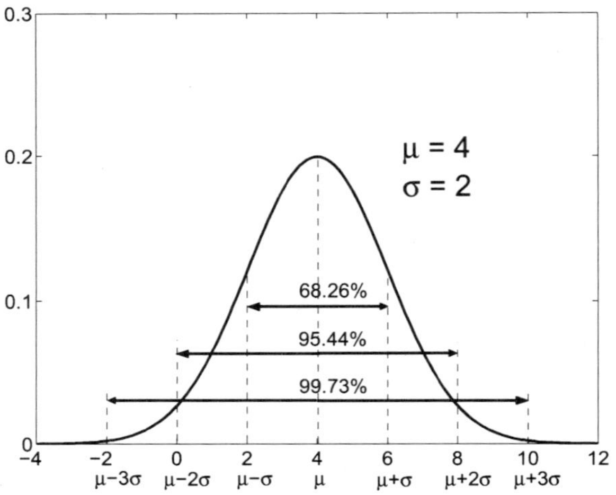

그림 6.19: 모집단의 %

다. 표준정규분포

그림 6.20에서 보듯이 평균이 0이고, 표준편차가 1(또는 분산이 1)인 정규분포 $N(0,1)$을 '표준정규분포(standard normal distribution)'라고 하며, 그 확률밀도 함수 $f(z)$는 다음과 같다.

$$f(z) = \frac{1}{\sqrt{2\pi}} e^{-\frac{z^2}{2}} \tag{6.12}$$

여기서 $-\infty < z < \infty$이다.

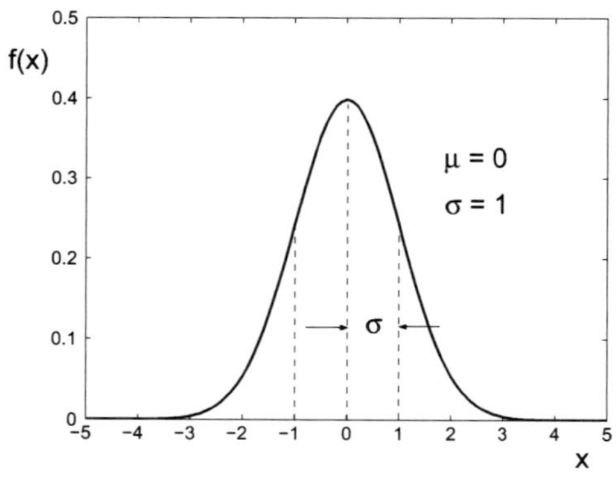

그림 6.20: $\mu = 0, \sigma = 1$인 표준정규분포 $N(0,1)$

확률변수 X가 정규분포 $N(\mu, \sigma^2)$을 따를 때,

$$\begin{aligned} P(\mu - \sigma < X < \mu + \sigma) &= 68.26\% \\ P(\mu - 2\sigma < X < \mu + 2\sigma) &= 95.44\% \\ P(\mu - 3\sigma < X < \mu + 3\sigma) &= 99.73\% \end{aligned}$$

가 됨을 알고 있다. 확률변수 Z가 표준정규분포 $N(0,1)$을 따를 때, 평균 $\mu = 0$이고 표준편차 $\sigma = 1$이니, 윗식은 다음과 같이 변환이 된다.

$$\begin{aligned} P(-1 < Z < 1) &= 68.26\% \\ P(-2 < Z < 2) &= 95.44\% \\ P(-3 < Z < 3) &= 99.73\% \end{aligned}$$

표 6.8은 부록 B.1에 있는 표준정규분포표의 일부를 보여주고 있다.

z	.00	.01	.02	.03	.04	.05	.06	.07	.08	.09
1.9	0.4713	0.4719	0.4726	0.4732	0.4738	0.4744	0.4750	0.4756	0.4761	0.4767
2.0	0.4772	0.4778	0.4783	0.4788	0.4793	0.4798	0.4803	0.4808	0.4812	0.4817
2.1	0.4821	0.4826	0.4830	0.4834	0.4838	0.4842	0.4846	0.4850	0.4854	0.4857

표 6.8: 표준정규분포표의 일부

정규분포를 취급함에 있어 정규분포에 있는 확률변수 X보다 표준정규분포에 있는 확률변수 Z가 주로 사용된다. 부록 B.1에 있는 표는 표준정규분포곡선 내의 면적을 보여주고 있다. 예를 들어 표 6.8을 이용하여 그림 6.21의 회색 부분의 면적인 $P(0 \leq Z \leq 2) = 0.4772$를 구할 수 있다.

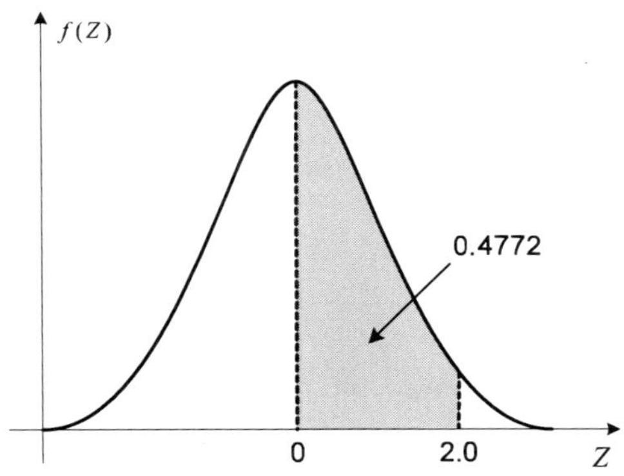

그림 6.21: $P(0 < z < 2) = 0.4772$

같은 방법으로 부록 B.1에 있는 표를 이용하면 $P(0 \leq Z \leq 2.05) = 0.4798$을 구할 수 있다.

라. 정규분포의 표준화

정규분포 $N(\mu, \sigma^2)$을 따르는 확률변수 X를 표준정규분포를 따르는 확률변수 $Z = \frac{X-\mu}{\sigma}$로 변환시키는 것을 '표준화(normalization)' 또는 '$Z-$변환(Z-transformation)' 이라고 한다. 즉, 확률변수 X가 정규분포 $N(\mu, \sigma^2)$을 따를 때, 확률변수 $Z = \frac{X-\mu}{\sigma}$는 표준정규분포 $N(0,1)$을 따른다. 즉,

$$Z = \frac{X-\mu}{\sigma} \sim N(0,1) \tag{6.13}$$

가 된다. 그림 6.22는 정규분포 $N(4, 2^2)$를 표준정규분포 $N(0,1)$으로 변환한 그래프이다. 정규분포에서 표준정규분포로 변환하는 이유는 표준정규분포표를 이용한 계산의 용이성에 있다.

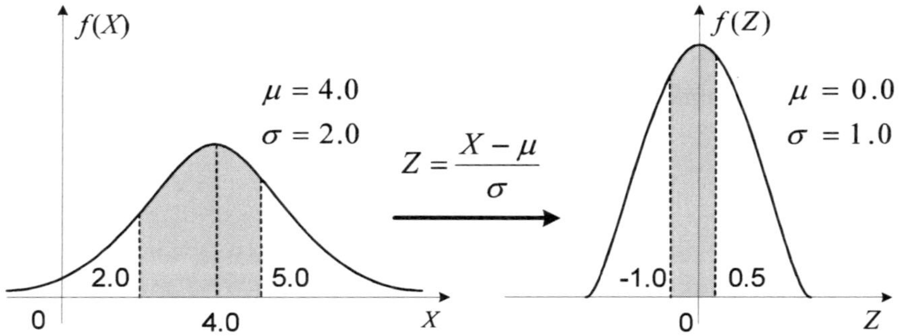

그림 6.22: 정규분포에서 표준정규분포로의 전환

정규분포의 확률변수 X는 다음과 같은 식에 의거하여 표준정규분포의 확률변수 Z로 변환이 된다.

$$P(a \le X \le b) = P\left(\frac{a-\mu}{\sigma} \le Z \le \frac{b-\mu}{\sigma}\right) \tag{6.14}$$

한 예로, 그림 6.22에서 보듯이 정규분포 상의 확률 $P(2 < X < 5)$는 $Z-$변환을 통해 표준정규분포 상의 확률 $P(-1.0 < Z < 0.5)$로 변환되었음을 보여주고 있다. 실제 $Z-$변환을 통해 정규분포 상의 확률 $P(2 < X < 5)$의 값을 구하는 과정은 다

음과 같다.

$$\begin{aligned} P(2 < X < 5) &= P\left(\frac{2-4}{2} < Z < \frac{5-4}{2}\right) \\ &= P(-1.0 < Z < 0.5) \\ &= P(-1.0 < Z < 0) + P(0 < Z < 0.5) \\ &= P(0 < Z < 1.0) + P(0 < Z < 0.5) \\ &= 0.3413 + 0.1915 = 0.5328 \end{aligned}$$

여기서 대칭성에 의거하여 $P(-1.0 < Z < 0) = P(0 < Z < 1.0)$가 되며, 부록 B.1에 있는 표준정규분포표에 의거하여

$$P(0 < Z < 1.0) = 0.3413, \qquad P(0 < Z < 0.5) = 0.1915$$

가 된다. 즉, 확률 $P(2 < X < 5)$는 확률 $P(-1.0 < Z < 0.5)$와 같으며, 그 확률값은 각각 그림 6.22의 회색으로 칠한 부분이 된다.

예제 6.18 확률변수 Z의 평균이 0이고 표준편차가 1인 경우, 부록 B.1에 있는 표준정규분포표를 활용하여 다음의 확률을 구하시오.

(a) $P(Z < 2.05)$ (b) $P(-2 < Z < 3)$ (c) $P(Z > 2)$

예제 6.18 예시 답안 연속확률분포에서 k가 상수인 경우에 확률 $P(Z = k) = 0$이 됨을 주의해야 한다. 이는

$$P(a \leq Z \leq b) = P(a < Z \leq b) = P(a \leq Z < b) = P(a < Z < b)$$

가 성립함을 의미한다.

(a) 부록 B.1에 있는 표에서 $P(0 \leq Z \leq 2.05) = 0.4798$을 얻을 수 있다. 그러므로 다음과 같은 확률값을 구할 수 있다.

$$P(Z < 2.05) = P(Z < 0) + P(0 \leq Z \leq 2.05) = 0.5 + 0.4798 = 0.9798$$

(b) 부록 B.1에 있는 표에서 다음을 얻을 수 있다.

$$P(0 < Z < 2) = 0.4772, \qquad P(0 < Z < 3) = 0.4987$$

또한 대칭성에 의거해서 $P(-2 < Z < 0) = P(0 < Z < 2)$가 되니, 구하고자 하는 확률은 다음과 같다.

$$\begin{aligned} P(-2 < Z < 3) &= P(0 < Z < 2) + P(0 < Z < 3) \\ &= 0.4772 + 0.4987 = 0.9759 \end{aligned}$$

(c) 부록 B.1에 있는 표에서 $P(0 \le Z \le 2) = 0.4772$가 된다. 그러므로 구하고자 하는 확률은 다음과 같다.

$$P(Z > 2) = P(Z > 0) - P(0 < Z < 2) = 0.5 - 0.4772 = 0.0228$$

□□□

문제 6.1 함수 $f(z)$가 표준확률변수 Z의 확률밀도함수인 경우, 부록 B.1에 있는 표를 활용하여 다음의 값을 구하시오.

(a) $P(0 \le Z \le a) = 0.4772$인 a의 값

(b) $P(Z < b) = 0.9798$인 b의 값

(c) $P(c < Z < 3) = 0.9759$인 c의 값

(d) $P(Z > d) = 0.0228$인 d의 값

□□□

문제 6.2 Z가 표준정규확률변수인 경우에 부록 B.1에 있는 표를 활용하여, 확률변수 Z가 다음의 구간에 속할 확률을 구하시오.

(a) 평균을 중심으로 $\pm\sigma$ 구간

(b) 평균을 중심으로 $\pm 2\sigma$ 구간

(c) 평균을 중심으로 $\pm 3\sigma$ 구간

힌트: Z는 표준정규확률변수이기 때문에 Z의 평균은 $\mu = 0$이 되고, 표준편차는 $\sigma = 1$이 된다.

□□□

예제 6.19 어느 학교의 학생들에 대한 몸무게 평균이 $\mu = 70$킬로그램이고, 표준편차가 $\sigma = 5$킬로그램인 경우 다음을 구하시오.

(a) 몸무게가 60에서 80킬로그램 사이에 있을 학생의 확률

(b) 몸무게가 60킬로그램보다 적은 학생의 확률

예제 6.19 예시 답안

(a) X를 정규확률변수라고 하면, 구하고자하는 확률은 $P(60 < X < 80)$이 된다. 확률의 값을 구하기 위해서는 우선적으로 정규확률변수 X를 표준정규확률변수 Z로 변환해야 한다. 즉, 구하고자하는 확률은 다음과 같이 된다.

$$\begin{aligned} P(60 < X < 80) &= P\left(\frac{60-70}{5} < Z < \frac{80-70}{5}\right) = P(-2 < Z < 2) \\ &= 2 \times P(0 < Z < 2) = 2 \times 0.4772 \\ &= 0.9544 \end{aligned}$$

그러므로 몸무게가 60에서 80킬로그램 사이에 있을 학생의 백분율은 95.44%가 된다.

(b) X를 몸무게에 대한 정규확률변수라고 하면 구하고자 하는 확률은 $P(X < 60)$이 된다. 결국 확률변수를 표준화하게 되면 다음과 같은 식을 얻게 된다.

$$\begin{aligned} P(X < 60) &= P\left(Z < \frac{60-70}{5}\right) = P(Z < -2) \\ &= P(Z < 0) - P(-2 < Z < 0) = P(Z < 0) - P(0 < Z < 2) \\ &= 0.5 - 0.4772 \\ &= 0.0228 \end{aligned}$$

그러므로 몸무게가 60킬로그램보다 적은 학생의 백분율은 2.28%가 된다.

□□□

확률은 발생될 또는 발생된 사건에 대한 지식이나 믿음을 표현하는 방법이다.

7 확률

제 1 절 기댓값과 확률수형도

'확률(probability)'은 사건이 발생되는 기회나 가능성을 측정하는데 사용된다. 한 개의 동전을 한번 던져 앞면이 나오는 확률은 $\frac{1}{2}$이 되며, 뒷면이 나오는 확률 역시 $\frac{1}{2}$이 된다. '표본공간(sample space)' S는 사건이 발생될 수 있는 모든 가능한 결과의 집합이며, '사건(event)'은 표본공간의 부분집합이 된다. 표본공간 S내에 있는 어떤 사건 E의 확률 $P(E)$는 다음과 같다.

$$P(E) = \frac{\text{사건 } E\text{내의 총 결과 수}}{\text{표본공간 } S\text{내의 총 결과 수}} = \frac{E\text{가 발생하는 수}}{\text{총 시행 수}} = \frac{n(E)}{n(S)} \tag{7.1}$$

예제 7.1 한 개의 주사위를 던지는 경우에 다음의 있는 질문의 값을 구하시오.

(a) 표본공간 S내에 있는 모든 결과의 집합

(b) 홀수를 나타내는 사건 E_1내의 결과의 집합

(c) 6의 약수를 나타내는 사건 E_2내의 결과의 집합

(d) 사건 E_1의 확률 $P(E_1)$

(e) 사건 E_2의 확률 $P(E_2)$

예제 7.1 예시 답안

(a) 표본공간 S내에 있는 결과의 집합 $S = \{1,2,3,4,5,6\}$이 된다.

(b) 사건 E_1의 결과에 대한 집합 $E_1 = \{1,3,5\}$가 된다.

(c) 사건 E_2의 결과에 대한 집합 $E_2 = \{1,2,3,6\}$이 된다.

(d) $P(E_1) = \dfrac{n(E_1)}{n(S)} = \dfrac{3}{6} = \dfrac{1}{2}$

(e) $P(E_2) = \dfrac{n(E_2)}{n(S)} = \dfrac{4}{6} = \dfrac{2}{3}$

□□□

표본공간에 있는 사건의 확률에 대한 성질은 다음과 같다.

- □ 발생되는 모든 사건 E의 확률은 0과 1 사이의 값이 된다. 즉 $0 \leq P(E) \leq 1$.
- □ 사건 E가 전혀 발생하지 않는 경우에 대한 확률은 $P(E) = 0$이 된다.
- □ 사건 E가 확실하게 발생되는 경우에 대한 확률은 $P(E) = 1$이 된다.
- □ $P(E)$의 값이 1에 근접할수록, 사건 E가 일어날 경우는 점점 커진다.
- □ 모든 표본공간 S에 대해 $P(S) = 1$이 된다. 이는 표본공간에 있는 모든 결과에 대한 확률값의 합은 항상 1이 됨을 말해준다.

예제 7.2 한 개의 동전을 던지는 경우, 표본공간 S내에 있는 모든 사건의 확률에 대한 합을 구하시오.

예제 7.2 예시 답안 앞면을 H, 뒷면을 T라고 하면, 모든 표본공간에 있는 사건의 집합은 $S = \{H, T\}$가 된다. 그러므로 모든 표본공간에 있는 사건의 확률에 대한 합은 다음과 같다.

$$P(S) = P(H) + P(T) = \frac{1}{2} + \frac{1}{2} = 1$$

□□□

가. 기댓값

사건 X의 '기댓값(expected value)' $E(X)$는 X가 발생하는 확률 $P(X)$와 시행수 n의 곱이 된다. 즉 다음과 같은 식으로 표현이 된다.

$$E(X) = \text{사건이 일어나는 확률} \times \text{시행수} = P(X) \times n \tag{7.2}$$

예제 7.3 한 개의 주사위를 120번 던지는 경우, 다음에 있는 질문에 답하시오.

(a) 숫자 3이 나오는 기댓값

(b) 2 또는 6이 나오는 기댓값

(c) 모든 사건에 대한 기댓값

예제 7.3 예시 답안

(a) 한 개의 주사위를 던져 3의 눈금이 나오는 확률 $P(X_3) = \frac{1}{6}$이 되니, 구하고자 하는 기댓값 $E(X_3)$는 다음과 같다.

$$E(X_3) = P(X_3) \times 120 = \frac{1}{6} \times 120 = 20$$

이는 한 개의 주사위를 120번 던지는 경우, 2가 나오는 경우는 20번이 된다는 것을 말해주고 있다.

(b) 2 또는 6이 나오는 기댓값은 2의 기댓값과 6의 기댓값의 합이 된다. 그러므로 구하고자 하는 기댓값 $E(X_{2,6})$는 다음과 같다.

$$E(X_{2,6}) = E(X_2) + E(X_6) = \frac{1}{6} \times 120 + \frac{1}{6} \times 120 = 40$$

이는 한 개의 주사위를 120번 던지는 경우, 2 또는 6이 나오는 경우는 40번이 된다는 것이다.

(c) 한 개의 주사위를 던져 눈금이 1, 2, 3, ..., 6이 나오는 경우에 대한 기댓값이 되니, 구하고자 하는 기댓값 $E(X)$는 다음과 같다.

$$\begin{aligned} E(X) &= E(X_1) + E(X_2) + E(X_3) + E(X_4) + E(X_5) + E(X_6) \\ &= \sum_{i=1}^{6} E(X_i) = \left(\frac{1}{6} \times 120\right) \times 6 = 120 \end{aligned}$$

이는 한 개의 주사위를 120번 던지는 경우에, 1과 6사이에 있는 숫자가 나오는 경우는 120번이 됨을 의미한다. 즉, 1과 6사이가 아닌 숫자가 나오는 경우가 없다는 것을 반증하고 있다.

□□□

문제 7.1 갑, 을 두 사람이 주사위 게임을 한다. 주사위를 던져서 처음으로 짝수가 나올 때까지 게임은 계속된다. 을이 딸 돈은 짝수가 언제 나오느냐에 달려 있다. 맨 처음에 주사위를 던져 짝수가 나오면 을은 20원을 딴다. 두번째에 짝수가 나오면 40원, 세번째에 짝수가 나오면 80원을 딴다. 주사위를 던지는 횟수가 많아질수록 을은 더 많은 돈을 딴다.

(1) 상금의 기댓값은 얼마인가?

(2) 1회 게임을 하는데 드는 비용은 얼마 정도가 합리적인지 추정하시오.

힌트: "현실성이 없으면 아무리 기댓값이 아무리 커도 사람은 게임에 도전하지 않는다."는 '성 피터스버그의 역설(St. Petersburg's paradox)'을 고려하시오.

□□□

나. 확률수형도

표본공간의 크기가 큰 경우, 표본공간 내에 결과를 결정하기가 쉽지 않다. '확률수형도(probability tree diagram)'는 이러한 결과를 표현하는데 도움이 된다. 한 예로 그림 7.1은 주사위를 굴리고 동전을 던지는 경우에 대한 표본공간을 보여주고 있다. 그림 7.1에서 서로 다른 경로를 찾아가면 다음과 같은 표본공간을 구할 수가 있다.

$$\{1H,\ 1T,\ 2H,\ 2T,\ 3H,\ 3T,\ 4H,\ 4T,\ 5H,\ 5T,\ 6H,\ 6T\}$$

그러므로 각각의 사건의 결과를 얻을 확률은 주사위에 대한 확률과 동전에 대한 확률의 곱이 되니,

$$P = \frac{1}{6} \times \frac{1}{2} = \frac{1}{12}$$

이 된다.

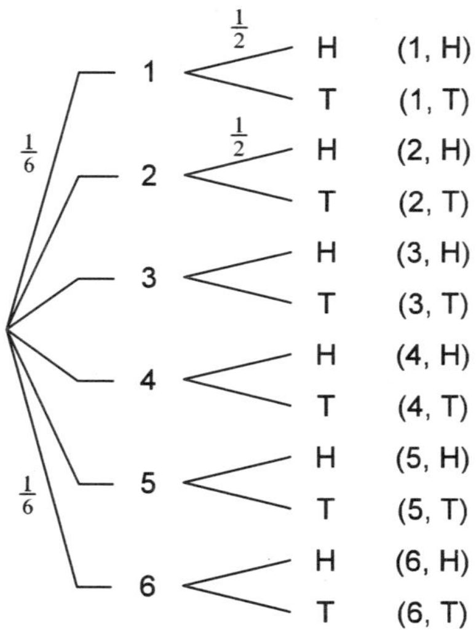

그림 7.1: 확률수형도

예제 7.4 주머니에 2개의 빨간색 구슬과 3개의 파란색 구슬이 들어있다. 주머니로부터 한 개의 구슬을 꺼낸 후, 꺼낸 구슬을 주머니에 집어넣지 않은 채 두번째 구슬을 꺼내는 경우를 가정해 보자. 이 경우 다음 질문에 답하시오.

(a) 꺼낸 두 구슬을 위한 확률수형도를 그리시오.

(b) 표본공간을 구하시오.

(c) 각각의 결과에 대한 확률값을 구하시오.

예제 7.4 예시 답안

(a) 확률수형도는 그림 7.2와 같다.

(b) 표본공간 $S = \{RR, RB, BR, BB\}$가 된다.

(c) 꺼낸 구슬 모두가 빨간색인 경우의 확률 $P(RR)$은 다음과 같다.

$$P(RR) = \frac{2}{5} \times \frac{1}{4} = \frac{1}{10}$$

첫번째 구슬이 빨간색, 두번째 구슬이 파란색인 경우의 확률 $P(RB)$는 다음과 같다.

$$P(RB) = \frac{2}{5} \times \frac{3}{4} = \frac{3}{10}$$

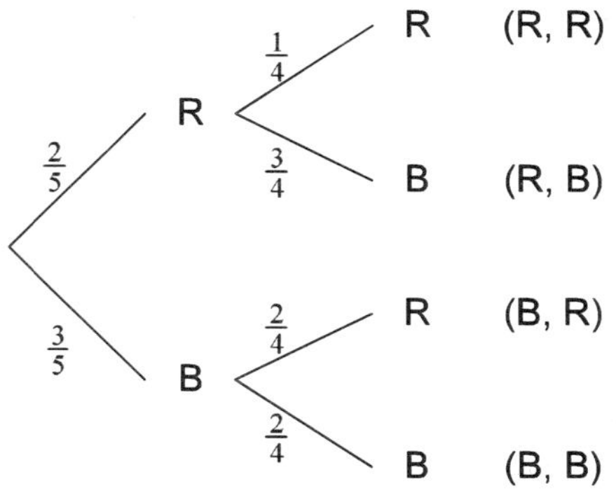

그림 7.2: 확률수형도

첫번째 구슬이 파란색, 두번째 구슬이 빨간색인 경우의 확률 $P(BR)$은 다음과 같다.

$$P(BR) = \frac{3}{5} \times \frac{2}{4} = \frac{3}{10}$$

꺼낸 구슬 모두가 파란색인 경우의 확률 $P(BB)$는 다음과 같다.

$$P(BB) = \frac{3}{5} \times \frac{2}{4} = \frac{3}{10}$$

□□□

문제 7.2 한 개의 동전을 3번 던지는 경우, 다음에 있는 질문에 답하시오.

(a) 첫번째, 두번째는 앞면이 나오고, 세번째는 뒷면이 나오는 경우

(b) 순서에 상관없이 두번의 앞면과 한번의 뒷면이 나오는 경우

(c) 적어도 앞면이 한번 나오는 경우

힌트: '적어도'에 대한 문제는 전체 경우에서 해당 사항이 한번도 안 나오는 경우를 빼면 된다.

□□□

제 2 절 배반사건

두 사건 A, B가 동시에 발생할 수 있는 경우가 있는 경우(즉, $A \cap B \neq \emptyset$), 이 두 사건은 '배반사건(exclusive event)'이 아니다. 즉, 두 사건은 상호 배타적이 아니다. 이때 소위 두 사건의 합을 구하는 '덧셈의 일반 정리'는 다음과 같다.

$$P(A \cup B) = P(A) + P(B) - P(A \cap B), \quad \text{여기서 } P(A \cap B) \neq 0 \tag{7.3}$$

예를 들어 한 팩의 트럼프 카드[v]에서 하트(Heart) 또는 에이스(Ace)인 한 장의 카드를 뽑는 확률을 구해보자. 벤다이어그램은 사건을 표시하거나, 사건의 '합(union)', '곱(intersection)', '여(complement)'를 연산하는데 도움이 된다. 그림 7.3은 비배반사건과 배반사건을 보여주고 있다. 비배반사건인 그림 7.3(a)는 두 사건이 서로 배타적이 아님을 보여주고 있다.

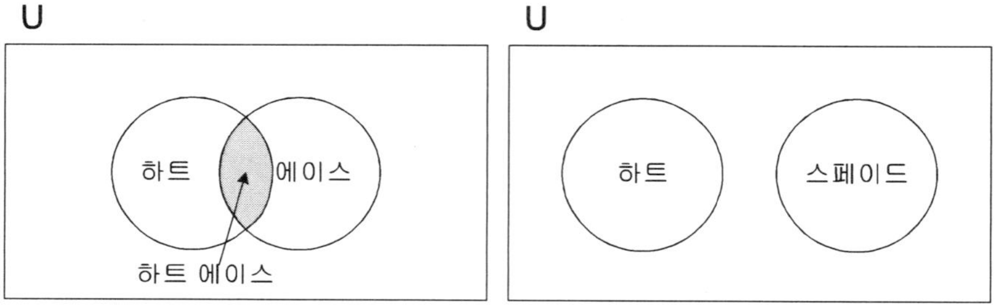

(a) 비배반사건 (b) 배반사건

그림 7.3: 벤다이어그램

한 팩의 트럼프 카드에는 클로버, 다이아몬드, 하트, 스페이드가 각각 13장씩 있으며, 그 중에는 4장의 에이스 카드가 있다. 하트를 뽑는 경우를 H, 에이스를 뽑는 경우를 A라고 하자. 이 경우 한 팩의 트럼프 카드에서 한 장의 카드를 뽑을 때, 그 카드가 하트 또는 에이스인 확률 $P(H \cup A)$는 다음과 같다.

$$P(H \cup A) = P(H) + P(A) - P(H \cap A) = \frac{13}{52} + \frac{4}{52} - \frac{1}{52} = \frac{4}{13}$$

반면에 두 사건 A, B가 동시에 발생할 수 있는 경우가 없는 경우(즉, $A \cap B = \emptyset$), 이 두 사건은 배반사건이 된다. 즉, 두 사건은 상호 배타적이다. 이때 소위 두

[v]트럼프 카드는 빨간색 다이아몬드(♢), 빨간색 하트(♡), 검정색 스페이드(♠), 검정색 클로버(♣)의 네 가지 모양으로 되어 있다. 각 모양은 $A, 2, 3, \ldots, 9, 10, J, Q, K$라는 13개의 숫자로 구성되어 있어, 트럼프 카드의 총 수는 52장이 된다.

사건의 합을 구하는 '덧셈의 특수 정리'는 다음과 같다.

$$P(A \cup B) = P(A) + P(B), \qquad \text{여기서 } P(A \cap B) = 0 \tag{7.4}$$

예를 들어 한 팩의 트럼프 카드에서 한 장의 카드를 뽑는 경우, 이 카드가 하트 또는 스페이드인 경우에 대한 확률을 구해보자. 하트인 카드와 스페이드인 카드는 상호 배타적이다. 이는 하트이면서 스페이드인 카드를 뽑을 수가 없다는 것을 의미한다. 결국 한 장의 카드를 뽑을 경우, 한 장의 카드가 하트 또는 스페이드인 경우에 대한 확률 $P(H \cup S)$는 다음과 같다.

$$P(H \cup S) = P(H) + P(S) = \frac{13}{52} + \frac{13}{52} = \frac{1}{2}$$

예제 7.5 그림 7.4에서 보듯이 주머니에 5개의 검정 구슬과 3개의 흰 구슬이 들어있다.
꺼낸 구슬을 주머니에 다시 집어넣지 않고(비복원 추출) 두 개의 구슬을 한 개씩 순서대로 꺼낼 때, 두 개의 동일한 색깔의 구슬을 뽑을 확률을 구하시오.

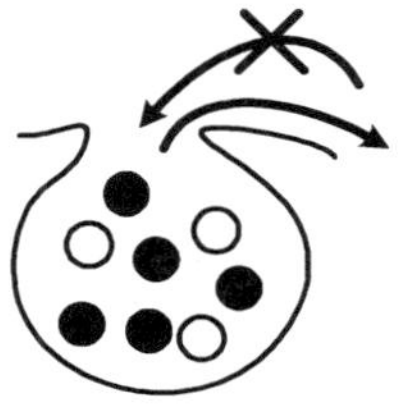

그림 7.4: 비복원 추출

예제 7.5 예시 답안 두 개의 구슬을 순차적으로 꺼내는 경우 첫번째, 두번째 구슬이 검은색인 경우의 사건을 A라고 하고, 첫번째, 두번째 구슬이 흰색인 경우의 사건을 B라고 하자. 두 사건 A, B는 상호 배타적(즉 배반사건)이기 때문에 색깔이 같은 두 개의 구슬을 꺼내는 확률 $P(E)$는 다음과 같다.

$$\begin{aligned} P(E) &= P(A \cup B) = P(A) + P(B) \\ &= P(B_1 \cap B_2) + P(W_1 \cap W_2) \\ &= \frac{5}{8} \times \frac{4}{7} + \frac{3}{8} \times \frac{2}{7} = \frac{26}{56} \\ &= \frac{13}{28} \end{aligned}$$

□□□

예제 7.6 그림 7.5와 같이 52장의 트럼프 카드가 섞어져 무작위로 바닥에 놓여 있다.

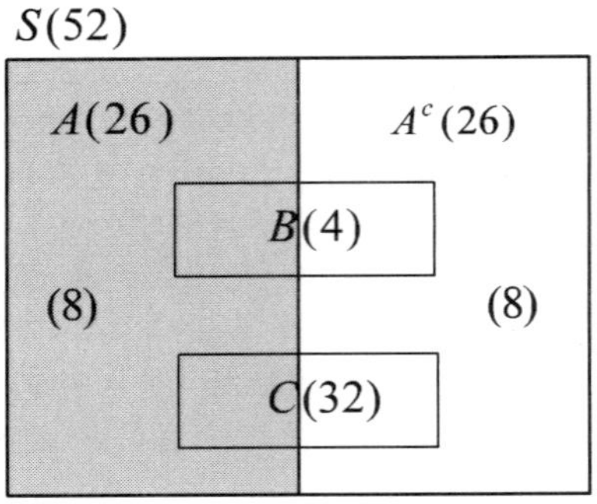

그림 7.5: 52장 카드의 분포

사건 A를 한 장의 빨간색 카드, 사건 B를 한 장의 에이스 카드, 사건 C를 5보다 큰 한 장의 카드라고 하자. 이 경우 다음에 있는 질문의 답을 구하시오.

(a) A, B, C 중에서 서로 배타적인 사건(배반사건)들의 쌍

(b) 확률 $P(B \cup C)$

(c) 확률 $P(A \cup B)$

예제 7.6 예시 답안

(a) 만약 $E_1 \cap E_2 = \emptyset$(또는 $P(E_1 \cap E_2) = 0$)인 경우에 두 사건 E_1과 E_2는 서로 배타적이며, 두 사건 E_1과 E_2를 배반사건이라고 부른다. 반면에 $E_1 \cap E_2 \neq \emptyset$(또는 $P(E_1 \cap E_2) \neq 0$)인 경우에 두 사건 E_1과 E_2는 서로 배타적이 아니며, 두 사건 E_1과 E_2는 배반사건이 아니다. 우선 A와 B는 배반사건이 아니다. 왜냐하면 예를 들어 하트 에이스 카드가 있기 때문이다. 즉, $A \cap B \neq \emptyset$가 된다. 두번째로 A와 C 역시 배반사건이 아니다. 왜냐하면 예를 들어 다이아몬드 6 카드가 있기 때문이다. 즉, $A \cap B \neq \emptyset$가 된다. 마지막으로 B와 C는 배반사건이 된다. 왜냐하면 5보다 큰 에이스 카드가 없기 때문이다. 즉, $A \cap B = \emptyset$이 된다.

(b) 두 사건 B와 C가 배반사건이기 때문에 확률 $P(B \cup C)$는 다음과 같다.

$$\begin{aligned} P(B \cup C) &= P(B) + P(C) \\ &= \frac{n(B)}{n(S)} + \frac{n(C)}{n(S)} = \frac{4}{52} + \frac{32}{52} \\ &= \frac{9}{13} \end{aligned}$$

(c) 두 사건 A, B는 배반사건이 아니기 때문에 확률 $P(A \cup B)$는 다음과 같다.

$$\begin{aligned} P(A \cup B) &= P(A) + P(B) - P(A \cap B) \\ &= \frac{n(A)}{n(S)} + \frac{n(B)}{n(S)} - \frac{n(A \cap B)}{n(S)} = \frac{26}{52} + \frac{4}{52} - \frac{2}{52} \\ &= \frac{7}{13} \end{aligned}$$

□□□

문제 7.3 그림 7.6에서 보듯이 주머니에 5개의 검정 구슬, 4개의 흰 구슬, 3개의 회색 구슬이 들어있다.
두 개의 구슬을 한 개씩 꺼내고, 꺼낸 구슬을 다시 집어넣는 경우를 생각해 보자. 이 경우 서로 다른 색깔을 갖는 두 개의 구슬을 꺼내는 확률을 구하시오.

□□□

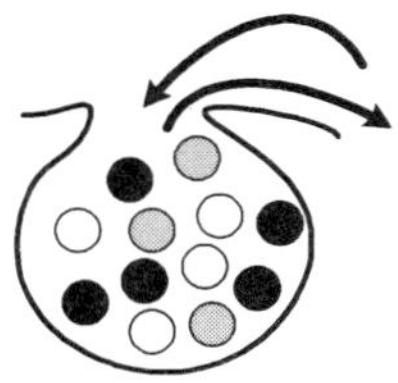

그림 7.6: 복원추출

제 3 절 여사건

만약 두 사건 E, E^c가 상호 배타적이고(즉 배반사건), 두 사건의 합집합이 전체 표본 공간인 S가 되는 경우에 두 사건 E, E^c를 '여사건(complementary event)'이라고 한다. 여사건에 대한 공식은 다음과 같다.

$$P(E) + P(E^c) = 1, \qquad \text{여기서} \quad P(E \cap E^c) = 0 \tag{7.5}$$

그림 7.7은 표본공간 S에 있는 두 여사건인 E, E^c의 관계를 보여주고 있다.

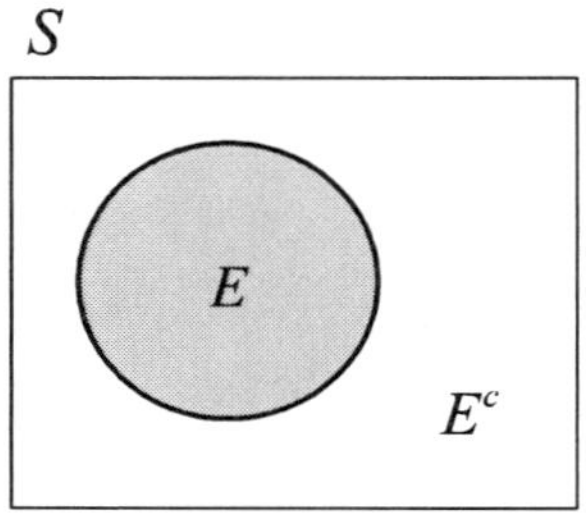

그림 7.7: 여사건

예제 7.7 한 개의 동전을 던지는 경우에 뒷면이 나오는 확률을 구하시오.

예제 7.7 예시 답안 앞면을 H, 뒷면을 T라고 하면 전체 표본공간 $S = \{H, T\}$가 된다. 그러므로 뒷면이 나오는 사건인 E^c의 확률은 $P(E^c) = \frac{1}{2}$이 된다. 앞면이 나오는 E와 뒷면이 나오는 E^c는 여사건이기 때문에 구하고자 하는 확률 $P(E^c)$는 다음과 같다.

$$P(E^c) = 1 - P(E) = 1 - \frac{1}{2} = \frac{1}{2}$$

위에서 보듯이 두 개의 결과값이 같음을 알 수 있다.

□□□

예제 7.8 주머니 안에 2개의 검정색 구슬, 3개의 흰색 구슬, 5개의 회색 구슬이 들어 있다. 주머니에 있는 한 개의 구슬을 꺼내는 경우, 다음 질문에 있는 확률을 구하시오.

(a) 꺼낸 구슬의 색깔이 검정색인 경우

(b) 꺼낸 구슬의 색깔이 검정색이 아닌 경우

(c) 꺼낸 구슬의 색깔이 흰색이거나 회색인 경우

예제 7.8 예시 답안

(a) $P(\text{검정색}) = \dfrac{n(\text{검정색})}{n(S)} = \dfrac{2}{10} = \dfrac{1}{5}$

(b) 꺼낸 구슬의 색깔이 검정색이 아닌 사건은 꺼낸 구슬의 색깔이 검정색인 사건과 여사건의 관계가 된다. 그러므로 구하고자 하는 확률 $P(\text{검정색이 아님})$은 다음과 같다.

$$P(\text{검정색이 아님}) = 1 - P(\text{검정색}) = 1 - \frac{1}{5} = \frac{4}{5}$$

(c) 꺼낸 구슬의 색깔이 흰색인 사건은 꺼낸 구슬의 색깔이 회색인 사건과 배반사건의 관계가 된다. 그러므로 구하고자 하는 확률 $P(\text{흰색} \cup \text{회색})$은 다음과 같다.

$$\begin{aligned} P(\text{흰색} \cup \text{회색}) &= P(\text{흰색}) + P(\text{회색}) = \frac{3}{10} + \frac{5}{10} \\ &= \frac{4}{5} \end{aligned}$$

위의 결과는 다음에 있는 결과와 같다.

$$\begin{aligned} P(\text{흰색} \cup \text{회색}) &= P(\text{검정색이 아님}) \\ &= 1 - P(\text{검정색}) = 1 - \frac{2}{10} \\ &= \frac{4}{5} \end{aligned}$$

□□□

문제 7.4 두 개의 주사위를 던지는 경우, 다음에 있는 경우에 대한 확률을 구하시오.

(a) 두 주사위의 숫자가 같게 나오는 경우

(b) 두 주사위 숫자의 합이 6이 되는 경우

(c) 두 주사위 숫자의 합이 12보다 작은 경우

□□□

제 4 절　독립사건

두 사건에 있어 한 사건이 다른 사건에 아무런 영향을 미치지 않는 경우에, 두 사건은 독립적인 관계가 있으며 이 두 사건을 '독립사건(independent event)'이라고 부른다. 두 사건 A, B의 곱을 구하기 위한 '곱의 법칙'은 다음과 같이 표현이 된다.

$$P(A \cap B) = P(A) \times P(B) \tag{7.6}$$

달리 말해, 두 사건 A, B에 있어 사건 A가 향후 발생되는 사건 B에 아무런 영향이나 정보를 주지 않는 경우에, 이 두 사건 A, B는 서로 독립적이다.

예제 7.9　한 개의 동전과 한 개의 주사위를 던질 때, 동전의 앞면이 나오고 주사위 눈이 2인 경우에 대한 확률을 구하시오.

예제 7.9 예시 답안　동전을 던지는 사건과 주사위를 던지는 사건은 독립적이다. 그러므로 동전의 앞면이 나오고 주사위 눈이 2인 경우에 대한 확률 $P(H \cap 2)$는 다음과 같다.

$$P(H \cap 2) = P(H) \times P(2) = \frac{1}{2} \times \frac{1}{6} = \frac{1}{12}$$

□□□

예제 7.10　그림 7.8과 같이 주머니에 2개의 검정색 구슬과 3개의 흰색 구슬이 들어있다. 이때 주머니에서 2개의 구슬을 하나씩 꺼내고자 한다. 단 꺼낸 구슬은 다시 집어넣을 수가 있다. 이 경우 다음에 있는 경우에 대한 확률을 구하시오.

그림 7.8: 복원 추출

(a) 첫번째 구슬이 검정색인 경우

(b) 두 개의 구슬이 검정색인 경우

(c) 두 개의 구슬이 흰색인 경우

(d) 첫번째 구슬이 검정색, 두번째가 흰색인 경우

(e) 두 개의 구슬 색이 같은 경우

(f) 두 개의 구슬 색이 다른 경우

예제 7.10 예시 답안

(a) $P(A) = P(B_1) = \frac{n(\text{검정}1)}{n(S)} = \frac{2}{5}$

(b) $P(B) = P(B_1 \cap B_2) = P(B_1) \times P(B_2) = \frac{2}{5} \times \frac{2}{5} = \frac{4}{25}$

(c) $P(C) = P(W_1 \cap W_2) = \frac{3}{5} \times \frac{3}{5} = \frac{9}{25}$

(d) $P(D) = P(B_1 \cap W_2) = \frac{2}{5} \times \frac{3}{5} = \frac{6}{25}$

(e) $P(E) = P(B_1 \cap B_2) + P(W_1 \cap W_2) = \frac{2}{5} \times \frac{2}{5} + \frac{3}{5} \times \frac{3}{5} = \frac{13}{25}$

(f) $P(F) = P(B_1 \cap W_2) + P(W_1 \cap B_2) = \frac{2}{5} \times \frac{3}{5} + \frac{3}{5} \times \frac{2}{5} = \frac{12}{25}$

2개의 색깔이 같은 구슬을 꺼내는 사건과 2개의 색깔이 다른 구슬을 꺼내는 사건은 여사건의 관계가 있음을 알고 있어야 한다. 그러므로 다음과 같은 방법으로도 원하는 확률 $P(F)$를 구할 수가 있다.

$$P(F) = 1 - P(E) = 1 - \frac{13}{25} = \frac{12}{25}$$

□□□

예제 7.11 학교에 지각하는 경우가 함영우 학생은 10%가 되며, 채현기 학생은 15%가 된다. 이 경우 다음의 경우에 대한 확률을 구하시오.

(a) 둘 모두가 지각하는 경우

(b) 단지 한 사람만이 지각하는 경우

(c) 적어도 한 사람이 지각하는 경우

예제 7.11 예시 답안 사건 H를 함영우가 지각하는 사건이라고 하고, 사건 C를 채현기가 지각하는 사건이라고 하자. 두 사건 H, C를 살펴보면 두 사건은 서로 독립사건임을 알 수 있다.

(a) 두 학생 모두가 지각하는 확률 $P(E)$는 다음과 같다.

$$P(E) = P(H \cap C) = P(H) \times P(C) = 0.1 \times 0.15 = 0.015$$

(b) 사건 H^c를 사건 H의 여사건이라고 하고, 사건 C^c를 사건 C의 여사건이라고 하자. 그러면 둘 중 단 한명이 지각하는 확률 $P(E)$는 다음과 같다.

$$\begin{aligned} P(E) &= P(H \cap C^c) + P(H^c \cap C) \\ &= P(H) \times P(C^c) + P(H^c) \times P(C) \\ &= 0.1 \times (1 - 0.15) + (1 - 0.1) \times 0.15 \\ &= 0.22 \end{aligned}$$

(c) 적어도 한 명이 지각하는 확률 $P(E)$는 다음과 같다.

$$\begin{aligned} P(E) &= P(H \cap C^c) + P(H^c \cap C) + P(H \cap C) = P(H \cup C) \\ &= P(H) + P(C) - P(H \cap C) = P(H) + P(C) - P(H) \times P(C) \\ &= 0.1 + 0.15 - 0.015 = 0.235 \end{aligned}$$

적어도 한 명이 지각하는 사건과 두 명 모두가 지각하지 않는 사건과는 여사건 관계가 있다. 그러므로 다음과 같은 방법으로도 원하는 확률 $P(E)$를 구할 수가 있다.

$$\begin{aligned} P(E) &= 1 - P(H^c \cap C^c) = 1 - P[(H \cup C)^c] \\ &= 1 - [1 - P(H \cup C)] = P(H \cup C) \\ &= 0.235 \end{aligned}$$

□□□

예제 7.12 $P(A) = 0.6$이고 $P(A \cap B) = 0.12$인 두 개의 독립사건 A, B가 있다. 다음에 있는 질문에 답하시오.

(a) 두 사건 A, B가 배반사건(서로 배타적인 사건)이 아님을 보이시오.

(b) 확률 $P(B)$의 값

(c) 사건 A, B가 동시에 발생되지 않을 확률

예제 7.12 예시 답안

(a) $P(A \cap B) = 0.12 \neq 0$이기 때문에 두 사건 A, B는 서로 배타적이 아니다. 즉 배반사건이 아니며, $A \cap B \neq \emptyset$이다.

(b) 두 사건 A, B가 독립사건이기 때문에 다음과 같은 식을 얻는다.

$$P(A \cap B) = P(A) \times P(B)$$

그러므로 구하고자하는 확률 $P(B)$는 다음과 같다.

$$P(B) = \frac{P(A \cap B)}{P(A)} = \frac{0.12}{0.6} = 0.2$$

(c) 사건 A^c를 사건 A에 대한 여사건, 사건 B^c를 사건 B에 대한 여사건이라고 하자. 두 사건 A, B는 배반사건이 아니기 때문에 다음과 같은 식을 얻는다.

$$P(A \cup B) = P(A) + P(B) - P(A \cap B)$$

드모르간 법칙에 의거 다음과 같은 식을 얻는다.

$$A^c \cap B^c = (A \cup B)^c, \qquad A^c \cup B^c = (A \cap B)^c$$

그러므로 사건 A, B가 동시에 발생되지 않을 확률 $P(A^c \cap B^c)$는 다음과 같다.

$$\begin{aligned} P(A^c \cap B^c) &= P[(A \cup B)^c] = 1 - P(A \cup B) \\ &= 1 - [P(A) + P(B) - P(A \cap B)] \\ &= 1 - (0.6 + 0.2 - 0.12) \\ &= 0.32 \end{aligned}$$

□□□

문제 7.5 표본공간 내에 두 개의 독립사건인 A, B가 있다. $P(A) = 0.4$이고 $P(A \cup B) = 0.8$인 경우에 확률 $P(B)$의 값을 구하시오.

□□□

제 5 절　조건부 확률

사건 A의 확률이 알려진 후에 사건 B의 확률이 알려지는 경우, 이때의 확률을 "A가 주어진 경우, B의 '조건부 확률(conditional probability)'"이라고 부르며 $P(B|A)$로 표기를 한다. 즉 사건 B는 사건 A로부터 영향을 받는다. 예를 들어 인구의 55%가 남성이고 45%가 여성이라고 가정하고, 그 중 남성의 25%, 여성의 20%가 흡연자라고 하자. 그림 7.9는 조건부 확률로 된 수형도와 벤다이어그램을 보여주고 있다. 그림 7.9(b)에서 보듯이 표본공간 S 내에는 남성인 A와 여성인 A^c가 있으며, 흡연자인 B와 비흡연자인 B^c가 있다. 예를 들어 그림 7.9(a)에서 보듯이 두 개의 조건부 확률인 $P(B|A)$와 $P(B|A^c)$는 같지 않음을 알 수 있다. 즉 흡연자의 확률은 흡연자가 남성인지 여성인지에 따라 달라진다.

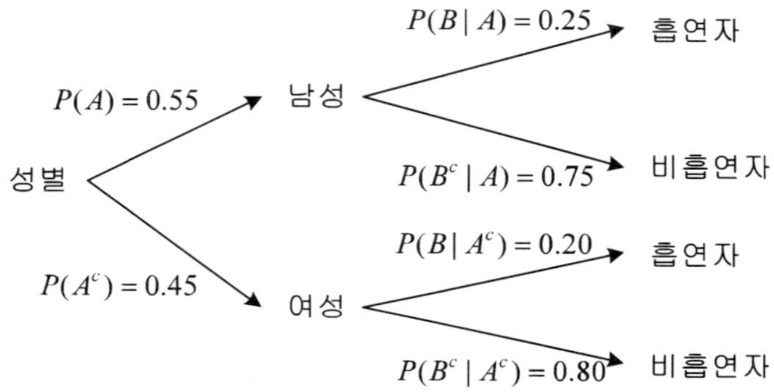

(a) 조건부 확률의 수형도

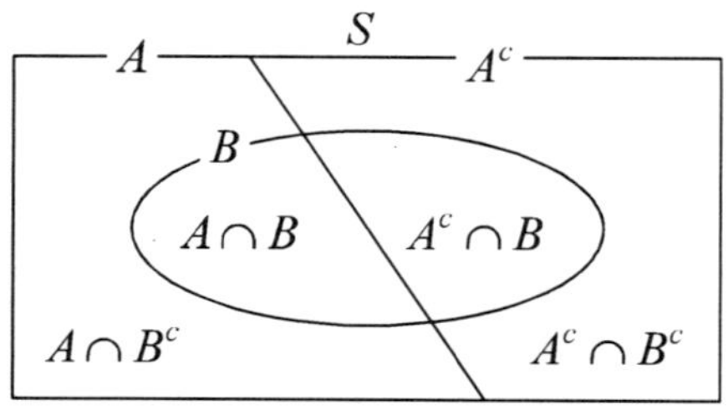

(b) 벤다이어그램

그림 7.9: 확률수형도와 벤다이어그램

남성 흡연자에 대한 확률 $P(A \cap B)$는 다음과 같이 계산된다.

$$P(A \cap B) = P(A) \times P(B|A) = 0.55 \times 0.25 \approx 0.14$$

비슷한 방법으로 여성 흡연자에 대한 확률 $P(A^c \cap B)$는 다음과 같이 계산된다.

$$P(A^c \cap B) = P(A^c) \times P(B|A^c) = 0.45 \times 0.2 = 0.09$$

흡연자인 사건 B는 'B이고 A'인 사건과 'B이고 A^c'인 두 개의 사건으로 구성되어 있다. 이 두 사건은 서로 배타적이기 때문에 사건 B를 다음과 같이 표시할 수 있다.

$$B = (B \cap A) \cup (B \cap A^c)$$

그리고

$$\begin{aligned} P(B) &= P(B \cap A) + P(B \cap A^c) \\ &= P(A \cap B) + P(A^c \cap B) = 0.14 + 0.09 \\ &= 0.23 \end{aligned}$$

이 된다. 달리 말해 조건부 확률 $P(B|A)$는 다음과 같이 표기가 된다.

$$P(B|A) = \frac{n(A \cap B)}{n(A)} = \frac{\frac{n(A \cap B)}{n(S)}}{\frac{n(A)}{n(S)}} = \frac{P(A \cap B)}{P(A)} \tag{7.7}$$

여기서 $P(A) \neq 0$이 된다.

한 개의 동전을 두 번 던지는 경우의 표본공간 $S = \{HH, HT, TH, TT\}$가 되며, 이에 대한 확률수형도를 그려보면 그림 7.10과 같다.

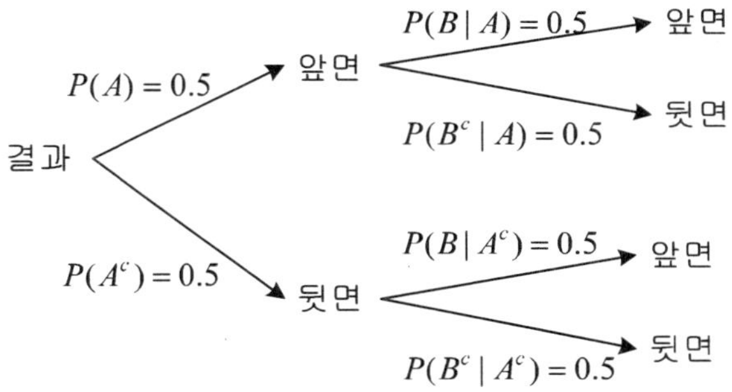

그림 7.10: 조건부 확률수형도

일반적으로 두 사건 A, B가 종속적(독립적이 아닌)인 경우나 두 사건의 관계를 모르고 있는 경우에, 두 사건 A, B의 곱에 대한 확률 $P(A \cap B)$는 다음과 같이 표기가 된다.

$$P(A \cap B) = P(A) \times P(B|A) = P(B \cap A) = P(B) \times P(A|B)$$

반면에 두 사건 A, B가 독립적인 경우, 두 사건 A, B의 곱에 대한 확률 $P(A \cap B)$는 다음과 같이 표기가 된다.

$$P(A \cap B) = P(A) \times P(B) = P(B \cap A) = P(B) \times P(A)$$

예제 7.13 그림 7.11과 같이 주머니에 2개의 검정색 구슬과 3개의 흰색 구슬이 들어있다.
이 경우 다음 경우에 대한 확률을 구하시오. 단 꺼낸 구슬은 다시 집어넣을 수가 없다. 즉 비복원 추출이다.

그림 7.11: 비복원 추출

(a) 첫번째 구슬이 검정색인 경우의 확률 $P(A)$

(b) 첫번째 구슬이 검정색인 경우에 대해, 두번째 구슬이 검정색이 되는 경우의 확률 $P(B)$

(c) 두 개의 구슬이 검정색인 경우의 확률 $P(C)$

(d) 두 개의 구슬이 흰색인 경우의 확률 $P(D)$

(e) 첫번째 구슬이 검정색, 두번째가 흰색인 경우의 확률 $P(E)$

(f) 두 개의 구슬 색이 같은 경우의 확률 $P(F)$

(g) 두 개의 구슬 색이 다른 경우의 확률 $P(G)$

예제 7.13 예시 답안

(a) $P(A) = P(B_1) = \frac{2}{5}$

(b) 첫번째로 꺼낸 구슬이 검은색 구슬인 경우, 주머니 내에는 1개의 검은색 구슬과 3개의 흰색 구슬이 남게 된다. 그러므로 구하고자 하는 확률 $P(B)$는 다음과 같다.

$$P(B) = P(B_2) = \frac{1}{4}$$

(c) 꺼낸 구슬 두 개가 모두 검은색인 경우에 대한 확률 $P(C)$는 다음과 같다.

$$P(C) = P(B_1 \cap B_2) = P(B_1) \times P(B_2|B_1) = \frac{2}{5} \times \frac{1}{4} = \frac{1}{10}$$

(d) 꺼낸 구슬 두 개가 모두 흰색인 경우에 대한 확률 $P(D)$는 다음과 같다.

$$P(D) = P(W_1 \cap W_2) = P(W_1) \times P(W_2|W_1) = \frac{3}{5} \times \frac{2}{4} = \frac{3}{10}$$

(e) 첫번째 구슬이 검은색이고 두번째 구슬이 흰색인 구슬을 꺼내는 경우에 대한 확률 $P(E)$는 다음과 같다.

$$P(E) = P(B_1 \cap W_2) = P(B_1) \times P(W_2|B_1) = \frac{2}{5} \times \frac{3}{4} = \frac{3}{10}$$

(f) 동일한 색상을 갖는 두 개의 구슬을 꺼내는 경우에 대한 확률 $P(F)$는 다음과 같다.

$$\begin{aligned} P(F) &= P(B_1 \cap B_2) + P(W_1 \cap W_2) \\ &= P(B_1) \times P(B_2|B_1) + P(W_1) \times P(W_2|W_1) \\ &= \frac{2}{5} \times \frac{1}{4} + \frac{3}{5} \times \frac{2}{4} \\ &= \frac{2}{5} \end{aligned}$$

(g) 서로 다른 색을 갖는 두 개의 구슬을 꺼내는 경우에 대한 확률 $P(G)$는 다음과 같다.

$$\begin{aligned} P(G) &= P(B_1 \cap W_2) + P(W_1 \cap B_2) \\ &= P(B_1) \times P(W_2|B_1) + P(W_1) \times P(B_2|W_1) \\ &= \frac{2}{5} \times \frac{3}{4} + \frac{3}{5} \times \frac{2}{4} \\ &= \frac{3}{5} \end{aligned}$$

꺼낸 두 개 구슬의 색이 같은 사건과 꺼낸 두 개 구슬의 색이 다른 사건은 여사건이 되기 때문에 다음 식에 의거 원하는 확률 $P(G)$를 구할 수가 있다.

$$P(G) = 1 - P(F) = 1 - \frac{2}{5} = \frac{3}{5}$$

□□□

예제 7.14 어떤 대학에서 수학을 공부하면서 물리를 공부하는 학생의 확률이 0.8이다. 또한 수학을 공부하는 학생의 확률은 0.7이고, 물리를 공부하는 학생의 확률은 0.68이다. 이 경우 다음에 있는 경우에 대한 확률을 구하시오.

(a) 수학과 물리를 동시에 공부하는 학생

(b) 수학을 공부하지 않는 학생 중에 물리를 공부하는 학생

(c) 물리를 공부하는 학생 중에 수학을 공부하는 학생

(d) 물리를 공부하지 않는 학생 중에 수학을 공부하지 않는 학생

예제 7.14 예시 답안 수학을 공부하는 학생의 사건을 A, 물리를 공부하는 학생의 사건을 B라고 하자. 그러면 사건 A의 여사건인 A^c는 수학을 공부하지 않는 학생의 사건이 되며, 사건 B의 여사건인 B^c는 물리를 공부하지 않는 학생의 사건이 된다. 그림 7.12는 문제에서 주어진 조건에 대한 조건부 확률수형도가 된다.

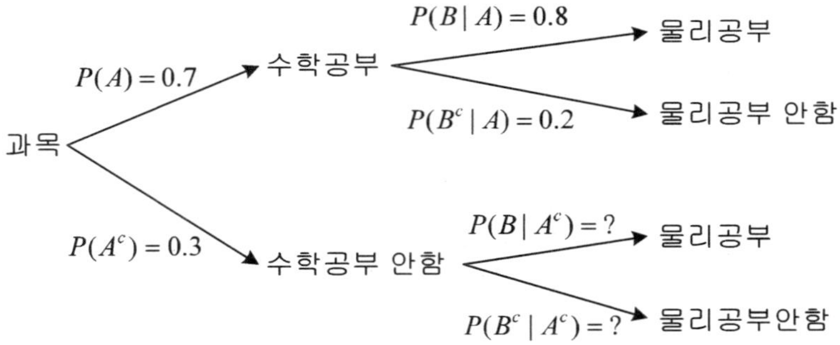

그림 7.12: 조건부 확률수형도

(a) 수학과 물리를 동시에 공부하는 학생에 대한 확률 $P(A \cap B)$는 다음과 같다.

$$P(A \cap B) = P(A) \times P(B|A) = 0.7 \times 0.8 = 0.56$$

(b) 확률 $P(B) = P(B \cap A) + P(B \cap A^c)$이기 때문에 다음의 식을 얻는다.

$$P(B \cap A^c) = P(B) - P(B \cap A)$$

그러므로 수학을 공부하지 않는 학생 중에 물리를 공부하는 학생에 대한 확률은 다음과 같다.

$$\begin{aligned} P(B|A^c) &= \frac{P(A^c \cap B)}{P(A^c)} = \frac{P(B \cap A^c)}{P(A^c)} \\ &= \frac{P(B) - P(B \cap A)}{P(A^c)} = \frac{P(B) - P(A \cap B)}{P(A^c)} \\ &= \frac{0.68 - 0.56}{0.3} = 0.4 \end{aligned}$$

(c) 물리를 공부하는 학생 중에 수학을 공부하는 학생에 대한 확률은 다음과 같다.

$$P(A|B) = \frac{P(B \cap A)}{P(B)} = \frac{P(A \cap B)}{P(B)} = \frac{0.56}{0.68} \approx 0.82$$

(d) 물리를 공부하지 않는 학생 중에 수학을 공부하지 않는 학생에 대한 확률은 다음과 같다.

$$\begin{aligned} P(A^c|B^c) &= \frac{P(B^c \cap A^c)}{P(B^c)} = \frac{P(A^c \cap B^c)}{1 - P(B)} \\ &= \frac{P(A^c) \times P(B^c|A^c)}{1 - 0.68} = \frac{0.3 \times (1 - P(B|A^c))}{0.32} \\ &= \frac{0.3 \times (1 - 0.4)}{0.32} \approx 0.56 \end{aligned}$$

□□□

예제 7.15 어떤 학생은 숙제를 하기 위해 컴퓨터를 사용하곤 한다. 컴퓨터 작업에 있어 아침에 숙제를 하는 경우에는 0.01(= 1%) 정도로 실수를 하고, 저녁에 숙제를 하는 경우에는 0.03(= 3%) 정도로 실수를 한다. 아침에 숙제를 하는 것과 저녁에 숙제를 하는 것이 독립적인 경우, 숙제를 끝내기 위해 발생되는 컴퓨터 실수에 대한 확률을 구하시오.

예제 7.15 예시 답안 아침에 숙제를 하여 발생되는 컴퓨터 실수를 사건 A, 저녁에 숙제를 하여 발생되는 컴퓨터 실수를 사건 B라고 하자. 그림 7.13은 주어진 조건으로 작성된 조건부 확률수형도가 된다.

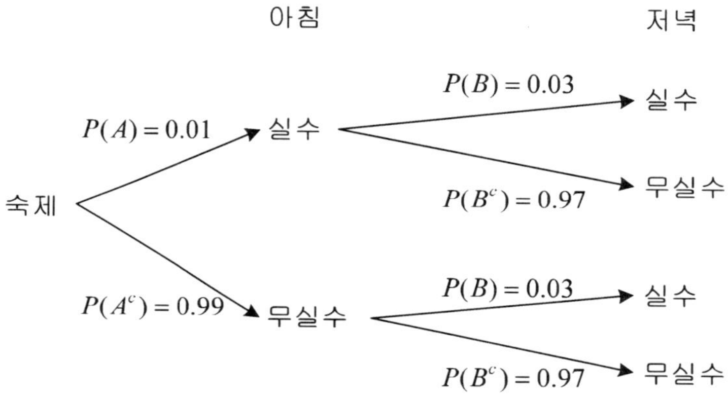

그림 7.13: 조건부 확률수형도

숙제를 끝내기 위해 발생되는 컴퓨터 실수에 대한 확률 $P(E)$는 다음과 같다.

$$\begin{aligned}P(E) &= P[(A \cap B) \cup (A \cap B^c) \cup (A^c \cap B)] \\ &= P(A \cap B) + P(A \cap B^c) + P(A^c \cap B) \\ &= P(A) + P(A^c) \times P(B) = 0.01 + 0.99 \times 0.03 \\ &= 0.0397\end{aligned}$$

여기서 $P(A) = P(A \cap B) + P(A \cap B^c)$가 된다. 여사건 법칙을 이용하여 또 다른 방법으로 문제를 풀 수 있다. 즉 컴퓨터 실수를 하는 확률 $P(E)$는 다음과 같이 계산된다.

$$\begin{aligned}P(E) &= 1 - P(E^c) \\ &= 1 - P(A^c \cap B^c) = 1 - P(A^c) \times P(B^c) = 1 - 0.99 \times 0.97 \\ &= 0.0397\end{aligned}$$

□□□

문제 7.6 표본공간에 세 개의 사건 A, B, C가 있다. 사건에 대한 확률들이 그림 7.14에 있는 벤다이어그램으로 표현되어 있다.

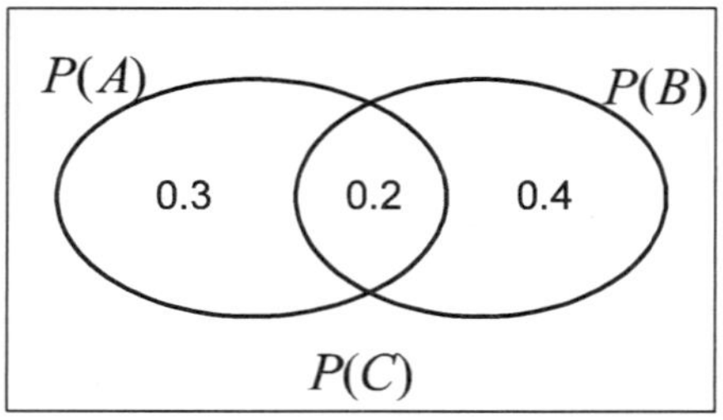

그림 7.14: 벤다이어그램

여기서 $P(A) = 0.5$, $P(B) = 0.6$, $P(A \cap B) = 0.2$이다. 이 경우 다음에 있는 질문에 답하시오.

(a) 사건 C의 확률 $P(C)$

(b) 조건부 확률 $P(A|B)$

(c) 두 사건 A, B가 독립적이지 않음(즉 종속적임)을 보이시오.

(d) 두 사건 A, C가 독립적이지 않음을 보이시오.

□□□

문제 7.7 다음과 같은 두 개의 사건 A, B가 있을 때, 주어진 문제의 질문에 답을 하시오.

$$P(A) = 0.5, \qquad P(B) = 0.4, \qquad P(B|A) = 0.2$$

(a) 두 사건 A, B가 배반사건이 아님(즉, 서로 배타적이지 않음)을 보이시오.

(b) 두 사건 A, B가 독립사건이 아님(즉, 종속사건임)을 보이시오.

(c) 확률 $P(A \cup B)$를 구하시오.

□□□

문제 7.8 다음과 같은 두 개의 독립사건 A, B가 있을 때, 주어진 문제의 질문에 답을 하시오.

$$P(A) = 0.5, \qquad P(A \cap B) = 0.2$$

(a) 두 사건 A, B가 배반사건이 아님(즉, 서로 배타적이지 않음)을 보이시오.

(b) 확률 $P(B)$

(c) 사건 B^c가 사건 B의 여사건인 경우에 있어 조건부 확률 $P(B^c|A)$

□□□

문제 7.9 두 사건 A, B가 독립적일 때, $P(B|A) = P(B)$가 되는 것을 보이시오.

힌트: 두 사건 A, B가 독립적일 때 $P(A \cap B) = P(A) \times P(B)$가 된다.

□□□

문제 7.10 어떤 암에 대한 발병 확률이 1%이다. 암검사를 통해 실제 발병자의 80%, 비발병자의 9.6%가 양성 반응을 보이는 경우, 암검사에서 양성 반응을 보인 사람이 실제 암에 걸릴 확률을 구해 보시오.

힌트: 얼뜻 보기에는 양성 반응을 보인 사람이 실제 암에 걸릴 확률이 80% 정도로 보이나 그렇지 않다.

□□□

제 6 절 순열

양의 정수 n에 대한 팩토리얼 $n!$은 "1부터 n까지의 모든 양의 정수를 곱한 값"이 된다.

$$n! = n \times (n-1) \times (n-2) \times \ldots \times 3 \times 2 \times 1 \tag{7.8}$$

그리고 정의에 의거해서 $0! = 1$이 된다.

가. 중복없는 순열

'순열(permutation)'이란 "중복이 허락되지 않고 순서가 중요한 상태에서 물체를 배열하는 경우의 수"를 말한다. 서로 다른 n개의 물체를 배열하는 경우의 수는 다음과 같다.

$$_nP_n = \frac{n!}{(n-n)!} = n! = \underbrace{n \times (n-1) \times (n-2) \times \ldots \times 3 \times 2 \times 1}_{n\text{ 개}} \tag{7.9}$$

예를 들어 중복은 허락되지 않고 순서를 중요하게 고려하는 상황에서 세 글자로 된 ABC라는 단어에서 세 글자를 배열하는 방법의 수를 계산해 보자. 첫번째 글자를 뽑는 경우가 세 가지 경우가 되며, 두번째 글자를 뽑는 경우는 두 가지가 되며, 세번째 글자를 뽑는 경우는 단 한 가지가 된다. 즉 순열의 수는 다음과 같다.

$$_3P_3 = \frac{3!}{(3-3)!} = \frac{3!}{0!} = 3 \times 2 \times 1 == 3 \times 2 = 6$$

그리고 6개의 가능한 순열은 다음과 같다.

$$ABC, \quad ACB, \quad BAC, \quad BCA, \quad CAB, \quad CBA$$

반면에 서로 다른 n개의 물체에서 r개의 물체에 대한 순열은 다음과 같다.

$$_nP_r = \frac{n!}{(n-r)!} = \underbrace{n \times (n-1) \times (n-2) \times \ldots \times (n-r+1)}_{r\text{ 개}} \tag{7.10}$$

예를 들어 중복은 허락되지 않고 순서를 중요하게 고려하는 상황에서 세 글자로 된 ABC라는 단어에서 두 글자를 배열하는 방법의 수를 계산해 보자. 순열의 수는 다음과 같다.

$$_3P_2 = \frac{3!}{(3-2)!} = \frac{3!}{1!} = \frac{3 \times 2 \times 1}{1} = 6$$

그리고 6개의 가능한 순열은 다음과 같다.

$$AB, \quad AC, \quad BA, \quad BC, \quad CA, \quad CB$$

예제 7.16 중복은 허락되지 않고 순서를 중요하게 고려하는 상황에서, 다음에 있는 모든 글자를 배열하는 방법의 수를 말해 보시오.

(a) *SEOUL* (b) *AUCKLAND* (c) *WELLINGTON*

예제 7.16 예시 답안

(a) 주어진 단어인 *SEOUL*을 살펴보면 5개 글자 모두가 서로 다르기 때문에 다섯 글자에 대한 순열의 수는 ${}_5P_5 (= 5! = 120)$가 된다.

(b) 주어진 단어인 *AUCKLAND*를 살펴보면 *A*라는 글자가 두 번 중복되어 있음을 알 수 있다. 그렇기 때문에 8개 글자를 배열하는 방법의 수인 8!를 2!로 나누어야 한다. 즉 *AUCKLAND*라는 단어의 모든 문자를 배열하는 방법의 수는 다음과 같다.

$$\frac{{}_8P_8}{2!} = \frac{8!}{2!} = \frac{8 \times 7 \times 6 \times 5 \times 4 \times 3 \times 2 \times 1}{2 \times 1} = 20,160$$

(c) 10개의 글자로 된 주어진 단어인 *WELLINGTON*에는 *L*과 *N*이 각각 두 번씩 중복되어 있기 때문에 10!를 $2! \times 2!$로 나누어주어야 한다.
즉 *WELLINGTON*이라는 단어에 있는 모든 글자를 순서 배열하는 방법의 수는 다음과 같다.

$$\frac{{}_{10}P_{10}}{2! \times 2!} = \frac{10!}{2! \times 2!} = \frac{10 \times 9 \times 8 \times 7 \times 6 \times 5 \times 4 \times 3 \times 2 \times 1}{(2 \times 1) \times (2 \times 1)} = 907,200$$

□□□

예제 7.17 서로 다른 5개의 물체에서 2개를 선택하여 순서 배열하는 방법의 수를 계산하시오. 단 중복은 허락되지 않는다.

예제 7.17 예시 답안 첫번째 물체를 선택하는 방법의 수는 5가지가 되며, 각 방법에 대해 두번째 물체를 선택하는 방법의 수는 4가지가 된다. 그러므로 2개의 물체를 선택하여 배열하는 방법의 수는 다음과 같다.

$${}_5P_2 = \frac{5!}{(5-2)!} = 5 \times 4 = 20$$

□□□

예제 7.18 2명의 여학생과 3명의 남학생이 있다. 이 5명의 학생이 다음과 같이 한 줄로 좌석에 앉는 경우의 수를 계산해 보시오.

(a) 그림 7.15(a)에서 보듯이 한 명의 여학생이 반드시 첫번째 좌석에 앉는 경우

(b) 그림 7.15(b)에서 보듯이 한 명의 남학생이 반드시 첫번째 좌석에 앉는 경우

(c) 그림 7.15(c)에서 보듯이 두 명의 여학생이 옆 좌석에 같이 앉는 경우

(d) 두 명의 여학생이 옆 좌석에 같이 앉지 않는 경우

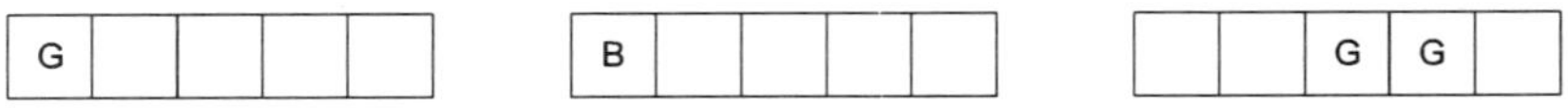

(a) (b) (c)

예제 7.18 예시 답안

(a) 한 명의 여학생이 첫번째 좌석에 앉기 때문에, 이 문제는 첫번째 좌석에 앉는 한 명의 여학생을 제외한 4명의 학생이 4개의 좌석에 앉는 경우의 수와 같게 된다. 즉 전체 방법의 수는 다음과 같다.

$$_4P_4 = 4! = 24$$

(b) 한 명의 남학생이 첫번째 좌석에 앉기 때문에, 이 문제는 첫번째 좌석에 앉는 한 명의 남학생을 제외한 4명의 학생이 4개의 좌석에 앉는 경우의 수와 같게 된다. 즉 전체 방법의 수는 다음과 같다.

$$_4P_4 = 4! = 24$$

(c) 옆 좌석에 같이 앉을 두 명의 여학생을 한 개의 좌석에 앉는 한 명의 학생으로 간주하자. 이 경우 서로 다른 4개의 좌석에 앉는 방법의 수는 $_4P_4(= 4!)$가 된다. 또한 두 명의 여학생이 같이 앉는 방법의 수는 G_1G_2 또는 G_2G_1과 같이 2가지의 서로 다른 방법이 있다. 그러므로 좌석에 앉는 전체 방법의 수는 다음과 같다.

$$_4P_4 \times 2! = 4! \times 2! = 48$$

(d) 주어진 문제에 대한 방법의 수는 모든 방법의 수에서 두 명의 여학생이 서로 이웃하여 좌석에 같이 앉는 경우의 수를 빼면 된다. 즉 좌석에 앉는 전체 방법의 수는 다음과 같다.

$$_5P_5 -_4 P_4 \times 2! = 5! - 4! \times 2! = 72$$

□□□

나. 중복없는 원형순열

'원형순열(circular permutation)'은 "물체를 원형으로 배치하는 서로 다른 방법의 수"가 된다. 예를 들어 3명의 사람인 A, B, C가 원형 테이블에 앉는 경우의 수를 계산해 보자. 그림 7.15를 살펴보면 3개의 경우가 모두 같음을 알 수 있다. 즉 A, B, C의 한 순열인 (A, B, C)를 시계 방향으로 이동하게 되면 (A, B, C)는 (C, A, B), (B, C, A)와 같다. 이는 3개의 순열을 한 개의 순열로 간주해야 됨을 알려주고 있다.

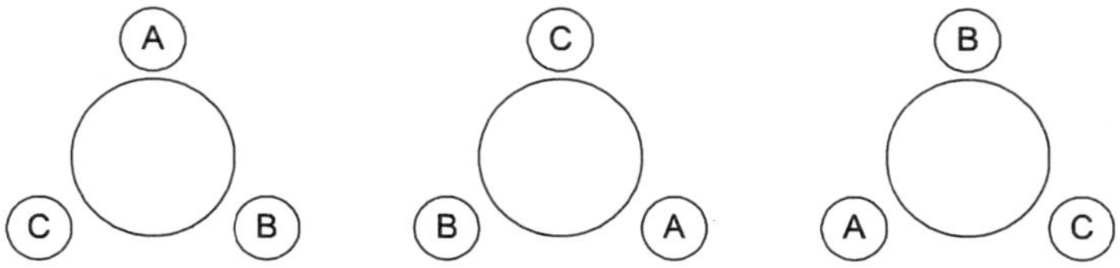

그림 7.15: 원형순열

즉 n개의 서로 다른 물체를 원형으로 배치하는 방법의 수는 다음과 같다

$$\frac{{}_nP_n}{n} = \frac{n!}{n} = (n-1)! \tag{7.11}$$

그러므로 서로 다른 3명 A, B, C를 원형 테이블에 앉히는 경우의 수는 그림 7.16(a), 7.16(b)에서 보듯이 $2(= 2!)$가 된다. 그림 7.16(c)는 A, B, C를 선형(한 줄)으로 배치하는 3가지 방법을 보여주고 있다.

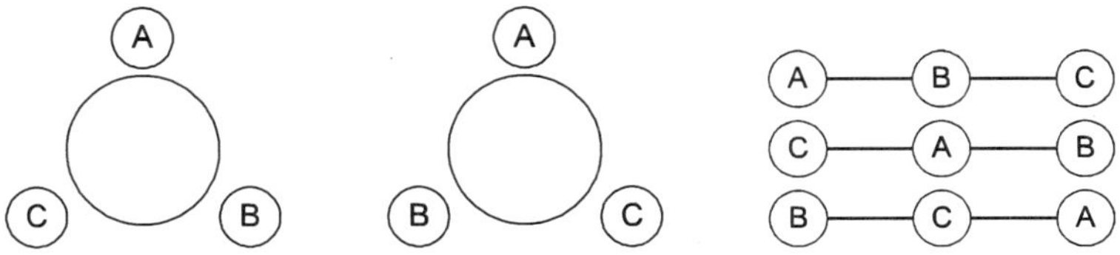

그림 7.16: 원형수열과 선형수열

예제 7.19 네 남녀 부부가 식사를 위해 다음과 같은 형태의 테이블에 앉는 경우, 다음 질문에 있는 경우의 수를 계산해 보시오. 단 이때 각 부부의 남녀는 서로 좌석을 바꾸어 앉을 수가 있다.

(a) 그림 7.17(a)와 같이 원형 테이블에 앉는 경우

(b) 그림 7.17(b)와 같이 직사각형 테이블에 앉는 경우

(c) 그림 7.17(c)와 같이 정사각형 테이블에 앉는 경우

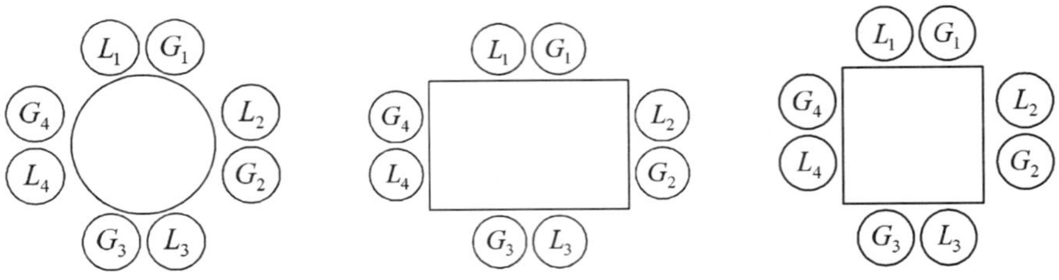

(a) 원형 (b) 직사각형 (c) 정사각형

그림 7.17: 서로 다른 테이블에 대한 순열

예제 7.19 예시 답안

(a) 네 부부가 원형 테이블에 앉기 때문에 네 부부 C_1, C_2, C_3, C_4가 순서 배열되는 경우의 수는 다음과 같다.

$$\frac{{}_4P_4}{4} = (4-1)! = 3! = 6$$

여기서 6가지 경우에 대한 순열은 다음과 같다.

$$(C_1, C_2, C_3, C_4), \quad (C_1, C_2, C_4, C_3), \quad (C_1, C_3, C_2, C_4)$$
$$(C_1, C_3, C_4, C_2), \quad (C_1, C_4, C_2, C_3), \quad (C_1, C_4, C_3, C_2)$$

또한 각 부부에 대해 남녀가 서로 바꾸어 앉을 수가 있기 때문에 전체 경우의 수는 다음과 같이 된다.

$$\frac{{}_4P_4}{4} \times 2! = (4-1)! \times 2! = 3! \times 2! = 12$$

(b) 네 부부가 순서 배열로 시계방향으로 앉게 되면 그림 7.18에서 보듯이 4개의 경우가 발생하게 된다. 그 중에서 (C_1, C_2, C_3, C_4)와 (C_3, C_4, C_1, C_2)는 같게 되며, (C_4, C_1, C_2, C_3)와 (C_2, C_3, C_4, C_1) 역시 같게 된다. 즉 순열 (C_1, C_2, C_3, C_4)에 대한 4가지 순열을 2가지로 간주할 수 있다. 이로서 서로 다른 개의 물체를 직사각형 테이블에 배치하는 경우에 발생되는 배치 수는 다음과 같다.

$$\boxed{\frac{{}_nP_n}{2} = \frac{n!}{2}} \qquad (7.12)$$

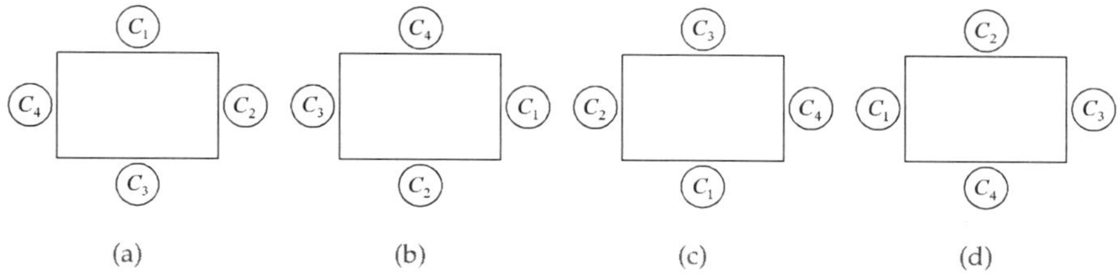

그림 7.18: 순서 배열 (C_1, C_2, C_3, C_4)된 4가지의 경우

그러므로 네 부부를 직사각형 테이블에 배치하는 경우의 수는 $12\left(=\frac{4!}{2}\right)$가 된다. 또한 각 부부의 남녀가 서로 바꾸어 앉을 수가 있기 때문에 전체 배치 수는 다음과 같다.

$$\frac{{}_4P_4}{2} \times 2! = \frac{4!}{2} \times 2! = 24$$

(c) 네 부부를 순서 배열 (C_1, C_2, C_3, C_4)로 시계 방향으로 배치하게 되면 다음에 있는 4가지 경우는 같다고 간주할 수 있어, 4가지 경우를 단 한 가지의 경우로 볼 수 있다.

$$(C_1, C_2, C_3, C_4), \qquad (C_4, C_1, C_2, C_3)$$
$$(C_3, C_4, C_1, C_2), \qquad (C_2, C_3, C_4, C_1)$$

이로서 서로 다른 개의 물체를 정사각형 테이블에 배치하는 경우에 발생되는 배치 수는 다음과 같다.

$$\boxed{\frac{{}_nP_n}{4} = \frac{n!}{4}} \tag{7.13}$$

그러므로 네 부부를 정사각형 테이블에 배치하는 경우의 수는 $6\left(=\frac{4!}{4}\right)$이 된다. 또한 각 부부의 남녀가 서로 바꾸어 앉을 수가 있기 때문에 전체 배치 수는 다음과 같다.

$$\frac{{}_4P_4}{4} \times 2! = \frac{4!}{4} \times 2! = 12$$

□□□

예제 7.20 서로 다른 색상인 빨강, 녹색, 청색으로 된 목걸이 알이 3개가 있다. 이를 이용하여 서로 다른 목걸이를 만드는 경우의 수를 구하시오.

예제 7.20 예시 답안 목걸이를 만드는 방법은 원형수열 문제와 같다. 그러므로 서로 다른 3개의 목걸이 알을 배치하는 방법의 수는 다음과 같이 된다.

$$\frac{{}_3P_3}{3} = (3-1)! = 2$$

여기서 그림 7.19에서 보듯이 두 개의 가능한 원형순열은 다음과 같은 순서 배열을 하게 된다.

$$(R,\ G,\ B), \qquad (R,\ B,\ G)$$

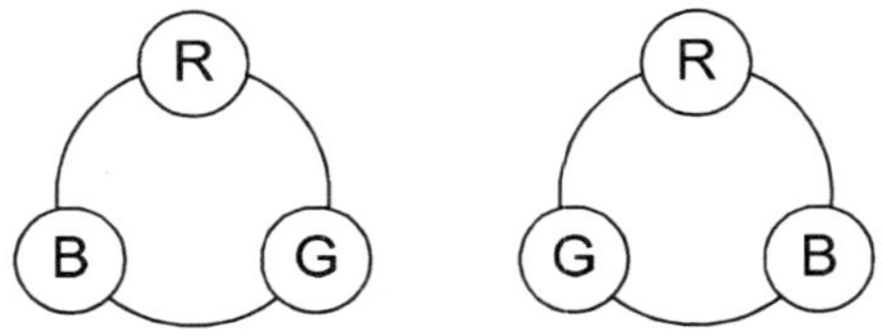

(a) (b)

그림 7.19: 두 개의 가능한 원형순열

그림 7.19에 있는 목걸이를 뒤집게 되면 두 개의 원형수열은 같음을 알 수 있다. 즉 3개의 서로 다른 색상을 갖는 목걸이 알로 목걸이를 만드는 방법의 총 수는 다음과 같이 된다.

$$\frac{{}_3P_3}{3} \times \frac{1}{2} = \frac{(3-1)!}{2} = 1$$

□□□

결론적으로 두 가지의 원형수열 문제가 있다. 첫번째는 시계 방향과 반시계 방향의 순서 배열이 같지 않은 경우가 된다. 이 경우 서로 다른 n개의 물체를 원형으로 배치하는 방법의 수는 다음과 같이 된다.

$$\boxed{\frac{{}_nP_n}{n} = (n-1)!} \tag{7.14}$$

그리고 서로 다른 n개의 물체에서 r개를 뽑아 원형으로 배치하는 방법의 수는 다음과 같이 된다.

$$\boxed{\frac{{}_nP_r}{r} = \frac{n!}{(n-r)! \times r}} \tag{7.15}$$

반면에 두번째로 시계 방향과 반시계 방향의 순서 배열이 같은 경우가 된다. 이 경우 서로 다른 n개의 물체를 원형으로 배치하는 방법의 수는 다음과 같이 된다.

$$\frac{{}_nP_n}{n} \times \frac{1}{2} = \frac{(n-1)!}{2} \tag{7.16}$$

그리고 서로 다른 n개의 물체에서 r개를 뽑아 원형으로 배치하는 방법의 수는 다음과 같이 된다.

$$\frac{{}_nP_r}{r} \times \frac{1}{2} = \frac{n!}{(n-r)! \times r \times 2} \tag{7.17}$$

예제 7.21 *SEOUL*이라는 단어에서 세 글자를 뽑아 다음과 같이 배열로 배치시키는 경우의 수를 구하시오. 단 중복은 허락되지 않고 순서는 중요하다.

(a) 선형배열 (b) 원형배열

예제 7.21 예시 답안

(a) 세 글자가 서로 다르기 때문에, 세 글자를 선형으로 배열하는 방법의 수는 다음과 같다.

$$_5P_3 = \frac{5!}{(5-3)!} = \frac{5 \times 4 \times 3 \times 2 \times 1}{2 \times 1} = 60$$

(b) 세 글자가 서로 다르기 때문에, 세 글자를 원형으로 배열하는 방법의 수는 다음과 같다.

$$\frac{_5P_3}{3} = \frac{5!}{(5-3)!} \times \frac{1}{3} = \frac{5 \times 4 \times 3 \times 2 \times 1}{2 \times 1 \times 3} = 20$$

□□□

문제 7.11 중복은 허락되지 않고 순서가 중요한 경우, *COLLEGE*라는 단어 안에 있는 모든 글자가 다음과 같은 형태로 배치되는 경우에 대한 수를 구하시오.

(a) 선형배열 (b) 원형배열

힌트: *COLLEGE*라는 단어 안에 있는 모든 글자가 서로 다르지 않음을 주의해야 한다.

□□□

나. 중복있는 원형순열

두 개의 숫자 0과 1을 고려해 보자. 이 두 숫자를 이용하여 세 자리의 수를 만드는 방법의 수를 구해보자. 첫번째 자릿수에 0과 1을 사용할 수 있기 때문에 2가지 방법이 있다. 중복을 허락하기 때문에 두번째 자릿수에 0과 1을 사용하는 두 가지 경우가 발생하게 된다. 같은 방법으로 세번째 자릿수 역시 두 가지 경우가 발생하게 된다. 그러므로 전체 방법의 수는 다음과 같다.

$$2 \times 2 \times 2 = 2^3 = 8$$

그리고 가능한 8개의 순서 배열은 다음과 같다.

$$000, \quad 001, \quad 010, \quad 011, \quad 100, \quad 101, \quad 110, \quad 111$$

일반적으로 중복이 허락되는 경우, 서로 다른 n개의 물체에서 r개를 배치하는 경우의 수는 다음과 같이 나타내진다.

$$\underbrace{n \times n \times n \times \ldots \times n \times n}_{r \text{ 개}} = n^r \tag{7.18}$$

예제 7.22 서로 다른 26개의 문자와 서로 다른 10개의 숫자가 있다. 순서가 중요한 경우, 다음 방법에 의거해서 서로 다른 6자리의 자동차 번호판을 만드는 경우의 수를 구하시오.

(a) 중복 가능 (b) 중복 불가능

예제 7.22 예시 답안

(a) 중복이 허락되기 때문에 6자리의 자동차 번호판 각 자리에 배치하는 방법의 수는 36개가 된다. 그러므로 구하고자 하는 방법의 수는 다음과 같다.

$$36^6 = 36 \times 36 \times 36 \times 36 \times 36 \times 36 = 2,176,782,336$$

(b) 중복이 허락되지 않기 때문에 6자리의 자동차 번호판 중 첫번째 자리에는 36가지, 두번째 자리에는 35가지, 세번째 자리에는 34가지 등으로 배치하게 된다. 그러므로 구하고자 하는 방법의 수는 다음과 같다.

$${}_{36}P_6 = \frac{36!}{(36-6)!} = 36 \times 35 \times 34 \times 33 \times 32 \times 31 = 1,402,410,240$$

□□□

제 7 절 조합

'조합(combination)'은 "순서가 중요하지 않는 경우에 물체를 선택하는 방법"이 된다. 많은 응용문제에서 서로 다른 n개의 물체에서 r개를 뽑는 문제가 중요하게 다루어지고 있으나, 이를 순서 배열하는 방법은 덜 중요하게 다루어진다.

가. 중복없는 조합

중복을 허락하지 않는 상황에서, 서로 다른 n개의 물체에서 r개를 선택하는 경우의 수는 다음과 같다.

$$ {}_nC_r = \frac{{}_nP_r}{r!} = \frac{n!}{(n-r)! \times r!} \tag{7.19} $$

즉 조합의 수는 순열의 수 ${}_nP_r$를 한 개의 순서배열이 배치되는 경우의 수인 $r!$로 나눈 값이 된다. 이는 조합과 순열이 별로 다름이 없음을 말해 주고 있으며, 단지 차이로는 전체 순열의 수를 한 순열이 배치될 수 있는 총 수로 나누어 주기만 하면 된다.

예제 7.23 한 반에 6명의 남학생과 4명의 학생이 있다. 다음에 있는 경우를 선택할 수 있는 조합의 수를 구해 보시오. 단 중복은 허락되지 않으며 순서는 중요하지 않다.

(a) 4명의 학생

(b) 세 명의 남학생과 두 명의 여학생

(c) 적어도 한 명의 여학생을 포함한 다섯 명의 학생

예제 7.23 예시 답안

(a) 모든 학생은 서로 다르기 때문에 10명의 학생으로부터 4명의 학생을 선택하는 경우의 수는 다음과 같다.

$$ {}_{10}C_4 = \frac{10!}{6! \times 4!} = 210 $$

(b) 6명의 남학생으로부터 3명의 남학생을 선택하는 경우의 수는 ${}_6C_3$이 되며, 4명의 여학생으로부터 2명의 여학생을 선택하는 경우의 수는 ${}_4C_2$가 된다. 결국 구하고자 하는 경우의 수는 다음과 같이 된다.

$$ {}_6C_3 \times {}_4 C_2 = \frac{6!}{3! \times 3!} \times \frac{4!}{2! \times 2!} = 120 $$

(c) 적어도 한 명의 여학생을 포함하여 5명의 학생을 선택하는 경우의 수는 선택될 여학생 한 명을 배제한 상태인 9명의 학생에서 4명의 학생을 선택하는 경우의 수와 같다. 그러므로 구하고자 하는 경우의 수는 다음과 같이 된다.

$$_9C_4 = \frac{9!}{5! \times 4!} = 126$$

□□□

예제 7.24 한 반에 6명의 남학생과 4명의 여학생이 있다. 다음에 있는 방법으로 선택을 한 후 배치하는 방법의 수를 구하시오. 단 중복은 허락하지 않고 순서는 중요하다.

(a) 한 줄로 4명의 학생

(b) 원형으로 4명의 학생

(c) 한 줄로 3명의 남학생과 2명의 여학생

(d) 원형으로 3명의 남학생과 2명의 여학생

(e) 한 명의 여학생을 포함하여 한 줄로 5명의 학생

(f) 한 명의 여학생을 포함하여 원형으로 5명의 학생

예제 7.24 예시 답안

(a) 10명의 학생으로부터 4명의 학생을 선택하는 경우의 수는 $_{10}C_4$가 되며, 선택된 4명의 학생을 한 줄로 배치하는 경우의 수는 4!가 된다. 그러므로 4명의 학생을 선택하여 한 줄로 배치하는 경우의 수는 다음과 같다.

$$_{10}C_4 \times 4! = \frac{10!}{6! \times 4!} \times 4! = 5,040$$

(b) 10명의 학생으로부터 4명의 학생을 선택하는 경우의 수는 $_{10}C_4$가 되며, 선택된 4명의 학생을 원형으로 배치하는 경우의 수는 $(4-1)!$가 된다. 그러므로 4명의 학생을 선택하여 원형으로 배치하는 경우의 수는 다음과 같다.

$$_{10}C_4 \times (4-1)! = \frac{10!}{6! \times 4!} \times 3! = 1,260$$

(c) $(_6C_3 \times_4 C_2) \times 5! = \frac{6!}{3! \times 3!} \times \frac{4!}{2! \times 2!} \times 5! = 14,400$

(d) $(_6C_3 \times_4 C_2) \times (5-1)! = \frac{6!}{3! \times 3!} \times \frac{4!}{2! \times 2!} \times 4! = 2,880$

(e) 한 명의 여학생을 뺀 9명의 학생으로부터 4명의 학생을 선택하는 경우의 수는 ${}_9C_4$가 되며, 배제된 한 명의 여학생을 포함하여 선택된 5명의 학생을 한 줄로 배치하는 경우의 수는 다음과 같다.

$$ {}_9C_4 \times 5! = \frac{9!}{5! \times 4!} \times 5! = 15,120 $$

(f) ${}_9C_4 \times (5-1)! = \dfrac{9!}{5! \times 4!} \times 4! = 3,024$

□□□

나. 중복있는 조합

세 개의 문자인 A, B, C가 있다고 하자. 중복이 허락된 상황에서 세 문자 중 두 문자를 선택하는 경우를 살펴보면, 다음과 같은 6가지의 가능한 조합이 있다.

$$ AA, \quad AB, \quad AC, \quad BB, \quad BC, \quad CC $$

중복있는 조합에 대한 경우의 수를 계산할 수 있는 일반식을 유도해보자. 위에 있는 6개의 조합을 표현하기 위하여 그림 7.20과 같이 흑백의 4개의 정사각형으로 된 6개의 패턴을 생각해 보자.

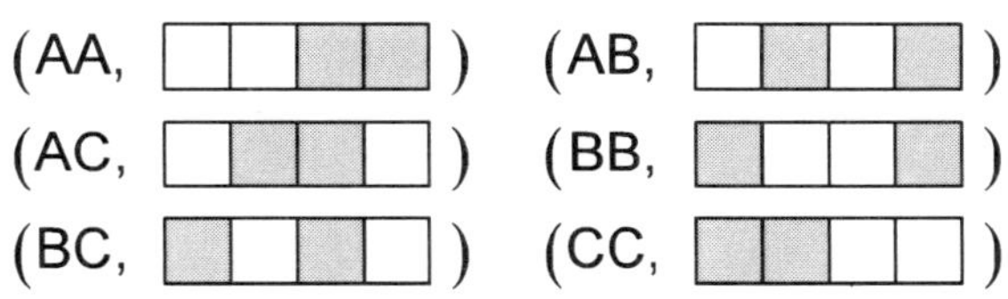

그림 7.20: 중복이 허락된 조합을 나타내는 패턴들

각 패턴은 중복해서 2개의 문자가 들어갈 수 있는 2개의 흰색 정사각형과 계산을 위한 임의의 2개의 회색 정사각형으로 된 4개의 정사각형으로 구성되어 있다. 이 문제는 2개의 흰색 정사각형이 4개의 공난으로 된 정사각형에 배치되는 경우의 수를 찾는 문제와 동일하다. 즉 구하고자 하는 경우의 수는 다음과 같다.

$$ {}_4C_2 = {}_{3+2-1}C_2 = \frac{4!}{2! \times 2!} = 6 $$

그리고 위에 있는 식 ${}_4C_2 = {}_{3+2-1}C_2$는 3개의 서로 다른 물체에서 중복을 허락한 상태에서 2개의 물체를 선택하는 경우의 수와 같다. 또 다른 예로 두 개의 문자 A, B가 있다고 하자. 중복을 허락한 상태에서 두 개의 문자를 이용하여 세 개의 문자를 선택하는 경우의 수를 찾도록 하자. 이 경우 다음과 같은 4가지의 가능한 조합이 발생한다.

$$AAA, \qquad AAB, \qquad ABB, \qquad BBB$$

위에 있는 4가지의 패턴을 표현하기 위하여 그림 7.21과 같이 흰색과 회색으로 된 4가지의 패턴을 고려해 보자.

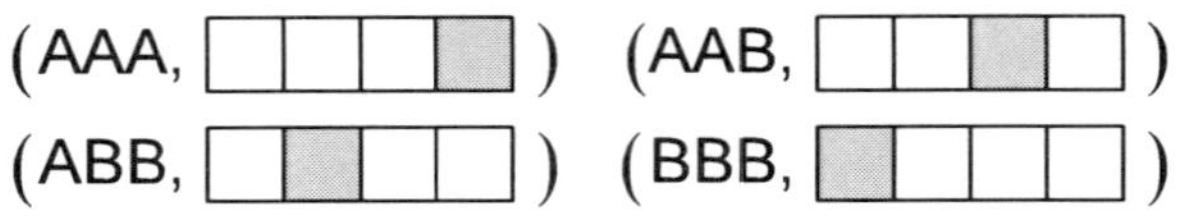

그림 7.21: 중복이 허락된 조합을 나타내는 패턴들

각 패턴은 중복해서 3개의 문자가 들어갈 수 있는 3개의 흰색 정사각형과 계산을 위한 임의의 1개의 회색 정사각형으로 된 4개의 정사각형으로 구성되어 있다. 이 문제는 3개의 흰색 정사각형이 4개의 공난으로 된 정사각형에 배치되는 경우의 수를 찾는 문제와 동일하다. 즉 구하고자 하는 경우의 수는 다음과 같다.

$${}_4C_3 = {}_{2+3-1}C_3 = \frac{4!}{3! \times 1!} = 4$$

그리고 위에 있는 식 ${}_4C_3 = {}_{2+3-1}C_3$은 2개의 서로 다른 물체에서 중복을 허락한 상태에서 3개의 물체를 선택하는 경우의 수와 같다.

일반적으로 중복을 허락한 상태에서 n개의 물체 중 r개의 물체를 선택하는 경우의 수는 다음과 같다.

$${}_{n+r-1}C_r = \frac{{}_{n+r-1}P_r}{r!} = \frac{(n+r-1)!}{(n-1)! \times r!} \tag{7.20}$$

예제 7.25 네 개의 문자인 A, B, C, D를 이용하여 다음과 같이 배치하는 경우의 수를 구하시오.

(a) 중복이 허락되지 않고 순서가 중요하지 않은 경우에서 3개의 문자를 배치

(b) 중복이 허락되고 순서가 중요하지 않은 경우에서 3개의 문자를 배치

(c) 중복이 허락되지 않고 순서가 중요한 경우에서 3개의 문자를 배치

(d) 중복이 허락되고 순서가 중요한 경우에서 3개의 문자를 배치

예제 7.25 예시 답안

(a) 중복이 허락되지 않고 순서가 중요하지 않기 때문에, 구하고자 하는 경우의 수는 다음과 같다.

$$_4C_3 = \frac{4!}{1! \times 3!} = 4$$

즉, 중복이 허락되지 않은 상태에서 가능한 4가지의 순서 배열은 다음과 같다.

$$ABC, \quad BCD, \quad CDA, \quad DAB$$

(b) 중복이 허락되고 순서가 중요하지 않기 때문에, 구하고자 하는 경우의 수는 다음과 같다.

$$_{4+3-1}C_3 = \frac{6!}{3! \times 3!} = 20$$

즉, 중복이 허락된 상태에서 가능한 20가지의 순서 배열은 다음과 같다.

$$\begin{array}{llllll} AAA, & BBB, & CCC, & DDD, & & \\ AAB, & AAC, & AAD, & BBA, & BBC, & BBD, \\ CCA, & CCB, & CCD, & DDA, & DDB, & DDC, \\ ABC, & BCD, & CDA, & DAB & & \end{array}$$

(c) 중복이 허락되지 않고 순서가 중요하기 때문에, 구하고자 하는 경우의 수는 다음과 같다.

$$_4P_3 = \frac{4!}{1!} = 24$$

즉, 중복이 허락되지 않은 상태에서 가능한 24가지의 순서 배열은 다음과 같다.

$$\begin{array}{llllll} ABC, & ACB, & BAC, & BCA, & CAB, & CBA, \\ BCD, & BDC, & CBD, & CDB, & DBC, & DCB, \\ CDA, & CAD, & DCA, & DAC, & ACD, & ADC, \\ DAB, & DBA, & ADB, & ABD, & BDA, & BAD \end{array}$$

(d) 우선 세 문자가 동일한 경우의 글자를 살펴보자. 서로 다른 4개의 문자로 부터 한 문자를 선택하는 방법은 $4(=_4 C_1)$가 된다. 선택된 이 문자로 동일한 세 문자로 된 글자를 만들 수가 있으며, 이는 한 가지의 경우만 존재한다. 결국 세 문자가 동일한 경우의 수는 다음과 같다.

$$_4C_1 \times 1 = \frac{4!}{3! \times 1!} \times 1 = 4$$

즉, 중복이 허락된 상태에서 가능한 4가지의 순서 배열은 다음과 같다.

$$AAA, \quad BBB, \quad CCC, \quad DDD$$

두번째로 동일한 두 개의 문자로 된 글자를 살펴보자. 서로 다른 4개의 문자에서 1개의 문자를 선택하여 동일한 두 문자를 만들고, 나머지 한 문자는 선택되지 않은 세 문자 중 한 문자를 선택하는 경우가 되니, 세 문자를 이용하여 한 글자를 만드는 방법의 수는 $12(={}_4C_1 \times {}_3C_1)$가 된다. 동일한 문자가 2개 있으니 순서를 고려하여 각각의 세 문자를 배치하는 방법의 수는 $3\left(=\frac{3!}{2!}\right)$이 된다. 그러므로 구하려는 경우의 수는 다음과 같다.

$$({}_4C_1 \times {}_3C_1) \times \frac{3!}{2!} = \left(\frac{4!}{3! \times 1!} \times \frac{3!}{2! \times 1!}\right) \times 3 = 36$$

즉, 중복이 허락된 상태에서 가능한 36가지의 순서 배열은 다음과 같다.

$$\begin{array}{lll} AAB, & ABA, & BAA, \\ AAC, & ACA, & CAA, \\ AAD, & ADA, & DAA, \\ BBA, & BAB, & ABB, \\ BBC, & BCB, & CBB, \\ BBD, & BDB, & DBB, \\ CCA, & CAC, & ACC, \\ CCB, & CBC, & BCC, \\ CCD, & CDC, & DCC, \\ DDA, & DAD, & ADD, \\ DDB, & DBD, & BDD, \\ DDC, & DCD, & CDD \end{array}$$

마지막으로 서로 다른 세 개의 문자로 된 세 문자를 살펴보자. 서로 다른 4개의 문자에서 3개의 문자를 선택하는 방법의 수는 $4(={}_4C_3)$이 되고, 각각에 대해 순서 배열을 하는 경우의 수는 $6(=3!)$가 된다. 그러므로 구하려는 경우의 수는 다음과 같다.

$${}_4C_3 \times 3! = \frac{4!}{3! \times 1!} \times 3! = 24$$

즉, 중복이 허락된 상태에서 가능한 24가지의 순서 배열은 다음과 같다.

$$\begin{array}{llllll} ABC, & ACB, & BAC, & BCA, & CAB, & CBA, \\ BCD, & BDC, & CBD, & CDB, & DBC, & DCB, \\ CDA, & CAD, & DCA, & DAC, & ACD, & ADC, \\ DAB, & DBA, & ADB, & ABD, & BDA, & BAD \end{array}$$

결국 구하고자 하는 경우의 총 수는 다음과 같이 계산이 된다.

$${}_4C_1 \times 1 + ({}_4C_1 \times {}_3C_1) \times \frac{3!}{2!} + {}_4C_3 \times 3! = 64$$

□□□

문제 7.12 2명의 전문 바둑기사 *A*, *B*의 국내 및 해외 경기에 대한 승률은 다음과 같다. *A*는 국내 경기에서 60%, 해외 경기에서 80%의 승률을 보이고 있으며, *B*는 국내 경기에서 50%, 해외 경기에서 70%의 승률을 기록하고 있다. 이 경우 누가 전체 경기에 대한 승률이 높은가?

힌트: "부분 성질의 합이 전체 성질을 대변하지는 않는다."라는 '심슨의 역설(Simson's paradox)'을 이용하시오.

□□□

문제 7.13 게임이론을 설명할 때, 자주 등장하는 '죄수의 딜레마(prisoner's dilemma)'는 두 명이 행하는 비제로섬 게임의 일종이다. 이 게임은 "게임자가 자신의 이익만을 추구하는 경우에는 최선의 공동 이익을 갖을 수 없다"는 게임이며, 그 주된 내용은 다음과 같다.

> 두 명의 사건 용의자 *A*, *B*가 경찰에게 체포가 되었고, 경찰은 유죄를 입증할 증거를 갖고 있지 못했다. 그래서 경찰은 두 명의 용의자를 서로 다른 독방에 감금을 한 채, 둘에게 다가가서 다음과 같이 똑같은 흥정을 제의했다.
>
> - 둘 중 하나가 배신하여 죄를 자백하면 자백한 사람은 즉시 풀어주고, 함구를 한 자는 10년을 복역시킨다.
> - 둘 모두 함구를 한다면, 모두 최저형인 6개월을 복역시킨다.
> - 둘 모두 서로를 배신하여 죄를 자백하면, 모두 2년을 복역시킨다.

각자는 상대방을 배신할 것인지 아니면 함구를 할 것인지를 결정해야 한다. 또한 각자는 수사가 끝날 때까지 상대방이 배신할 것인지 여부를 알 수 없다. 과연 최선을 위해 용의자 각자는 어떠한 선택을 해야만 하나?

힌트: *A*는 *B*가 어떤 선택을 할지 모르기 때문에, *B*가 자백 또는 함구하는 두 가지를 모두 고려해야 한다. *B*역시 *A*가 어떤 선택을 할지 모르기 때문에, *A*가 자백 또는 함구하는 두 가지 경우를 모두 고려해야 한다.

□□□

제 8 절 경기 방식

스포츠 경기에서 사용되는 경기 방식은 '리그전(league match)'과 '토너먼트전(tournament match)'이 있으며, 토너먼트전과 리그전의 장점을 살리고 단점을 보강한 '스위스 시스템전(Swiss system match)'이 있다. 이 세 가지 경기 방식에 살펴 보도록 하자.

가. 리그전

리그전는 "각 팀이 다른 상대팀들과 모두 한 번씩은 경기를 할 수 있게 하는 경기 방식"이다. 경기 성적에 따라 순위를 결정하는 방식으로 축구, 야구, 농구, 배구 등에서 사용하고 있다. 리그전의 장점은 참가한 팀에게 공평하게 경기를 치룰 기회를 줄 수 있으나, 단점으로는 순위를 결정하는데 많은 시간이 걸린다는 점이다.

한 예로 월드컵에서는 지역 예선을 거쳐 32강을 확정하고, 확정된 32개 팀에 대해 4팀씩 8개조를 나누어 리그전을 치루도록 하고 있다. 이 경우 한 개조가 치루는 경기의 수는

$$ {}_4C_2 = \frac{4!}{2! \times 2!} = 6 \text{ (경기)} $$

가 된다. 이를 그림으로 설명해보자. 예를 들어 그림 7.22(a)에서와 같이 한 개조 4개팀을 A, B, C, D라고 하자.

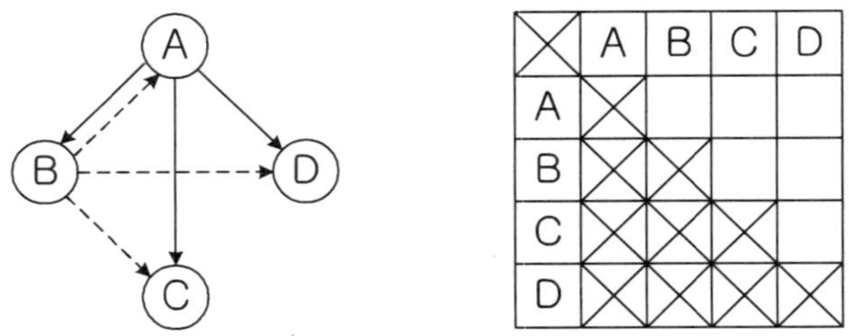

(a) 4팀에 대한 리그전 (b) 대진표

그림 7.22: 4팀에 대한 리그전

그림 7.22(a)에서 보듯이 A는 B, C, D와 세 번의 경기(실선으로 표기)를 치루어야 한다. 같은 방법으로 B도 A, C, D와 세 번의 경기(점선으로 표기)를 치루어야 한다. 결국 1개팀은 3번의 경기를 치루어야 하니, 4개팀 A, B, C, D가 치루어야 하는 경기수는 12 $(= 3 \times 4)$경기가 된다. 그러나 그림 7.22(a)에서 보듯이 A와 B의 경기가 중복(즉 $A \rightarrow B, B \rightarrow A$)되어 계산되어졌음을 알 수 있다. 즉 각 팀의 경기가 중복되어 있으니 전체 경기수를 2로 나누어야 한다. 그러므로 4개팀 A, B, C, D가 리그전을 치루는 총 경기수는

$$ \frac{3 \times 4}{2} = 6 \text{ (경기)} $$

가 됨을 알 수 있다. 참고로 4개팀 A, B, C, D에 대한 대진표는 그림 7.22(b)와 같다. 일반적으로 n개의 팀이 리그전을 치루는 총 경기수는 다음과 같다.

$$\boxed{\frac{(n-1)\times n}{2} = {}_n C_2} \tag{7.21}$$

예제 7.26 지역 예선을 거쳐 선발된 월드컵 32강에 대해 4개팀 8개조에 대한 리그전을 치루는 경우, 몇 번의 경기를 치루어야 하는가를 계산해 보시오.

예제 7.26 예시 답안 전체 경기의 수 N_L은 다음과 같이 한 개조에 대해 리그전을 치루어야 하는 경기수에 8(= 8개조)을 곱하면 된다.

$$N_L = {}_4 C_2 \times 8 = \frac{4!}{2! \times 2!} \times 8 = 6 \times 8 = 48 \text{ (경기)}$$

□□□

나. 토너먼트전

토너먼트는 "두 팀이 단판 승부를 벌여 이긴 팀은 다음경기로 진출하고, 진 팀은 탈락하는 방식으로 최강팀을 선발하는 방식"이다. 토너먼트전의 장점은 참가팀이 많은 경우에도 비교적 단시간내에 우승팀을 결정할 수 있으나, 단점으로는 대진운에 따라 실력을 제대로 발휘할 기회가 공평하게 주어지지 않는다는 점이다. 토너먼트는 크게 '싱글 엘리미네이션 토너먼트(single-elimination tournament)', '더블 엘리미네이션 토너먼트(double-elimination tournament)', '라운드로빈 토너먼트(round-robin tournament)'로 구분할 수 있다.

(1) 싱글 엘리미네이션 토너먼트

싱글 엘리미네이션 토너먼트는 우리가 일반적으로 아는 토너먼트가 되며, 1:1경기에서 승자는 살아남고 패자는 다음 경기에 출전하지 못하는 방식이다. 영어권에서는 이를 '넛아웃(knockout)' 또는 '서든데스 토너먼트(sudden death tournament)'라고도 불리운다.

n개의 팀이 싱글 엘리미네이션 토너먼트를 치루는 경우에는 매 경기마다 한 팀이 탈락하기 때문에 우승자를 가리기 위해서는 총 $(n-1)$번의 경기를 치루어야 한

다. 한 예로 그림 7.23에서 보듯이 4개 팀과 5개 팀에 대해 살펴보면, 4개 팀이 경기를 하는 경우에는 세 경기가 진행되고, 5개 팀이 경기를 하는 경우에는 네 경기가 진행된다. 만약 3위와 4위를 결정하는 경우에는 한 번의 경기(3·4위전)가 추가되니, n개의 팀에 대해 1, 2, 3, 4위를 가리기 위해서는 n번의 경기가 진행되어야 한다.

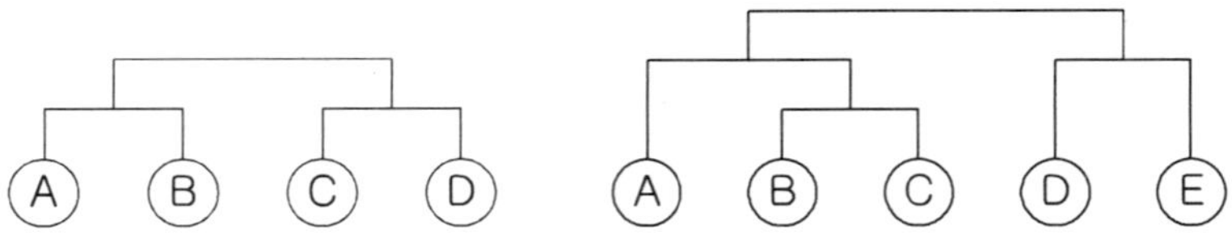

(a) 4개 팀　　　(b) 5개 팀

그림 7.23: 싱글 엘리미네이션 토너먼트

또한 n개의 팀이 싱글 엘리미네이션 토너먼트를 치루는 경우에 필요한 라운드 수는 다음과 같다.

$$r = \lceil \log_2^n \rceil \tag{7.22}$$

예제 7.27 다음과 같은 수의 팀이 싱글 엘리미네이션 토너먼트를 치루는 경우, 필요한 경기 수와 라운드 수를 계산해 보시오. 단 3·4위전은 치루지 않음.

(a) 8개팀　　　(b) 9개팀

예제 7.27 예시 답안

(a) 필요한 경기수는 7(= 8 − 1)번의 경기가 되며, 라운드의 수 r은 다음과 같다.

$$r = \lceil \log_2^8 \rceil = 3 \text{ (라운드)}$$

(b) 필요한 경기수는 8(= 9 − 1)번의 경기가 되며,라운드의 수 r은 다음과 같다.

$$r = \lceil \log_2^9 \rceil = 4 \text{ (라운드)}$$

□□□

예제 7.28 선수 A, B, C 3명에 대해 그림 7.24와 같은 토너먼트 방식으로 대진표를 짜고자 하는 경우, 대진표를 작성할 수 있는 방법의 수를 구하시오.

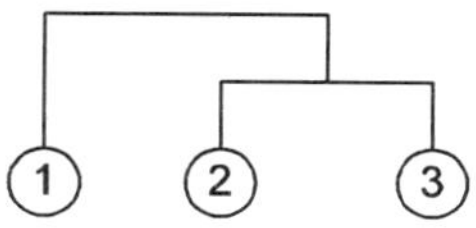

그림 7.24: 토너먼트 대진표

예제 7.28 예시 답안 선수 3명을 1명, 2명으로 된 두 개의 조로 나누는 방법의 수는 다음과 같이

$$_3C_1 \times _2C_2 = \frac{3!}{2! \times 1!} \times \frac{2!}{0! \times 2!} = 3$$

이 된다. 즉 A, B, C가 각각 부전승으로 올라가는 3가지의 경우가 된다. 3가지의 경우에 대해 그림 7.24에 있는 (1,2,3)에 대한 순서쌍을 나열해 보면 다음과 같다.

$$(A,B,C), \qquad (B,A,C), \qquad (C,A,B)$$

□□□

예제 7.29 선수 A, B, C, D 4명에 대해 그림 7.25와 같은 토너먼트 방식으로 대진표를 짜고자 하는 경우, 대진표를 작성할 수 있는 방법의 수를 구하시오.

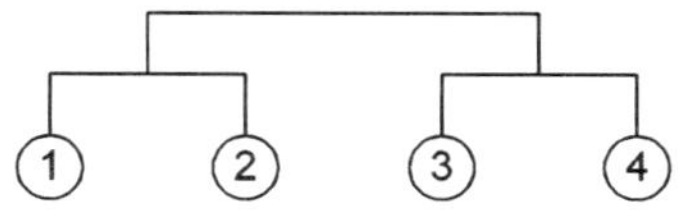

그림 7.25: 토너먼트 대진표

예제 7.29 예시 답안 선수 4명을 2명씩 두 개의 조로 나누는 방법의 수는 다음과 같이

$$_4C_2 \times _2C_2 \times \frac{1}{2!} = \frac{4!}{2! \times 2!} \times \frac{2!}{0! \times 2!} \times \frac{1}{2!} = 3$$

이 된다. 여기서 $\frac{1}{2!}$을 곱한 이유는 두 개의 조에 속한 인원 수가 같기 때문이다. 이는 두 개의 조를 바꾸어 적어도 동일한 대진표가 되니 이를 제외한 것이다. 3가지의 경우에 대해 그림 7.25에 있는 (1,2,3,4)에 대한 순서쌍을 나열해 보면 다음과 같다.

$$(A,B,C,D), \qquad (B,C,A,D), \qquad (C,A,B,D)$$

□□□

예제 7.30 선수 8명에 대해 그림 7.26과 같은 토너먼트 방식으로 대진표를 짜고자 하는 경우, 대진표를 작성할 수 있는 방법의 수를 구하시오.

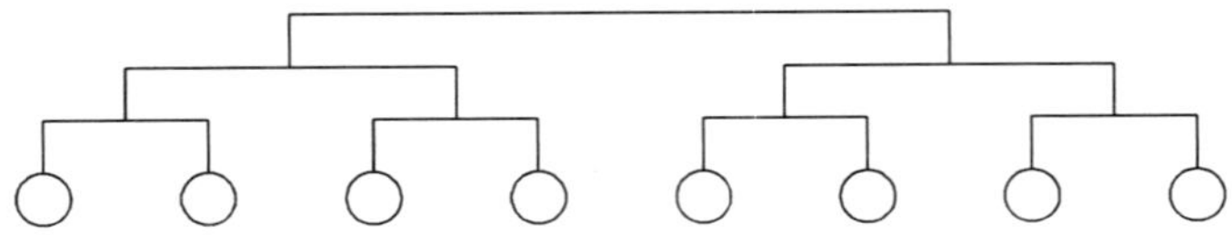

그림 7.26: 8명을 위한 토너먼트 대진표

예제 7.30 예시 답안 우선 선수 8명을 두 개의 조로 나누는 방법의 수는

$${}_8C_4 \times {}_4C_4 \times \frac{1}{2!} = 35$$

가 되며, 한 조에 속한 4명에 대해 2개의 조로 나누는 방법의 수는

$${}_4C_2 \times {}_2C_2 \times \frac{1}{2!} = 3$$

이 된다. 그러므로 대진표를 짜는 방법의 수는

$$35 \times 3 \times 3 = 315$$

가 된다. 여기서 마지막에 있는 3을 곱한 이유는 한 조에 대해, 또 다른 조에 속한 4명에 대해 2개의 조로 나누는 방법의 수 역시

$${}_4C_2 \times {}_2C_2 \times \frac{1}{2!} = 3$$

이 되기 때문이다.

□□□

문제 7.14 바둑 대국을 위해 6명의 학생을 2명씩 세 조로 각각 나누는 방법의 수를 구하시오.

□□□

문제 7.15 바둑 대회를 위해 6명의 학생을 2명씩 세 조로 각각 나누어 서로 다른 3대의 승용차에 탑승하는 방법의 수를 구하시오.

□□□

문제 7.16 바둑 대회를 위해 8명의 학생을 3명, 3명, 2명의 세 조로 각각 나누어 서로 다른 2대의 승용차에 탑승하는 방법의 수를 구하시오.

□□□

문제 7.17 바둑 대회에서 종종 활용될 수 있는 경기 방식이 토너먼트나 리그전이 있다. 토너먼트의 경기에서 고려해야할 점은 '공평주의'와 '강자 보호주의'이다. 공평주의란 승률의 조작이 없는 상황을 가능한 만드는 것이고, 강자 보호주의란 강자끼리 이른 대국 초반에 접전을 붙여 강자를 탈락시키는 것을 방지하는 것이다. 아울러 리그전이란 공평한 기회를 제공하는 것이다. 즉 한 선수가 모든 선수와 최소 한 번 이상의 경기를 치러 선수의 기량을 재평가하는 것이다. 다음에 있는 질문에 답하시오.

(a) 선수 8명이 최종 결승에 올라 토너먼트를 하는 경우, 8명에 대한 이상적인 토너먼트 대진표를 작성하고 경기를 치르기 위한 전체 게임수를 말해 보시오. 단 8명에 대한 기력을 내림차순으로 나열하면 $A_1, A_2, \ldots, A_8$과 같다.

(b) 선수 8명이 토너먼트를 하지 않고 리그전을 치르는 경우, 필요한 전체 게임수를 계산하시오.

(c) 10명의 선수가 토너먼트를 하는 경우에 대한 대진표를 작성하시오. 단 10명에 대한 기력을 내림차순으로 나열하면 $A_1, A_2, \ldots, A_{10}$과 같다.

□□□

(2) 더블 엘리미네이션 토너먼트

더블 엘리미네이션 토너먼트는 우리가 일반적으로 아는 '패자 부활전'이며, 기본적으로 싱글 엘리미네이션 방식과 같다. 단 1패만 해도 탈락하는 싱글 엘리미네이션과는 달리 1패를 해도 남은 경기에 전승하면 우승할 수 있는 기회가 주어진다. 더블 엘리미네이션 토너먼트는 2개조(승자조와 패자조)로 나누어져 있으며, 승자조에서 승리를 하는 경우에는 계속 승자조에 남아 경기를 하게 되며, 승자조에서 패한 경우에는 패자로로 편성이 되며, 패자조에서 패배를 하게 되면 경기에서 완전 탈락을 하게 된다. 그림 7.27은 8개의 팀에 대한 패자부활전의 예를 보여주고 있다.

그림 7.27에서 보듯이 승자조 1라운드에서 8개의 팀(A, B, C, D, E, F, G, H)이 최초로 경기를 진행하게 된다. 승자조 1라운드에서 승리한 팀들(예: A, C, E, G)이 승자조에 남아 승자조 2라운드를 경기할 수 있다. 반면에 승자조 1라운드에서 패배한 팀들(예: B, D, F, H)은 패자조에 편성되어 패자조 1라운드를 경기할 수 있다. 이와 같이 승자조에서 패배한 팀은 패자조에 편성이 되어 경기를 할 수 있는 기회가 부여되나, 패자조에서 패배하는 경우에는 더 이상의 경기를 할 수 없다.

n개의 팀이 더블 엘리미네이션 토너먼트를 치루는 경우에는 승자조에서는 최종 승자를 결정하기 위해 $(n-1)$번의 경기를 치루어야 한다. 반면에 승자조에 패한 $(n-1)$개의 패자조 팀에 최종 승자를 결정하기 위해서는 $(n-2)$번의 경기를 치루

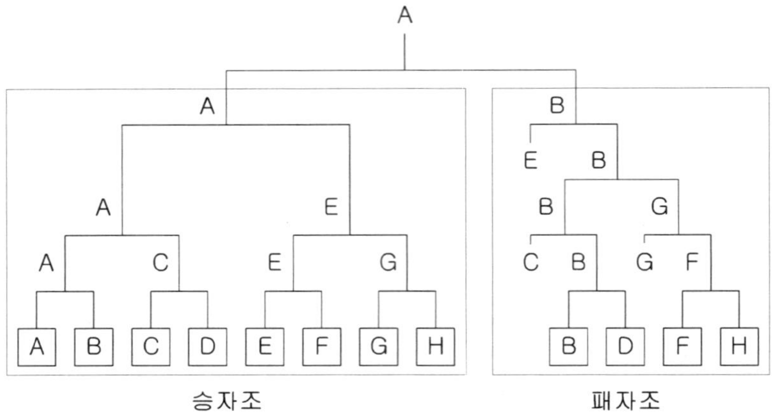

그림 7.27: 8개의 팀에 대한 패자부활전 예

어야 한다. 또한 승자조의 1위와 패자조의 1위와 한 번의 최종 경기를 치루어 최종 승자를 결정하게 된다. 결국 n개의 팀이 더블 엘리미네이션 토너먼트를 치루는 경우, 총 경기의 수 N_D는 다음과 같다.

$$N_D = (n-1) + (n-2) + 1 = 2(n-1) \tag{7.23}$$

예제 7.31 다음과 같은 수의 팀이 더블 엘리미네이션 토너먼트를 치루는 경우, 필요한 경기수를 계산해 보시오.

(a) 16개팀 (b) 15개팀

예제 7.31 예시 답안

(a) 필요한 경기수는 승자조에서 $15(=16-1)$ 경기가 필요하고, 패자조에서 $14(=15-1)$ 경기가 필요하며, 최종 결승을 위한 한번의 경기가 필요하다. 그러므로 필요한 총 경기수는 $30(=15+14+1)$ 경기가 된다.

(b) 필요한 경기수는 $28(=2\times(15-1))$ 경기가 된다.

□□□

(3) 라운드로빈 토너먼트전

라운드로빈 토너먼트는 참가팀의 수가 정해진 경우 경기를 통해 우승자를 뽑는 방식 중에서 이론적으로 가장 공정한 방식이 되며, 각 팀은 모든 팀에 대해 공평한 경기 기회가 제공된다. 라운드로빈 토너먼트는 참가팀의 수인 n이 짝수인 경우와 홀수인 경우에 따라 라운드의 수와 라운드 당 경기수가 다르다.

(1) n이 짝수인 경우: 총 $(n-1)$라운드를 치루며, 한 라운드 당 경기수는 $\frac{n}{2}$ 경기가 된다. 그러므로 총 경기 수는 $\frac{n(n-1)}{2}$번이 된다.

(2) n이 홀수인 경우: 총 n라운드를 치루며, 한 라운드 당 경기 수는 $\frac{n-1}{2}$ 경기가 된다. 그러므로 총 경기 수는 $\frac{n(n-1)}{2}$번이 된다.

n이 짝수인, 즉 4개 팀 A, B, C, D에 대한 라운드로빈 토너먼트전을 살펴보자. 이 경우 그림 7.28에서 보듯이 총 $3(=4-1)$라운드의 경기가 진행되며, 한 라운드 당 $2\left(=\frac{4}{2}\right)$경기를 치루게 된다.

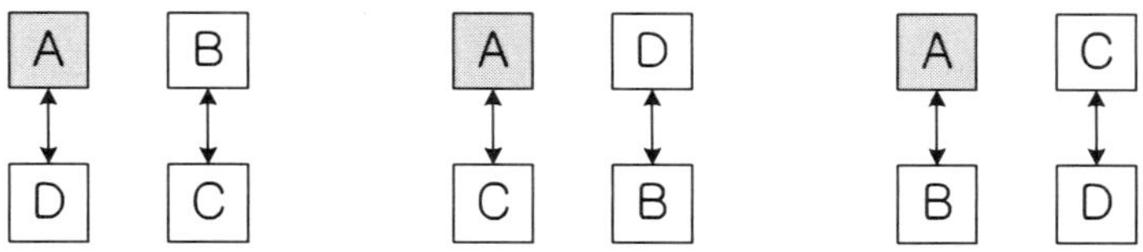

(a) 1라운드 (b) 2라운드 (c) 3라운드

그림 7.28: 4개 팀에 라운드로빈 토너먼트

1라운드에서는 4개 팀에 대해 그림 7.28(a)에서와 같이 '역 디귿자 배치'를 한다. 2라운드에서는 A를 고정시키고 나머지 팀을 시계방향으로 회전시켜 배치시킨다. 3라운드 역시 A를 고정시키고 나머지 팀을 시계방향으로 회전시켜 배치시켜 경기를 하면 된다. 참고로 4개 팀 A, B, C, D에 대한 대진표는 그림 7.29와 같다.

×	C	D	A	B	C	D
A	×	×	×	3	2	1
B	×	×	3	2	1	×
C	×	3	2	1	×	/
D	3	2	1	×	×	×

그림 7.29: 4개 팀에 대한 라운드로빈 토너먼트 대진표

주의 사항으로 그림 7.29의 2라운드에서와 같이 자신의 팀과 경기(예: B, D팀)를 하게 되는 경우에는 그들끼리 경기를 진행시키면 된다. 즉 B팀과 D팀을 대결토록하면 된다.

일반적으로 짝수인 n개 팀이 라운드로빈 토너먼트를 치루는 경기의 총수는 다음과 같다.

$$N_{RE} = (n-1) \times \frac{n}{2} = \frac{n(n-1)}{2} =_n C_2 \tag{7.24}$$

예제 7.32 16개 팀(1, 2, 3, ..., 16)에 대해 라운드로빈 토너먼트 방식으로 경기를 치루고자 하는 경우, 총 라운드의 수, 총 경기수를 계산하고, 1라운드와 2라운드의 대진표를 작성해 보시오.

예제 7.32 예시 답안 팀의 수가 짝수이니 16개 팀에 대한 총 라운드의 수는 $15(= 16-1)$라운드가 되고, 한 라운드 당 $8\left(=\frac{16}{2}\right)$ 경기를 치루게 되니, 총 경기 수는 $120(= 15 \times 8)$ 경기가 된다. 또는 식 7.24에 의거 총 경기수 N_{RE}를 구해보면 다음과 같다.

$$N_{RE} = \frac{16 \times (16-1)}{2} = 120\ (\text{경기})$$

대진표를 작성하기 위해 16개 팀(1, 2, 3, ..., 16)을 '역 디귿자 배치'를 하게 되면 그림 7.30(a)와 같게 되니, 1라운드의 경기는 다음과 같이 치루어진다.

$$1 \leftrightarrow 16, \quad 2 \leftrightarrow 15, \quad \ldots, \quad 8 \leftrightarrow 9$$

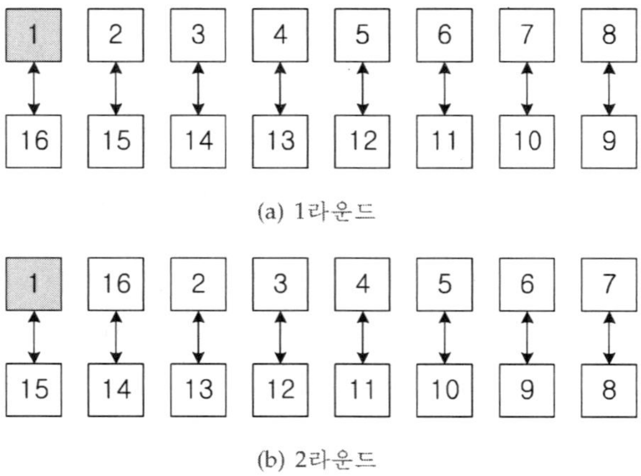

(a) 1라운드

(b) 2라운드

그림 7.30: 16개 팀에 대한 라운드로빈 토너먼트 1, 2라운드 대진표

2라운드의 경기는 팀 1을 고정시킨 후 나머지 팀들을 시계방향으로 회전시켜 배

치하면 그림 7.30(b)와 같게 되니, 2라운드의 경기는 다음과 같이 치루어진다.

$$1 \leftrightarrow 15, \qquad 16 \leftrightarrow 14, \qquad \ldots, \qquad 7 \leftrightarrow 8$$

□□□

한편 n이 홀수인, 즉 5개 팀 A, B, C, D, E에 대한 라운드로빈 토너먼트전을 살펴보자. 이 경우 그림 7.31에서 보듯이 총 5라운드의 경기가 진행되며, 한 라운드당 $2\left(=\frac{5-1}{2}\right)$경기를 치루게 된다.

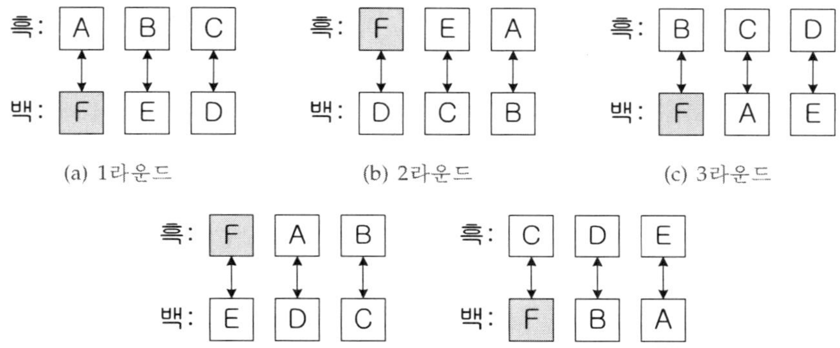

(a) 1라운드 (b) 2라운드 (c) 3라운드 (d) 4라운드 (e) 5라운드

그림 7.31: 5개 팀에 대한 라운드로빈 토너먼트

만약 참가팀의 수가 홀수인 경우에는 그림 7.31의 팀 F와 같이 한 개의 가상(dummy)의 팀을 고려하여 토너먼트 대진표를 짜야 한다. 이때 가상의 팀과 경기를 하는 팀은 부전승이 된다. 즉 가상의 팀을 실제의 팀으로 간주하고 토너먼트 대진표를 짜면 된다. 그림 7.31은 스포츠에서 홈(home) 경기와 어웨이(away) 경기(또는 바둑에서 흑과 백 선택)를 고려하여, 토너먼트 대진표를 작성한 공평한 방식이다. 라운드 별 내용을 살펴보면 다음과 같다.

(1) 1라운드: 팀 B, C는 홈 경기(또는 흑을 잡음)를 치루고, 팀 E, D는 어웨이 경기(또는 백을 잡음)를 치루게 된다. 한편 팀 A는 부전승(그림 7.32에서 회색으로 표시되었음)이 된다.

    2라운드를 위해 팀 D는 현재 팀 F 위치로 이동하고, 팀 F는 반대 위치에 서게 된다. 이어서 나머지 팀들은 시계 방향으로 회전 이동을 하게 된다.

(2) 2라운드: 팀 E, A는 홈 경기(또는 흑을 잡음)를 치루고, 팀 C, B는 어웨이 경기(또는 백을 잡음)를 치루게 된다. 한편 팀 D는 부전승이 된다. 이어서 3라운드를 위해 팀 B는 현재 팀 F 위치로 이동하고, 팀 F는 반대 위치에 놓이게 된다. 이어서 나머지 팀들은 시계 방향으로 회전 이동을 하게 된다.

	B	C	D	E	A	B	C	D	E
A					**1**	2	3	4	5
B				1	2	**3**	4	5	
C			1	2	3	4	**5**		
D		1	**2**	3	4	5			
E	1	2	3	**4**	5				

그림 7.32: 5개 팀에 대한 라운드로빈 토너먼트 대진표

(3) 3, 4, 5라운드: 위와 같은 방법을 계속 진행하여 1라운드 형태가 나오기 전까지 반복 시행을 한다.

일반적으로 홀수인 n개 팀이 라운드로빈 토너먼트를 치루는 경기의 총수는 다음과 같다.

$$N_{RO} = n \times \frac{n-1}{2} = \frac{n(n-1)}{2} = {}_n C_2 \tag{7.25}$$

예제 7.33 15개 팀(1, 2, 3, ..., 15)에 대해 라운드로빈 토너먼트 방식으로 경기를 치루고자 하는 경우, 총 라운드의 수, 총 경기수를 계산하고, 1라운드와 2라운드의 대진표를 작성해 보시오.

예제 7.33 예시 답안 팀의 수가 홀수이니 15개 팀에 대한 총 라운드의 수는 15라운드가 되고, 한 라운드 당 $7\left(= \frac{15-1}{2}\right)$ 경기를 치루게 되니, 총 경기수는 $105(= 15 \times 7)$ 경기가 된다. 또는 식 7.25에 의거 총 경기수 N_{RO}를 구해보면 다음과 같다.

$$N_{RO} = \frac{15 \times (15-1)}{2} = 105 \text{ (경기)}$$

대진표를 작성하기 위해 15개 팀(1, 2, 3, ..., 15)에 한 개의 가상 팀인 16을 고려하여 '역 디귿자 배치'를 하게 되면 그림 7.33(a)와 같게 되니, 1라운드의 경기에서 팀 1은 부전승이 되고 나머지 팀들은 다음과 같이 경기를 치루게 된다.

$$2 \leftrightarrow 15, \qquad 3 \leftrightarrow 14, \qquad \ldots, \qquad 8 \leftrightarrow 9$$

2라운드의 경기는 가상의 팀인 16을 반대로 배치를 하고, 그 자리에 팀 9를 갖다 놓은 후 나머지 팀들을 시계방향으로 회전시켜 배치하면 그림 7.33(b)와 같게 되니,

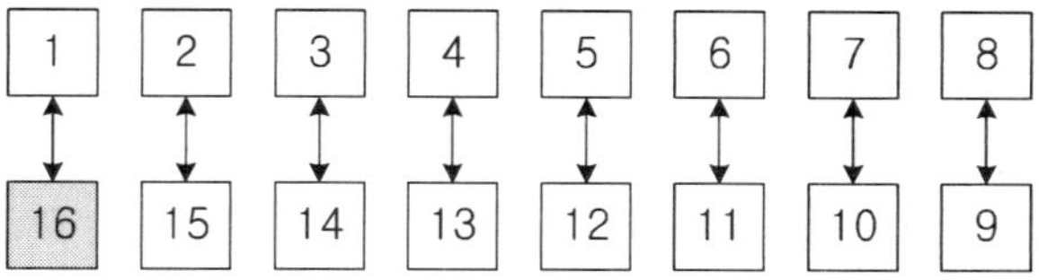

(a) 1라운드

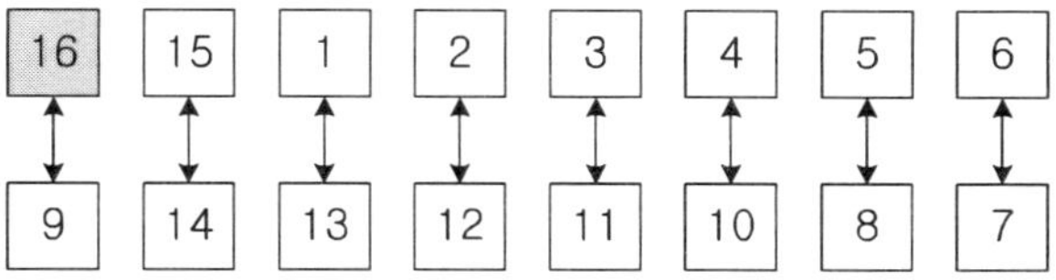

(b) 2라운드

그림 7.33: 15개 팀에 대한 라운드로빈 토너먼트 1, 2라운드 대진표

2라운드의 경기에서 팀 9는 부전승이 되고 나머지 팀들은 다음과 같이 경기를 치루게 된다.

$$15 \leftrightarrow 14, \qquad 1 \leftrightarrow 13, \qquad \ldots, \qquad 6 \leftrightarrow 7$$

□□□

(4) 스위스 리그

'스위스 리그(Swiss-system tournament)'는 토너먼트와 리그전의 장점은 살리고 단점은 보강한 경기방식이다. 토너먼트는 다수의 참가자에 대해 비교적 짧은 시간에 최종 우승자를 결정할 수 있으나, 단 한판이라도 지면 탈락하는 문제점을 갖고 있다. 또한 리그전은 각 참가자가 모든 참가자와 한 번씩 경기를 할 수 있는 기회가 주어져 정확한 순위를 결정할 수 있으나, 너무 많은 경기수를 치루어야 하는 문제점을 갖고 있다. 반면에 스위스리그는 "승자는 승자끼리, 패자는 패자끼리 계속 대결을 해 가면서 누적 결과를 집계해 최종 승점으로 순위를 정하는 방식"이다. 스위스리그는 한꺼번에 모든 참가자에 대한 경기를 치룰 수 있는 상황에서 라운드 로빈 토너먼트를 치루기에는 너무 많은 참가자가 경우에 적용되는 경기 방식이다.

1라운드에서는 예전의 승점을 고려하여 순서 배열을 하여 경기를 진행시킬 수도 있고, 임의로 경기를 진행시킬 수도 있다. 경기에서 승자는 1점, 무승부는 0.5점, 패자는 0점을 얻는다. 다음 라운드에서는 승자는 승자끼리 패자는 패자끼리 경기를 진행하게 되며, 어느 누구도 이미 한 번의 경기를 한 대국자와 두 번 이상의 경기를 할 수 없다. 스위스리그의 대진 방식은 다음과 같다.

(1) 1라운드 대진표를 작성 시 동일 소속의 참가자끼리 경기를 하지 않도록 한다.

(2) 1라운드 후 1승인 그룹과 1패인 그룹이 생기면, 승자 그룹과 패자 그룹을 분리하여 참가자들끼리 추첨을 한 후 경기를 한다.

(3) 2라운드 후 2승, 1승 1패, 2패 그룹이 생기면, 승수가 같은 그룹끼리 추첨을 하여 경기를 한다.

(4) 이와 같은 방법으로 계속 경기를 진행하여 전승자 1명이 나오는 5회전까지 경기를 진행한다.

스위스리그의 순위 결정 방식은 다음과 같다.

(1) 승수: 본인의 승수가 되며, 다승자가 우선한다.

(2) 승점(SOS point): 승수가 같은 경우에 적용하며, 상대 대국자들의 승수를 더한 점수가 된다.

(3) 승승점(또는 종합승점: SSOS point): 승점이 같은 경우에 적용하며, 상대 대국자들의 승점을 더한 점수가 된다.

한 예로 8명(1, 2, 3, . . ., 8)에 대해 스위스리그의 대진 방식을 적용해 보자. 실력은 높은 순으로 배열하면 1, 2, 3, . . ., 8순이 되고, 강자가 경기에서 항상 이긴다고 가정해 보자. 1라운드의 대진표는 그림 7.34(a)와 같으며, 1라운드에서의 승자는 흰색으로 패자는 회색으로 표시되어 있다.

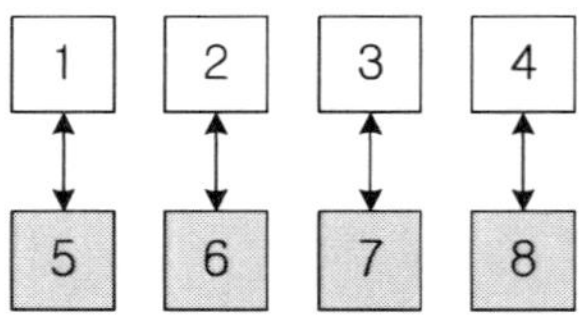

(a) 임의의 대진표

	1	2	3	4	5	6	7	8
순위	1	1	1	1	5	5	5	5
승수	1	1	1	1	0	0	0	0
승점	0	0	0	0	1	1	1	1
종합승점	1	1	1	1	0	0	0	0

(b) 성적표

그림 7.34: 1라운드 대진표 및 1라운드 후 성적표

그림 7.34(b)는 1라운드 후의 성적표가 된다. 1승을 한 경기자는 1, 2, 3, 4가 되며, 1패를 한 경기자는 5, 6, 7, 8이 된다. 이어서 2라운드를 위해 1승자들인 1, 2, 3, 4가 조 편성을 하게 되고, 1패자들인 5, 6, 7, 8이 조 편성을 하게 되면, 2라운드의 대진표는 그림 7.35(a)와 같으며, 2라운드에서의 승자는 흰색으로 패자는 회색으로 표시되어 있다.

그림 7.35(b)는 2라운드 후의 성적표가 된다. 2승을 한 경기자는 1, 2가 되며, 1승 1패를 한 경기자는 3, 4, 5, 6이 되고, 2패를 한 경기자는 7, 8이 된다. 이어서 3라운드를 위해 2승자들인 1, 2가 조 편성을 하게 되고, 1승 1패자들인 3, 4, 5, 6이 조 편성을 하게 되며, 2패자들인 7, 8이 조 편성을 하게 되면, 3라운드의 대진표는

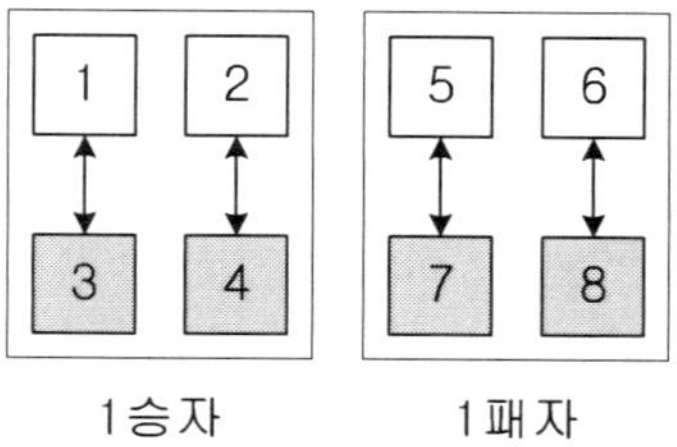

(a) 임의의 대진표

	1	2	3	4	5	6	7	8
순위	1	1	3	3	5	5	7	7
승수	2	2	1	1	1	1	0	0
승점	1	1	2	2	1	1	1	1
종합승점	3	3	2	2	1	1	1	1

(b) 성적표

그림 7.35: 2라운드 대진표 및 2라운드 후 성적표

그림 7.36(a)와 같으며, 3라운드에서의 승자는 흰색으로 패자는 회색으로 표시되어 있다.

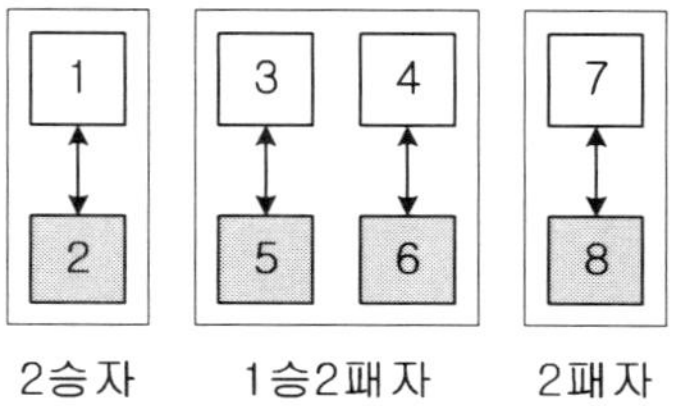

(a) 임의의 대진표

	1	2	3	4	5	6	7	8
순위	1	2	3	3	5	5	7	8
승수	3	2	2	2	1	1	1	0
승점	1	4	3	3	3	3	1	1
종합승점	3	3	5	5	4	4	1	1

(b) 성적표

그림 7.36: 3라운드 대진표 및 3라운드 후 성적표

그림 7.36(b)는 3라운드 후의 성적표가 된다. 1이 3승으로 우승을 하게 되고, 준우승은 승수가 같은 2, 3, 4에서 승점이 4로 제일 높은 2가 된다. 3, 4는 승수 2, 승점 3, 종합승점 2로 모두 같기 때문에 공동 3위가 된다. 또한 1승을 한 5, 6, 7에서 5, 6은 승점 3, 종합승점 4로 모두 같기 때문에 공동 5위가 되고, 7은 7위가 된다. 마지막으로 8은 전패를 했기 때문에 8위가 된다.

n명의 경기자가 스위스 리그를 치루는 경우, 총 라운드의 수 r은 다음과 같다.

$$r = \lceil \log_2^n \rceil \tag{7.26}$$

예제 7.34 다음과 같은 수의 경기자가 스위스 리그를 치루는 경우, 필요한 최대 라운드 수를 계산해 보시오.

(a) 4명 (b) 128명

예제 7.34 예시 답안

(a) 1라운드를 마치면 1승 2명, 1패 2명이 된다. 2라운드를 마치면 2승 1명, 1승 1패 2명, 2패 1명이 된다. 결국 2라운드를 마치면 1명이 2승을 하게 되니 스위스 리그는 끝나게 된다. 그러므로 4명이 스위스 리그를 하게 되면 2라운드가 필요하다. 식 7.26을 이용하게 되면 $n = 4$이니 필요한 최대 라운드 수 r은 다음과 같다.

$$r = \lceil \log_2^4 \rceil = 2$$

(b) $n = 128$이니 식 7.26을 이용하게 되면 필요한 최대 라운드 수 r은 다음과 같다.

$$r = \lceil \log_2^{128} \rceil = \lceil \log_2^{2^7} \rceil = 7$$

□□□

부록

A

그리스 문자

수학에서 인수를 지정하기 위하여 그리스 문자를 쓰며, 표 A.1은 그리스 문자와 관련된 숫자값을 보여주고 있다.

문자(이름)	값	문자(이름)	값	문자(이름)	값
α (alpha, 알파)	1	ι (iota, 이오타)	10	ρ (rho, 로오)	100
β (beta, 베타)	2	κ (kappa, 카파)	20	σ (sigma, 시그마)	200
γ (gamma, 감마)	3	λ (lambda, 람다)	30	τ (tau, 타우)	300
δ (delta, 델타)	4	μ (mu, 뮤)	40	υ (upsilon, 업실론)	400
ϵ (epsilon, 입실론)	5	ν (nu, 뉴)	50	ϕ (phi, 파이)	500
ζ (zeta, 제타)	7	ξ (xi, 크사이)	60	χ (chi, 카이)	600
η (eta, 에타)	8	o (omicron, 오미크론)	70	ψ (psi, 프사이)	700
θ (theta, 세타)	9	π (pi, 파이)	80	ω (omega, 오메가)	800

표 A.1: 그리스 문자와 숫자값

그리스인들은 0을 사용하지 않았다. 1부터 999까지의 숫자를 표현하기 위해 27개의 서로 다른 문자가 필요했다. 이미 표 A.1에 있는 24개의 문자를 사용하고 있었기 때문에 6, 90, 900을 표기할 3개의 문자가 더 필요했다. 그래서 6, 90, 900을 대신할 3개의 문자('digmma', 'koppa', 'sampi')를 사용하였으나, 이후 로마자 사용으로 인해 더 이상 이 문자들이 필요치 않아 소멸되었다.

로마 숫자체계는 7개의 기호인 I(1), V(5), X(10), L(50), C(100), D(500), M(1000)으로 구성되어 있다. 이 7개의 기호를 이용하여 다음과 같이 현재 사용하고 있는 숫자들을 표현할 수 있다.

$$\begin{aligned}
8 &= 5+3 = \text{V} + \text{III} = \text{VIII}, \\
4 &= 5-1 = \text{IV}, \\
74 &= (50+20)+(5-1) = \text{LXX} + \text{IV} = \text{LXXIV}, \\
48 &= (50-10)+(5+3) = \text{XL} + \text{VIII} = \text{XLVIII}, \\
789 &= (500+200)+(50+30)+(10-1) \\
&= \text{DCC} + \text{LXXX} + \text{IX} = \text{DCCLXXXIX}
\end{aligned}$$

문제 A.1 다음에 있는 숫자를 로마 기호로 변환해 보시오.

(a) 2 (b) 30 (c) 200 (d) 8
(e) 75 (f) 166 (g) 4 (h) 49
(i) 400 (j) 2004

□□□

문제 A.2 다음에 있는 로마 기호를 숫자로 변환해 보시오.

(a) CCXLVIII (b) CDXXIX (c) MCDLXXIV

□□□

B

표준정규분포표

오른쪽 그림은 표준정규분포 $N(0,1)$에서 $P(0 < Z < 1.96)$인 확률값 0.4750을 보여주고 있다. 즉, $z = 1.96$의 값이 주어진 경우에 표 B.1의 맨 왼쪽열 1.9가 있는 행과 맨 위의 행 .06이 있는 열과의 교차되는 부분의 값 0.4750을 찾으면 된다.

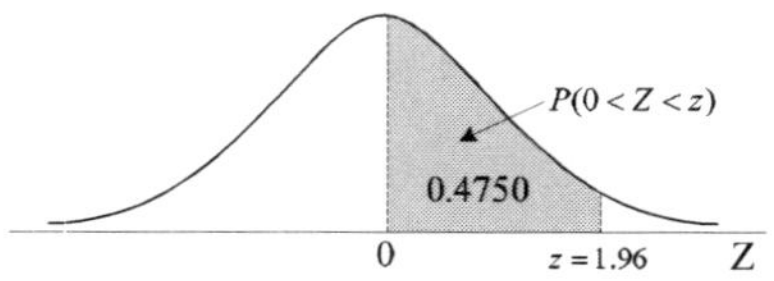

그림 B.1: $P(0 < Z < 1.96) = 0.4750$

z	.00	.01	.02	.03	.04	.05	.06	.07	.08	.09
0.0	0.0000	0.0040	0.0080	0.0120	0.0160	0.0199	0.0239	0.0279	0.0319	0.0359
0.1	0.0398	0.0438	0.0478	0.0517	0.0557	0.0596	0.0636	0.0675	0.0714	0.0753
0.2	0.0793	0.0832	0.0871	0.0910	0.0948	0.0987	0.1026	0.1064	0.1103	0.1141
0.3	0.1179	0.1217	0.1255	0.1293	0.1331	0.1368	0.1406	0.1443	0.1480	0.1517
0.4	0.1554	0.1591	0.1628	0.1664	0.1700	0.1736	0.1772	0.1808	0.1844	0.1879
0.5	0.1915	0.1950	0.1985	0.2019	0.2054	0.2088	0.2123	0.2157	0.2190	0.2224
0.6	0.2257	0.2291	0.2324	0.2357	0.2389	0.2422	0.2454	0.2486	0.2517	0.2549
0.7	0.2580	0.2611	0.2642	0.2673	0.2704	0.2734	0.2764	0.2794	0.2823	0.2852
0.8	0.2881	0.2910	0.2939	0.2967	0.2995	0.3023	0.3051	0.3078	0.3106	0.3133
0.9	0.3159	0.3186	0.3212	0.3238	0.3264	0.3289	0.3315	0.3340	0.3365	0.3389
1.0	0.3413	0.3438	0.3461	0.3485	0.3508	0.3531	0.3554	0.3577	0.3599	0.3621
1.1	0.3643	0.3665	0.3686	0.3708	0.3729	0.3749	0.3770	0.3790	0.3810	0.3830
1.2	0.3849	0.3869	0.3888	0.3907	0.3925	0.3944	0.3962	0.3980	0.3997	0.4015
1.3	0.4032	0.4049	0.4066	0.4082	0.4099	0.4115	0.4131	0.4147	0.4162	0.4177
1.4	0.4192	0.4207	0.4222	0.4236	0.4251	0.4265	0.4279	0.4292	0.4306	0.4319
1.5	0.4332	0.4345	0.4357	0.4370	0.4382	0.4394	0.4406	0.4418	0.4429	0.4441
1.6	0.4452	0.4463	0.4474	0.4484	0.4495	0.4505	0.4515	0.4525	0.4535	0.4545
1.7	0.4554	0.4564	0.4573	0.4582	0.4591	0.4599	0.4608	0.4616	0.4625	0.4633
1.8	0.4641	0.4649	0.4656	0.4664	0.4671	0.4678	0.4686	0.4693	0.4699	0.4706
1.9	0.4713	0.4719	0.4726	0.4732	0.4738	0.4744	0.4750	0.4756	0.4761	0.4767

표 B.1: 표준정규분포 곡선 내의 확률값 $P(0 < Z < z)$

z	.00	.01	.02	.03	.04	.05	.06	.07	.08	.09
2.0	0.4772	0.4778	0.4783	0.4788	0.4793	0.4798	0.4803	0.4808	0.4812	0.4817
2.1	0.4821	0.4826	0.4830	0.4834	0.4838	0.4842	0.4846	0.4850	0.4854	0.4857
2.2	0.4861	0.4864	0.4868	0.4871	0.4875	0.4878	0.4881	0.4884	0.4887	0.4890
2.3	0.4893	0.4896	0.4898	0.4901	0.4904	0.4906	0.4909	0.4911	0.4913	0.4916
2.4	0.4918	0.4920	0.4922	0.4925	0.4927	0.4929	0.4931	0.4932	0.4934	0.4936
2.5	0.4938	0.4940	0.4941	0.4943	0.4945	0.4946	0.4948	0.4949	0.4951	0.4952
2.6	0.4953	0.4955	0.4956	0.4957	0.4959	0.4960	0.4961	0.4962	0.4963	0.4964
2.7	0.4965	0.4966	0.4967	0.4968	0.4969	0.4970	0.4971	0.4972	0.4973	0.4974
2.8	0.4974	0.4975	0.4976	0.4977	0.4977	0.4978	0.4979	0.4979	0.4980	0.4981
2.9	0.4981	0.4982	0.4982	0.4983	0.4984	0.4984	0.4985	0.4985	0.4986	0.4986
3.0	0.4987	0.4987	0.4987	0.4988	0.4988	0.4989	0.4989	0.4989	0.4990	0.4990
3.1	0.4990	0.4991	0.4991	0.4991	0.4992	0.4992	0.4992	0.4992	0.4993	0.4993
3.2	0.4993	0.4993	0.4994	0.4994	0.4994	0.4994	0.4994	0.4995	0.4995	0.4995
3.3	0.4995	0.4995	0.4995	0.4996	0.4996	0.4996	0.4996	0.4996	0.4996	0.4997
3.4	0.4997	0.4997	0.4997	0.4997	0.4997	0.4997	0.4997	0.4997	0.4997	0.4998
3.5	0.4998	0.4998	0.4998	0.4998	0.4998	0.4998	0.4998	0.4998	0.4998	0.4998
3.6	0.4998	0.4998	0.4999	0.4999	0.4999	0.4999	0.4999	0.4999	0.4999	0.4999
3.7	0.4999	0.4999	0.4999	0.4999	0.4999	0.4999	0.4999	0.4999	0.4999	0.4999
3.8	0.4999	0.4999	0.4999	0.4999	0.4999	0.4999	0.4999	0.4999	0.4999	0.4999
3.9	0.5000	0.5000	0.5000	0.5000	0.5000	0.5000	0.5000	0.5000	0.5000	0.5000

표 B.2: 표준정규분포 곡선 내의 확률값 $P(0 < Z < z)$

C

문제 해답

1장 수와 집합

문제 1.1 예시 답안 어떤 정수가 3과 4로 동시에 나누어지게 되면 12의 배수가 된다.

(a) 주어진 정수 내에 있는 모든 자릿수 값의 합은 $1+2+3+4+5+6=21$이 되어 3의 배수가 된다. 또한 마지막 두 자릿수 56은 4로 나누어진다. 그러므로 주어진 정수는 12의 배수가 된다.

(b) 주어진 정수 내에 있는 모든 자릿수 값의 합은 20이 되어 3의 배수가 안 된다. 그러므로 주어진 정수는 12의 배수가 아니다.

(c) 주어진 정수 내에 있는 모든 자릿수 값의 합은 27이 되어 3의 배수가 된다. 또한 마지막 두 자릿수 48은 4로 나누어진다. 그러므로 주어진 정수는 12의 배수가 된다.

(d) 주어진 정수 내에 있는 모든 자릿수 값의 합은 9가 되어 3의 배수가 된다. 그러나 마지막 두 자릿수 22는 4로 나누어지지 않는다. 그러므로 주어진 정수는 12의 배수가 아니다.

□□□

문제 1.2 예시 답안 a, b가 두 수 A, B에 대한 각각의 인수인 경우, 두 수는 다음과 같이 표현이 될 수 있다.

$$A = GCF(A,B) \times a, \qquad B = GCF(A,B) \times b$$

그러면 최소공배수 $LCM(A,B) = GCF(A,B) \times a \times b$가 되며, 두 수의 곱은 다음과 같이 표현된다.

$$\begin{aligned} A \times B &= [GCF(A,B) \times a] \times [GCF(A,B) \times b] \\ &= GCF(A,B) \times [GCF(A,B) \times a \times b] \\ &= GCF(A,B) \times LCM(A,B) \end{aligned}$$

□□□

문제 1.3 예시 답안 두 수를 A, B라고 하면 식 1.1에 의해 다음과 같이 최대공약수를 구할 수가 있다.

$$GCF(A,B) = \frac{A \times B}{LCM(A,B)} = \frac{216}{36} = 6$$

그러면 두 수 A, B는 다음과 같이 표현을 할 수 있다.

$$A = GCF(A,B) \times a = 6a, \qquad B = GCF(A,B) \times b = 6b$$

여기서 a, b는 두 수 A, B에 대한 각각의 인수이다. 한편 $LCM(A,B) = GCF(A,B) \times a \times b$가 되기 때문에 다음과 같은 식을 얻는다.

$$LCM(A,B) = 6 \times a \times b = 36$$

즉 $a \times b = 6$이 된다. a, b는 두 수 A, B에 대한 각각의 인수이기 때문에 가능한 수의 순서쌍은 $(1,6)$ 또는 $(2,3)$이 된다. 그러므로 구하고자 하는 두 수 A, B의 값은 $(6,36)$ 또는 $(12,18)$이 된다.

□□□

문제 1.4 예시 답안

(a) $46_{10} = 3A_{12}$

(b) $46_8 = 38_{10} = 32_{12}$

(c) $46_{12} = 54_{10} = 36_{16}$

(d) $46_{16} = 70_{10} = 240_5$

(e) $46.46_{10} = 3A.562_{12}$ (소수 세 자리)

(f) $46.46_8 = 38.59375_{10} = 32.716_{12}$

(g) $46.46_{12} = 54.375_{10} = 36.6_{16}$

(h) $46.46_{16} = 70.2734375_{10} = 240.114_5$ (소수 세 자리)

□□□

문제 1.5 예시 답안

(a) 주머니를 일렬로 늘여놓고 각 주머니에 순번 n을 1부터 증가시켜 매긴 후, 각 순번 n에 해당되는 개수만큼 바둑알을 꺼내 질량저울에 무게를 달면 11g이 들어있는 주머니의 번호를 확인할 수 있다. 예를 들어 3개의 주머니에 대해 고려하자. 이후 첫번째 주머니에서 한 개의 바둑알을, 두번째 주머니에서 두 개의 바둑알을, 세번째 주머니에서 세 개의 바둑알을 꺼내 보자. 표 C.1에서 보인 바와 같이, 1번째 주머니에 11g짜리 바둑알이 들어 있는 경우는 총량이 61g이 되어 첫번째 주머니에 있는 경우가 되며, 두번째 주머니에 11g짜리 바둑알이 들어있는 경우는 총량이 62g이 되어 두번째 주머니에 있는 경우가 되며, 세번째 주머니에 11g짜리 바둑알이 들어있는 경우는 총량이 63g이 되어 세번째 주머니에 있는 경우가 된다.

가정된 주머니	계산 식	실제 주머니 번호
1	$11 \times 1 + 10 \times 2 + 10 \times 3 = 61 = 60 + 1$	1
2	$10 \times 1 + 11 \times 2 + 10 \times 3 = 62 = 60 + 2$	2
3	$10 \times 1 + 10 \times 2 + 11 \times 3 = 63 = 60 + 3$	3

표 C.1: 주머니 3개에 대한 경우

즉, 각 주머니마다 1번부터 10번까지 번호를 매겨서 n번째 주머니에서 n개의 바둑알을 꺼내면 된다. 10개의 주머니로부터 꺼내는 바둑알의 총 개수는 55개가 되니, 이 55개에 대한 무게를 재어서 550g에서 초과하는 g에 해당하는 주머니가 11g짜리 바둑알이 담긴 주머니가 된다.

(b) 예시 답안 (a)와 같이 순번을 매겨 꺼낸 경우에, 예를 들어 3g이 초과된 경우 "세번째 주머니에 11g짜리 바둑알이 들어있다."라고 장담할 수가 없다. 왜냐하면 11g짜리 바둑알이 담겨있는 주머니가 몇 개 있는지 모르니, 이는

- 세번째 주머니에서 세 개의 11g짜리 바둑알을 꺼내는 경우($11 \times 3 = 30 + 3$)와,

– 첫번째 주머니에서 한 개의 11g짜리 바둑알과 두번째 주머니에서 두 개의 11g짜리 바둑알을 꺼내는 경우($11 \times 1 + 11 \times 2 = 30 + 3$)가 있을 수 있다.

결국, 이러한 문제점을 해결하기 위해서는 "n번째 주머니에서 꺼내는 바둑알의 수를 $1 \sim (n-1)$번째 주머니에서 꺼낸 바둑알의 총합보다 많게 하는 방법"을 써야 한다. 이러한 조건을 만족하면서 바둑알을 가장 적게 꺼내는 방법으로 이진법을 활용하면 된다. 이진법에서 각 자리의 수는 $2^0, 2^1, 2^2, \ldots$으로 나타낼 수 있어 주어진 문제를 해결할 수 있다. 표 C.2는 n번째 주머니에 11g짜리 바둑알이 들어있는 경우에, 이진법 체계에서는 n번째 자리에 '1'이 표시됨을 보여주고 있다.

주머니 순번	1	2	3	4	···
초과되는 중량	$1 = 2^0$	$2 = 2^1$	$4 = 2^2$	$8 = 2^3$	···
2진법 표기	1	10	100	1000	···

표 C.2: 초과 중량에 따른 이진법 표기

예를 들어 중량이 36g 초과되었을 경우

$$36 = 1 \times 2^5 + 0 \times 2^4 + 0 \times 2^3 + 1 \times 2^2 + 0 \times 2^1 + 0 \times 2^0 = 100100_2$$

로 표기가 된다. 결국 세번째와 여섯번째 자릿수에 '1'로 표기가 되었기에, 11g짜리 바둑알은 세번째와 여섯번째 주머니에 각각 들어 있음을 쉽게 알 수 있다.

(c) 양팔저울을 이용하여 무거운 바둑알을 찾아내는 문제이니, 이는 양팔저울 좌·우측에 있는 바둑알들(두 개의 바둑알 군)과 양팔 저울에 있지 않은 바둑알들(한 개의 바둑알 군)로의 3가지 형태의 구슬 군으로 나누어지는 형태가 되므로, 3진법의 활용 형태이다. 한편, 문제에서 최선의 방법을 구하는 것이니 될 수 있으면 세 가지 형태의 바둑알 군을 동일한 숫자로 유지해야 한다. 이와 같은 방법으로 바둑알 군을 측정하면, 한번 측정할 때마다 현재 측정하기 위해 남아있는 바둑알 전체 수의 $\frac{1}{3}$씩 줄여 나갈 수 있다. 그러므로 180개의 바둑알은 $3^5(= 243)$보다 작고, $3^4(= 81)$보다 크니 5번의 저울질로 무거운 바둑알을 충분히 찾을 수 있다.

(d) 양팔저울을 이용하여 측정하는 것이니 3진법을 활용하면 된다. 즉, 다음과 같은 4개의 추를 준비하면 된다.

$$3^0(= 1g), \qquad 3^1(= 3g), \qquad 3^2(= 9g), \qquad 3^3(= 27g)$$

표 C.3은 각기 다른 4개의 추(1g, 3g, 9g, 27g)를 이용하여 최대 40g까지 어떻게 잴 수 있는가와 측정 방법을 보여주고 있다.

물체(g)	계산 식	측정 방법
1	$1=1=3^0$	(1g; R)
2	$2=3-1=3^1-3^0$	(1g; L), (3g; R)
3	$3=3=3^1$	(3g; R)
4	$4=3+1=3^1+3^0$	(1g, 3g; R)
5	$5=9-4=3^2-(3^1+3^0)$	(1g, 3g; L), (9g; R)
6	$6=9-3=3^2-3^1$	(3g; L), (9g; R)
···	···	···
40	$40 = 27+9+3+1 = 3^3+3^2+3^1+3^0$	(27g,9g,3g,1g; R)

표 C.3: 각기 다른 4개의 추를 활용하여 측정하는 방법

편의상 측정코자 하는 물체를 항상 왼쪽 천칭(L)에 올려놓는 것으로 하고, 오른쪽 천칭을 R로 표시하자. 예를 들어 2g인 물체를 측정코자 하는 경우에는, 오른쪽 천칭에 $3g(=3^1)$인 추를 왼쪽 천칭에 $1g(=3^0)$인 추와 물체를 올려놓아 양팔저울을 평형하게 유지시켜준 후, 좌우측 추의 차를 계산하면 문제의 질량을 구할 수 있다.

□□□

문제 1.6 예시 답안 문제에서 주어진 카드에 적힌 수들의 특성을 살펴보면, 1부터 63까지의 자연수가 6개의 카드 군에 각 32개씩 서로 다른 숫자로 적혀있으며, 각 카드는 다음과 같은 성질을 갖고 있다.

- 1번 카드에 적힌 수들은 이진법의 2^0의 자리가 1인 수이다.
- 2번 카드에 적힌 수들은 이진법의 2^1의 자리가 1인 수이다.
- 3번 카드에 적힌 수들은 이진법의 2^2의 자리가 1인 수이다.
- 4번 카드에 적힌 수들은 이진법의 2^3의 자리가 1인 수이다.
- ⋮
- k번 카드에 적힌 수들은 이진법의 2^{k-1}의 자리가 1인 수이다.

따라서 어떤 사람이 1번, 3번, 5번, 6번 카드를 골랐다면, 이진법의 2^0자리, 2^2자리, 2^4자리, 2^5자리 수가 1이고, 나머지는 0인 수가 된다. 즉, 110101_2가 되므로 이를 10진법으로 바꾸면 53이 된다. 즉,

$$1 \times 2^5 + 1 \times 2^4 + 1 \times 2^2 + 1 \times 2^0 = 32 + 16 + 4 + 1 = 53$$

이 된다.

□□□

문제 1.7 예시 답안 2의 배수인 집합을 A, 3의 배수인 집합을 B, 5의 배수인 집합을 C라고 하면 다음과 같은 원소를 얻게 된다.

$$\begin{aligned} A &= \{2,\ 4,\ 6,\ \ldots,\ 98\} \\ B &= \{3,\ 6,\ 9,\ \ldots,\ 99\} \\ C &= \{5,\ 10,\ 15,\ \ldots,\ 95\} \end{aligned}$$

그러므로 다음과 같은 집합의 연산값을 얻을 수가 있다.

$$\begin{aligned} A \cap B &= \{6,\ 12,\ 18,\ \ldots,\ 96\} \\ B \cap C &= \{15,\ 30,\ 45,\ \ldots,\ 90\} \\ C \cap A &= \{10,\ 20,\ 30,\ \ldots,\ 90\} \\ A \cap B \cap C &= \{30,\ 60,\ 90\} \end{aligned}$$

$n(A) = 49, n(B) = 33, n(C) = 19, n(A \cap B) = 16, n(B \cap C) = 6, n(C \cap A) = 9, n(A \cap B \cap C) = 3$이기 때문에 구하고자 하는 값 $n(A \cup B \cup C)$는 다음과 같다.

$$\begin{aligned} n(A \cup B \cup C) &= n(A) + n(B) + n(C) - n(A \cap B) \\ &\quad - n(B \cap C) - n(C \cap A) + n(A \cap B \cap C) \\ &= 49 + 33 + 19 - 16 - 6 - 9 + 3 = 73\ (\text{개}) \end{aligned}$$

□□□

문제 1.8 예시 답안 초현실수 $x = \{X^L | X^R\}$로 간주하면 $0 \times x$의 값은 다음과

같이 연산되어진다.

$$
\begin{aligned}
0 \times x &= \{\,|\,\} \times \{X^L | X^R\} \\
&= \{\varnothing \times x + 0 \times X^L - \varnothing \times X^L, \varnothing \times x + 0 \times X^R - \varnothing \times X^R | \\
&\quad \varnothing \times x + 0 \times X^R - \varnothing \times X^R, \varnothing \times x + 0 \times X^L - \varnothing \times X^L\} \\
&= \{\,|\,\} \\
&= 0
\end{aligned}
$$

동일한 방법으로 $x \times 0 = 0$이 됨을 보일 수 있다.

□□□

문제 1.9 예시 답안 초현실수 $x = \{X^L | X^R\}$로 간주하면 $1 \times x$의 값은 다음과 같이 연산되어진다.

$$
\begin{aligned}
1 \times x &= \{0|\,\} \times \{X^L | X^R\} \\
&= \{0 \times x + 1 \times X^L - 0 \times X^L, \varnothing \times x + 1 \times X^R - \varnothing \times X^R | \\
&\quad 0 \times x + 1 \times X^R - 0 \times X^R, \varnothing \times x + 1 \times X^L - \varnothing \times X^L\} \\
&= \{1 \times X^L | 1 \times X^R\} = \{X^L | X^R\} \\
&= x
\end{aligned}
$$

동일한 방법으로 $x \times 1 = x$이 됨을 보일 수 있다.

□□□

문제 1.10 예시 답안 G의 기댓값 $E(G)$는 다음과 같다.

$$
\begin{aligned}
E(G) &= \frac{1}{2} \times minE\left(G^L\right) + \frac{1}{2} \times maxE\left(G^R\right) \\
&= \frac{1}{2} \times min\left[2, \left(\frac{1}{2} \times 0 + \frac{1}{2} \times 4\right), \left(\frac{1}{2} \times 0 + \frac{1}{2} \times (-2)\right)\right] \\
&\quad + \frac{1}{2} \times max\left[10, \left(\frac{1}{2} \times 10 + \frac{1}{2} \times 12\right)\right] \\
&= \frac{1}{2} \times (-1) + \frac{1}{2} \times 11 \\
&= 5
\end{aligned}
$$

□□□

2장 수열

문제 2.1 예시 답안 첫 달에는 새로 태어난 어린 토끼 한 쌍(f와 m)만이 존재한다. 두 달이 되면 이 토끼들은 어른 토끼 한 쌍(F와 M)이 되어 번식이 가능하다. 번식 가능한 토끼 한 쌍은 매달 새끼 한 쌍을 낳는다고 했으니, 이를 그림으로 표시하면 그림 C.1과 같다.

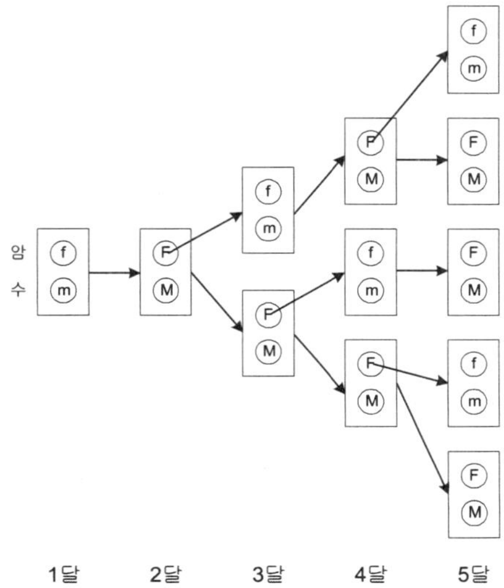

그림 C.1: 5달 동안의 토끼 번식도

그림 C.1에서 보듯이 달 수에 따른 토끼의 쌍 수는

$$1, \quad 1, \quad 2, \quad 3, \quad 5, \quad \ldots$$

가 됨을 알 수 있다. 이는 $a_1 = a_2 = 1$인 경우

> "$(n+2)$달 째의 토끼 쌍의 수 a_{n+2}는 $(n+1)$달에 있는 (어린 토끼 포함) 모든 토끼 쌍의 수 a_{n+1}에 n달의 토끼 쌍($(n+2)$달 입장에서 보면 모두 어른 토끼로서 번식이 가능한 토끼가 되니, 동일한 규모의 자식을 번식)의 수 a_n을 합친 것이 된다."

가 되니, 피보나치 수열은 $n \geq 1$에 대해

$$a_{n+2} = a_{n+1} + a_n, \qquad \text{여기서} \quad a_1 = a_2 = 1$$

이제 위에서 구해진 피보나치 수열을 이용하여 일반항 a_n을 멱급수의 형태로 표현해 보자. 일반항 a_n을 구하기 위해 점화식과 행렬을 이용해보자.

(1) 점화식을 이용하는 방법: $a_{n+2} = a_{n+1} + a_n$을 다음과 같이 변형하여 표현할 수 있다.

$$a_{n+2} - \alpha a_{n+1} = \beta\left(a_{n+1} - \alpha a_n\right)$$
$$a_{n+2} - \beta a_{n+1} = \alpha\left(a_{n+1} - \beta a_n\right)$$

윗식에서의 α, β는 원래 식과 비교하여 알아낼 수도 있고, 점화식의 계수를 그대로 이어받은 '특성방정식(characteristic equation)'인 $t^2 - t - 1 = 0$의 근으로도 구할 수 있다. 두 근을 α, β라고 하면 $\beta > \alpha$인 경우 다음과 같은 값은 얻는다.

$$\alpha = \frac{1-\sqrt{5}}{2}, \qquad \beta = \frac{1+\sqrt{5}}{2}$$

여기서 근과 계수와의 관계에 의해서 $\alpha + \beta = 1$이 되고, $\alpha\beta = 1$이 된다.

$a_{n+2} - \alpha a_{n+1} = \beta\left(a_{n+1} - \alpha a_n\right)$에서 $(a_{n+1} - \alpha a_n)$은 초항이 $(a_2 - \alpha a_1)$이고 공비가 β인 등비수열이므로, 그 일반항은 다음과 같이 표현할 수 있다. $(a_{n+1} - \beta a_n)$ 도 마찬가지이다.

$$a_{n+1} - \alpha a_n = (a_2 - \alpha a_1)\beta^{n-1} = (1-\alpha)\beta^{n-1} = \beta^n$$
$$a_{n+1} - \beta a_n = (a_2 - \beta a_1)\alpha^{n-1} = (1-\beta)\alpha^{n-1} = \alpha^n$$
$$\because \quad a_1 = a_2 = 1, \qquad \alpha + \beta = 1$$

위에 있는 첫번째 식에서 두번째 식을 빼면 일반항인 a_n을 멱급수의 형태로 정리할 수 있다.

$$a_n = \frac{\beta^n - \alpha^n}{\beta - \alpha} = \frac{1}{\sqrt{5}}\left[\left(\frac{1+\sqrt{5}}{2}\right)^n - \left(\frac{1-\sqrt{5}}{2}\right)^n\right] \tag{C.1}$$

(2) 행렬을 이용하여 구하는 방법: 피보나치수열 $a_{n+1} = a_n + a_{n-1}$을 행렬로 표기하면

$$\begin{pmatrix} a_{n+1} \\ a_n \end{pmatrix} = \begin{pmatrix} 1 & 1 \\ 1 & 0 \end{pmatrix} \begin{pmatrix} a_n \\ a_{n-1} \end{pmatrix} \tag{C.2}$$

와 같이 나타낼 수 있다. 피보나치의 계산을 식 C.1과 같은 멱급수의 형태로 계산을 하게 되면 계산 오차가 발생되어 좋은 방법이 아니다. 이 보다는 피보나치 수를 컴퓨터 등에서 구할 때는 0번째와 1번째 값부터 차례대로 앞의 두 값을 더해서 얻는 것이 좋다. 예를 들어, $a_1 = a_2 = 1$인 경우 a_3을 구하기 위해서는 식 C.2에 $n = 2$를 대입하면 다음과 같이 a_3값을 구할 수 있다.

$$\begin{pmatrix} a_3 \\ a_2 \end{pmatrix} = \begin{pmatrix} 1 & 1 \\ 1 & 0 \end{pmatrix} \begin{pmatrix} a_2 \\ a_1 \end{pmatrix} = \begin{pmatrix} 1 & 1 \\ 1 & 0 \end{pmatrix} \begin{pmatrix} 1 \\ 1 \end{pmatrix} = \begin{pmatrix} 2 \\ 1 \end{pmatrix}$$
$$\therefore \quad a_3 = 2$$

또한 a_4를 구하기 위해서는 식 C.2에 $n = 3$을 대입하면 다음과 같이 a_4의 값을 구할 수 있다.

$$\begin{pmatrix} a_4 \\ a_3 \end{pmatrix} = \begin{pmatrix} 1 & 1 \\ 1 & 0 \end{pmatrix}\begin{pmatrix} a_3 \\ a_2 \end{pmatrix} = \begin{pmatrix} 1 & 1 \\ 1 & 0 \end{pmatrix}\begin{pmatrix} 2 \\ 1 \end{pmatrix} = \begin{pmatrix} 3 \\ 2 \end{pmatrix}$$

$$\therefore \quad a_3 = 2$$

즉, 위 행렬에서 n의 값을 증가시켜가면서 a_n의 값인

$$1, \quad 1, \quad 2, \quad 3, \quad 5, \quad \ldots$$

를 순차적으로 구할 수 있다.

n의 값이 작은 경우에는 위의 방법을 활용하여 a_n의 값을 구할 수 있으나, 큰 n값에 대해서는 위의 방법을 이용할 수가 없다. 그러므로 다음의 행렬 연산식을 이용해서 a_n의 값을 구해야 한다.

$$\begin{pmatrix} 1 & 1 \\ 1 & 0 \end{pmatrix}^n = \begin{pmatrix} a_{n+1} & a_n \\ a_n & a_{n-1} \end{pmatrix} \qquad \text{여기서 } n \geq 2 \tag{C.3}$$

예를 들어, $n = 2$인 경우 윗식은

$$\begin{pmatrix} 1 & 1 \\ 1 & 0 \end{pmatrix}^2 = \begin{pmatrix} a_3 & a_2 \\ a_2 & a_1 \end{pmatrix}$$

$$\therefore \quad \begin{pmatrix} 1 & 1 \\ 1 & 0 \end{pmatrix}\begin{pmatrix} 1 & 1 \\ 1 & 0 \end{pmatrix} = \begin{pmatrix} 2 & 1 \\ 1 & 1 \end{pmatrix} = \begin{pmatrix} a_3 & a_2 \\ a_2 & a_1 \end{pmatrix}$$

$$\therefore \quad a_3 = 2, \qquad a_2 = 1, \qquad a_1 = 1$$

이 됨을 알 수 있다. $\mathbf{A} = \begin{pmatrix} 1 & 1 \\ 1 & 0 \end{pmatrix}$이라고 하면 $\mathbf{A}^n$을 계산해서 a_n을 확인할 수 있지만, $\mathbf{A}^n$은 쉽게 구할 수 있는 형태가 아니므로 다른 방법을 써야한다. 정사각행렬인 $\mathbf{A}, \mathbf{B}, \mathbf{P}$가 모두 역행렬이 존재할 때,

$$\mathbf{A} = \mathbf{PBP}^{-1} \quad \Longrightarrow \quad \mathbf{A}^n = \mathbf{PB}^n\mathbf{P}^{-1} \tag{C.4}$$

의 성질을 이용하자. 한편 $\mathbf{A} = \mathbf{PBP}^{-1}$는 $\mathbf{I}$가 항등행렬인 경우

$$\mathbf{AP} = \mathbf{PBP}^{-1}\mathbf{P} = \mathbf{PBI} = \mathbf{PB}$$

$$\therefore \quad \mathbf{AP} = \mathbf{PB} \tag{C.5}$$

가 된다. $\mathbf{B} = \begin{pmatrix} \frac{1+\sqrt{5}}{2} & 0 \\ 0 & \frac{1-\sqrt{5}}{2} \end{pmatrix} = \begin{pmatrix} \alpha & 0 \\ 0 & \beta \end{pmatrix}$이라고 놓고 이를 만족시키는 '고유치(eigen value)'인 $\mathbf{P} = \begin{pmatrix} a & b \\ c & d \end{pmatrix}$를 구하기 위해 위 행렬을 전개

시키면

$$
\begin{pmatrix} 1 & 1 \\ 1 & 0 \end{pmatrix}\begin{pmatrix} a & b \\ c & d \end{pmatrix} = \begin{pmatrix} a & b \\ c & d \end{pmatrix}\begin{pmatrix} \alpha & 0 \\ 0 & \beta \end{pmatrix}
$$

$$
\therefore \quad \begin{pmatrix} a+c & b+d \\ a & b \end{pmatrix} = \begin{pmatrix} a\alpha & b\beta \\ c\alpha & d\beta \end{pmatrix}
$$

이를 만족시키는 $\mathbf{P}$의 행렬은 여러 개가 존재할 수 있으나, 그 중 $c = 1, d = 1$인 경우를 살펴 보자. 이 값을 위에 있는 행렬에 대입하면

$$
a = \alpha, \qquad b = \beta, \qquad c = 1, \qquad d = 1
$$

이 되어, $\mathbf{P} = \begin{pmatrix} \alpha & \beta \\ 1 & 1 \end{pmatrix}$가 된다. 이제 식 C.4를 이용하여 $\mathbf{A}^n$을 구해 보자.

$$
\begin{aligned}
\mathbf{A}^n &= \begin{pmatrix} a_{n+1} & a_n \\ a_n & a_{n-1} \end{pmatrix} = \begin{pmatrix} 1 & 1 \\ 1 & 0 \end{pmatrix}^n = \mathbf{P}\mathbf{B}^n\mathbf{P}^{-1} \\
&= \mathbf{P}\begin{pmatrix} \alpha & 0 \\ 0 & \beta \end{pmatrix}^n \mathbf{P}^{-1} = \mathbf{P}\begin{pmatrix} \alpha^n & 0 \\ 0 & \beta^n \end{pmatrix}\mathbf{P}^{-1} \\
&= \begin{pmatrix} \alpha & \beta \\ 1 & 1 \end{pmatrix}\begin{pmatrix} \alpha^n & 0 \\ 0 & \beta^n \end{pmatrix}\frac{1}{\alpha-\beta}\begin{pmatrix} 1 & -\beta \\ -1 & \alpha \end{pmatrix} \\
&= \frac{1}{\alpha-\beta}\begin{pmatrix} \alpha^{n+1}-\beta^{n+1} & -\alpha^{n+1}\beta+\alpha\beta^{n+1} \\ \alpha^n-\beta^n & -\alpha^n\beta+\alpha\beta^n \end{pmatrix}
\end{aligned}
$$

위 행렬의 2항 1열의 값이 a_n과 같으니

$$
a_n = \frac{1}{\alpha-\beta}(\alpha^n-\beta^n) = \frac{1}{\sqrt{5}}\left[\left(\frac{1+\sqrt{5}}{2}\right)^n - \left(\frac{1-\sqrt{5}}{2}\right)^n\right]
$$

가 됨을 알 수 있다.

□□□

문제 2.2 예시 답안 흑돌을 B, 백돌을 W라고 표기하면, 한 개의 돌을 바둑판에 놓는 방법은 B를 배치하는 경우와 W를 배치하는 두 가지의 경우가 된다. 즉

$$
B, \qquad W
$$

가 된다. 이제 두 개의 바둑돌을 배치하는 경우에는 W를 연속해서 배치할 수 없으니

$$
BB, \qquad WB, \qquad BW
$$

의 세 가지 경우가 된다. 이는 한 개의 바둑돌을 배치하는 방법 중 B에 대해서는 B의 왼쪽에 B또는 W를 배치하는 경우(BB, WB)와, W에 대해서는 W의 왼쪽에 B만 배치하는 것(WB)으로 이해할 수 있다. 이를 도식화한 것이 그림 C.2와 같다.

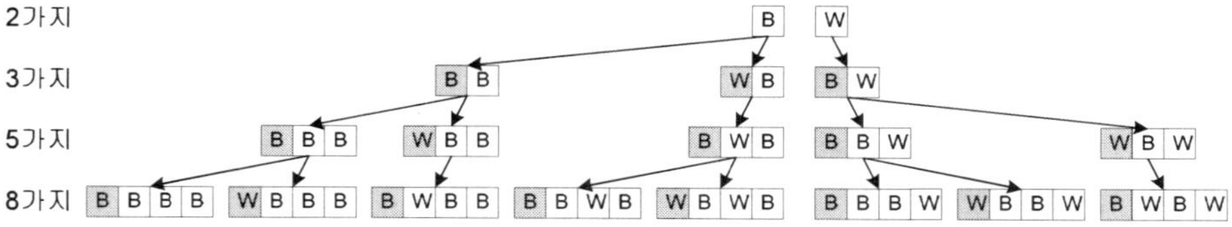

그림 C.2: 1 ~ 4개의 바둑을 배치하는 방법

결국 그림 C.2에서 보듯이 3개의 바둑돌에 대해서는 5가지 경우, 4개의 바둑돌에 대해서는 8가지의 경우가 있음을 알 수 있다. 즉 1 ~ n개의 바둑돌을 바둑판에 배치하는 경우의 수는

$$2, \quad 3, \quad 5, \quad 8, \quad \ldots$$

가 되어 피보나치 수열을 이룸을 알 수 있다. 이에 대한 일반항은

$$a_{n+2} = a_{n+1} + a_n, \qquad \text{여기서 } a_1 = 2, a_2 = 3, n \geq 1\text{인 자연수}$$

로 표기할 수가 있다.

□□□

문제 2.3 예시 답안 우선 선분 $\overline{AB}$의 길이를 두 조각으로 나누었을 때, 짧은 선분의 길이인 $\overline{PB}$를 1, 긴 선분의 길이인 $\overline{AP}$를 x라고 하면, 전체 선분인 $\overline{AB}$는 $(1+x)$가 된다. 황금비는 "일정한 길이의 선분을 두 개의 선분으로 분할시, 전체와 긴 선분의 비율이 긴 선분과 짧은 선분과의 비율가 같은 경우, 짧은 선분에 대한 긴 선분의 비인 x의 값이 황금비"이니 다음과 같은 식을 얻을 수 있다.

$$\begin{aligned} & \overline{AP} : \overline{PB} = \overline{AB} : \overline{AP} \\ \therefore \quad & x : 1 = (1+x) : x \\ \therefore \quad & x^2 - x - 1 = 0 \\ \therefore \quad & x = \frac{1+\sqrt{5}}{2} = 1.618\ldots \end{aligned}$$

이 되어, 황금 분할점인 P를 통해 황금비 값이 1.618임을 찾아냈다.

□□□

문제 2.4 예시 답안 우선 $\triangle BCH$와 $\triangle BDE$를 살펴보자. 그림 2.13(a)를 살펴보면, 원호 BE에 대한 원주각인

$$\angle BCE = \angle BDE = \frac{2}{5} \times 180^\circ = 72^\circ$$

가 된다. 또한 길이가 같은 원호 $\overset{\frown}{CD}$ 및 $\overset{\frown}{DE}$에 의한 원주각인

$$\angle CBD = \angle DBE = \frac{1}{5} \times 180^\circ = 36^\circ$$

가 된다. 결국 $\triangle BCH$와 $\triangle BDE$는 대응되는 두 각이 같으니 닮음꼴임을 알 수 있다. 즉

$$\triangle BCH \sim \triangle BDE \tag{C.6}$$

가 된다. 선분 $\overline{BF}$의 길이를 1, 선분 $\overline{FE}$의 길이를 x라고 하고, 선분 $\overline{BF}$에 대한 선분 $\overline{FE}$의 비인 x를 구해보자. $\triangle AEF$와 $\triangle CBH$를 살펴보면, 이들은 서로 합동인 이등변 삼각형들이다. 즉

$$\begin{aligned} & x = \overline{FE} = \overline{AE} = \overline{BC} = \overline{BH} \\ \therefore \quad & x = \overline{FE} = \overline{BH} \end{aligned}$$

이제 식 C.6을 이용하여 황금비인 x를 구해보자.

$$\begin{aligned} & \overline{BH} : \overline{CH} = \overline{BE} : \overline{DE} \\ \therefore \quad & x : 1 = (1 + x) : x \\ \therefore \quad & x^2 - x - 1 = 0 \\ \therefore \quad & x = \frac{1 + \sqrt{5}}{2} \end{aligned}$$

결국 황금비인 $x = \frac{1+\sqrt{5}}{2}$를 구했으며, 이와 같은 방법으로 황금비가 되는 변들을 살펴보면, 그림 2.13(b)에서 보듯이

$$\frac{1 + \sqrt{5}}{2} = \frac{\overline{IE}}{\overline{HI}} = \frac{\overline{FE}}{\overline{IE}} = \frac{\overline{BD}}{\overline{FE}}$$

등이 존재함을 알 수 있다.

□□□

문제 2.5 예시 답안 식 2.13를 통해 연속한 두 항의 비에 대한 수렴값을 구하기 위해 양변을 a_n으로 나누면

$$\begin{aligned} & a_{n+2} = a_{n+1} + a_n \\ \therefore \quad & \frac{a_{n+2}}{a_{n+1}} = 1 + \frac{a_n}{a_{n+1}} \\ \therefore \quad & \frac{a_{n+2}}{a_{n+1}} = 1 + \frac{1}{\frac{a_n}{a_{n+1}}} \end{aligned} \tag{C.7}$$

을 얻을 수 있다. 연속한 두 항의 비 $\frac{a_{n+1}}{a_n}$가 수렴을 하니, 그 값을

$$\lim_{n\to\infty} \frac{a_{n+1}}{a_n} = \alpha$$

라 하면, 식 C.7은 다음과 같이 된다.

$$\begin{aligned} \lim_{n\to\infty} \frac{a_{n+2}}{a_{n+1}} &= 1 + \lim_{n\to\infty} \frac{1}{\frac{a_n}{a_{n+1}}} \\ \therefore \quad \alpha &= 1 + \frac{1}{\alpha} \\ \therefore \quad \alpha^2 - \alpha - 1 &= 0 \\ \therefore \quad \alpha &= \frac{1+\sqrt{5}}{2} \end{aligned}$$

가 되어, 연속한 두 항의 비 $\frac{a_{n+1}}{a_n}$는 황금비 $\frac{1+\sqrt{5}}{2}$가 됨을 알 수 있다.

□□□

문제 2.6 예시 답안 황금분할점을 다음과 같이 작도하면 된다.

(1) 우선 그림 2.15와 같이 선분 $\overline{AB}$의 반의 길이를 갖는 선분 $\overline{BC}$를 작도하여, 직각삼각형 ABC를 만든다.

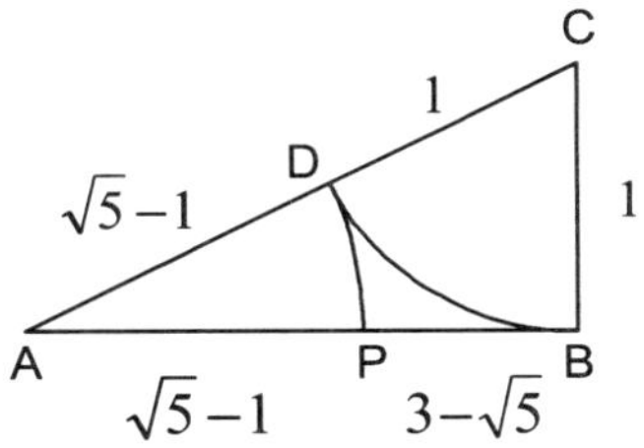

그림 C.3: 황금분할점 P

(2) 다음으로 그림 C.3과 같이 점 C를 중심으로 하여 반경의 길이가 $\overline{BC}$인 원을 그려, 교점 D를 찾아낸다.

(3) 마지막으로 그림 C.3과 같이 점 A를 중심으로 하여 반경의 길이가 $\overline{AD}$인 원을 그려, 교점 P를 찾아낸다.

이때 점 P가 선분 $\overline{AB}$의 황금분할점이 된다. 또한 황금비인

$$\frac{\overline{AP}}{\overline{PB}} = \frac{\sqrt{5}-1}{3-\sqrt{5}} = \frac{1+\sqrt{5}}{2}$$

를 구할 수 있다.

□□□

3장 그래프와 트리

문제 3.1 예시 답안 n각형에는 n개의 꼭짓점, n개의 모서리, 1개의 면이 있다. 그러므로 다음과 같은 식을 얻는다.

$$V - E + F = n - n + 1 = 1$$

□□□

문제 3.2 예시 답안 그림 C.4(a)는 예체능관인 노드 6을 중심으로 그린 그래프이다.

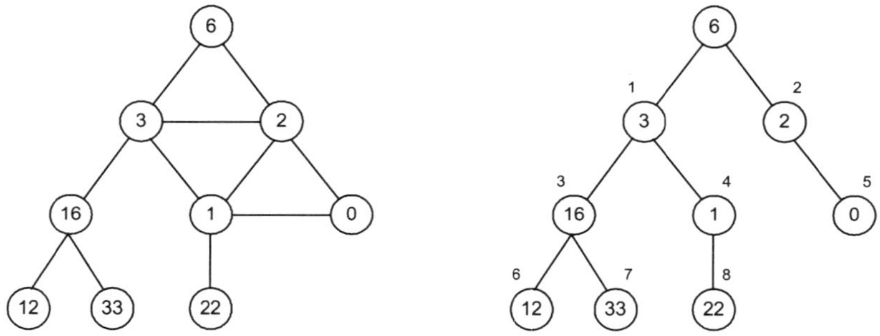

(a) 무방향성 그래프　　(b) BFS 결과의 한 예

그림 C.4: 그래프와 탐색 결과

BFS의 결과가 그림 C.4(b)에 보였으니, 예체능관인 노드 6으로 부터 명덕관인 노드 22까지 가는 최단 경로는 다음과 같다.

$$6 \rightarrow 3 \rightarrow 1 \rightarrow 22$$

□□□

4장 함수와 그래프

문제 4.1 예시 답안 기울기가 m인 일차함수의 일반식은 $y = mx + n$가 되며, 여기서 n은 $y-$절편이 된다. 만약 한 점의 좌표 $P(x_1, y_1)$을 위에 있는 식에 대입하게 되면 $y_1 = mx_1 + n$을 얻을 수 있다. 즉 $n = y_1 - mx_1$이 되니 다음과 같은 일차함수의 식을 구할 수 있다.

$$y = mx + n = mx + (y_1 - mx_1) = m(x - x_1) + y_1$$

그러므로 일차함수의 일반식은 $y - y_1 = m(x - x_1)$이 된다.

□□□

문제 4.2 예시 답안 두 점의 좌푯값인 $P_1(x_1, y_1)$, $P_2(x_2, y_2)$를 일차함수의 일반식 $y = ax + b$에 대입하게 되면, $y_1 = ax_1 + b$와 $y_2 = ax_2 + b$를 얻게 된다. 이 연립방정식으로부터 소거법을 활용하게 되면 $a = \frac{y_1 - y_2}{x_1 - x_2}$을 얻게 된다. 이를 $y_1 = ax_1 + b$에 대입하게 되면 $b = y_1 - \frac{y_1 - y_2}{x_1 - x_2}x_1$이 된다. 이제 a, b의 값을 구했으니 일차함수의 일반식은 다음과 같이 된다.

$$y = \frac{y_1 - y_2}{x_1 - x_2}x + \left(y_1 - \frac{y_1 - y_2}{x_1 - x_2}x_1\right)$$
$$\therefore \quad y - y_1 = \frac{y_2 - y_1}{x_2 - x_1}(x - x_1)$$

□□□

문제 4.3 예시 답안 $x-$절편 x_1과 $y-$절편 y_1이 주어졌으니 이 두 점의 좌푯값은 $P_1(x_1, 0)$, $P_2(0, y_1)$이 된다. 우선 일차함수의 일반식 $y = ax + b$에 $P_2(0, y_1)$의 값을 대입하게 되면 $b = y_1$이 된다. 즉 일차함수의 일반식은 $y = ax + y_1$이 된다. 또 다른 점의 값 $P_1(x_1, 0)$을 위에 있는 식에 대입하게 되면 $ax_1 + y_1 = 0$을 얻게 되어 $a = -\frac{y_1}{x_1}$이 된다. 그러므로 구하고자 하는 일차함수의 일반식은 다음과 같다.

$$y = ax + b = -\frac{y_1}{x_1}x + y_1$$
$$\therefore \quad \frac{x}{x_1} + \frac{y}{y_1} = 1$$

□□□

문제 4.4 예시 답안

(a) 우선 기울기 $a = 2$를 직선의 일반식인 $y = ax + b$에 대입하게 되면 직선의 식은 $y = 2x + b$가 된다. 또한 $P(1, 3)$을 직선의 식에 대입하게 되면 $3 = 2 \times 1 + b$가 되어 $b = 1$이 된다. 결국 구하고자 하는 직선의 식은 $y = 2x + 1$이 된다.

(b) $x-$절편은 $y = 0$일 때의 x값이 되니, 직선의 식으로 부터 $x = -\frac{1}{2}$이 된다. 즉 $x-$절편의 좌푯값은 $\left(-\frac{1}{2}, 0\right)$이 된다.

(c) 유사한 방법으로 $y-$절편은 $x = 0$일 때의 y값이 되니, 직선의 식으로 부터 $y = 1$이 된다. 즉 $y-$절편의 좌푯값은 $(0, 1)$이 된다.

□□□

문제 4.5 예시 답안 이차함수의 일반식으로부터 다음을 얻는다.

$$\begin{aligned} y &= ax^2 + bx + c = a\left(x^2 + \frac{b}{a}x\right) + c \\ &= a\left[\left(x + \frac{b}{2a}\right)^2 - \left(\frac{b}{2a}\right)^2\right] + c = a\left(x + \frac{b}{2a}\right)^2 - a\left(\frac{b}{2a}\right)^2 + c \\ &= a\left(x + \frac{b}{2a}\right)^2 - \frac{b^2 - 4ac}{4a} \end{aligned}$$

□□□

문제 4.6 예시 답안 그림 C.5에 있는 직선 l은 점 $P(x_1, y_1)$에서 포물선에 대한 접선이며, 직선 l의 식은 음과 같다.

$$yy_1 = 2p(x + x_1)$$

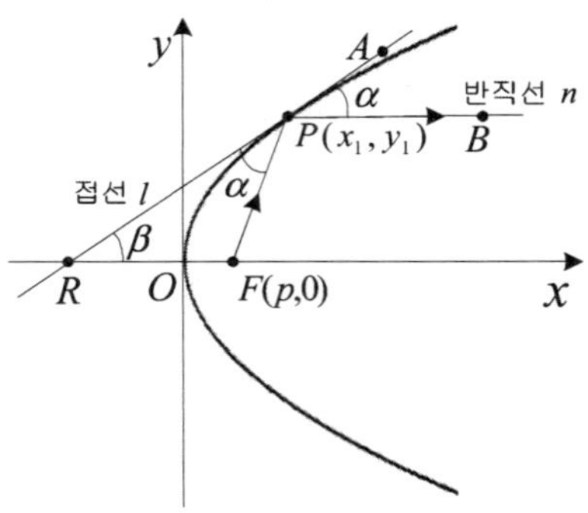

그림 C.5: $y^2 = 4x$의 접선 l

점 R은 x축과의 교점이니 좌푯값은 $R(-x_1, 0)$이 된다. 한편 선분 $\overline{FR}$, $\overline{FP}$의 길이를 구해 보면

$$\overline{FR} = p + x_1$$

이고,

$$\overline{FP} = \sqrt{(p - x_1)^2 + y_1^2} = \sqrt{p^2 - 2px_1 + x_1^2 + 4px_1} = p + x_1$$

이 된다. 즉 $\overline{FR} = \overline{FP}$이니 $\triangle FPR$은 이등변삼각형이 된다. 그러므로 $\angle\alpha = \angle\beta$가 되며, 반사의 법칙에 의거 $\angle FPR = \angle BPA$가 된다. 결국 $\angle PRF = \angle APB$가 되어 반직선 n은 x축에 평행함을 알 수 있다. 결론적으로 말해 포물 반사경 촛점에서 나온 빛은 포물선의 축에 평행되게 반사된다.

□□□

문제 4.7 예시 답안 그림 C.6에 있는 포물선의 방정식을 $y^2 = 4px$라고 하면, 점 $P(x_1, y_1)$에서의 접선 방정식은

$$yy_1 = 2p(x + x_1)$$

이 된다.

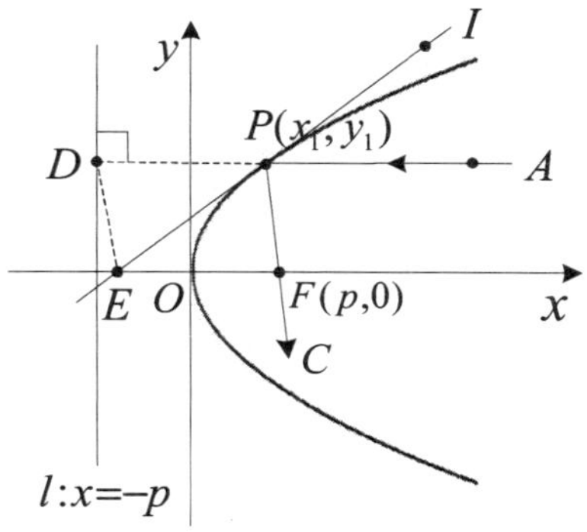

그림 C.6: 포물선과 접선

이 접선과 x축과의 교점인 점 E의 좌표는 $E(-x_1, 0)$이 된다. 따라서

$$\overline{EF} = \overline{DP} = \overline{PF} = p + x_1$$

이 되니, 사각형 $DPFE$는 마름모가 된다. 따라서

$$\angle DPE = \angle FPE = \angle API$$

가 된다. 즉 $\angle EPF = \angle IPA$가 되니, 반사의 법칙이 성립한다. 결국 A를 출발하여 점 P에서 반사된 빛은 포물선의 촛점인 F를 지나게 됨을 알 수 있다.

□□□

문제 4.8 예시 답안 그림 C.7은 반지름의 길이가 r이고 중심이 $C(a,b)$에 있는 원을 보여주고 있다.

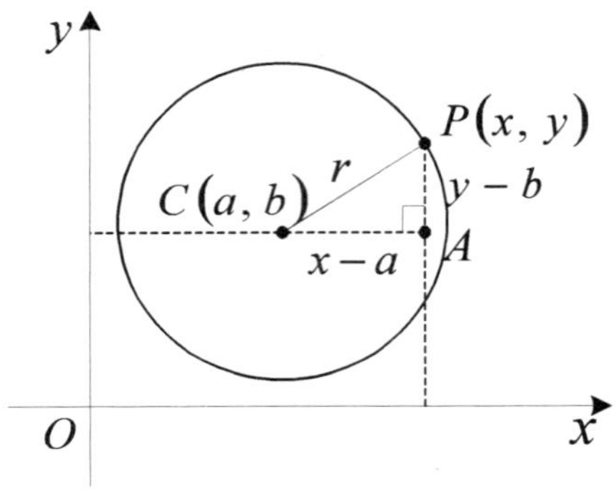

그림 C.7: 원 그래프 $(x-a)^2+(y-b)^2=r^2$

원 위에 있는 한 점의 좌표를 $P(x,y)$라고 하자. 피타고라스 정리에 의거해서 $\overline{CA}^2+\overline{AP}^2=\overline{CP}^2$이 된다. 그러므로 원의 방정식은 $(x-a)^2+(y-b)^2=r^2$이 된다.

□□□

문제 4.9 예시 답안 그림 C.8(a)를 살펴보면 '현(chord)' $\overset{\frown}{CB}$로 인한 $\angle CAB$와 $\angle BDC$는 같다.

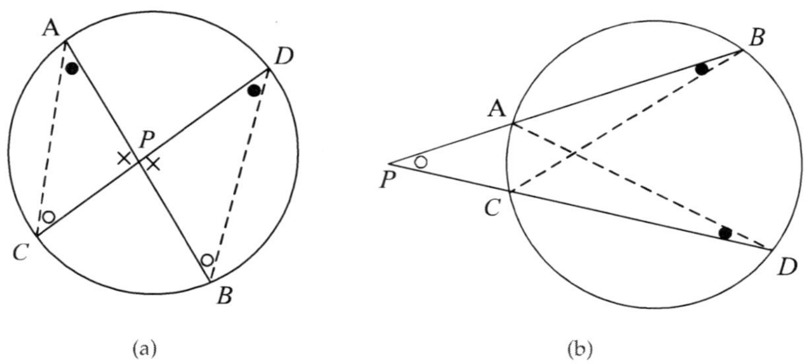

그림 C.8: 두 할선으로 분할된 원

또한 현 $\overset{\frown}{AD}$로 인한 $\angle ACD$와 $\angle DBA$ 역시 같다. 결국 $\triangle PAC$와 $\triangle PDB$는 닮

은꼴이다. 즉

$$\begin{aligned} & \triangle PAC \backsim \triangle PDB \\ \therefore \quad & \overline{PA} : \overline{PC} = \overline{PD} : \overline{PB} \\ \therefore \quad & \overline{PA} \times \overline{PB} = \overline{PC} \times \overline{PD} \end{aligned}$$

그러므로 구하고자 하는 선분 $\overline{PD}$의 길이는 다음과 같이 구해진다.

$$\overline{PD} = \frac{\overline{PA} \times \overline{PB}}{\overline{PC}} = \frac{2 \times 3}{4} = 1.5$$

□□□

문제 4.10 예시 답안 그림 C.8(b)의 $\triangle PAD$와 $\triangle PCB$를 살펴보면 현 $\overset{\frown}{AC}$로 인한 $\angle ABC$와 $\angle CDA$는 같고, $\angle P$는 공통이 된다.

결국 $\triangle PAD$와 $\triangle PCB$는 닮은꼴이다. 즉

$$\begin{aligned} & \triangle PAD \backsim \triangle PCB \\ \therefore \quad & \overline{PA} : \overline{PD} = \overline{PC} : \overline{PB} \\ \therefore \quad & \overline{PA} \times \overline{PB} = \overline{PC} \times \overline{PD} \end{aligned}$$

그러므로 구하고자 하는 선분 $\overline{CD}$의 길이는 다음과 같이 구해진다.

$$\begin{aligned} & \overline{PD} = \frac{\overline{PA} \times \overline{PB}}{\overline{PC}} \\ \therefore \quad & \overline{PD} = \frac{2 \times (2+4)}{3} = 4 \\ \therefore \quad & \overline{CD} = \overline{PD} - \overline{PC} = 4 - 3 = 1 \end{aligned}$$

□□□

문제 4.11 예시 답안 그림 C.9의 $\triangle PAT$와 $\triangle PTB$를 살펴보면 현 $\overset{\frown}{AT}$로 인한 $\angle ABT$와 $\angle TCA$는 같으니 $\angle PTA$ 역시 같게 된다. 그리고 $\angle P$는 공통이 된다.

결국 $\triangle PAT$와 $\triangle PTB$는 닮은꼴이다. 즉

$$\begin{aligned} & \triangle PAT \backsim \triangle PTB \\ \therefore \quad & \overline{PA} : \overline{PT} = \overline{PT} : \overline{PB} \\ \therefore \quad & \overline{PT}^2 = \overline{PA} \times \overline{PB} \end{aligned}$$

그러므로 구하고자 하는 선분 $\overline{AB}$의 길이는 다음과 같이 구해진다.

$$\begin{aligned} & \overline{PB} = \frac{\overline{PT}^2}{\overline{PA}} = \frac{4 \times 4}{2} = 8 \\ \therefore \quad & \overline{AB} = \overline{PB} - \overline{PA} = 8 - 2 = 6 \end{aligned}$$

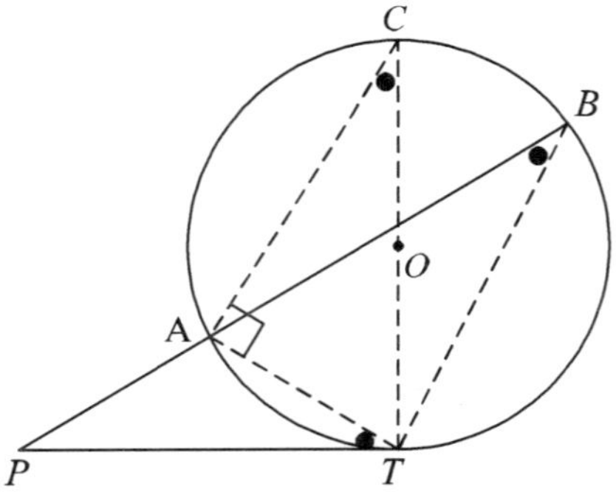

그림 C.9: 접선과 할선으로 분할된 원

□□□

문제 4.12 예시 답안 그림 C.10는 원점에 중심이 있는 타원을 보여주고 있다.

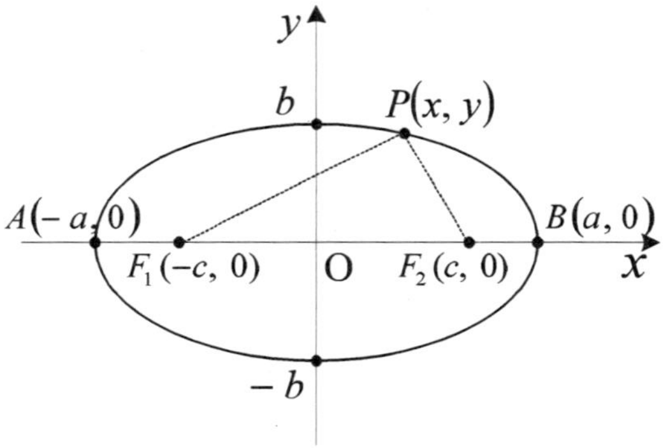

그림 C.10: 타원 그래프 $\frac{x^2}{a^2} + \frac{y^2}{b^2} = 1$

타원에서 임의의 점 $P(x, y)$에서 각 촛점까지의 거리의 합은 일정하기 때문에, $\overline{PF_1} + \overline{PF_2} = 2a$가 된다. 그러므로 다음과 같은 식을 얻는다.

$$\overline{PF_1}^2 = (2a - \overline{PF_2})^2 = 4a^2 - 4a\overline{PF_2} + \overline{PF_2}^2 = 4a^2 - 4a\overline{PF_2} + \left[(x-c)^2 + y^2\right]$$

$\overline{PF_1}^2 = (x+c)^2 + y^2$이기 때문에 윗식은 다음과 같이 된다.

$$4a^2 - 4a\overline{PF_2} + \left[(x-c)^2 + y^2\right] = (x+c)^2 + y^2$$

윗식을 간략하게 하면 $4cx = 4a^2 - 4a\overline{PF_2}$가 된다. 그러므로 양변을 4로 나누면 $cx = a^2 - a\overline{PF_2}$를 얻을 수가 있고, 이는

$$a\overline{PF_2} = a^2 - cx$$

가 된다. 또한 $\overline{PF_2}^2 = (x-c)^2 + y^2$이니 윗식을 제곱한 후 이를 대입하면 다음과 같은 식을 구할 수가 있다.

$$
\begin{aligned}
& a^2\left[(x-c)^2 + y^2\right] = (a^2 - cx)^2 \\
\therefore \quad & a^2(x^2 - 2cx + c^2 + y^2) = a^4 - 2a^2cx + c^2x^2 \\
\therefore \quad & a^2x^2 + a^2c^2 + a^2y^2 = a^4 + c^2x^2 \\
\therefore \quad & (a^2 - c^2)x^2 + a^2y^2 = a^2(a^2 - c^2)
\end{aligned}
$$

$b^2 = a^2 - c^2$이니 윗식은 $b^2x^2 + a^2y^2 = a^2b^2$이 되며, 양변을 a^2b^2으로 나누게 되면 구하고자 하는 타원의 방정식 $\frac{x^2}{a^2} + \frac{y^2}{b^2} = 1$을 얻는다.

□□□

문제 4.13 예시 답안 그림 4.20에서 보듯이 잘린 부분의 선분의 길이의 비는

$$\text{타원의 잘린 길이} : \text{원의 잘린 길이} = a : b = \frac{a}{b}$$

이니, 타원 면적은 원 면적의 $\frac{a}{b}$배가 된다. 그러므로 타원의 면적 S는

$$S = \text{원 면적} \times \frac{a}{b} = \pi b^2 \times \frac{a}{b} = \pi ab$$

가 되며, 입체인 경우에는 그림 4.20에 있는 타원과 원을 y축 둘레로 회전시키면 된다. 즉 타원체와 구의 단면의 면적의 비가 $a^2 : b^2 = \left(\frac{a}{b}\right)^2$이 되니, 타원체의 부피는 구의 부피의 $\left(\frac{a}{b}\right)^2$배가 된다. 결국 타원체의 부피 V는

$$V = \text{구의 부피} \times \left(\frac{a}{b}\right)^2 = \frac{4}{3}\pi b^3 \times \left(\frac{a}{b}\right)^2 = \frac{4}{3}\pi a^2 b$$

가 된다.

□□□

문제 4.14 예시 답안 그림 C.11은 원점을 중심으로 하는 쌍곡선을 보여주고 있다. 쌍곡선에서 임의의 점 $P(x, y)$에서 각 촛점까지의 거리의 차는 일정하기 때문에, $\overline{PF_1} - \overline{PF_2} = 2a$가 된다. 그러므로 다음과 같은 식을 얻는다.

$$\overline{PF_1}^2 = \left(2a + \overline{PF_2}\right)^2 = 4a^2 + 4a\overline{PF_2} + \overline{PF_2}^2 = 4a^2 + 4a\overline{PF_2} + \left[(x-c)^2 + y^2\right]$$

$\overline{PF_1}^2 = (x+c)^2 + y^2$이기 때문에 윗식은 다음과 같이 된다.

$$4a^2 + 4a\overline{PF_2} + \left[(x-c)^2 + y^2\right] = (x+c)^2 + y^2$$

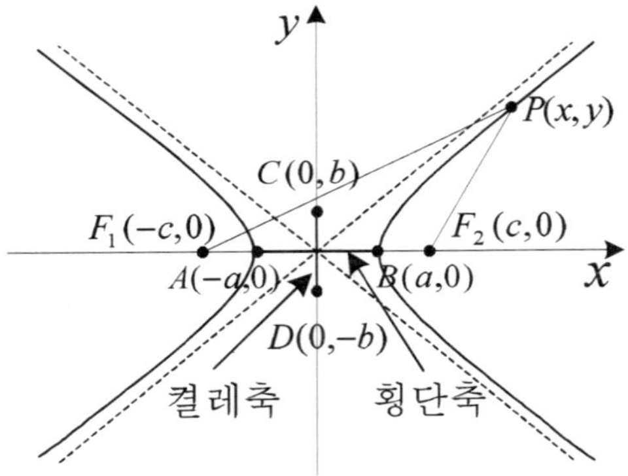

그림 C.11: 쌍곡선 그래프 $\frac{x^2}{a^2} - \frac{y^2}{b^2} = 1$

윗식을 간략하게 하면 $4cx = 4a^2 + 4a\overline{PF_2}$가 된다. 그러므로 양변을 4로 나누면 $cx = a^2 + a\overline{PF_2}$를 얻을 수가 있고, 이는

$$a\overline{PF_2} = cx - a^2$$

가 된다. 또한 $\overline{PF_2}^2 = (x-c)^2 + y^2$이니 윗식을 제곱한 후 이를 대입하면 다음과 같은 식을 구할 수가 있다.

$$\begin{aligned} & a^2\left[(x-c)^2 + y^2\right] = (cx - a^2)^2 \\ \therefore\quad & a^2\left(x^2 - 2cx + c^2 + y^2\right) = c^2x^2 - 2a^2cx + a^4 \\ \therefore\quad & a^2x^2 + a^2c^2 + a^2y^2 = c^2x^2 + a^4 \\ \therefore\quad & \left(a^2 - c^2\right)x^2 + a^2y^2 = a^2\left(a^2 - c^2\right) \end{aligned}$$

만약 $b^2 = c^2 - a^2$이라고 하면 윗식은 $-b^2x^2 + a^2y^2 = -a^2b^2$이 되며, 양변을 $-a^2b^2$으로 나누게 되면 구하고자 하는 쌍곡선의 방정식 $\frac{x^2}{a^2} - \frac{y^2}{b^2} = 1$을 얻는다.

□□□

문제 4.15 예시 답안 그림 C.12에 있는 쌍곡선의 식을 $\frac{x^2}{a^2} - \frac{y^2}{b^2} = 1$(여기서 $a^2 + b^2 = c^2$)이라고 하자. 점 C를 지나 입사된 빛이 쌍곡선 면과 만나는 점인 $P(x_1, y_1)$에서 접선 $\overline{AB}$를 그리면, 접선의 식은

$$\frac{x_1 x}{a^2} - \frac{y_1 y}{b^2} = 1$$

이 되고, 이 접선과 x축과의 교점 Q의 좌표는 $Q\left(\frac{a^2}{x_1}, 0\right)$이 된다. 쌍곡선의 두 촛점을 $F_1(-c,0)$, $F_2(c,0)$이라고 하면

$$\overline{F_1Q} = \frac{a^2}{x_1} + c = \frac{cx_1 + a^2}{x_1} \qquad \overline{F_2Q} = c - \frac{a^2}{x_1} = \frac{cx_1 - a^2}{x_1} \tag{C.8}$$

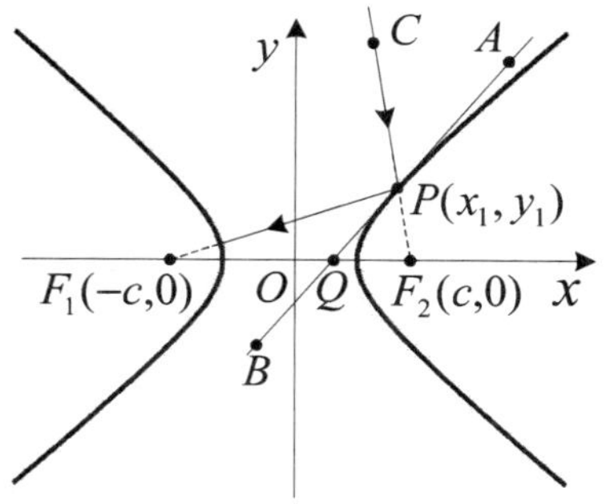

그림 C.12: 쌍곡선과 접선

이 된다. 한편 $c^2 = a^2 + b^2$을 이용하면

$$\begin{aligned}\overline{PF_1}^2 &= (x_1+c)^2 + y_1^2 = (x_1+c)^2 + b^2\left(\frac{x_1^2}{a^2} - 1\right)\\ &= \frac{a^2+b^2}{a^2}x_1^2 + 2cx_1 + c^2 - b^2\\ &= \frac{c^2}{a^2}x_1^2 + 2cx_1 + a^2\\ &= \left(\frac{a^2+cx_1}{a}\right)^2\end{aligned}$$

이 되어, $\overline{PF_1} = \frac{cx_1+a^2}{a}$이 되고 같은 방법으로 $\overline{PF_2} = \frac{cx_1-a^2}{a}$이 된다. 따라서 식 C.8을 이용하면

$$\overline{F_1Q} : \overline{F_2Q} = \frac{cx_1+a^2}{x_1} : \frac{cx_1-a^2}{x_1} = \frac{cx_1+a^2}{a} : \frac{cx_1-a^2}{a} = \overline{PF_1} : \overline{PF_2}$$

가 됨을 알 수 있고, '탈레스의 정리(Tales' theorem)'에 의해서

$$\angle F_1PQ = \angle F_2PQ$$

임을 알 수 있으며, $\angle F_2PQ$와 $\angle CPA$는 막꼭지각으로 서로 같으니 $\angle F_2PQ = \angle CPA$가 성립되어, 최종적으로

$$\angle F_1PQ = \angle CPA$$

가 되어 반사의 법칙이 성립한다. 즉 촛점 F_2를 향해 들어온 광원은 쌍곡선면 반사경에 반사된 후, 또 다른 촛점인 점 F_1을 향하는 것을 알 수 있다.

□□□

문제 4.16 예시 답안 그래프를 그려보면 그림 C.13과 같다.

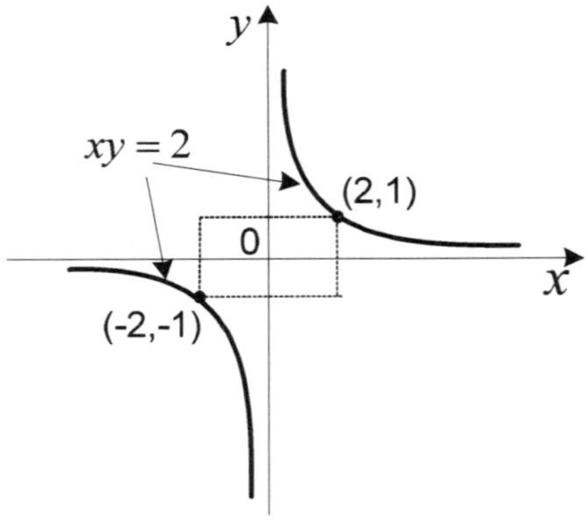

그림 C.13: 쌍곡선 그래프 $xy = 2$

a, b의 값이 각각 $a = 2$이고 $b = 1$이니 함수의 식은 $xy = 2$가 된다. 그러므로 직각 쌍곡선의 식은 $y = \frac{2}{x}$가 된다.

□□□

5장 행렬

문제 5.1 예시 답안

(a) **B**의 차원이 3×2이기 때문에 $\mathbf{B}^T$의 차원은 2×3이 된다.

$$\mathbf{B}^T = \begin{pmatrix} 1 & 2 \\ 3 & 4 \\ 5 & 6 \end{pmatrix}^T = \begin{pmatrix} 1 & 3 & 5 \\ 2 & 4 & 6 \end{pmatrix}$$

(b) 예시 답안 (a)로 부터 $\mathbf{B}^T = \begin{pmatrix} 1 & 3 & 5 \\ 2 & 4 & 6 \end{pmatrix}$이니, 주어진 식은 다음과 같다.

$$\left(\mathbf{B}^T\right)^T = \begin{pmatrix} 1 & 3 & 5 \\ 2 & 4 & 6 \end{pmatrix}^T = \begin{pmatrix} 1 & 2 \\ 3 & 4 \\ 5 & 6 \end{pmatrix} = \mathbf{B}$$

즉, 임의의 행렬 **A**에 대해 다음과 같은 성질이 있다.

$$\boxed{\left(\mathbf{A}^T\right)^T = \mathbf{A}} \tag{C.9}$$

(c) $\mathbf{I} = \begin{pmatrix} 1 & 0 \\ 0 & 1 \end{pmatrix}$이기 때문에 $\mathbf{I}$의 전치행렬은 다음과 같다.

$$\mathbf{I}^T = \begin{pmatrix} 1 & 0 \\ 0 & 1 \end{pmatrix}^T = \begin{pmatrix} 1 & 0 \\ 0 & 1 \end{pmatrix} = \mathbf{I}$$

(d) $\mathbf{I}^T = \mathbf{I}$이기 때문에 주어진 식은 다음과 같다.

$$\left(\mathbf{I}^T\right)^T = \mathbf{I}^T = \mathbf{I}$$

즉 항등행렬에 대한 성질은 다음과 같다.

$$\boxed{\left(\mathbf{I}^T\right)^T = \mathbf{I}^T = \mathbf{I}} \tag{C.10}$$

□□□

문제 5.2 예시 답안

(a) 항등행렬은 주대각선 성분 모두가 1이고 나머지 성분은 0인 정방행렬이다. 예를 들어 항등행렬을 표현하면 다음과 같다.

$$\mathbf{I} = \begin{pmatrix} 1 & 0 & \cdots & 0 \\ 0 & 1 & \cdots & 0 \\ \vdots & \vdots & \ddots & \vdots \\ 0 & 0 & \cdots & 1 \end{pmatrix}$$

그러므로 $\mathbf{I}$의 전치행렬은 다음과 같다.

$$\mathbf{I}^T = \begin{pmatrix} 1 & 0 & \cdots & 0 \\ 0 & 1 & \cdots & 0 \\ \vdots & \vdots & \ddots & \vdots \\ 0 & 0 & \cdots & 1 \end{pmatrix} = \mathbf{I}$$

위에서 보듯이 $\mathbf{I} = \mathbf{I}^T$이니 모든 항등행렬은 대칭이 된다.

(b) 하나의 반례로서 2×2인 행렬 $\mathbf{A} = \begin{pmatrix} 0 & 2 \\ 1 & 0 \end{pmatrix}$을 고려해보자. $a_{12} \neq a_{21}$이기 때문에 행렬 $\mathbf{A}$는 대칭이 아니다. 그러므로 모든 정방행렬이 대칭이라고 할 수는 없다.

문제 5.3 예시 답안

(a) $\mathbf{A}^2 = \begin{pmatrix} 0 & 1 \\ -1 & 0 \end{pmatrix} \begin{pmatrix} 0 & 1 \\ -1 & 0 \end{pmatrix} = \begin{pmatrix} -1 & 0 \\ 0 & -1 \end{pmatrix} = -\begin{pmatrix} 1 & 0 \\ 0 & 1 \end{pmatrix} = -\mathbf{I}$

(b) 예시 답안 (a)로부터 $\mathbf{A}^2 = -\mathbf{I}$가 되니 다음을 얻는다.

$$\mathbf{A}^4 = \mathbf{A}^2\mathbf{A}^2 = (-\mathbf{I})(-\mathbf{I}) = \mathbf{I}^2 = \mathbf{I}$$

$\mathbf{AI} = \mathbf{A}$이고 양의정수 n에 대해 $\mathbf{I}^n = \mathbf{I}$이니 주어진 식은 다음과 같다.

$$\begin{aligned} \mathbf{A}^{99} &= \mathbf{A}^3 \left(\mathbf{A}^4\right)^{24} = \mathbf{A}^3\mathbf{I}^{24} = \mathbf{A}^3\mathbf{I} \\ &= \mathbf{A}^3 = \mathbf{A}\mathbf{A}^2 = \mathbf{A}(-\mathbf{I}) = -\mathbf{AI} \\ &= -\mathbf{A} \end{aligned}$$

(c) 예시 답안 (b)로 부터 $\mathbf{A}^{99} = -\mathbf{A}$가 되니 주어진 식은 다음과 같다.

$$\begin{aligned} \mathbf{A}^{99}\begin{pmatrix} x \\ y \end{pmatrix} &= -\mathbf{A}\begin{pmatrix} x \\ y \end{pmatrix} \\ &= -\begin{pmatrix} 0 & 1 \\ -1 & 0 \end{pmatrix}\begin{pmatrix} x \\ y \end{pmatrix} = -\begin{pmatrix} y \\ -x \end{pmatrix} = \begin{pmatrix} -y \\ x \end{pmatrix} \\ &= \begin{pmatrix} 1 \\ 2 \end{pmatrix} \end{aligned}$$

위에 있는 식으로부터 $x = 2$이고 $y = -1$이니, $(x - y)$의 값은 다음과 같다.

$$x - y = 2 - (-1) = 3$$

□□□

문제 5.4 예시 답안

$$\begin{aligned} \mathbf{A}^2 - k\mathbf{A} &= \begin{pmatrix} 1 & 2 \\ 3 & 4 \end{pmatrix}\begin{pmatrix} 1 & 2 \\ 3 & 4 \end{pmatrix} - k\begin{pmatrix} 1 & 2 \\ 3 & 4 \end{pmatrix} \\ &= \begin{pmatrix} 7 & 10 \\ 15 & 22 \end{pmatrix} - \begin{pmatrix} k & 2k \\ 3k & 4k \end{pmatrix} = \begin{pmatrix} 7-k & 10-2k \\ 15-3k & 22-4k \end{pmatrix} \\ &= 2\mathbf{I} = \begin{pmatrix} 2 & 0 \\ 0 & 2 \end{pmatrix} \end{aligned}$$

그러므로 $k = 5$가 된다.

□□□

문제 5.5 예시 답안

$$\mathbf{A}^2 = \begin{pmatrix} a & b \\ c & d \end{pmatrix}\begin{pmatrix} a & b \\ c & d \end{pmatrix} = \begin{pmatrix} a^2+bc & ab+bd \\ ac+cd & bc+d^2 \end{pmatrix}$$

이니, $\mathbf{A}^2$, $\mathbf{A}$, $\mathbf{I}$를 주어진 등식의 좌변에 대입하게 되면 다음을 얻는다.

$$\begin{aligned}
& \mathbf{A}^2 - (a+b)\mathbf{A} + (ad-bc)\mathbf{I} \\
= & \begin{pmatrix} a^2+bc & ab+bd \\ ac+cd & bc+d^2 \end{pmatrix} - (a+d)\begin{pmatrix} a & b \\ c & d \end{pmatrix} + (ad-bc)\begin{pmatrix} 1 & 0 \\ 0 & 1 \end{pmatrix} \\
= & \begin{pmatrix} a^2+bc & ab+bd \\ ac+cd & bc+d^2 \end{pmatrix} - \begin{pmatrix} a^2+ad & ab+bd \\ ac+cd & ad+d^2 \end{pmatrix} + \begin{pmatrix} ad-bc & 0 \\ 0 & ad-bc \end{pmatrix} \\
= & \begin{pmatrix} 0 & 0 \\ 0 & 0 \end{pmatrix} \\
= & \mathbf{O}
\end{aligned}$$

즉 2×2인 정방행렬 $\mathbf{A} = \begin{pmatrix} a & b \\ c & d \end{pmatrix}$에 대해 다음에 있는 식을 '케일리-해밀턴 정리(Cayley-Hamilton theorem)'이라고 부른다.

$$\boxed{\mathbf{A}^2 - (a+d)\mathbf{A} + (ad-bc)\mathbf{I} = \mathbf{O}} \tag{C.11}$$

□□□

문제 5.6 예시 답안

(a) 케일리-해밀턴 정리에 의해 다음의 식을 얻는다.

$$\begin{aligned}
& \mathbf{A}^2 - (1+1)\mathbf{A} + (1\times 1 - 2\times 1)\mathbf{I} = \mathbf{O} \\
\therefore\quad & \mathbf{A}^2 = 2\mathbf{A} + \mathbf{I} \\
\therefore\quad & \mathbf{A}^3 = \mathbf{A}\mathbf{A}^2 = \mathbf{A}(2\mathbf{A}+\mathbf{I}) = 2\mathbf{A}^2 + \mathbf{A} = 2(2\mathbf{A}+\mathbf{I}) + \mathbf{A} = 5\mathbf{A} + 2\mathbf{I}
\end{aligned}$$

그러므로 주어진 식은 다음과 같다.

$$\begin{aligned}\mathbf{A}^3 &= 5\mathbf{A}+2\mathbf{I}\\ &= 5\begin{pmatrix}1&1\\2&1\end{pmatrix}+2\begin{pmatrix}1&0\\0&1\end{pmatrix}\\ &= \begin{pmatrix}5+2&5+0\\10+0&5+2\end{pmatrix}\\ &= \begin{pmatrix}7&5\\10&7\end{pmatrix}\end{aligned}$$

(b) 예시 답안 (a)로 부터 $\mathbf{A}^2 = 2\mathbf{A}+\mathbf{I}$이고 $\mathbf{A}^3 = 5\mathbf{A}+2\mathbf{I}$가 되니 주어진 식은 다음과 같다.

$$\begin{aligned}\mathbf{A}^5 &= \mathbf{A}^2\mathbf{A}^3\\ &= (2\mathbf{A}+\mathbf{I})(5\mathbf{A}+2\mathbf{I})\\ &= 2\mathbf{A}(5\mathbf{A}+2\mathbf{I})+\mathbf{I}(5\mathbf{A}+2\mathbf{I})\\ &= 10\mathbf{A}^2+4\mathbf{A}+5\mathbf{A}+2\mathbf{I}^2\\ &= 10\mathbf{A}^2+9\mathbf{A}+2\mathbf{I}\\ &= 10(2\mathbf{A}+\mathbf{I})+9\mathbf{A}+2\mathbf{I}\\ &= 29\mathbf{A}+12\mathbf{I}\\ &= 29\begin{pmatrix}1&1\\2&1\end{pmatrix}+12\begin{pmatrix}1&0\\0&1\end{pmatrix}\\ &= \begin{pmatrix}29+12&29+0\\58+0&29+12\end{pmatrix}\\ &= \begin{pmatrix}41&29\\58&41\end{pmatrix}\end{aligned}$$

□□□

문제 5.7 예시 답안 행렬 $\mathbf{A}$를 $\begin{pmatrix}1&k\\0&1\end{pmatrix}$이라고 하면 케일리-해밀턴 정리에 의해 다음의 식을 얻는다.

$$\begin{aligned}&\mathbf{A}^2-(1+1)\mathbf{A}+(1\times 1-0\times k)\mathbf{I}=\mathbf{O}\\ \therefore\quad &\mathbf{A}^2-2\mathbf{A}+\mathbf{I}=\mathbf{O}\\ \therefore\quad &\mathbf{A}^2=2\mathbf{A}-\mathbf{I}\end{aligned}$$

그리고

$$\begin{aligned}\mathbf{A}^3 &= \mathbf{A}\mathbf{A}^2\\ &= \mathbf{A}(2\mathbf{A}-\mathbf{I})\\ &= 2\mathbf{A}^2-\mathbf{A}\mathbf{I}\\ &= 2(2\mathbf{A}-\mathbf{I})-\mathbf{A}\\ &= 3\mathbf{A}-2\mathbf{I}\end{aligned}$$

가 된다. 그러므로 위에 있는 식으로부터 다음의 관계를 얻을 수 있다.

$$\begin{aligned}&n=1\text{에 대해,}\quad \mathbf{A}^1=1\mathbf{A}-0\mathbf{I}\\ &n=2\text{에 대해,}\quad \mathbf{A}^2=2\mathbf{A}-1\mathbf{I}\\ &n=3\text{에 대해,}\quad \mathbf{A}^3=3\mathbf{A}-2\mathbf{I}\\ &\quad\vdots\qquad\qquad\qquad\vdots\end{aligned}$$

그러므로 주어진 식 $\mathbf{A}^n$은 다음과 같이 된다.

$$\begin{aligned}\mathbf{A}^n &= n\mathbf{A}-(n-1)\mathbf{I}\\ &= n\begin{pmatrix}1 & k\\ 0 & 1\end{pmatrix}-(n-1)\begin{pmatrix}1 & 0\\ 0 & 1\end{pmatrix}\\ &= \begin{pmatrix}n & nk\\ 0 & n\end{pmatrix}-\begin{pmatrix}n-1 & 0\\ 0 & n-1\end{pmatrix}\\ &= \begin{pmatrix}1 & nk\\ 0 & 1\end{pmatrix}\end{aligned}$$

□□□

문제 5.8 예시 답안

(a) $\mathbf{A}^{-1}=\begin{pmatrix}2 & 5\\ 6 & 8\end{pmatrix}^{-1}=\dfrac{1}{2\times 8-6\times 5}\begin{pmatrix}8 & -5\\ -6 & 2\end{pmatrix}=\begin{pmatrix}-\frac{4}{7} & \frac{5}{14}\\ \frac{3}{7} & -\frac{1}{7}\end{pmatrix}$

(b) 예시 답안 (a)로 부터 주어진 식은 다음과 같다.

$$\begin{aligned}\left(\mathbf{A}^{-1}\right)^{-1} &= \begin{pmatrix}-\frac{4}{7} & \frac{5}{14}\\ \frac{3}{7} & -\frac{1}{7}\end{pmatrix}^{-1}\\ &= \frac{1}{-\frac{4}{7}\times(-\frac{1}{7})-\frac{3}{7}\times\frac{5}{14}}\begin{pmatrix}-\frac{1}{7} & -\frac{5}{14}\\ -\frac{3}{7} & -\frac{4}{7}\end{pmatrix}=\begin{pmatrix}2 & 5\\ 6 & 8\end{pmatrix}\\ &= \mathbf{A}\end{aligned}$$

(c) 예시 답안 (b)로 부터 $\left(\mathbf{A}^{-1}\right)^{-1} = \mathbf{A}$이기 때문에 주어진 식은 다음과 같다.

$$\left[\left(\mathbf{A}^{-1}\right)^{-1}\right]^{-1} = \mathbf{A}^{-1} = \begin{pmatrix} -\frac{4}{7} & \frac{5}{14} \\ \frac{3}{7} & -\frac{1}{7} \end{pmatrix} = \frac{1}{14}\begin{pmatrix} -8 & 5 \\ 6 & -2 \end{pmatrix}$$

□□□

문제 5.9 예시 답안 행렬 $\mathbf{A}$의 행렬식은 다음과 같이 0이 아니다.

$$\det(\mathbf{A}) = |\mathbf{A}| = \begin{vmatrix} 2 & 5 \\ 6 & 8 \end{vmatrix} = 2 \times 8 - 6 \times 5 = -14$$

그러므로 케이시-해밀턴 정리에 의거 행렬 $\mathbf{A}$의 역행렬을 다음과 같이 구할 수 있다.

$$\begin{aligned} & \mathbf{A}^2 - (2+8)\mathbf{A} + (2 \times 8 - 6 \times 5)\mathbf{I} = \mathbf{O} \\ \therefore \quad & \mathbf{A}^2 - 10\mathbf{A} - 14\mathbf{I} = \mathbf{O} \\ \therefore \quad & 14\mathbf{I} = \mathbf{A}^2 - 10\mathbf{A} \\ \therefore \quad & 14\mathbf{I}\mathbf{A}^{-1} = \mathbf{A}^2\mathbf{A}^{-1} - 10\mathbf{A}\mathbf{A}^{-1} \\ \therefore \quad & 14\mathbf{A}^{-1} = \mathbf{A} - 10\mathbf{I} \\ \therefore \quad & \mathbf{A}^{-1} = \frac{1}{14}(\mathbf{A} - 10\mathbf{I}) \end{aligned}$$

그러므로 주어진 행렬 $\mathbf{A}$의 값을 위에 있는 식에 대입하게 되면 다음과 같다.

$$\begin{aligned} \mathbf{A}^{-1} &= \frac{1}{14}(\mathbf{A} - 10\mathbf{I}) \\ &= \frac{1}{14}\left[\begin{pmatrix} 2 & 5 \\ 6 & 8 \end{pmatrix} - 10\begin{pmatrix} 1 & 0 \\ 0 & 1 \end{pmatrix}\right] \\ &= \frac{1}{14}\begin{pmatrix} 2-10 & 5-0 \\ 6-0 & 8-10 \end{pmatrix} \\ &= \frac{1}{14}\begin{pmatrix} -8 & 5 \\ 6 & -2 \end{pmatrix} \end{aligned}$$

□□□

문제 5.10 예시 답안

(a) 두 변수 x, y로 된 두 선형방정식을 풀기 위한 첨가행렬은 다음과 같다.

$$\left[\begin{array}{cc|c} 1 & 2 & 3 \\ 2 & 3 & 4 \end{array}\right] \qquad \text{원래의 첨가행렬}$$

첫번째 행에 -2를 곱한 후 두번째 행을 더하면(즉 $-2r_1 + r_2$) 다음과 같이 된다.

$$r_2 = \begin{pmatrix} -2 & -4 & -6 \end{pmatrix} + \begin{pmatrix} 2 & 3 & 4 \end{pmatrix} = \begin{pmatrix} 0 & -1 & -2 \end{pmatrix}$$

그러므로 첨가행렬은 다음과 같이 된다.

$$\left[\begin{array}{cc|c} 1 & 2 & 3 \\ 0 & -1 & -2 \end{array}\right] \qquad -2r_1 + r_2$$

첨가행렬에 있는 계수행렬이 위삼각형 형태로 되었기 때문에, 두번째 행으로부터 y의 값을 다음과 같이 구할 수 있다.

$$\begin{aligned} & 0 \times x - y = -2 \\ \therefore \quad & y = 2 \end{aligned}$$

또한 첫번째 행으로 부터 x의 값을 다음과 같이 구할 수 있다.

$$\begin{aligned} & x + 2y = 3 \\ \therefore \quad & x = 3 - 2y = 3 - 2 \times 2 = -1 \end{aligned}$$

결국 구하고자 하는 연립방정식의 해는 다음과 같다.

$$x = -1, \qquad y = 2$$

가우스 소거법을 한 후에, p, q가 0이 아닌 실수에 대해 첨가행렬의 마지막 행이 다음과 같은 형태를 취하는 경우

$$\begin{pmatrix} 0 & \ldots & 0 & p & | & q \end{pmatrix}$$

선형방정식 내에 있는 식들은 일치(consistent)하며 유일한 해를 갖는다.

(b) 주어진 선형계를 풀기 위한 첨가행렬은 다음과 같다.

$$\left[\begin{array}{cc|c} 1 & 2 & 3 \\ 2 & 4 & 6 \end{array}\right] \qquad \text{원래의 첨가행렬}$$

첫번째 행에 -2를 곱한 후 두번째 행을 더하면(즉 $-2r_1 + r_2$) 다음과 같이 된다.

$$r_2 = \begin{pmatrix} -2 & -4 & -6 \end{pmatrix} + \begin{pmatrix} 2 & 4 & 6 \end{pmatrix} = \begin{pmatrix} 0 & 0 & 0 \end{pmatrix}$$

그러므로 첨가행렬은 다음과 같이 된다.

$$\left[\begin{array}{cc|c} 1 & 2 & 3 \\ 0 & 0 & 0 \end{array}\right] \qquad -2r_1 + r_2$$

첨가행렬에 있는 계수행렬이 위삼각형 형태로 되었기 때문에, 선형계의 해를 구하기 위해서는 후진대입법을 사용해야 한다. 두번째 열로 부터 다음을 구할 수가 있다.

$$0 \times x + 0 \times y = 0$$

윗식은 모든 x, y에 대해 항상 참이 된다. 즉, 주어진 선형계는 두번째 식인 $2x + 4y = 6$이 첫번째 식인 $x + 2y = 3$의 배수이기 때문에 두 개의 선형방정식이라기 보다는 단지 한 개의 선형방정식이다. 선형계가 단 하나의 직선의 식임을 알 수 있기 때문에 무한해가 존재한다. 즉, 가우스 소거법을 적용한 후에 다음과 같은 형태로 마지막 행이 오로지 0으로만 구성되어 있는 경우

$$\begin{pmatrix} 0 & \ldots & 0 & 0 & | & 0 \end{pmatrix}$$

선형계는 일치(consistent)로 무한해를 갖는다.

(c) 주어진 선형계를 풀기 위한 첨가행렬은 다음과 같다.

$$\left[\begin{array}{cc|c} 1 & 2 & 3 \\ 2 & 4 & 7 \end{array}\right] \qquad \text{원래의 첨가행렬}$$

첫번째 행에 -2를 곱한 후 두번째 행을 더하면(즉 $-2r_1 + r_2$) 다음과 같이 된다.

$$r_2 = \begin{pmatrix} -2 & -4 & -6 \end{pmatrix} + \begin{pmatrix} 2 & 4 & 7 \end{pmatrix} = \begin{pmatrix} 0 & 0 & 1 \end{pmatrix}$$

그러므로 첨가행렬은 다음과 같이 된다.

$$\left[\begin{array}{cc|c} 1 & 2 & 3 \\ 0 & 0 & 1 \end{array}\right] \qquad -2r_1 + r_2$$

첨가행렬에 있는 계수행렬이 위삼각형 형태로 되었기 때문에, 선형계의 해를 구하기 위해서는 후진대입법을 사용해야 한다. 두번째 행으로 부터 다음을 구할 수가 있다.

$$0 \times x + 0 \times y = 1$$

윗식은 첫번째 방정식을 만족시키는 모든 x, y에 대해 항상 참이 되지 못한다. 즉, 주어진 선형계를 만족시키는 해가 없다. 즉, 가우스 소거법을 적용한 후에 다음과 같이 $r \neq 0$인 경우 마지막 행에서 수직선의 왼쪽에 있는 모든 요소가 0으로만 구성된 경우

$$\begin{pmatrix} 0 & \ldots & 0 & 0 & | & r \end{pmatrix}$$

선형계는 불일치(inconsistent)로 해를 갖지 못한다.

문제 5.11 예시 답안 세 개의 변수 x, y, z로 된 주어진 선형방정식을 풀기 위한 첨가행렬은 다음과 같다.

$$\left[\begin{array}{rrr|r} 1 & 1 & 1 & 6 \\ 1 & 2 & 3 & 14 \\ 1 & -1 & 1 & 2 \end{array}\right] \qquad \text{원래의 첨가 행렬}$$

첫번째 행에 -1을 곱한 후 두번째 행을 더하면(즉 $-r_1 + r_2$) 다음과 같이 된다.

$$r_2 = \begin{pmatrix} -1 & -1 & -1 & -6 \end{pmatrix} + \begin{pmatrix} 1 & 2 & 3 & 14 \end{pmatrix} = \begin{pmatrix} 0 & 1 & 2 & 8 \end{pmatrix}$$

그러므로 첨가행렬은 다음과 같이 된다.

$$\left[\begin{array}{rrr|r} 1 & 1 & 1 & 6 \\ 0 & 1 & 2 & 8 \\ 1 & -1 & 1 & 2 \end{array}\right] \qquad -r_1 + r_2$$

첫번째 행에 -1을 곱한 후 세번째 행을 더하면(즉 $-r_1 + r_3$) 다음과 같이 된다.

$$r_3 = \begin{pmatrix} -1 & -1 & -1 & -6 \end{pmatrix} + \begin{pmatrix} 1 & -1 & 1 & 2 \end{pmatrix} = \begin{pmatrix} 0 & -2 & 0 & -4 \end{pmatrix}$$

그러므로 첨가행렬은 다음과 같이 된다.

$$\left[\begin{array}{rrr|r} 1 & 1 & 1 & 6 \\ 0 & 1 & 2 & 8 \\ 0 & -2 & 0 & -4 \end{array}\right] \qquad -r_1 + r_3$$

두번째 행에 2를 곱한 후 세번째 행을 더하면(즉 $2r_2 + r_3$) 다음과 같이 된다.

$$r_3 = \begin{pmatrix} 0 & 2 & 4 & 16 \end{pmatrix} + \begin{pmatrix} 0 & -2 & 0 & -4 \end{pmatrix} = \begin{pmatrix} 0 & 0 & 4 & 12 \end{pmatrix}$$

그러므로 첨가행렬은 다음과 같이 된다.

$$\left[\begin{array}{rrr|r} 1 & 1 & 1 & 6 \\ 0 & 1 & 2 & 8 \\ 0 & 0 & 4 & 12 \end{array}\right] \qquad 2r_2 + r_3$$

첨가행렬에 있는 계수행렬이 위삼각형 형태로 되었기 때문에, 후진대입법을 사용하여 선형계의 해를 구할 수 있다. 세번째 행으로 부터 다음을 구할 수가 있다.

$$0 \times x + 0 \times y + 4z = 12$$
$$\therefore \quad z = 3$$

두번째 행으로 부터 다음을 구할 수가 있다.

$$0 \times x + y + 2z = 8$$
$$\therefore \quad y = 8 - 2z = 8 - 2 \times 3 = 2$$

첫번째 행으로 부터 다음을 구할 수가 있다.

$$x + y + z = 6$$
$$\therefore \quad x = 6 - y - z = 6 - 2 - 3 = 1$$

그러므로 선형계의 해는 다음과 같다.

$$x = 1, \qquad y = 2, \qquad z = 3$$

□□□

문제 5.12 예시 답안 계수행렬의 행렬식이 0이 되는 경우에 선형계는 정의할 수 없거나 불일치가 된다. 그러므로 계수행렬의 행렬식 D는 0이 되어야 한다. 즉,

$$\begin{aligned} D &= \begin{vmatrix} 3 & 2+a \\ 4+a & 8 \end{vmatrix} \\ &= 3 \times 8 - (4+a) \times (2+a) = -(a-2)(a+8) \\ &= 0 \end{aligned}$$

그러므로 다음을 얻을 수가 있다.

$$(a-2)(a+8) = 0$$

윗식으로 부터 다음을 얻는다.

$$a = 2, \qquad a = -8$$

$a = 2$일 때 주어진 선형계는 다음과 같이 된다.

$$\begin{cases} 3x + 4y = 3 \\ 6x + 8y = 6 \end{cases}$$

그러므로 행렬식 D_x, D_y는 다음과 같이 된다.

$$D_x = \begin{vmatrix} 3 & 4 \\ 6 & 8 \end{vmatrix} = 0, \qquad D_y = \begin{vmatrix} 3 & 3 \\ 6 & 6 \end{vmatrix} = 0$$

모든 행렬식 D, D_x, D_y가 0이기 때문에 주어진 선형계는 $a = 2$일 때 정의할 수가 없다. 반면에 $a = -8$일 때 주어진 선형계는 다음과 같이 된다.

$$\begin{cases} 3x - 6y = 13 \\ -4x + 8y = -24 \end{cases}$$

그러므로 행렬식 D_x, D_y는 다음과 같이 된다.

$$D_x = \begin{vmatrix} 13 & -6 \\ -24 & 8 \end{vmatrix} = -40, \qquad D_y = \begin{vmatrix} 3 & 13 \\ -4 & -24 \end{vmatrix} = -20$$

행렬식 $D = 0$이고 D_x, D_y가 0이 아니기 때문에 주어진 선형계는 $a = -8$일 때 불일치이다. 그러므로 주어진 선형계는 $a = -8$일 때 해가 없다.

□□□

문제 5.13 예시 답안

(a) 첫번째 단계로서 선형계에 대한 첨가행렬은 다음과 같다.

$$\left[\begin{array}{cc|c} 1 & 2 & 3 \\ 2 & 3 & 4 \end{array}\right] \qquad \text{원래의 첨가행렬}$$

두번째 단계로서 계수행렬을 대각행렬로 변환시키기 위해서 첨가행렬에 있는 행에 대해 연산을 해 보자.

$$\left[\begin{array}{cc|c} 1 & 2 & 3 \\ 0 & -1 & -2 \end{array}\right] \qquad -2r_1 + r_2$$

그러면 다음을 얻는다.

$$\left[\begin{array}{cc|c} 1 & 0 & -1 \\ 0 & -1 & -2 \end{array}\right] \qquad 2r_2 + r_1$$

마지막 단계로 각 주대각선 성분에 대해 1로 만들어 보자.

$$\left[\begin{array}{cc|c} 1 & 0 & -1 \\ 0 & 1 & 2 \end{array}\right] \qquad r_2 \div (-1)$$

그러므로 선형계에 대한 해는 다음과 같다.

$$x = -1, \qquad y = 2$$

(b) 첫번째 단계로서 주어진 선형계에 대한 첨가행렬은 다음과 같다.

$$\left[\begin{array}{cc|c} 1 & 2 & 3 \\ 2 & 4 & 6 \end{array}\right] \qquad \text{원래의 첨가행렬}$$

두번째 단계로서 계수행렬을 대각행렬로 변환하기 위하여 첨가행렬에 있는 행에 대해 연산을 해 보자.

$$\left[\begin{array}{cc|c} 1 & 2 & 3 \\ 0 & 0 & 0 \end{array}\right] \qquad -2r_1 + r_2$$

두번째 행으로 부터 다음을 얻는다.

$$0 \times x + 0 \times y = 0$$

윗식은 모든 x, y값에 대해 항상 참이 된다. 즉, 주어진 선형계는 두 개의 방정식이라기 보다는 단지 $x + 2y = 3$이라는 한 개의 식이 된다. 그러므로 주어진 선형계는 무한해를 갖는다.

(c) 주어진 선형계를 풀기 위한 첨가행렬은 다음과 같다.

$$\left[\begin{array}{cc|c} 1 & 2 & 3 \\ 2 & 4 & 7 \end{array}\right] \qquad \text{원래의 첨가행렬}$$

그러므로 첨가행렬은 단순한 행 연산에 의해 다음과 같이 된다.

$$\left[\begin{array}{cc|c} 1 & 2 & 3 \\ 0 & 0 & 1 \end{array}\right] \qquad -2r_1 + r_2$$

두번째 행으로 부터 다음을 얻는다.

$$0 \times x + 0 \times y = 1$$

윗식은 첫번째 방정식을 만족시키는 x, y값에 항상 사실이 아니다. 그러므로 주어진 선형계를 만족시키는 해가 존재하지 않는다.

□□□

문제 5.14 예시 답안 첫 단계로서 선형계에 대한 첨가행렬은 다음과 같이 된다.

$$\left[\begin{array}{ccc|c} 1 & 1 & 1 & 6 \\ 1 & 2 & 3 & 14 \\ 1 & -1 & 1 & 2 \end{array}\right] \qquad \text{원래의 첨가 행렬}$$

두번째 단계로서 계수행렬을 대각선 형태로 변환하기 위해 첨가행렬 내에 있는 행에 대해 연산을 해 보자.

$$\left[\begin{array}{ccc|c} 1 & 1 & 1 & 6 \\ 0 & 1 & 2 & 8 \\ 1 & -1 & 1 & 2 \end{array}\right] \qquad -r_1 + r_2$$

$$\left[\begin{array}{ccc|c} 1 & 1 & 1 & 6 \\ 0 & 1 & 2 & 8 \\ 0 & -2 & 0 & -4 \end{array}\right] \qquad -r_1 + r_3$$

$$\left[\begin{array}{ccc|c} 1 & 1 & 1 & 6 \\ 0 & 1 & 2 & 8 \\ 0 & 0 & 4 & 12 \end{array}\right] \qquad 2r_2 + r_3$$

$$\left[\begin{array}{ccc|c} 1 & 1 & 1 & 6 \\ 0 & 1 & 0 & 2 \\ 0 & 0 & 4 & 12 \end{array}\right] \qquad -\tfrac{1}{2}r_3 + r_2$$

$$\left[\begin{array}{ccc|c} 1 & 0 & 1 & 4 \\ 0 & 1 & 0 & 2 \\ 0 & 0 & 4 & 12 \end{array}\right] \qquad -r_2 + r_1$$

$$\left[\begin{array}{ccc|c} 1 & 0 & 0 & 1 \\ 0 & 1 & 0 & 2 \\ 0 & 0 & 4 & 12 \end{array}\right] \qquad -\tfrac{1}{4}r_3 + r_1$$

이제 계수행렬이 대각행렬 형태가 되었다. 마지막 단계로서 각 주대각선 성분을 1로 만들어 보자.

$$\left[\begin{array}{ccc|c} 1 & 0 & 0 & 1 \\ 0 & 1 & 0 & 2 \\ 0 & 0 & 1 & 3 \end{array}\right] \qquad r_3 \div 4$$

그러므로 선형계에 대한 해는 다음과 같다.

$$x = 1, \qquad y = 2, \qquad z = 3$$

□□□

6장 통계

문제 6.1 예시 답안

(a) 부록 B에서 다음을 구할 수 있다.

$$0.4772 = P(0 < Z < 2) = P(0 \le Z < 2) = P(0 \le Z < a)$$

그러므로 $a = 2$가 된다.

(b) 주어진 확률은 다음과 같다.

$$0.9798 = 0.5 + 0.4798 = P(Z < 0) + P(0 < Z < 2.05) = P(Z < 2.05)$$

여기서 부록 B에 있는 표를 활용하면

$$P(Z < 0) = 0.5, \qquad P(0 < Z < 2.05) = 0.4798$$

이 된다. 그러므로 $b = 2.05$가 된다.

(c) 주어진 확률의 값이 0.5보다 크기 때문에 주어진 확률을 다음과 같이 재정리할 수 있다.

$$\begin{aligned} P(c < Z < 3) &= P(c < Z < 0) + P(0 < Z < 3) \\ &= P(0 < Z < -c) + 0.4978 \\ &= 0.9579 \end{aligned}$$

여기서 $P(0 < Z < 3) = 0.4978$이 된다. 그러므로 다음과 같은 식을 얻을 수가 있다.

$$P(0 < Z < -c) = 0.9759 - 0.4987 = 0.4772$$

부록 B에 있는 표를 활용하면 다음을 구할 수 있다.

$$0.4772 = P(0 < Z < 2) = P(0 < Z < -c)$$

그러므로 $c = -2$가 된다.

(d) 주어진 확률은 0.5보다 작기 때문에 주어진 확률을 다음과 같이 재정리할 수가 있다.

$$P(Z > d) = P(Z > 0) - P(0 < Z < d) = 0.5 - P(0 < Z < d) = 0.0228$$

그러므로 다음과 같은 식을 얻을 수가 있다.

$$P(0 < Z < d) = 0.5 - 0.0228 = 0.4772$$

부록 B에 있는 표를 활용하면 다음을 구할 수 있다.

$$0.4772 = P(0 < Z < 2) = P(0 < Z < d)$$

그러므로 $d = 2$가 된다.

□□□

문제 6.2 예시 답안 Z는 표준정규확률변수이기 때문에 확률변수 Z의 평균은 $\mu = 0$이 되고, 표준편차는 $\sigma = 1$이 된다.

(a) 구하고자하는 확률은 다음과 같다.

$$
\begin{aligned}
P(\mu - \sigma < Z < \mu + \sigma) &= P(-1 < Z < 1) \\
&= 2 \times P(0 < Z < 1) \\
&= 2 \times 0.3413 = 0.6826
\end{aligned}
$$

여기서 부록 B에 있는 표를 활용하면 $P(0 < Z < 1) = 0.3413$이 된다. 그러므로 그림 C.14(a)에서 보듯이 $P(-\sigma < Z < \sigma) = 68.26\%$가 된다.

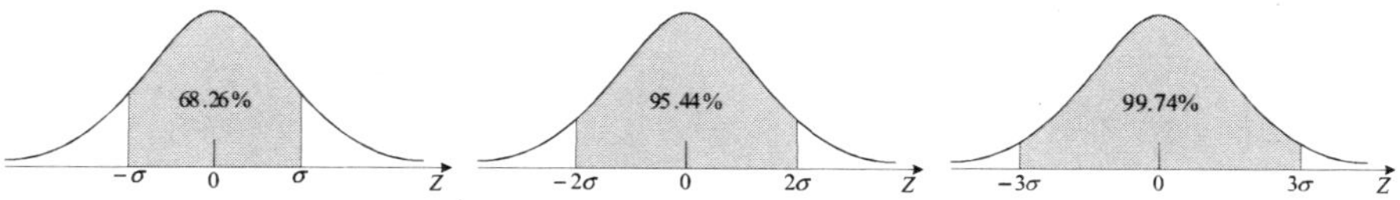

(a) $P(-\sigma < Z < \sigma)$ (b) $P(-2\sigma < Z < 2\sigma)$ (c) $P(-3\sigma < Z < 3\sigma)$

그림 C.14: 표준정규분포도

(b) 비슷한 방법으로 구하고자하는 확률은 다음과 같다.

$$
\begin{aligned}
P(\mu - 2\sigma < Z < \mu + 2\sigma) &= P(-2 < Z < 2) \\
&= 2 \times P(0 < Z < 2) \\
&= 2 \times 0.4772 = 0.9544
\end{aligned}
$$

여기서 부록 B에 있는 표를 활용하면 $P(0 < Z < 2) = 0.4772$이 된다. 그러므로 그림 C.14(b)에서 보듯이 $P(-2\sigma < Z < 2\sigma) = 95.44\%$가 된다.

(c) 구하고자하는 확률은 다음과 같다.

$$
\begin{aligned}
P(\mu - 3\sigma < Z < \mu + 3\sigma) &= P(-3 < Z < 3) \\
&= 2 \times P(0 < Z < 3) \\
&= 2 \times 0.4987 = 0.9974
\end{aligned}
$$

여기서 부록 B에 있는 표를 활용하면 $P(0 < Z < 3) = 0.4987$이 된다. 그러므로 그림 C.14(c)에서 보듯이 $P(-3\sigma < Z < 3\sigma) = 99.74\%$가 된다.

□□□

7장 확률

문제 7.1 예시 답안

(1) 주사위를 던져 각 횟수마다 짝수가 나올 확률과 그에 따른 상금을 곱하여 기댓값 $E(X)$를 계산하면 다음과 같다.

$$\begin{aligned} E(X) &= \frac{1}{2} \times 20 + \frac{1}{2^2} \times \left(20 \times 2^1\right) + \ldots + \frac{1}{2^n} \times \left(20 \times 2^{n-1}\right) + \ldots \\ &= 10 + 10 + 10 + \ldots = \infty \end{aligned}$$

즉, 무한대의 기댓값이 발생하게 된다.

(2) 확률은 무엇을 기준으로 삼느냐에 따라 그 결과값이 달리 나오는 불확실성과 애매 모호함을 내포한 수학의 한 영역이다. 이제 현실적으로 예상되는 게임의 길이를 통해서 기댓값을 구해보자. 주사위를 한 번 던져서 게임이 끝날 확률은 $\frac{1}{2}$, 두 번 던져서 게임이 끝날 확률은 $\frac{1}{2^2}$, n번 던져 게임이 끝날 확률은 $\frac{1}{2^n}$이 된다. 예상되는 게임의 길이를 S라 놓으면

$$\begin{aligned} & S = 1 \times \frac{1}{2} + 2 \times \frac{1}{2^2} + 3 \times \frac{1}{2^3} + \ldots \\ \therefore \quad & \frac{1}{2}S = 1 \times \frac{1}{2^2} + 2 \times \frac{1}{2^3} + 3 \times \frac{1}{2^4} + \ldots \\ \therefore \quad & \frac{1}{2}S = \frac{1}{2} + \frac{1}{2^2} + \frac{1}{2^3} + \ldots = \frac{\frac{1}{2}}{1 - \frac{1}{2}} = 1 \\ \therefore \quad & S = 2 \end{aligned}$$

가 되어 게임의 길이는 2가 된다. 즉, 주사위를 두 번 던져 게임이 끝나게 되니 그 때의 기댓값은 40원이 된다. 결국 1회 게임을 하는데 적정한 금액은 게임 운영에 따른 각종 부대 경비를 고려하여 40원 이상으로 책정하면 된다.

□□□

문제 7.2 예시 답안

(a) 앞면을 H, 뒷면을 T라고 하면 한 개의 동전을 3번 던질 때 생기는 표본공간 내에 있는 결과는 다음과 같다.

$$S = \{HHH, \quad HHT, \quad HTH, \quad HTT, \quad THH, \quad THT, \quad TTH, \quad TTT\}$$

그림 C.15는 표본공간에 있는 결과의 집합을 결정하는 확률수형도를 보여주고 있다.

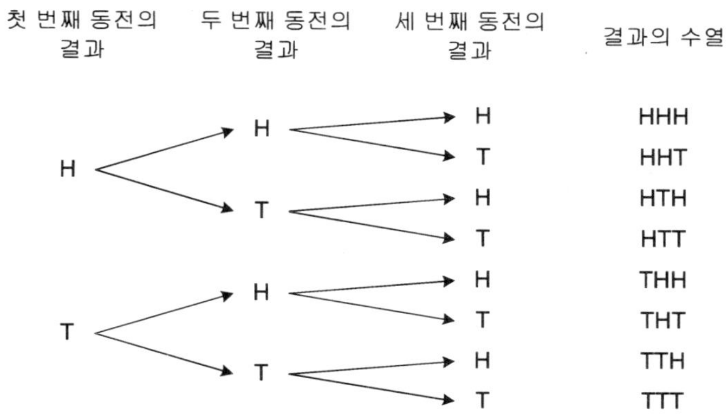

그림 C.15: 표본공간을 결정하는 확률수형도

처음 두 번은 앞면이 나오고 세번째는 뒷면이 나오는 경우의 횟수 $n(A)$는

$$n(A) = n(\{HHT\}) = 1$$

이 된다. 그러므로 구하고자 하는 확률 $P(A)$는 다음과 같다.

$$P(A) = \frac{n(A)}{n(S)} = \frac{1}{8}$$

(b) 순서에 상관없이 두 번의 앞면과 한 번의 뒷면이 나오는 경우의 수 $n(B)$는

$$n(B) = n(\{HHT, HTH, THH\}) = 3$$

이 되니, 구하고자 하는 확률 $P(B)$는 다음과 같다.

$$P(B) = \frac{n(B)}{n(S)} = \frac{3}{8}$$

(c) 적어도 앞면이 한번 나오는 경우의 횟수 $n(C)$는

$$n(C) = n(\{HHH,\ HHT,\ HTH,\ HTT,\ THH,\ THT,\ TTH\}) = 7$$

이 된다. 그러므로 구하고자 하는 확률 $P(C)$는 다음과 같다.

$$P(C) = \frac{n(C)}{n(S)} = \frac{7}{8}$$

C^c가 세 번의 모든 결과가 뒷면을 나타내는 사건인 경우, 위에 있는 결과는 $P(C) = 1 - P(C^c)$와 같다. 여기서 $P(C^c)$는 사건 C의 여사건인 C^c의 확률이 된다. 즉 확률 $P(C)$는 다음과 같다.

$$\begin{aligned} P(C) &= 1 - P(C^c) = 1 - \frac{n(C^c)}{n(S)} \\ &= 1 - \frac{n(\{TTT\})}{n(S)} = 1 - \frac{1}{8} \\ &= \frac{7}{8} \end{aligned}$$

문제 7.3 예시 답안 검정색을 B, 흰색을 W, 회색을 G라고 하면, 서로 다른 색깔을 갖는 두 개의 구슬을 주머니로부터 꺼내는 확률 $P(E)$는 다음과 같다.

$$\begin{aligned}
P(E) &= P(B_1 \cap W_2) + P(B_1 \cap G_2) + P(W_1 \cap B_2) \\
&\quad + P(W_1 \cap G_2) + P(G_1 \cap B_2) + P(G_1 \cap W_2) \\
&= \frac{5}{12} \times \frac{4}{12} + \frac{5}{12} \times \frac{3}{12} + \frac{4}{12} \times \frac{5}{12} + \frac{4}{12} \times \frac{3}{12} + \frac{3}{12} \times \frac{5}{12} + \frac{3}{12} \times \frac{4}{12} \\
&= \frac{47}{72}
\end{aligned}$$

위에 있는 결과는 다음의 결과와 같다.

$$\begin{aligned}
P(E) &= 1 - P(\text{동일한 색상을 갖는 두 개의 구슬을 꺼내는 사건}) \\
&= 1 - [P(B_1 \cap B_2) + P(W_1 \cap W_2) + P(G_1 \cap G_2)] \\
&= 1 - \left(\frac{5}{12} \times \frac{5}{12} + \frac{4}{12} \times \frac{4}{12} + \frac{3}{12} \times \frac{3}{12} \right) = \frac{47}{72}
\end{aligned}$$

□□□

문제 7.4 예시 답안

(a) 두 개의 주사위를 던져 나온 두 눈의 숫자가 같은 경우에 대한 표본공간 A는 다음과 같다.

$$A = \{(1,1), \quad (2,2), \quad (3,3), \quad (4,4), \quad (5,5), \quad (6,6)\}$$

그러므로 구하고자하는 확률 $P(A)$는 다음과 같이 계산이 된다.

$$P(A) = \frac{n(A)}{n(S)} = \frac{6}{36} = \frac{1}{6}$$

(b) 두 개의 주사위를 던져 나온 두 눈의 숫자의 합이 6이 되는 경우에 대한 표본공간 B는 다음과 같다.

$$B = \{(1,5), \quad (2,4), \quad (3,3), \quad (4,2), \quad (5,1)\}$$

그러므로 구하고자하는 확률 $P(B)$는 다음과 같이 계산이 된다.

$$P(B) = \frac{n(B)}{n(S)} = \frac{5}{36}$$

(c) 여사건에 대한 법칙에 의거 다음과 같이 확률 $P(< 12)$를 구할 수가 있다.

$$P(< 12) = 1 - P(\geq 12) = 1 - P(12) = 1 - \frac{1}{36} = \frac{35}{36}$$

여기서 "주사위를 던져 나온 두 눈의 주사위 숫자의 합이 12보다 크지 않음"을 주의하여야 한다.

□□□

문제 7.5 예시 답안 두 사건 A, B가 독립사건이기 때문에 다음과 같은 식을 얻는다.

$$P(A \cap B) = P(A) \times P(B)$$

두 사건 A, B가 배반사건인지 여부를 모르기 때문에 다음과 같은 식으로 표현을 해야 한다.

$$P(A \cup B) = P(A) + P(B) - P(A \cap B) = P(A) + P(B) - P(A) \times P(B)$$

위의 식을 이용하면 다음과 같은 식을 얻을 수가 있다.

$$0.8 = 0.4 + P(B) - 0.4 \times P(B) = 0.4 + 0.6 \times P(B)$$

그러므로 구하고자 하는 확률 $P(B) = \frac{0.8-0.4}{0.6} = \frac{2}{3}$가 된다.

□□□

문제 7.6 예시 답안

(a) 사건 C^c를 사건 C의 여사건이라고 하면 구하고자 하는 확률 $P(C)$는 다음과 같다.

$$\begin{aligned} P(C) &= 1 - P(C^c) = 1 - P(A \cup B) \\ &= 1 - [P(A) + P(B) - P(A \cap B)] = 1 - (0.5 + 0.6 - 0.2) = 0.1 \end{aligned}$$

(b) 사건 B가 주어진 경우 사건 A가 발생하는 조건부 확률 $P(A|B)$는 다음과 같다.

$$P(A|B) = \frac{P(A \cap B)}{P(B)} = \frac{0.2}{0.6} = \frac{1}{3}$$

(c) $P(A \cap B) = 0.2$이고 $P(A) \times P(B) = 0.5 \times 0.6 = 0.3$이기 때문에 다음과 같은 식을 얻는다.

$$P(A \cap B) \neq P(A) \times P(B)$$

그러므로 두 사건 A, B는 독립적이지 않고 종속적인 관계를 갖고 있다.

(d) $P(A \cap C) = 0$이고 $P(A) \times P(C) = 0.5 \times 0.1 = 0.05$가 된다. 그렇기 때문에 $P(A \cap C) \neq P(A) \times P(C)$가 된다. 그러므로 두 사건 A, B는 독립적이지 않고 종속적인 관계를 갖고 있다.

□□□

문제 7.7 예시 답안

(a) 만약 $P(A \cap B) = 0$인 경우, 두 사건 A, B는 배반사건이 된다. 두 사건 A, B의 관계를 알지 못하기 때문에 다음과 같은 식을 얻는다.

$$P(A \cap B) = P(A) \times P(B|A) = 0.5 \times 0.2 = 0.1$$

윗식에서 $P(A \cap B) \neq 0$이 되기 때문에 두 사건 A, B는 배반사건이 아니다.

(b) 만약 $P(A \cap B) = P(A) \times P(B)$인 경우, 두 사건 A, B는 독립사건이 된다. 예시 답안 (a)에서

$$P(A \cap B) = P(A) \times P(B|A) = 0.1$$

이 되고,

$$P(A) \times P(B) = 0.5 \times 0.4 = 0.2.$$

이 된다. $P(A \cap B) \neq P(A) \times P(B)$이기 때문에 두 사건 A, B는 독립사건이 아닌 종속사건이 된다.

(c) 두 사건 A, B는 배반사건이기 때문에 확률 $P(A \cup B)$는 다음과 같다.

$$P(A \cup B) = P(A) + P(B) - P(A \cap B) = 0.5 + 0.4 - 0.1 = 0.8$$

□□□

문제 7.8 예시 답안

(a) $P(A \cap B) = 0.2 \neq 0$이기 때문에 두 사건 A, B는 배반사건이 아니다.

(b) 두 사건 A, B가 독립사건이기 때문에 $P(A \cap B) = P(A) \times P(B)$가 된다. 그러므로 확률 $P(B)$는 다음과 같다.

$$P(B) = \frac{P(A \cap B)}{P(A)} = \frac{0.2}{0.5} = 0.4$$

(c) 두 사건 A, B가 독립사건이기 때문에, 사건 A, B^c 역시 독립사건이 된다. 그러므로 조건부확률 $P(B^c|A)$는 다음과 같다.

$$P(B^c|A) = P(B^c) = 1 - P(B) = 1 - 0.4 = 0.6$$

□□□

문제 7.9 예시 답안 두 사건 A, B가 독립적이기 때문에 $P(A \cap B) = P(A) \times P(B)$가 된다. 그러므로 조건부 확률 $P(B|A)$는 다음과 같다.

$$P(B|A) = \frac{P(A \cap B)}{P(A)} = \frac{P(A) \times P(B)}{P(A)} = P(B)$$

□□□

문제 7.10 예시 답안 문제에서 구하고자하는 확률은 "검사 결과가 양성인 사람들 중 실제 감염된 사람 수"이다. 암 발병율이 $\frac{1}{100}$이니 암 비발병율 $\frac{99}{100}$가 된다. 검사 결과가 양성으로 판명되는 비율은 "실제 질병이 있는 경우와 질병이 없는데도 양성으로 나타나는 비율의 합"으로 계산되니, 그 비율은

$$\frac{1}{100} \times 0.8 + \frac{99}{100} \times 0.096$$

이 된다. 이를 표로 나타내면 표 C.16과 같다.

구분	양성	음성	계
질병 유	$\frac{1}{100} \times 0.8$	$\frac{1}{100} \times 0.2$	$\frac{1}{100}$
질병 무	$\frac{99}{100} \times 0.096$	$\frac{99}{100} \times 0.904$	$\frac{99}{100}$

그림 C.16: 질병 유무에 따른 양성 및 음성 비율

결국 구하고자하는 "검사 결과가 양성인 사람들 중 실제 암에 걸린 사람 수"인 확률 P는

$$P = \frac{\frac{1}{100} \times 0.8}{\frac{1}{100} \times 0.8 + \frac{99}{100} \times 0.096} \simeq 0.078 = 7.8\ (\%)$$

가 된다. 이는 암에 걸린 사실을 모르는 상태에서 검사 결과가 양성으로 나타났을 때, 실제로 암에 걸렸을 가능성은 7.8%밖에 안되는 것을 보여준다. 반면에 질병이 있는 것을 안 상태에서, 검사 결과가 양성으로 나타날 가능성은 80%가 된다.

이와 같은 현상은 '베이즈 규칙(Bayes' rule)'에 의해 계산이 되어진다. 베이즈 규칙에서는 현상이 주어졌을 때 사건의 발생확률을 계산하는 방법으로 발생확률 $P(A|B)$는 다음과 같이 A의 사전확률 $P(A)$와 A가 주어졌을 때의 조건부 확률 $P(B|A)$의 곱에 B의 사전확률 $P(B)$를 나누어서 계산이 되어진다.

$$P(A|B) = \frac{P(A \cap B)}{P(B)} = P(A) \times \frac{P(B|A)}{P(B)} \tag{C.12}$$

여기서 $P(B|A) = \frac{P(A \cap B)}{P(A)}$이니 $P(A \cap B) = P(B|A) \times P(A)$가 된다.

□□□

문제 7.11 예시 답안

(a) *COLLEGE*라는 단어 안에는 E가 2개, L이 2개 있기 때문에 모든 글자가 서로 다르지 않다. 이러한 이유로 7개의 글자를 선형으로 배치하는 경우의 수인 7!를 $2! \times 2!$로 나누어 주어야 한다. 즉 전체 배열의 수는 다음과 같이 된다.

$$\frac{7!}{2! \times 2!} = \frac{7 \times 6 \times 5 \times 4 \times 3 \times 2 \times 1}{(2 \times 1) \times (2 \times 1)} = 1,260$$

(b) *COLLEGE*라는 단어 안에는 E가 2개, L이 2개 있기 때문에 모든 글자가 서로 다르지 않다. 이러한 이유로 7개의 글자를 원형으로 배치하는 경우의 수인 $(7-1)!$를 $2! \times 2!$로 나누어 주어야 한다. 즉 전체 배열의 수는 다음과 같이 된다.

$$\frac{(7-1)!}{2! \times 2!} = \frac{6 \times 5 \times 4 \times 3 \times 2 \times 1}{(2 \times 1) \times (2 \times 1)} = 180$$

□□□

문제 7.12 예시 답안 전체 경기에 대한 승률은 다음과 같다.

$$\text{전체 승률} = \frac{\text{전체 승수}}{\text{전체 게임횟수}}$$

예를 들어 A의 국내 경기의 총 게임횟수를 20회라고 하면 국내 경기에서의 승률이 60%이니 승수는 12회가 되며, 해외 경기의 총 게임횟수를 5회라고 하면 해외 경기에서의 승률이 80%이니 승수는 4회가 된다. 그러므로 A의 국내 및 해외 경기에 대한 전체 승률은

$$\frac{12+4}{20+5} \times 100\% = \frac{16}{25} \times 100\% = 64\%$$

가 된다.

같은 방법으로 B의 국내 경기의 총 게임횟수를 2회라고 하면 국내 경기에서의 승률이 50%이니 승수는 1회가 되며, 해외 경기의 총 게임횟수를 10회라고 하면 해외 경기에서의 승률이 70%이니 승수는 7회가 된다. 그러므로 B의 국내 및 해외 경기에 대한 전체 승률은

$$\frac{1+7}{2+10} \times 100\% = \frac{8}{12} \times 100\% = 66.7\%$$

가 되어 A의 승률보다 높게 된다.

한편 A의 국내 경기의 총 게임횟수를 20회라고 하면 국내 경기에서의 승률이 60%이니 승수는 12회가 되며, 해외 경기의 총 게임횟수를 10회라고 하면 해외 경기에서의 승률이 80%이니 승수는 8회가 된다. 그러므로 A의 국내 및 해외 경기에 대한 전체 승률은

$$\frac{12+8}{20+10} \times 100\% = \frac{20}{30} \times 100\% = 66.7\%$$

가 된다.

같은 방법으로 B의 국내 경기의 총 게임횟수를 10회라고 하면 국내 경기에서의 승률이 50%이니 승수는 5회가 되며, 해외 경기의 총 게임횟수를 10회라고 하면 해외 경기에서의 승률이 70%이니 승수는 7회가 된다. 그러므로 B의 국내 및 해외 경기에 대한 전체 승률은

$$\frac{5+7}{10+10} \times 100\% = \frac{12}{20} \times 100\% = 60\%$$

가 되어 A의 승률보다 낮게 된다.

이처럼 부분 확률만으로는 경기횟수에 따라 A의 전체승률이 높을 수도 있고 B가 높을 수도 있기 때문에, 단순히 부분 승률만으로 전체 승률이 더 높다고 단정하기는 어렵다. 따라서 정확한 전체 승률을 구하기 위해서는 좀 더 정확한 자료(예를 들면 국내 및 해외 경기의 횟수 등)가 확보되어야 정확한 승률을 구할 수가 있다.

□□□

문제 7.13 예시 답안 용의자 A, B의 선택에 따른 형량을 표로 나타내 보면 표 C.4와 같다.

A	B	A의 형량	B의 형량
자백	자백	2년	2년
자백	함구	0년	10년
함구	자백	10년	0년
함구	함구	6월	6월

표 C.4: A, B의 선택에 따른 형량

즉, 두 사람 모두 자백하면 각각 2년형을 받게 된다. A가 자백하고 B가 함구하는 경우는 A는 풀려나지만 B는 10년형을 받게 된다. 반대로 B가 자백하고 A가 함구하는 경우는 B는 풀려나지만 A는 10년 구형을 받게 된다. 또한 A와 B 모두 함구하는 경우는 각각 6개월의 형을 받게 된다. 각자의 의사 결정을 살펴보자.

- A의 의사 결정: A는 B가 어떤 선택을 할지 모르기 때문에, B가 자백 또는 함구하는 두 가지를 모두 고려해야 한다. B가 자백을 할 때, A가 자백을 하게되

면 2년형이고 함구를 하게 되면 10년형을 받게 되니, 최악의 상황을 피하려면 *A*는 자백을 하는 편이 낫다. 또한 *B*가 함구할 때, *A*가 자백하면 당장 무죄로 풀려나지만, *A*가 함구하게 되면 6개월의 형이 된다. 즉, *B*가 함구할 때에도 *A*는 자백하는 것이 유리하다. 결국 *A*는 *B*의 선택에 관계없이 자백을 선택하게 된다.

- *B*의 의사 결정: *B*역시 *A*가 어떤 선택을 할지 모르기 때문에, *A*가 자백 또는 함구하는 두 가지 경우를 모두 고려해야 한다. *A*가 자백을 할 때, *B*가 자백을 하면 2년형이 되고 함구하면 10년형을 받게 되니, 최악의 상황을 피하려면 *B*는 자백을 하는 편이 낫다. 또 *A*가 함구할 때, *B*가 자백하면 당장 무죄로 풀려나지만, 함구하면 6개월 형이 된다. 즉, *A*가 함구할 때에도 *B*는 자백하는 것이 유리하다. 결국 *B*는 *A*의 선택의 관계없이 자백을 택하게 된다.

결국 용의자 *A*, *B*는 모두 자백을 선택하고 각각 2년씩 복역하게 된다. 이는 두 용의자가 모두 함구를 하여 6개월의 형량을 받는 것보다 못한 결과를 낳았다. 이는 게임자인 용의자들이 상대방은 고려하지 않고 자신의 이익만을 위하여 의사결정을 한 결과이다. 이와 같이 게임자가 최선을 다해 얻어진 결과인, 즉 둘 다 자백하는 상태가 '내쉬 평형(Nash equilibrium)'[vi]이 된다.

게임트리를 이용하여 용의자 *A*, *B*의 선택을 살펴보자. '평가값(evaluation value)'에 근거로 하여 게임 트리를 만들면 그림 C.17과 같고, 각 용의자는 최소 형량을 원하기 위해 최소 평가값이 있는 경로를 선택하게 된다.

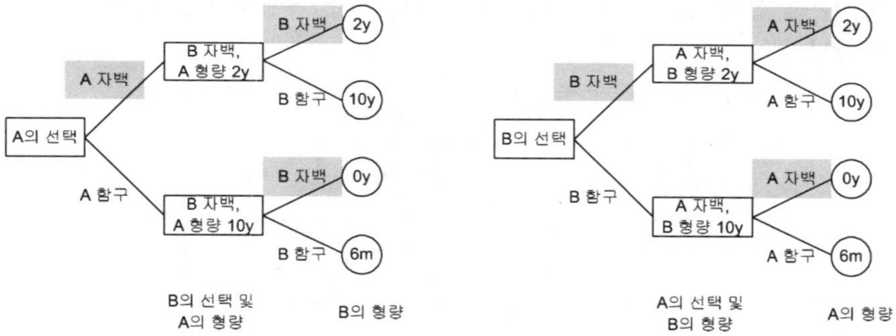

(a) *A*의 선택 (b) *B*의 선택

그림 C.17: 게임트리를 이용한 각자의 선택

우선 그림 C.17(a)에 있는 *A*의 선택을 살펴보자. 오른쪽 위에 있는 *B*에 대한 두 평가값을 살펴보면, *A*가 자백한 경우에 대해 *B*가 자백을 하는 경우 2년형이 되고, 함구를 하는 경우에는 10년형이 되기 때문에 *B*는 자백을 하여 2년형을 받고자 한

[vi]내쉬 평형은 죤 내쉬(John Nash)가 개발한 것으로, "나의 전략과 상대방의 전략이 상존하는 상황에서 상대방의 전략에 비해 나의 전략을 변경할 동기(incentive)가 없으면, 현재의 나의 전략을 유지한다."라는 이론이다.

다. 즉 회색으로 칠했듯이 B는 자백을 할 것이고, 이때 A의 형량 즉 A에 대한 평가값은 2년이 된다. 반면에 A가 함구한 경우에 대해 B가 자백을 하는 경우 무죄가 되고, 함구를 하는 경우에는 6개월 형이 되기 때문에 B는 자백을 하여 무죄를 받고자 한다. 즉 회색으로 칠했듯이 B는 자백을 할 것이고, 이때 A의 형량 즉 A에 대한 평가값은 10년이 된다. 이제 A의 결정이 남아 있는데, A의 최종 결정은 평가값 2년, 10년 중 하나를 고려하여 선택을 해야 한다. 결국 회색으로 칠했듯이 A는 평가값이 작은 2년을 선택하게 되니, 자백을 하게 된다.

다음으로 그림 C.17(b)에 있는 B의 선택을 살펴보자. 오른쪽 위에 있는 A에 대한 두 평가값을 살펴보면, B가 자백한 경우에 대해 A가 자백을 하는 경우 2년형이 되고, 함구를 하는 경우에는 10년 형이 되기 때문에 A는 자백을 하여 2년형을 받고자 한다. 즉 회색으로 칠했듯이 A는 자백을 할 것이고, 이때 B의 형량 즉 B에 대한 평가값은 2년이 된다. 반면에 B가 함구한 경우에 대해 A가 자백을 하는 경우 무죄가 되고, 함구를 하는 경우에는 6개월 형이 되기 때문에 A는 자백을 하여 무죄를 받고자 한다. 즉 회색으로 칠했듯이 A는 자백을 할 것이고, 이때 B의 형량 즉 B에 대한 평가값은 10년이 된다. 이제 B의 결정이 남아 있는데, B의 최종 결정은 평가값 2년, 10년 중 하나를 고려하여 선택을 해야 한다. 결국 회색으로 칠했듯이 B는 평가값이 작은 2년을 선택하게 되니, 자백을 하게 된다.

앞서 보았듯이 그림 C.17(a)를 통해 A는 자백을 하게 되고, 그림 C.17(b)를 통해 B는 자백을 하게 된다. 결국 A, B 모두 자백하는 것을 알 수 있다.

참고로 게임이론에서 게임자의 전략에 따른 '득실함수(payoff function)'는 '정규형태(normal form)' 또는 '정규표(normal table)'로 표시를 할 수 있으며, 죄수의 딜레마에서 득실함수에 따른 정규표는 표 C.5와 같이 나타내진다. 표에 있는 (10, 0)의 의미는 A가 함구하고 B가 자백을 한 경우 서로에 대한 득실값이 된다. 즉, A는 10년형을 살게 되고, B는 무죄가 된다. 같은 방법으로 (0, 10)의 의미는 A가 자백하고 B가 함구한 경우의 득실값이다.

A \ B	자백	함구
자백	2,2	0,10
함구	10,0	0.5,0.5

표 C.5: 정규표로 작성된 득실값.

□□□

문제 7.14 예시 답안 6명의 학생을 2명, 2명, 2명의 세 조로 각각 나누는 방법의 수는

$$_6C_2 \times _4C_2 \times _2C_2 \times \frac{1}{3!} = 15$$

가 된다. 여기서 $\frac{1}{3!}$을 곱한 이유는 세 개의 조에 속한 인원 수가 같기 때문이다.

문제 7.15 예시 답안 6명의 학생을 2명, 2명, 2명의 세 조로 각각 나누는 방법의 수는

$$_6C_2 \times _4C_2 \times _2C_2 \times \frac{1}{3!} = 15$$

가 된다. 여기서 $\frac{1}{3!}$을 곱한 이유는 세 개의 조에 속한 인원 수가 같기 때문이다. 그리고 서로 다른 3대의 승용차에 탑승하는 방법의 수는 $3! = 6$이 된다. 결국 원하는 방법의 수는

$$\left(_6C_2 \times _4C_2 \times _2C_2 \times \frac{1}{3!} \right) \times 3! = 90$$

이 된다.

□□□

문제 7.16 예시 답안 8명의 학생을 3명, 3명, 2명의 세 조로 각각 나누는 방법의 수는

$$_8C_3 \times _5C_3 \times _2C_2 \times \frac{1}{2!} = 280$$

가 된다. 여기서 $\frac{1}{2!}$을 곱한 이유는 두 개의 조에 속한 인원 수가 같기 때문이다. 그리고 서로 다른 2대의 승합차에 탑승하는 방법의 수는 $2! = 2$가 된다. 결국 원하는 방법의 수는

$$\left(_8C_3 \times _5C_3 \times _2C_2 \times \frac{1}{2!} \right) \times 2! = 560$$

이 된다.

□□□

문제 7.17 예시 답안

(a) 토너먼트 방식인 경우 선수 n명이 참가한 경우, 최종 승자를 위해 치러야 할 게임의 수는 $(n-1)$이 된다. 한 예로 8명의 선수가 토너먼트를 하는 경우, 경기를 끝내기 위해 필요한 게임의 수는 그림 C.18에서 보듯이 7번의 게임을 치러야 한다.

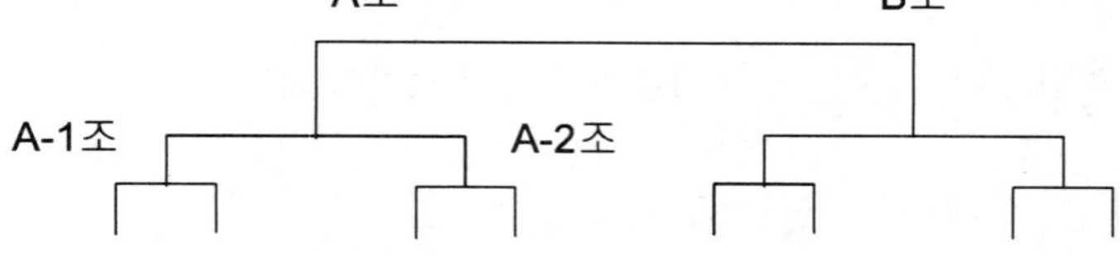

그림 C.18: 8명을 위한 토너먼트 대진표

이는 게임을 한 번 할 때마다 한 명의 선수가 탈락하게 되니, 필요한 총 게임의 수는 7경기가 된다. 주어진 문제에서는 승률에 따라 8명을 $A_1, A_2, \ldots, A_8$로 나누었으니, 향후 남은 문제는 그림 C.18에서 보듯이 주어진 8명을 어떻게 A, B조로 나누는 문제가 남아있다.

(b) 선수 8명이 토너먼트를 하지 않고 리그전을 치르는 경우는

$$_8C_2 = \frac{8!}{6! \times 2!} = 28\ (\text{경기})$$

가 된다.

(c) 선수의 수가 2^n인 경우는 쉽게 대진표를 작성할 수 있으나, 선수의 수가 2^n이 아닌 경우는 작성하기가 용이하지 않다. 예를 들어 5명인 경우 4명은 1차전의 게임을 치르지만 1명은 부전승으로 2차전에 진출하게 된다. 대진표 작성을 위해 5명의 순위를 1, 2, 3, 4, 5라고 하자. '공평주의' 및 '강자 보호주의'를 고려하여 대진표를 작성해보면 그림 C.19과 같다.

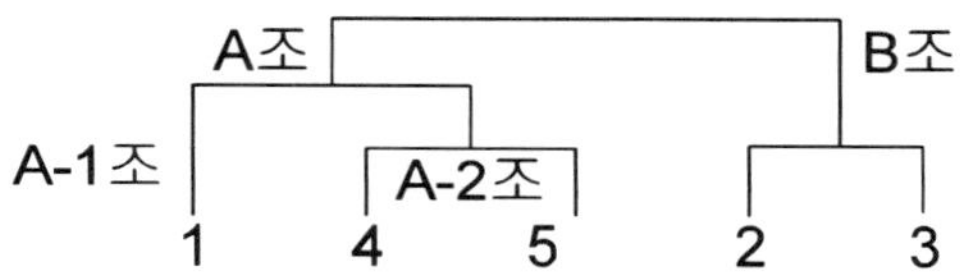

그림 C.19: 5팀을 위한 토너먼트 대진표

그림 C.19에서 보듯이 1과 2는 '강자 보호주의' 원칙에 의거 1차전에 게임을 치루면 안 된다. 결국 1은 A조에 남게 되고 2는 B조에 남게 된다. 이제 3에 대한 조 편성을 고려해보자. 3을 A조에 편성하게 되면 1이 불리하게 되니, 3은 1보다 약한 2가 있는 B조에 편성이 된다. 3이 B조에 편성이 되었기 때문에 4는 A조에 편성이 된다. 5에 대한 조 편성을 고려해 보자. 5가 치러야 할 경기는 3 또는 4와 경기를 치러야하는데 3은 5와 경기를 치러야 할 이유가 없다. 결국 5는 4와 경기를 치러야 한다. 이와 같은 이유를 고려하여 대진표를 작성해 보며 그림 C.19와 같이 된다.

위와 같은 대진표를 쉽게 짜기 위한 방법이 있다. 우선 그림 C.20(a)와 같이 모든 팀을 '리을자' 변형 형태로 배치하여, A와 B조를 나눈다.

이때 특정 조의 개수가 2보다 큰 경우 그림 C.20(b)에서 보듯이 동일한 방법으로 $A-1$과 $A-2$조로 세분화한다. 결국 기력 순위 순으로 1, 2, 3, 4, 5 라는 5명이 있는 경우 A조에는 1, 4, 5가 배치되고, B조에는 2, 3이 배치된다. 또한 C.20(b)에서 보듯이 $A-1$조에는 1이 배치되고 $A-2$조에는 4, 5가 배치되기 때문에, 최종적으로 그림 C.19와 같은 배치가 된다.

위와 같은 방법을 이용하여 10명의 선수를 위한 토너먼트 대진표를 작성하기 위한 A, B조를 만드는 수순을 만들어보면 그림 C.21(a)와 같다.

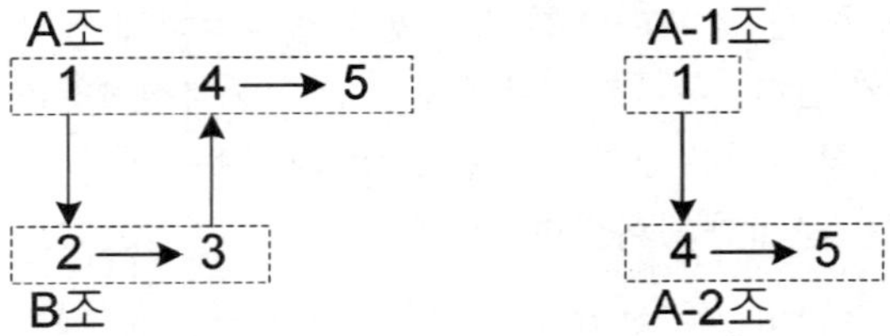

(a) A조, B조 (b) $A-1,2$조

그림 C.20: 5명을 위한 토너먼트의 A, B조를 짜기 위한 방법의 수순

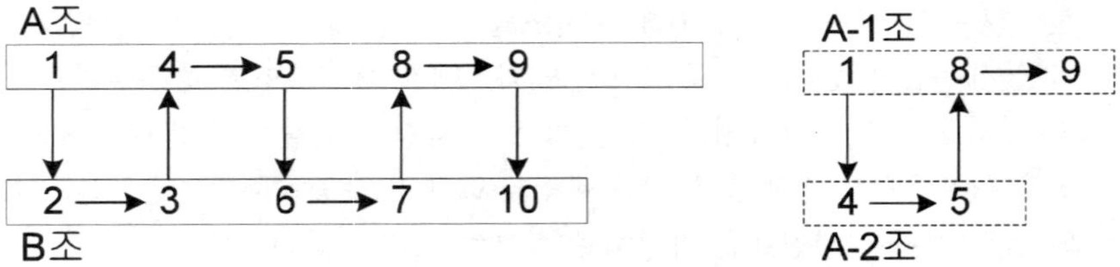

(a) A조, B조 (b) $A-1,2$조

그림 C.21: 10명을 위한 토너먼트의 A, B조를 짜기 위한 방법의 수순

그림 C.21(b)는 A조에 속한 1, 4, 5, 8, 9를 세분하여 $A-1$조와 $A-2$조로 나누는 과정을 보여주고 있다. 이와 같은 방법을 반복하여 시행하게 되면 10명에 대한 최종 토너먼트를 위한 배치도는 그림 C.22과 같다.

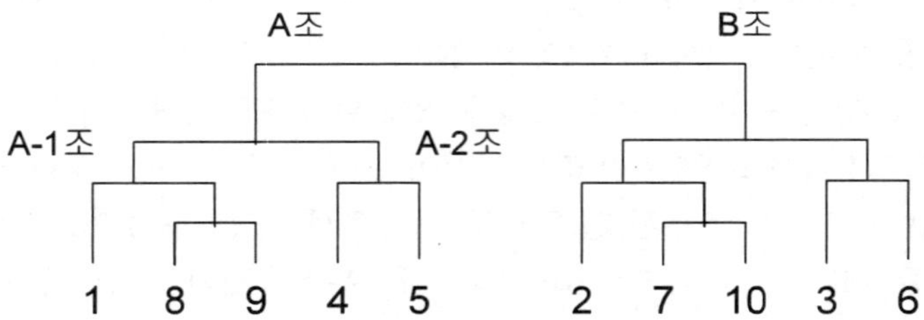

그림 C.22: 10팀을 위한 토너먼트 대진표

□□□

문제 A.1 예시 답안

(a) II (b) XXX (c) CC (d) VIII
(e) LXXV (f) CLXVI (g) IV (h) XLIX
(i) CD (j) MMIV

문제 A.2 예시 답안 (a) 248 (b) 429 (c) 1474

□□□

찾아보기

T

저자약력

이병두 (李炳斗: Byung-Doo Lee) 박사는 1982년에 한양대에서 원자력공학 공학사, 1991년에 서강대에서 정보처리학 이학석사를 각각 수여하였다. 20년간 컴퓨터 및 언론 관련한 직장 생활 후, 2000년에 뉴질랜드 소재 오클랜드 대학에서 박사 과정을 시작하여 2005년에 "바둑에서의 다전략 학습, 추론 및 탐색"이라는 박사 논문으로 컴퓨터공학 박사를 취득하였다. 현재 대불대학교 레저·체육학부 바둑학과 교수로 바둑관련 학문을 연구하고 있다.

금영욱 (琴榮旭: Young Wook Keum) 박사는 서울대 수학과 학사(1978년), 서강대 전산학과 석사(1992년), 서강대 전산학과 박사(1997년)를 각각 수여하였다. 1982년부터 1993년까지 IBM 시스템 엔지니어로 근무를 하였으며, 1997년부터 현재까지 성결대 컴퓨터공학부 부교수로 재직 중이다. 관심분야로는 수치해석, 병렬/분산처리, 컴포넌트 S/W 개발이 된다.

바둑학 연구를 위해 알아야 할

바둑 수학

인　　쇄 : 2012년 1월　5일
발　　행 : 2012년 1월 10일
저　　자 : 이병두, 금영욱
발 행 처 : 도서출판 한산
서울시 서대문구 수색로6길 43번지 105-602호
TEL : (02)304-3504　FAX : (02)304-3505
발 행 인 : 김 기 영
등록번호 : 제 10-1745 호
I S B N : 978-89-89215-73-8　　93440

정가. 18,000원